大陆层控构造论文选集

李扬鉴 等　著

科 学 出 版 社
北　京

内 容 简 介

本书这29篇文章，是作者昔日创立大陆层控构造学说重要的理论基础，并体现了尔后该学说的重要发展。这些文章，突破了就地球论地质的局限性，提出了在漫长的地质历史长河中，长期的渐变的造陆运动（降升运动)，主要受重力作用控制；短暂的突变的全球性造山运动（水平运动)，乃至板块构造的诞生，则是陨星撞击的产物。这些文章，还创立了压剪性正断层、扇型逆冲断层新断裂类型和纵弯褶曲应力应变场、盆-山系、弧后盆地、俯冲型冲叠造山带、仰冲型冲叠造山带等成因机制新模式，并论证了它们与油气资源和其他矿产资源的关系。

本书可供地质专业高校师生、野外工作者和科研人员阅读参考。

图书在版编目(CIP)数据

大陆层控构造论文选集 / 李扬鉴等著. —北京：科学出版社，2017. 5
ISBN 978-7-03-052625-0
Ⅰ. ①大…　Ⅱ. ①李…　Ⅲ. ①大陆-地质构造-文集　Ⅳ. ①P931. 2-53 ②P54-53

中国版本图书馆 CIP 数据核字（2017）第 086877 号

责任编辑：王　运　姜德君 / 责任校对：何艳萍
责任印制：肖　兴 / 封面设计：耕者

科学出版社 出版
北京东黄城根北街16号
邮政编码：100717
http://www.sciencep.com

中国科学院印刷厂 印刷
科学出版社发行　各地新华书店经销
*
2017年5月第　一　版　开本：787×1092　1/16
2017年5月第一次印刷　印张：20 1/4
字数：480 000

定价：248.00 元

（如有印装质量问题，我社负责调换）

序

李扬鉴教授早年在湖北阳新枫林煤系黄铁矿从事矿山地质工作。该矿软弱的煤系是上覆中厚层石灰岩刚硬层的应变空间，各种构造现象极其发育；采矿工程在三维空间上的广泛揭露，又提供了十分优越的观测条件，因此该矿是研究小型构造得天独厚的场所。

他经过长期的深入研究，发现了许多新的构造现象，萌生了一系列的新思路。20 世纪 80 年代，他被调入原化学工业部化学矿产地质研究院（现为中化地质矿山总局地质研究院）从事地质构造研究，接触到种种文献资料，使他原来的认识得到了大大的充实和提高。随着研究的逐步深入和拓宽，他先后创立了压剪性正断层、扇型逆冲断层等新概念，以及纵弯褶曲应力应变场、盆-山系、弧后盆地、俯冲型冲叠造山带等成因机制新模式。

在科学发展史上，许多重大自然现象的发现，也往往是从细小事物的粗略认识开始的。

接着，在前人工作的基础上，他发挥东方人整体思维的优势，对自然界的地质构造现象进行了大综合。1996 年出版了《大陆层控构造导论》专著（地质出版社），创立了大陆层控构造学说，献给了第 30 届国际地质大会。该学说提出了多元动力成因观、多层次构造观和多阶段演化观。多元动力成因观认为，在漫长的地质历史长河中，长期渐变的造陆运动和短暂突变的造山运动交替出现，是地球自转力、陨星撞击力、重力和热力分别协调作用的产物。其中前者重力起主导作用，后者则主要是陨星逆向或顺向撞击所致。多层次构造观认为，岩石圈中每一层次刚硬层的构造运动，均受其下伏软弱层控制，从而把岩石圈构造先后分成三个大层次：盖层中受下伏软岩层控制的硬岩层构造，为薄皮构造；受中地壳塑性层控制的上地壳构造，为厚皮构造；在前侏罗纪受异常地幔控制的地壳构造，为过渡壳构造（优地槽）；侏罗纪以来，受软流层控制的岩石圈构造，为板块构造。多阶段演化观认为，在前侏罗纪，只有规模较小、分异不充分的异常地幔，地壳运动演化到异常地幔物质喷溢的过渡壳构造阶段便终止了。到了印支运动时期，由于在短短13Ma时间内，连续发生了五次大的陨击事件，地球深部物质在反复强烈震动下，侏罗纪以来异常地幔演变成规模巨大、分异充分的软流层，诞生了板块构造。

该书选录了李扬鉴教授过去撰写的二十多篇文章。透过这些文章，不仅可以看到他学术思想的成长历程，还可以预感到他学术思想未来广阔的发展前景，如板块构造成因机制，以及在油气及其他矿产资源开发、厄尔尼诺现象成因研究和地震地质、工程地质等领域的应用。李扬鉴教授这种坚持实践—理论—实践相结合的自主创新精神，在当今实现中国梦的科学征途中，是值得鼓励的。

中国科学院院士 

2016年6月于北京

前　　言

笔者这个学采矿专业的，1958 年被错划为“右派分子”，发配到湖北阳新枫林煤系黄铁矿进行“劳动改造”，直到 1980 年平反，在该矿区达 22 年之久，反而实现了自己年轻时的地质科学梦。可谓是，“塞翁失马，焉知非福”。

1955 年，笔者从东北工学院（今东北大学）毕业后，被分配到冶金部一〇四地质队到承德大庙铁矿从事坑探工作。笔者喜欢理论思维，觉得工程技术工作太琐碎，便向队部申请改行从事地质工作，未获批准，只好作罢。

笔者在枫林煤系黄铁矿井下劳动改造期间，为了精神转移，也为了寻找未来渺茫的出路而积累点儿知识，经过一番深入思考之后，1959 年春天，便开始利用每月仅有的两个半天的休息时间，阅读自己随身带来的《找矿勘探理论和方法》一书，在艰苦的环境中，继续寻找希望。

《找矿勘探理论和方法》是一本苏联专家于 20 世纪 50 年代前期，在中国举办地质人员培训班使用讲稿的汇编。厚厚一大本，书中汇集了多位苏联专家的讲稿，内容广泛，涉及矿床、构造、找矿和勘探等诸多领域。笔者在学习采矿专业期间，虽然也学习了一些地质知识，但所学有限，不知道要补充些什么，只是想充实一下自己，为日后可能参与的工作打下基础。于是便不加选择地从头开始，逐页逐章地往下看，并在之后进行了如下研究。

1. 创立了纵弯褶曲构造应力场及其断裂系统分布新模式

笔者读到书中帕夫林诺夫教授的“地壳构造的基本原理”一章。该章运用应变椭球体概念，来解释纵弯褶曲中不同部位产生不同性质断裂的原因。了解这些断裂系统分布规律的成因，对指导找矿和解决工程地质等问题具有重要意义，这是构造地质学研究的主要内容之一。

应变椭球体概念，是当时国内外构造地质学教科书普遍引用的观点，可是那时笔者却误认为这是帕夫林诺夫自己想出来的观点，所以觉得这位教授的力学基础太差，用这种比拟性的定性描述来解释纵弯褶曲构造应力场是没有多少意义的。因为在最成功的场合下，它也只能孤立地描述纵弯褶曲中某一部位的三向应力轴方向。至于该部位的应力性质、应力强度却无法予以解释，更谈不上从定量角度对整个纵弯褶曲构造应力场作出全面系统的说明。例如，该应力场有几种应力？它们是如何产生的？每种应力在空间上的分布和时间上的演化又如何？当年采矿专业学了材料力学，而地质专业一般只学了理论力学，所以面对着这些材料力学问题，他们便束手无策了。那时笔者认为，如果引入材料力学纵弯杆（压杆）概念来研究纵弯褶曲构造应力场，则这些问题便可以用几个公式作出全面的、系统的定量解释。沿着这个思路走下去，这个与国计民生关系密切的构造地质问题便可望获得重大突破。想到这里，笔者兴奋不已，如同茫茫大海中一叶迷航的小舟，陡然发现远方出现一座引航的灯塔。

当年笔者这个劳改队的年轻囚徒，连自然界的纵弯褶曲是什么样还未亲眼见过，竟然仅仅凭着自己比一般地质工作者多掌握的一点力学知识，就贸然想向苏联知名专家的重要学术观点发起挑战。真是蚍蜉撼大树，不自量力。可是对科学的痴迷和执着，使笔者这个心比天高，命比纸薄的狂徒，无视自己政治上的险恶处境和自己专业上的先天不足，像扑火的飞蛾，义无反顾地勇往直前。

笔者扬长避短，充分发挥自己力学知识和理论思维的优势，首先根据纵弯杆的形态，推导出一系列数学式，然后再以数学式的计算结果，去寻找有关实际资料和文献资料的验证。即运用胡适所提倡的“大胆假设，小心求证”的研究方法。首先抓住问题的实质，产生跳跃式的新认识，然后拿到实践中检验，由此收到了奇效。

对于一个崇尚精神生活的知识分子来说，即使在这样饥肠辘辘的情况下，得到精神寄托也还是比得到饭食更为重要。虽然一个月只有两个半天时间可以从事研究工作，而且只能在心里想，不敢见诸文字，生怕由此惹来政治上的麻烦。因为那时反对苏联专家的意见，就是现行反革命。然而这一丝丝的学术研究，还是使笔者绝望的心灵得到了无比的慰藉。因为学术天地是一块与周围丑恶环境截然不同的圣洁的净土，是个温馨美好的精神家园。在这里没有令人窒息的压迫和屈辱，有的只是在真理面前人人平等的民主权利和创造性劳动的尊严。有了这个精神家园，整个世界在笔者面前便完全变了样：这里好像不再是每时每刻令人痛苦和绝望的劳改队，而是一座充满欢乐和幻想的科学殿堂；自己好像也不再是那个正在劳改队服苦役的囚徒，而是一位献身于崇高科学事业的学者。这时笔者经常沉醉于创造性思维的乐趣中，一种使人超脱、淡泊于苦难的精神力量悠然而至。

1959 年 6 月，在笔者被捕一周年之际，由于矿区生产需要，以及笔者劳动表现良好，矿部把笔者调出矿井，到其下属的技术组负责全矿区的地质、采矿和测量等科技工作，给了笔者一个在生产中施展才华和从事地质构造研究的难得机会。该矿 1.5～3.0m 厚的软弱煤系物质夹在刚硬的顶底板中厚层石灰岩之间，各种构造现象异常发育；采矿工程从三维空间对煤系进行广泛揭露，观测条件又得天独厚，所以该矿区是研究小型构造的优越场所。

经过了 30 年的艰苦努力，笔者的研究成果终于以“论纵弯褶曲构造应力场及其断裂系统的分布”为题，先后以中文版和英文版分别发表于《地质力学文集》1988 年第 7 集和国际权威刊物——美国的《地球物理学研究》1991 年第 96 卷第 13 期。该文这些公式，从定量角度综合了纵弯褶曲全部五种应力的分布和演化，并发现了横向剪应力，创立了扇型逆冲断层新概念，达到了预期的目的。其中，将纵向张应力和纵向剪应力强度的理论分布图与枫林矿区上千米横穿纵弯褶曲的坑道煤系编录图，进行数理统计后，绘制成纵向张性正断层强度和矿层厚度曲线图进行对比，这些曲线图和公式竟然耦合得天衣无缝，仿佛这些曲线图，是臆想出来迎合自己的公式似的，令笔者感到大自然竟然这么井然有序，和谐无比，美不胜收。所以，中文版评审专家赞赏该文观点超越国内固体力学权威王仁院士；英文版发表后，也惊动了美国学术界，他们随即主动来函，邀请和资助笔者加入美国地球物理学会。1989 年笔者运用该文纵弯褶曲层间剪切运动强度分布规律的新认识，提出辽东-吉南地区沉积变质硼矿床受纵弯褶曲倒转翼陡翼控制的新观点，否定了该地区硼矿床沿花岗岩底辟侧翼分布的权威认识，在该认识认定无矿的所谓花岗岩底辟地区，找到了一个隐伏的富矿，打开了辽东-吉南地区硼矿找矿的新局面，1996 年获化工部科技进步奖一等奖。

2. 创立了压剪性正断层新概念

在枫林矿区期间，笔者发现纵弯褶曲翼部产生一系列平面 X 型断裂，其锐夹角平分线与褶曲轴垂直，锐夹角一盘朝褶曲轴方向走滑，是垂直于褶曲轴的水平挤压力（顺层挤压力）作用的产物。可奇怪的是，这些平面 X 型断裂，在煤系层面法线方向上也呈 X 型产出，成为走滑正断层。显然这些走滑正断层是水平（顺层）挤压力与顶板（垂直顶板）重力共同作用的产物。断层面平整，呈封闭状，为压剪性。根据现场实际观察，这些走滑正断层的垂直断距与水平断距大体相当，尽管它们的边界条件有所不同。

20 世纪 80 年代，笔者来到原化学工业部化学矿产地质研究院，接触到国内外地应力绝对值测量资料，知道世界各地的地壳中，普遍存在着水平压应力，水平张应力极为罕见。在地壳 600～1000m 以浅，一般水平压应力大于重力导生的垂向压应力；在地壳 600～1000m 以深，一般重力导生的垂向压应力，大于水平压应力。这种应力分布状态，与枫林矿区见到的相似，而且根据井下的实际观察，岩石在地应力长期作用下呈弹塑性，而与短时间强度实验的脆性性质不同。于是笔者引用基于韧性破坏的能量强度理论，创立了压剪性正断层新概念，从而修正了基于脆性破坏的莫尔-库仑强度理论，把一切正断层都视为拉张力产物的片面性。该文获得了马杏垣院士的高度评价，他称赞说，压剪性正断层新概念的创立，将要解决构造地质学重大问题，并推荐给《构造地质论丛》，于 1985 年第 4 期发表。多年来，笔者发现压剪性正断层分布广泛，并控制含油气盆地和地震活动，对区域地质研究、油气资源勘探和地震预测具有重要意义。

3. 创立了盆-山系成因机制新模式

在矿井里，笔者看到顶板正断层上盘刚硬的中厚层石灰岩呈悬臂梁下降，并把下伏软弱的煤系物质压向重力作用较弱的下盘，促使该盘顶板刚硬的中厚层石灰岩上拱，但并没有当回事，认为这是再自然不过的现象：断层面是自由面，上盘在重力作用下，越趋近断层面稳定性越差，沉降幅度必然越大，还没有想到材料力学的悬臂梁概念。后来到了原化学工业部化学矿产地质研究院，看到了一些受上地壳正断层控制的盆-山系剖面，才幡然大悟：这不就是枫林矿井里的顶板正断层吗！于是为了研究与油气资源关系密切的盆-山系的成因机制及其演化，才想起材料力学的悬臂梁来。这里的悬臂梁，也与枫林矿区的顶板正断层一样，都有下伏软弱层（枫林矿区为煤系，盆-山系为中地壳塑性层），故称它们为弹性基础悬臂梁。笔者在本书的《论秦岭造山带及其立交桥式构造的动力学与流变学》一文中，还把盆-山系概念引申到地槽领域，使地槽成因机制也得到了确切的解释。

4. 创立了俯冲型冲叠造山带新模式

在枫林矿区期间，笔者还多次看到一种“不起眼”的构造现象：顶板正断层上盘，该盘底层有一层数十厘米厚的石灰岩；该层石灰岩与上覆石灰岩之间，夹着一层3～4cm厚的碳质页岩，使上下层之间可以顺层滑动；当该层石灰岩完全断入煤系时，一旦受到侧压力作用，该层石灰岩便顺层俯冲入该顶板正断层下盘软弱的煤系中1～3m。这种构造现象，当时只被笔者作为该正断层受到过水平挤压力作用的佐证，没有联想其他方面。20世纪90年代中期，笔者正在研究作为中国地质界研究重心的秦岭印支造山带的成因机制时，看到大家都认为那里是板块俯冲碰撞造山带。但笔者却认为，印支期地球还未产生板块构造，不知道该造山带是如何形成的。忽然间笔者想起枫林矿区那些顶板正断层上盘底层石灰岩向该断层下盘煤系俯冲的构造现象来，于是重新打开横切东秦岭的QB-1二维速度结构剖面图，进行仔细研究。发现前人由于缺乏顺层俯冲概念，把南秦岭断陷盆地的上地壳底层刚硬的结晶基底俯冲岩板，其顶面的地震波速层分界线，当成中地壳塑性层的顶面，从而把结晶基底俯冲岩板划入中地壳塑性层，抹杀了它的顺层俯冲作用。如果把该分界线改正了，则该剖面便与枫林矿区一些顶板正断层上盘底层的顺层俯冲现象完全一致。从改正后的剖面图和有关的地质资料得知：位于北半球的南秦岭断陷盆地刚硬的结晶基底，在中三叠世与晚三叠世之间和晚三叠世与早侏罗世之间的印支运动期间，地球先后受到两次陨星的逆向撞击作用，使其自转速度急剧变慢，派生了强烈的自南而北的经向惯性力，而向北秦岭断隆山中地壳塑性层俯冲。从商丹断裂俯冲到栾川断裂一带，俯冲距离在50km左右。在俯冲过程中，南秦岭结晶基底俯冲岩板上覆盖层被刮削了下来，形成向南褶皱倒转和仰冲的冲褶带，而北秦岭则成为具有双层结晶基底的冲叠带，两者组成了俯冲型冲叠造山带。这是一种崭新的造山类型。

5. 创立了弧后盆地成因机制新模式

运用岩石圈弹性基础悬臂梁固定端的受力状态，来研究弧后盆地的成因机制，创立了弧后盆地成因机制新模式，解决了这个国际性的构造难题。

6. 创立了大陆层控构造学说

枫林矿区绝大部分矿井，分布于印支期东西向复背斜倒转翼，煤系底部的黄铁矿层与顶板直接接触。矿体有结核状和星散状两种类型。前者分布广泛，赋存于软弱的页岩中；后者仅局部见及，赋存于比较坚硬的泥岩中。有一条顺煤系走向掘进的长达276m的平巷，其中星散状矿体长184m，竟然没有一条顶板正断层；一进入结核状矿体（长92m），顶板正断层便立即出现，而且平均每10m一条。后来笔者又对全矿区的顶板正断层进行全面的统计，发现该矿区97.7%的顶板正断层被这1.5～3.0m厚的煤系所阻止，无力切入底板。在这活生生的事实面前，笔者萌生了层控构造概念：下伏软弱层是上覆刚硬层的应变空间和能量释放的场所。

20世纪80年代，苏联在科拉半岛打了个超深钻孔，寻找上下地壳之间的康腊面。结果康腊面没有找到，却意外地发现了中地壳塑性层。钻孔打入该层，不敢提钻，一提钻钻孔便封闭了。后来发现，该层在各大陆分布广泛，是上地壳正断层及其盆-山系和俯冲型冲叠造山带的下伏应变空间。

在枫林矿区地质构造研究的坚实基础上，逐渐发展起来的这些新认识，到了20世纪90年代，笔者吸收了有关学科的新成就，创立了多元动力成因观、多层次构造观和多阶段演化观，并于1996年出版了《大陆层控构造导论》专著，创立了大陆层控构造学说，献给第30届国际地质大会。多元动力成因观认为，地壳运动是地球自转力、陨星撞击力、重力和热力协调作用的产物。多层次构造观认为，下伏软岩层控制上覆硬岩层的盖层构造，为薄皮构造；中地壳塑性层控制上地壳构造，为厚皮构造；异常地幔控制地壳构造，为过渡壳构造（优地槽）；软流层控制岩石圈构造，为板块构造。多阶段演化观认为，前侏罗纪只有异常地幔，地壳构造演化到过渡壳构造阶段便终止了；侏罗纪以来，在印支运动多次陨星撞击下，地球内部物质发生强烈的物理化学变化，使规模较小、分异不充分的异常地幔，演变成规模巨大、分异充分的软流层，诞生了板块构造。

在《大陆层控构造导论》的前言中，笔者明确指出：发端于年轻刚硬单一的“大洋岩石圈的板块学说，既无力解决古老的具有多层次特点的大陆构造问题，也不能说明各个层次构造的特点及其演化，所以板块构造学说是‘登不了陆’的”。时隔7年后的2003年4月，美国学术界以白皮书方式公布了总结性文件《构造地质学和大地构造学的新航程》，终于承认流行已达近半个世纪之久的板块构造学说“不适用于大陆地质”。

大陆层控构造学说经过1996年的第30届国际地质大会学科讨论会上的宣讲后，引起在座中外地质学家的强烈反响。会议主持人集中了这些反响，向记者发表了动情的谈话，指出：“大陆层控构造学说抓住了大陆地质的实质，代表了中国地质界的最新成就和最高水平，完全可以与西方板块构造学说相抗衡”。原中国地质学会理事长、中国科学院院士、已故老一辈著名地质学家程裕淇教授，在1996年11月12日的惠函中，也赞许该专著“不囿于洋人之观点，勇于向传统地质理论挑战，提出了许多充满挑战性的、创新性的见解。这是十分难能可贵的”。国际著名华裔地质学家许靖华教授，在该专著的序言中，也盛赞它是一部“闪烁着创新精神光辉的重要著作”。《大陆层控构造导论》专著，于1998年获国家石油和化学工业局（原石油部和化学工业部合并而成）科技进步奖二等奖。

7. 创立了薄壳构造、盆-山系、仰冲型冲叠造山带和厚皮纵弯隆起带与油气资源关系新模式

在前人研究的基础上，笔者提出了油气资源多元成因观，创立了油气资源与薄壳构造、盆-山系、仰冲型冲叠造山带和厚皮纵弯隆起带关系新模式。

近些年来，笔者被中国地质科学院矿产资源研究所聘请为客座研究员，与该所博士生导师吴必豪研究员等合作，研究大地构造和东海、南海地质构造及其油气资源成因机制问题。2014年在《前沿科学》第4期，以首要位置发表了《论陨击事件与全球性造山运动和板块构造诞生的关系》一文。该文提出了全球性造山运动受陨击事件控制和侏罗纪以来板块构造诞生是印支期多次陨星撞击所致的新观点，从而对大地构造动力学作出了重要贡献。

从矿山到科研单位，一路走来，得失之间正印证了古人所云：“天须地乃有所生，地须天乃有所成。”

特别说明的是，本文集所收集论文来源多种，且时间跨度大，格式标准不尽统一，本着尊重历史、忠于原文的精神，所用物理量单位、符号、图例、参考文献、图表序号等尽量保留了原文风貌。

本书承蒙中国科学院院士肖序常教授赐序，在此谨致衷心谢意。同时，非常感谢崔永强博士对本书的积极建议和大力协助。

李杨鉴*

2016 年 7 月于涿州

* liyangjian71@ aliyun. com；河北省涿州市中化地质矿山总局地质研究院 28 号楼 2 单元 101 室，邮编 072754；0312-3682523。

目　录

湖北枫林矿区褶曲构造中断裂系统力学成因研究*

李扬鉴

（化学工业部化学矿山地质研究所）

当前对纵弯褶曲构造应力场，一般还局限于弯矩所派生的纵向张、压应力，以及纵向剪应力的定向定性描述；对重力在一些断裂形成过程所起的作用也缺乏认识。因而使其中一些断裂，尤其是纵弯褶曲翼部扇型逆冲断裂和压剪性正断层的成因，未能得到确切说明。

本文根据材料力学纵弯杆（压杆）应力分布情况和重力作用，从定量角度研究了枫林矿区纵弯褶曲中5种断裂系统的力学成因，探讨了纵弯褶曲中弯矩所派生的纵向张、压应力，以及轴向压应力、横向剪应力和纵向剪应力的分布，论证了重力在张性、张剪性和压剪性正断层整个形成过程中所起的作用，揭示了剪性断裂面与三个主应力轴的斜交关系，解释了一些复杂的地质构造现象，解决了一些生产实际问题。

文中将玫瑰图应用于断层线与褶曲枢纽夹角、断层面与煤系层面法线夹角的统计，并提出了断层强度新概念，用断层强度曲线和矿层、煤系厚度曲线反映矿井大量实际资料的数理统计成果，为应力的定量分析提供了可靠的依据。

1 概　　述

枫林矿区位于湖北省阳新县境内，在秦岭印支造山带南侧。该矿为赋存于上二叠统龙潭煤系（以下简称煤系）中沉积型黄铁矿床。煤系由黄铁矿层、煤层等组成，厚1.5～3m。矿石主要为含结核状黄铁矿黏土页岩，含星散状黄铁矿泥岩仅局部见及。两者一般不共层，为同期异相产物。矿层及整个煤系原生厚度稳定。煤系顶底板为中厚层至厚层石灰岩，两者肉眼不易辨别。

矿区位于淮阳山字型构造弧顶南侧及其偏西部位，在通山复背斜之东缘。区内有纬向构造、华夏式构造、新华夏系构造和山字型构造四个体系[1,2]。上述构造体系，形

---

* 本文原刊于《化工地质》（今《化工矿产地质》），1980，(3)。略修改。

附记：作者1958年被错划为“右派分子”在劳改矿山改造期间，有感于当时国内外构造地质学教科书对自然界广泛分布的纵弯褶曲构造应力场及其断裂系统分布的认识，还停留于定向定性描述的落后状态，便萌生了引入材料力学纵弯杆概念，从定量角度进行全面系统研究的想法。随后作者结合矿山生产，充分利用软弱的煤系作为刚硬顶底板应变空间所产生的多姿多彩的构造现象，以及采矿工程三度空间广泛揭露的优越观测条件，进行22年之久艰苦卓绝的研究，终于创立了完整的力学数学模型，并发现了许多新的构造现象，产生了一系列新的思路，为日后创立种种新概念、新模式、新理论奠定了坚实的基础。

成于中三叠世末以来的印支运动、燕山运动和喜马拉雅运动。区内地层从三叠系至奥陶系均有出露，并且还有燕山早期花岗岩和喜马拉雅期玄武岩与纬向构造伴生。

纬向构造分布于矿区的中部和北部，形成最早，规模最大，挤压最强烈。它主要由东西向的封山洞向斜和枫林背斜组成（图 1）。单个褶曲长 80 ~ 160km，宽 6 ~ 9km。两者相间而生，背斜自南向北倒转，并在倒转翼产生次一级的鸡笼山向形和火农泉背形①。向形、背形单个长 56 ~ 60km，宽 1 ~ 2km，两翼倾角一般为 7° ~ 30°，褶曲平缓。鸡笼山向形中又产生更次一级的 3 个东西向小型褶曲。单个褶曲宽 350 ~ 400m，幅度 24 ~ 40m，两翼倾角为 7° ~ 20°。

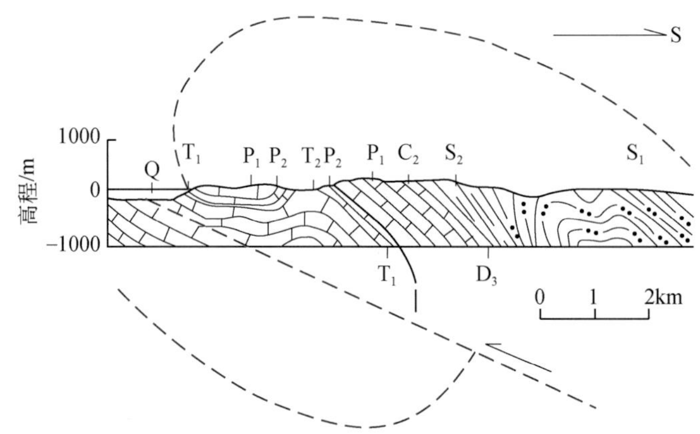

图 1　湖北东部地区枫林倒转背斜及其扇型逆冲断层剖面图

Q. 第四系；T_2. 三叠系中统；T_1. 三叠系下统；P_2. 二叠系上统；P_1. 二叠系下统；C_2. 石炭系中统；D_3. 泥盆系上统；S_2. 志留系中统；S_1. 志留系下统

华夏式构造分布于矿区南部。它的形成时间、规模和挤压程度仅次于早期纬向构造。主要由北东向的杨柳山背斜、坡山向斜和樟桥背斜组成。单个褶曲长 9 ~ 14km，宽 2 ~ 4km，两翼倾角一般为 20° ~ 51°，仅坡山向斜局部倒转。

新华夏系构造与纬向构造、华夏式构造复合，不发育，主要由 8 个北北东向的小型褶曲组成。单个褶曲长一百余米至数百米，宽 35 ~ 116m，幅度为 4 ~ 14m，翼部倾角为 15° ~ 25°，褶曲平缓。具有向形、背形和挠曲三种形态。

区内山字型构造为王家铺山字型构造脊柱的一部分[2]。煤系地区主要由 22 个南北向的小型褶曲组成，与纬向构造复合。单个褶曲长一百余米至数百米，宽 18 ~ 120m，幅度一般为 4 ~ 20m，个别达 40m，翼部倾角为 4° ~ 40°。南北向褶曲的规模和挤压程度与北北东向褶曲相若，未见两者复合，成生次序尚难判断。

上述四个构造体系的褶曲所派生的，包括层间剪切运动在内的断裂，控制着矿区黄铁矿床厚度的次生变化。

煤系强度低，可塑性大，系坚硬的石灰岩顶底板构造变动的自由空间。在地应力作用下，煤系及其毗邻岩层形变较为强烈。所以在三维空间进行广泛揭露的采矿工程中研

① 在倒转地层中，向形核部为老地层，背形核部为新地层，与向斜、背斜的概念不符。鉴于前者构造应力场和后者一致，所以这里按形态命名似乎是恰当的。为了叙述方便，以下泛指的向形、背形将包括向斜、背斜。

究地质构造，不仅是生产的需要，而且也是了解一般地质构造变动规律的有利场所。

矿区各个构造体系的褶曲，都是水平挤压或水平扭动的产物，均属于纵弯褶曲类型。它们派生有下列5种断裂系统（图2）。

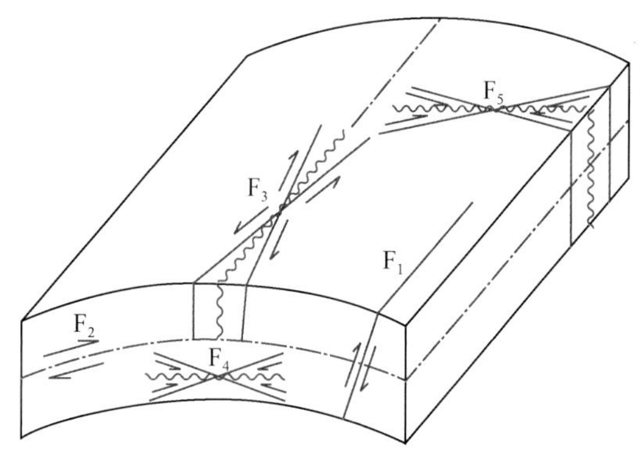

图2　纵弯褶曲中5种断裂系统的分布

2　矿区褶曲构造中5种断裂系统的分布

2.1　褶曲翼部扇型逆冲断层（F_1）

区内规模较大、挤压较强烈的东西向和北东向褶曲之翼部，尤其是陡翼，一般都有扇型逆冲断层伴生（图1）。

矿区东部枫林背斜与封山洞向斜之间的倒转翼，出现一条长十余千米的逆冲断层，志留系仰冲于二叠系之上，造成泥盆系和石炭系断失。沿断层带有花岗岩侵入。这一断层带往西没入阳新盆地，但是在其延伸方向上，分布着或明或暗的玄武岩，显示这一东西向逆冲断层带往西伸展不下数十千米。

在杨柳山背斜两翼、坡山向斜西北翼和樟桥背斜东南翼也有逆冲断层伴生。断层方向与褶轴大致平行，长7～13km，不越出所在褶曲范围，断距从数十米至数百米不等。

这些断层的逆冲方向，背斜一盘仰冲，向斜一盘俯冲。

2.2　褶曲翼部层间剪切运动（F_2）

各个构造体系的褶曲的层间剪切运动，使矿层及整个煤系在翼部减薄、尖灭，在转折端加厚。

根据横穿褶曲的巷道之编录图所作的数理统计，背形轴部和挠曲上下转折角统计单位的矿层（或煤系，下同）厚度为0.75～1.9m，翼部的厚度为0～0.65m，前者平均厚度为后者的4倍（图3）。

矿层厚度统计运用滑动平均法。根据所在地段断层密度和褶曲规模，在编录图上选取每5m或2.5m为一个点，量取该点矿层厚度。为了筛去断层对矿层厚度的影响，每6个点（30m或15m）为一组，组的矿层厚度为组内各点厚度平均值。组与组间3个点重复。图中横坐标表示水平距离，纵坐标分别表示顶板高程和组的矿层厚度。

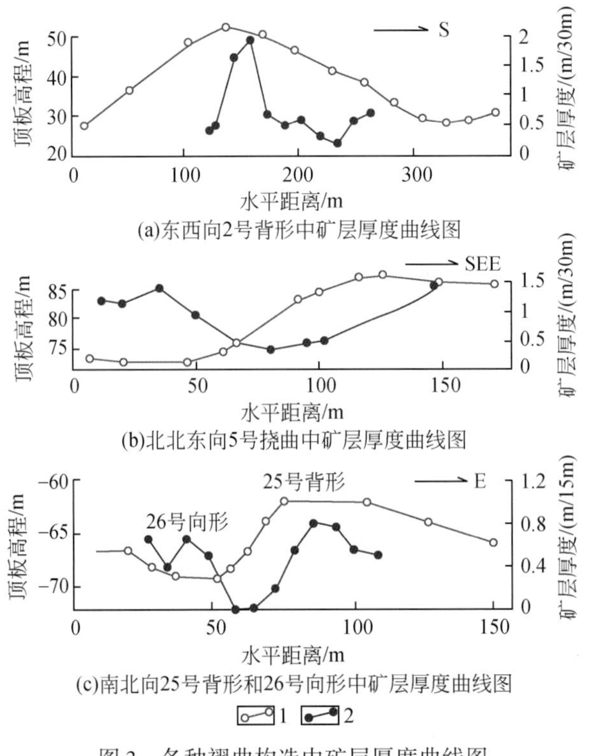

图3 各种褶曲构造中矿层厚度曲线图

1. 煤系顶板及其高程点；2. 黄铁矿层厚度

褶曲翼部越陡，其矿层减薄现象越强烈。例如，25 号背形东翼倾角为 4°，矿层厚 0.5m/15m；其西侧的 26 号向形，西翼倾角为 9°，矿层厚 0.4m/15m，东翼倾角为 20°，矿层尖灭。

在褶曲翼部矿层强烈减薄处，煤系下伏岩层凹凸不平的假整合面都磨成镜状，并有大量擦痕和方解石伴生，有的还在顶底板中产生分支断裂。从这些分支断裂与煤系层面的关系来看，顶底板间剪切运动方向是顶板朝上，底板朝下。

例如，东西向 2 号背形南翼，在矿层强烈减薄处的底板中，产生 3 条叠瓦状逆冲断层和 1 条正断层。前者断层面向南倾斜，上盘自南往北仰冲；后者断层面向北倾斜，北盘下滑。断距仅数十厘米，均没有切入顶板，为煤系层面的分支断裂。从这些压剪性逆冲断层和张剪性正断层的产状可以看出，顶底板间剪切运动方向是顶板朝北（上），底板朝南（下）。

褶曲越宽，翼部矿层减薄带也越大。例如，100m 宽的 25 号背形，减薄带宽 20m；350m 宽的 2 号背形，减薄带宽 47m（图 3）。

2.3 褶曲轴部顺层张性、张剪性断裂（F_3，简称纵断裂系统）

各个构造体系的褶曲中，纵张性、张剪性断层的断层面与煤系层面的交线（以下简称断层线），前者及后者的锐夹角平分线与褶曲枢纽平行。其中与褶曲枢纽夹角在 5°以内的纵张性断层最发育，占纵断层的 36.8% ~75%。张剪性断层之间的锐夹角一般

为34°~52°（图4）①，在层面上呈X型。

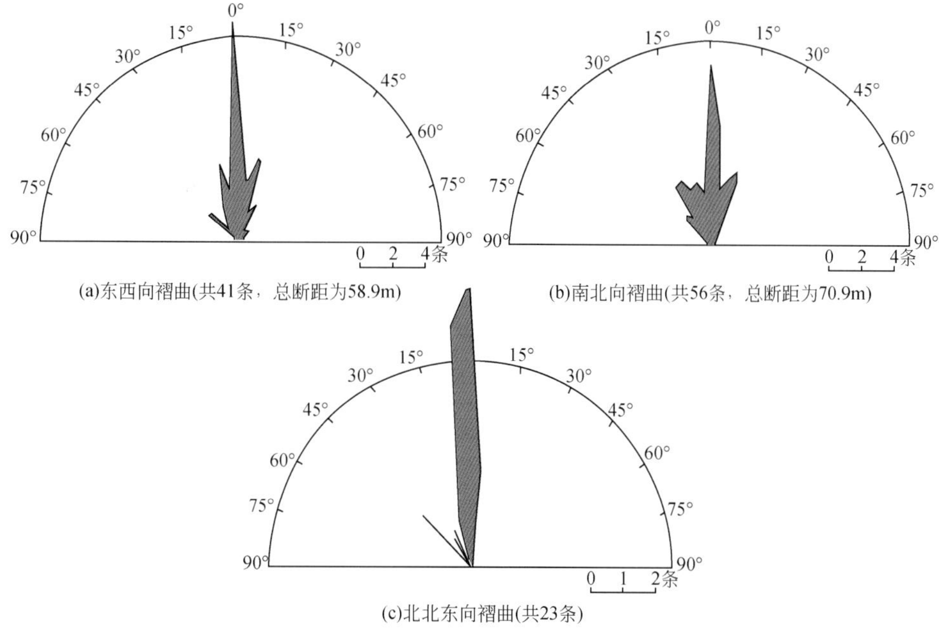

图4 各种褶曲构造中纵断层系统的断层线与褶曲枢纽夹角玫瑰花图

纵张性断层有的呈锯齿状，齿的边长从数十厘米至数米不等。

纵断层系统绝大多数为正断层，个别为高角度逆断层。一般断距为数十厘米至2m，没有切穿煤系，所以顶板断层和底板断层通常各自独立。

根据横穿褶曲的巷道之编录图所作的数理统计，背形轴部、向形轴部两侧和挠曲上转折角的顶板纵断层系统断层强度为4.4~9.4m/20m，翼部为0~1.9m/20m，前者平均强度为后者的7.8倍（图5）。

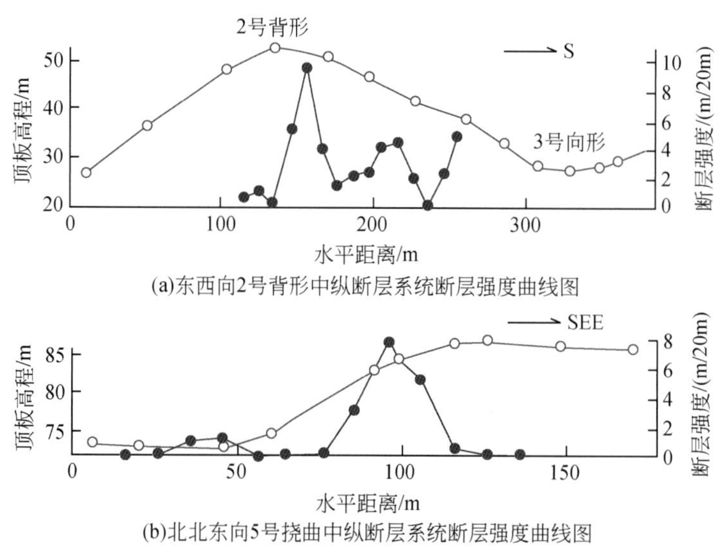

① 本文玫瑰图都以5°为最小分格单位，并且一般以断层的断距作为统计对象。

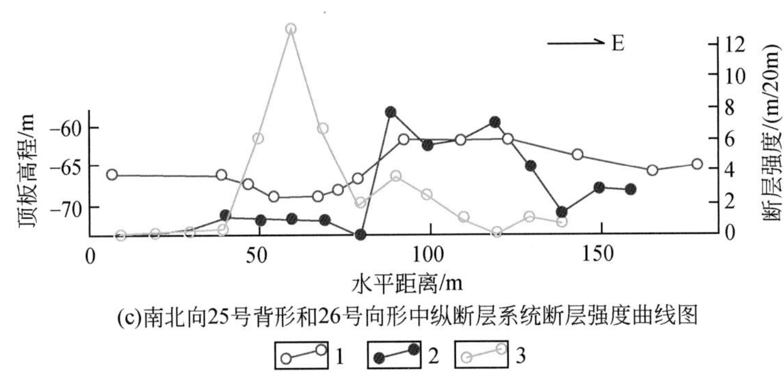

(c)南北向25号背形和26号向形中纵断层系统断层强度曲线图

1　2　3

图 5　各种褶曲构造中纵断层系统断层强度曲线图

1. 煤系顶板及其高程点；2. 顶板纵断层强度；3. 底板纵断层强度

为了更为精确地表述断层的发育程度，作者把断层密度和断层断距两种属性结合在一起，创立了断层强度新概念。断层强度统计也运用滑动平均法。根据所在地段的断层密度和褶曲规模，选取每 20m 巷道为一个统计单位。统计单位断层强度为该段同系统断层的断距之和。单位与单位之间 10m 重复。断层强度曲线图横坐标表示水平距离，纵坐标分别表示顶板高程和统计单位断层强度。

褶曲幅度越大，纵断层系统断层强度越强。例如，幅度 9m 的 24 号挠曲，上转折角顶板的纵断层系统断层强度为 5. 1m/20m；幅度 14m 的 5 号挠曲，上转折角顶板的纵断层系统断层强度则达 7. 8m/20m（图 5）。

规模较大的鸡笼山向形和坡山向斜的底板深处，有由纵断裂发育而成的地下暗河存在，已知长度分别为 400m 和 1000m，最大涌水量分别为 $100m^3/h$ 和 $200 \sim 300m^3/h$。

2. 4　褶曲轴部内侧逆冲断层（F_4）

褶曲轴部逆冲断层罕见，仅在两个背形轴部的顶板和两个向形轴部的底板中各发现 1 条。其中 1 条位于幅度 24m 的背形，其余均见于幅度 2 ~ 4m 的褶曲中。

逆冲断层的断层线与褶曲枢纽平行，断层面与煤系层面交角为 16° ~ 45°，断距为 0. 5 ~ 3m。顶板断层运动盘俯冲，底板断层运动盘仰冲。煤系在运动盘减薄，在另一盘加厚（图 6、图 7）。

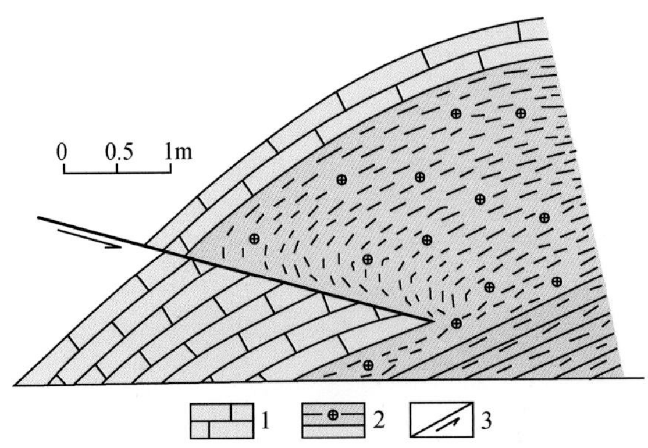

图 6　顶板逆冲断层两盘矿层厚度变化情况剖面图

1. 煤系顶板石灰岩；2. 煤系，上为黄铁矿层，下为硅质页岩；
3. 逆冲断层及其错动方向

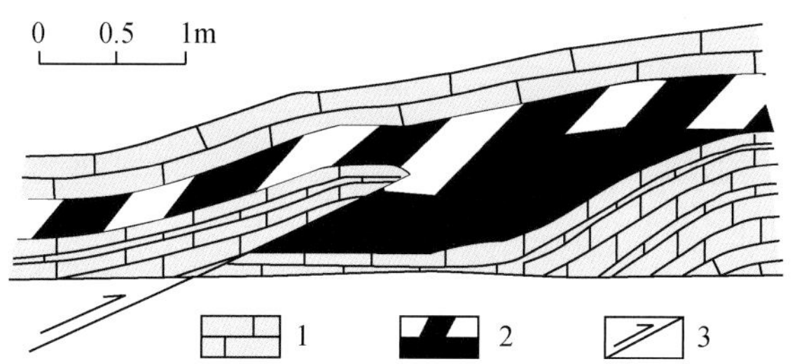

图7 底板逆冲断层两盘煤系厚度变化情况剖面图

1. 煤系顶底板石灰岩；2. 煤系，上为碳质页岩，下为煤层；
3. 逆冲断层及其错动方向

2.5 褶曲内外侧的顺层横张性、压剪性断裂（F_5，简称横断裂系统）

各个构造体系的横张性和压剪性断层分布于褶曲内外侧。前者断层线及后者断层线锐夹角平分线，或与褶曲枢纽垂直，或与挤压力平行。压剪性断层断层线之间平均锐夹角，南北向构造的39°（图8），东西向构造的51°（图9），在层面上均呈X型。

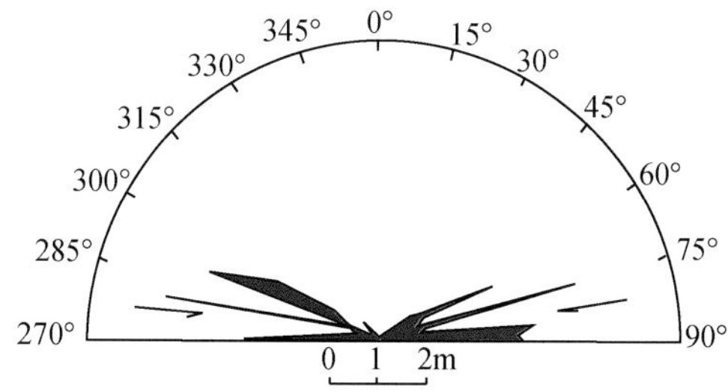

图8 南北向褶曲中横断裂系统方向玫瑰图

（共23条，总断距为24.9m）

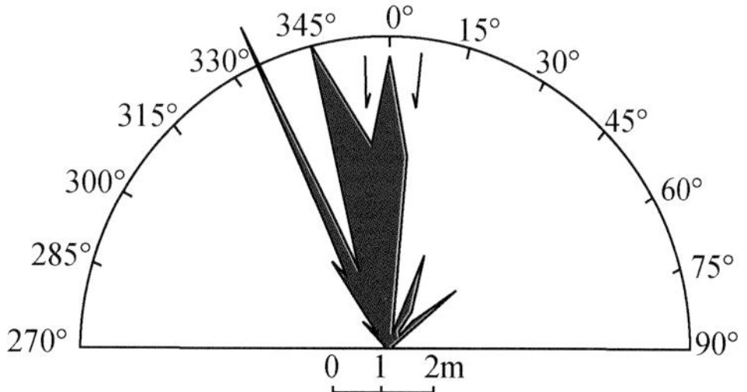

图9 东西向褶曲中横断裂系统方向玫瑰图

（共30条，总断距为41.8m）

横断裂系统绝大多数为正断层，个别为高角度逆断层，断距一般也较小，顶底板断层各自独立。

东西向褶曲中横张性断层含水性强，含水的占63%，分别为其两组压剪性断层的2.2倍和3.5倍。其中一条顶板横张性断层长度超过600m，断层面有数十厘米宽的张裂隙，岩溶现象发育，导水性强，系地表水进入矿井的主要通道，最大涌水量为$80m^3/h$。

压剪性断层断层面平整，并具有平行于断层线、垂直于断层线、平行于断层倾向和斜滑的擦痕。斜滑擦痕与断层线夹角，一般为30°~60°（图10、图11）①。从断层面斜滑擦痕，以及断层间切割关系来看，断层的扭动方向是，锐夹角一盘朝角尖方向扭动。

① 本文采用吴尔福网上半球投影。

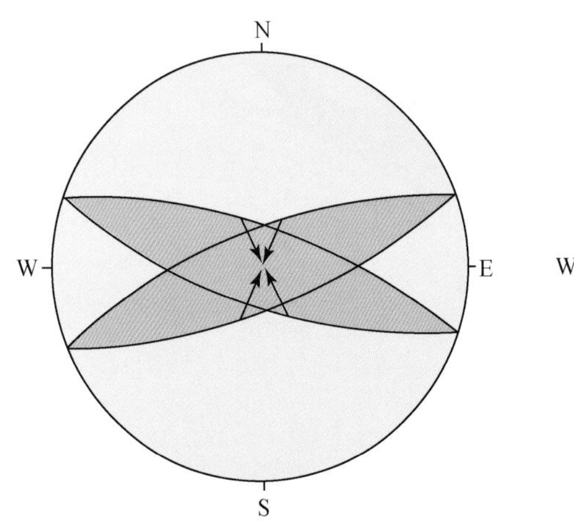

图 10　南北向褶曲中压剪性断层及其斜滑擦痕产状赤平极射投影图

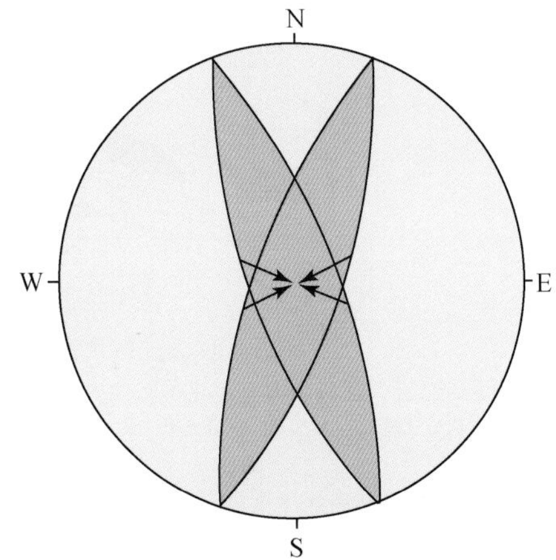

图 11　东西向褶曲中压剪性断层及其斜滑擦痕产状赤平极射投影图

一般说来，横断裂系统的发育程度低于纵断裂系统。例如，南北向构造横断裂系统平均断层强度为 1.3m/20m，为其纵断裂系统的 48.2%。在横断裂系统中，横张性断裂发育程度低于压剪性断裂（图 8、图 9）。

根据已知事实，区内压剪性断层的垂向断距一般大于水平断距。

东西向褶曲中横断裂系统，包括小型断层和断距达数十米的中型断层，不少呈角状。角状断层是由两条不同方向的断层组成，其共同的下滑盘位于断层的内夹角。内夹角有的为钝角，下滑方向与岩层走向大致平行；有的为锐角，下滑方向与岩层倾向基本一致。断层每边长度，小型的数十米，中型的数百米。

角状断层角顶断距较大，往两端渐小。角状断层与锯齿状断裂不同：前者只有一个“齿”，“齿”的边长较大。

2.6　纵、横断裂系统在垂向上的构造特点

2.6.1　断裂在垂向的产状和滑动

在各个构造体系的纵、横断裂系统中，每组同方向断裂在剖面上均可见三个互不平行的断裂面。其中一个是与煤系层面法线平行的法向张性断裂面，其余两个是与煤系层面法线斜交的法向压剪性断裂面。法向压剪性断裂面间呈 42°～64°相交，其锐夹角平分线与煤系层面垂直，锐夹角一盘下滑，两者在煤系层面的法向上呈 X 型。法向压剪断裂比法向张性断裂发育，如图 12～图 16 所示，图中 α 为煤系视倾角，—·—为煤系层面法线。

这些断裂面有的单独出现，有的成双成群产生。后者在顶底板组成阶梯状、埂状、反埂状、槽状、反槽状、V 状、反 V 状或角状等形式（图 17、图 18）。

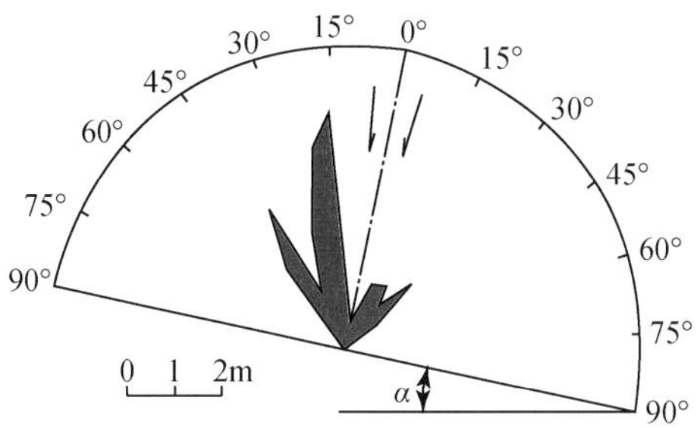

图 12 东西向褶曲中纵张、张剪性断层断层面与煤系层面法线夹角玫瑰图

（共 31 条，总断距为 33.2m）

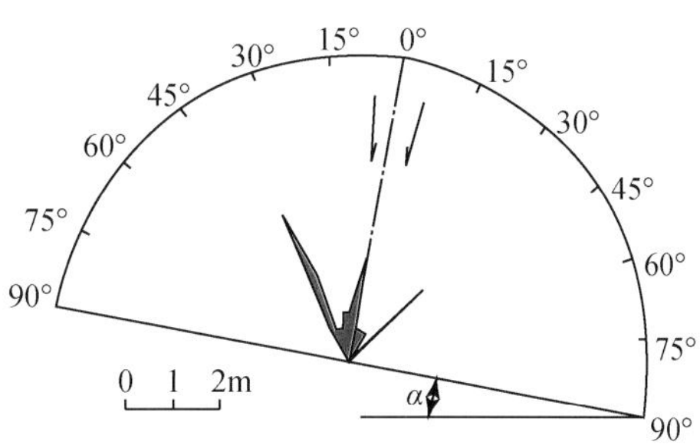

图 13 北北东向褶曲中纵张、张剪性断层断层面与煤系层面法线夹角玫瑰图

（共 10 条，总断距为 13.2m）

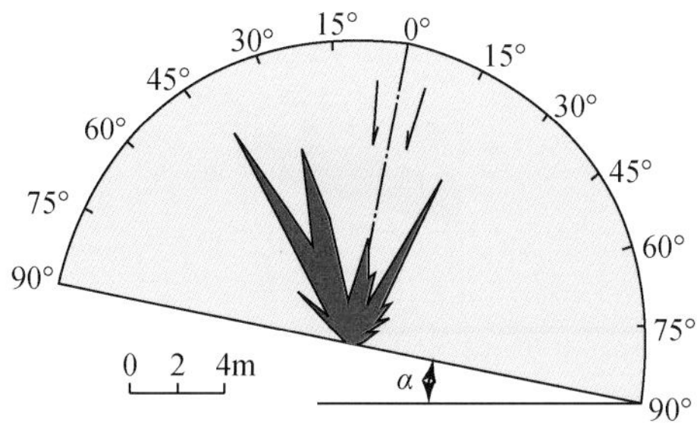

图 14 南北向褶曲中纵张、张剪性断层断层面与煤系层面法线夹角玫瑰图

（共 78 条，总断距为 90.9m）

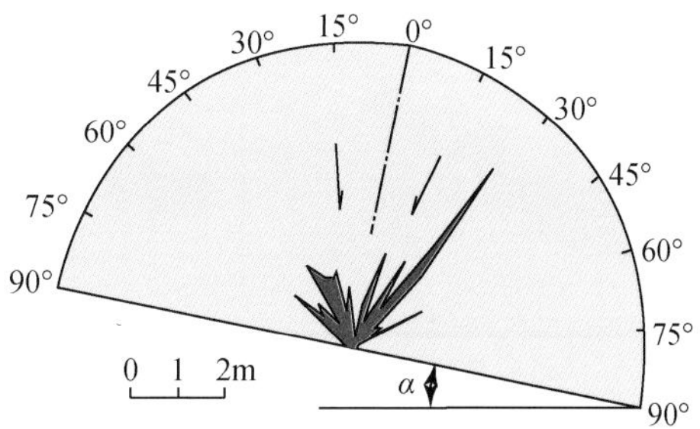

图 15 南北向褶曲中横张、压剪性断层断层面与煤系层面法线夹角玫瑰图

（共 28 条，总断距为 24.9m）

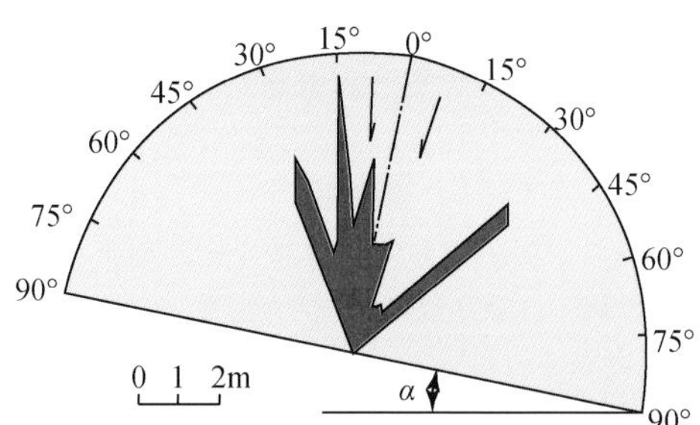

图 16 东西向褶曲中横张、压剪性断层断层面与煤系层面法线夹角玫瑰图

（共 30 条，总断距为 41.8m）

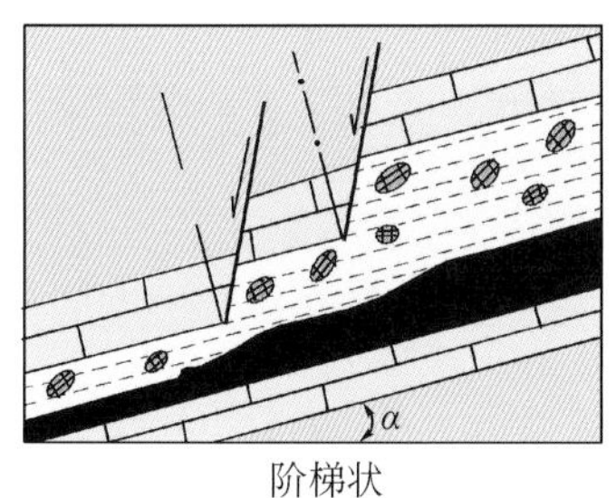

阶梯状

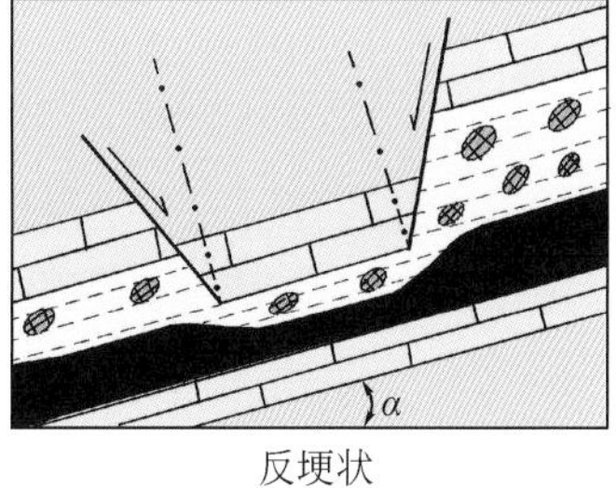

反埂状

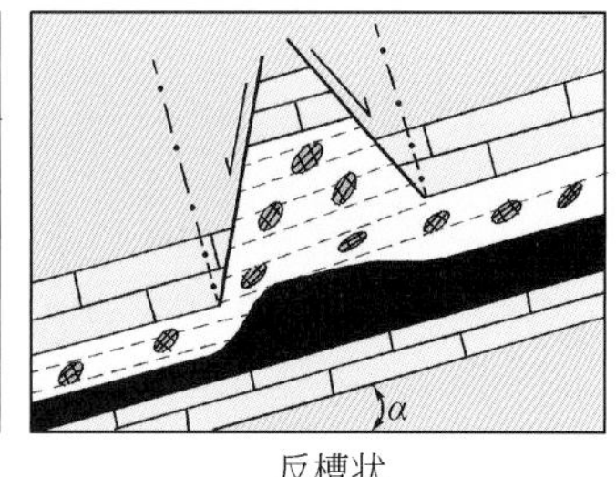

反槽状

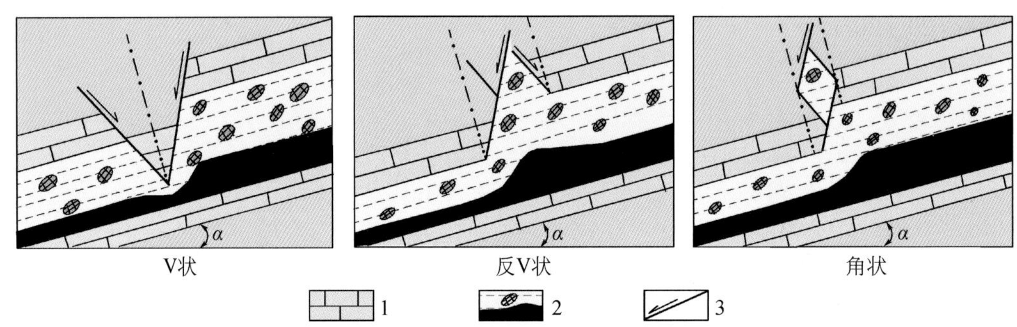

图 17　顶板纵、横断裂系统在煤系层面法线上的组合形式

1. 煤系顶底板石灰岩；2. 煤系，上为黄铁矿层，下为煤层；3. 法向压剪性断层及其错动方向

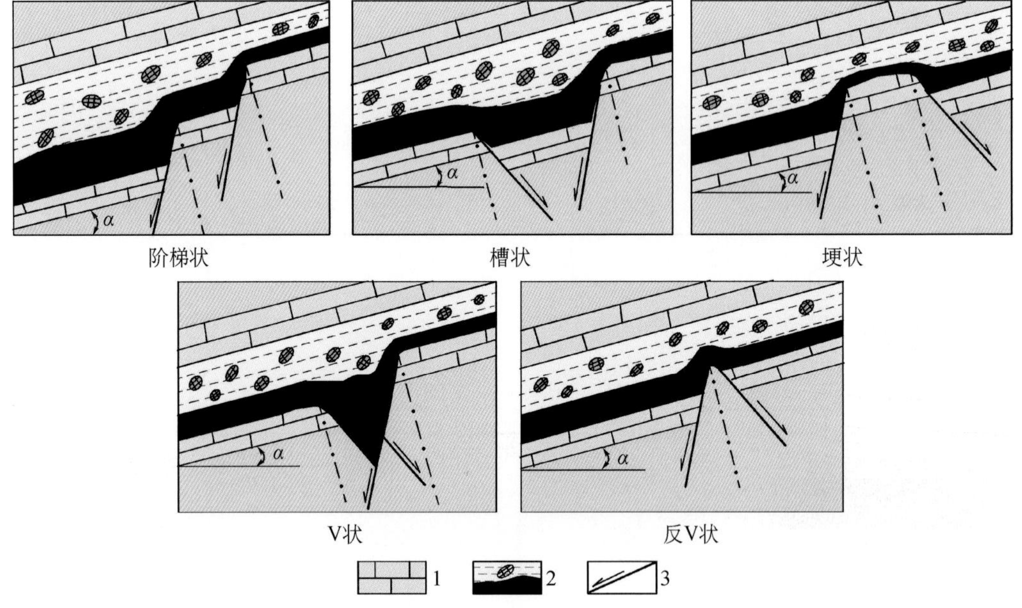

图 18　底板纵、横断裂系统在煤系层面法线上的组合形式

1. 煤系顶底板石灰岩；2. 煤系，上为黄铁矿层，下为煤层；3. 法向压剪性断层及其错动方向

法向压剪性断裂面与煤系层面法线夹角，一般大于该剖面上煤系视倾角，所以矿区的纵、横断裂系统通常呈正断层产出；只有个别断裂面与煤系层面法线夹角小于该剖面上煤系视倾角的，才成为高角度逆断层（图 19）。

正断层上下盘接触紧密，呈封闭状；逆断层断层面有数厘米至数十厘米宽的张裂隙，并有地下水活动，涌水量有的达 10 ~ 15m^3/h，成为矿井地下水的重要来源之一。

同一断裂系统中，同斜下滑断层比反斜下滑断层①发育，前者断距一般为后者的 1.4 ~ 2.2 倍（图 12 ~ 图 16）。因此向形似地堑，背形似地垒（图 20）。

顶板断层下滑盘煤系减薄，另一盘加厚；底板断层与之相反，下滑盘煤系加厚，另一盘减薄（图 21、图 22）。小型断层加厚带、减薄带宽度一般只有数米，中型断层

① 同斜下滑断层是指沿煤系倾斜方向下滑的断层，反斜下滑断层是指沿反煤系倾斜方向下滑的断层。

的可达 20 ~ 30m。

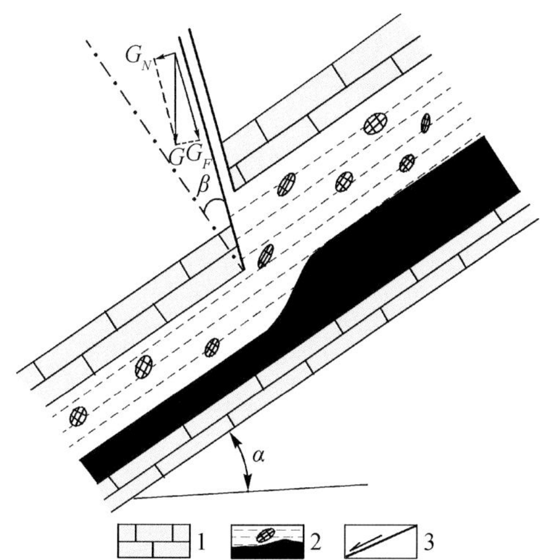

图 19　$\alpha>\beta$ 时所产生的高角度逆断层

1. 煤系顶底板石灰岩；2. 煤系，上为黄铁矿层，下为煤层；3. 法向压剪性断层及其错动方向

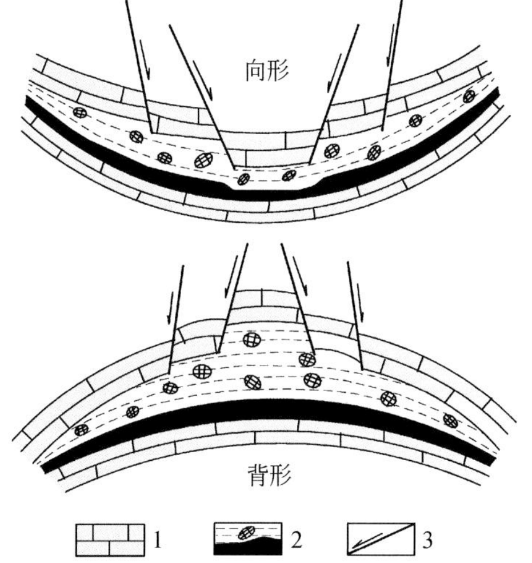

图 20　褶曲构造中纵张、张剪性断层主要下滑方向示意图

1. 煤系顶底板石灰岩；2. 煤系，上为黄铁矿层，下为煤层；3. 法向压剪性断层及其错动方向

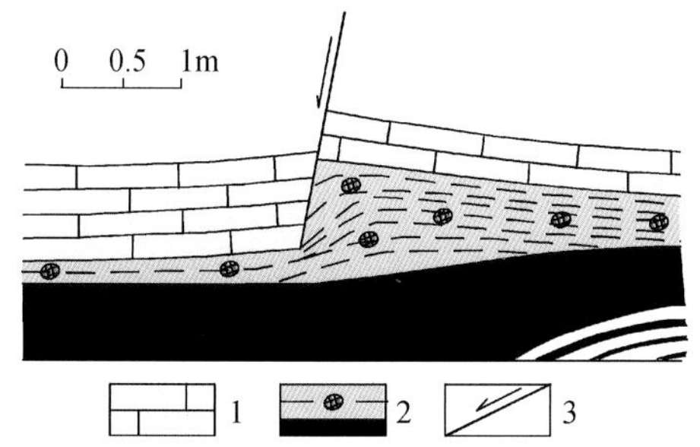

图 21　顶板正断层两盘矿层厚度变化及下盘上扬现象剖面图

1. 煤系顶底板石灰岩；2. 煤系，上为黄铁矿层，下为煤层；3. 法向压剪性断层及其错动方向

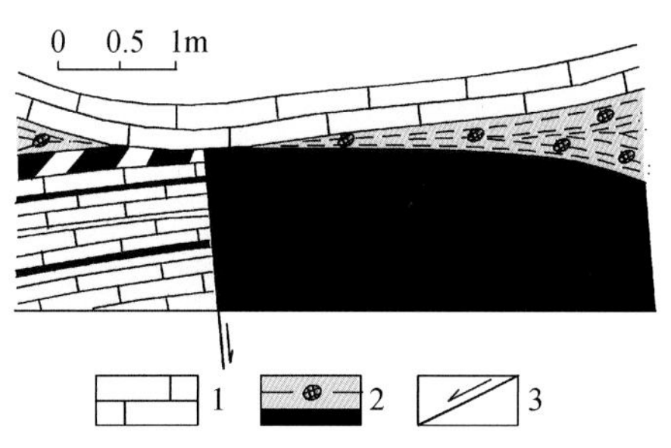

图 22　底板正断层两盘煤系厚度变化现象剖面图

1. 煤系顶底板石灰岩；2. 煤系，上为黄铁矿层，下为煤层；3. 法向横张性断层及其错动方向

向形轴部顶板，为向形两翼顶板同斜下滑断层的共同下滑盘，因此煤系在轴部减薄、尖灭，在轴部两旁加厚（图 20）。

2.6.2　顶、底板断层强度及其分布上的差异

顶板断层不但比底板断层发育，而且分布规律也大不相同。

在揭露到顶板的 2211m 煤系巷道中，顶板平均断层强度为 2.1m/20m；其中揭露到底板的 1049m 巷道，底板平均断层强度为 1.2m/20m。前者为后者 1.8 倍。

从纵断层强度曲线图可看出，顶板断层在向形轴部十分衰弱，而底板断层在该部位却极其发育。例如，26 号向形轴部的底板纵断层强度竟达 13m/20m，等于所在地段平均强度的 6.5 倍，而该部位的顶板纵断层强度却只有 1m/20m 左右［图 5（c）］。

3　对矿区褶曲构造中各种断裂系统力学成因的研究

区内隶属于不同构造体系、产生于不同地质时期、具有不同规模、不同形态和不同方向的四种褶曲构造，为什么具有上述共同的断裂系统？其中许多断裂系统，为什么在自然界相当普遍，在模拟试验中能反复再现？凡此种种，它们的力学机制是什么？这就要求应该把这些构造变动的陈迹，当作一种构造型式中的构造成分看待，从而进一步去追溯产生这些构造成分的构造应力场。

矿区褶曲构造中各种断裂系统形成的力学原因，作者引用材料力学纵弯杆概念，并结合重力作用，从定量角度对其作出全面系统说明。

3.1　纵弯杆中应力的分布及其产生的断裂系统

3.1.1　作用力的分解

纵弯褶曲的受力状态和形变情况，与材料力学受轴向挤压而弯曲的纵弯杆类似[3]。为了简单起见，岩层自身重量暂且忽略不计。

图 23 中，杆件 AB 在挤压力 P 作用下发生纵弯曲。根据静力学得知，纵弯杆任意横断面的作用力，将分解为剪切力 Q、弯矩 M 和轴向压力 N。

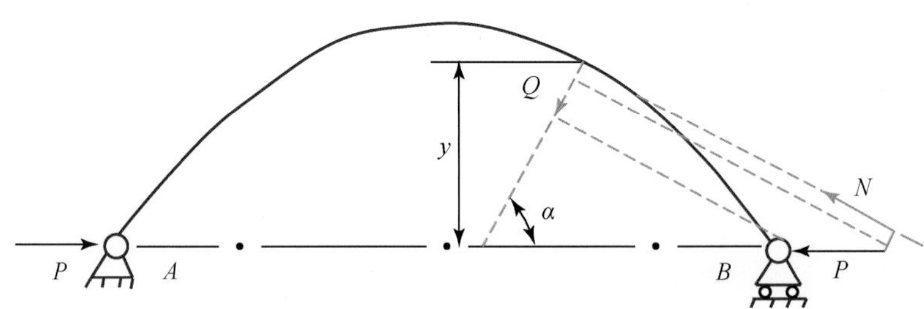

图 23　水平挤压力（P）在纵弯杆上的分解

Q 为 P 在该横断面上的投影；M 为 P 与其至该横断面垂直距离 y 之积；N 为 P 在该横断面法线上的投影。

纵弯杆轴为正弦曲线，α 为纵弯杆任意横断面和 P 的夹角。

由图 23 可得

$$Q = P\cos\alpha \tag{1}$$

$$M = Py \tag{2}$$

$$N = P\sin\alpha \tag{3}$$

3.1.2　纵弯褶曲中横向剪应力和纵向剪应力的分布及其断裂系统

3.1.2.1　横向剪应力和纵向剪应力的分布

式（1）表示，Q 与 α 呈余弦关系。纵弯杆中央 α 为 90°，剪切力为零，趋向两端 α 渐小，剪切力渐强；纵弯杆变形越大，其两端 α 越趋近 0°，剪切力越趋近最大值。

该剪切力与纵弯杆轴垂直，呈扇形分布，剪切方向为端部一侧朝内，中央一侧朝外。根据剪应力互等原理，上述垂直于纵弯杆轴的横向剪应力，将导生平行于纵弯杆

轴的纵向剪应力，两者大小相等，剪切方向相反。矩形横断面纵弯杆中任意一点的横向剪应力和纵向剪应力 τ 为

$$\tau=\frac{3}{2}\cdot\frac{Q}{bh}\left(1-\frac{4z^2}{h^2}\right) \tag{4}$$

式中，Q 为所求横断面剪切力；b 为横断面宽度；h 为横断面厚度；z 为所求点至横断面中心轴距离。

当 $z=0$ 时，代入式（4），得该横断面的最大剪应力 τ 为

$$\tau=\frac{3}{2}\cdot\frac{Q}{bh} \tag{5}$$

当 $z=h/2$ 时，代入式（4），得剪压力为零。横断面中剪压力呈抛物线分布，中心轴最强，趋向内外侧边缘渐弱（图 24）。由式（1）和式（4）可得，纵弯杆两端横断面中心轴横向剪应力和纵向剪应力最强（图 25），而且纵弯变形越大，α 越趋近 0°，其剪应力越大。

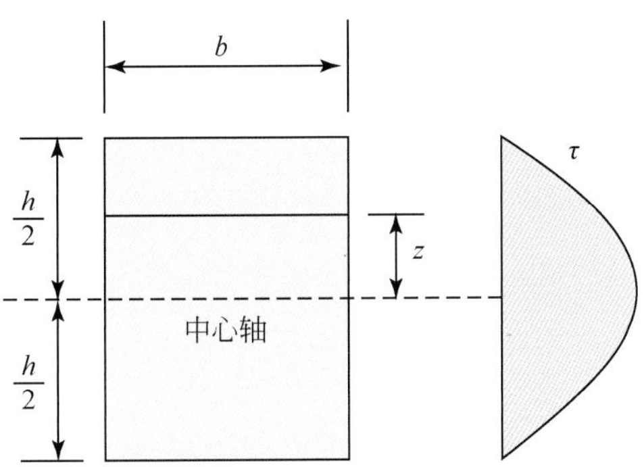

图 24　纵弯杆横断面中剪应力分布示意图

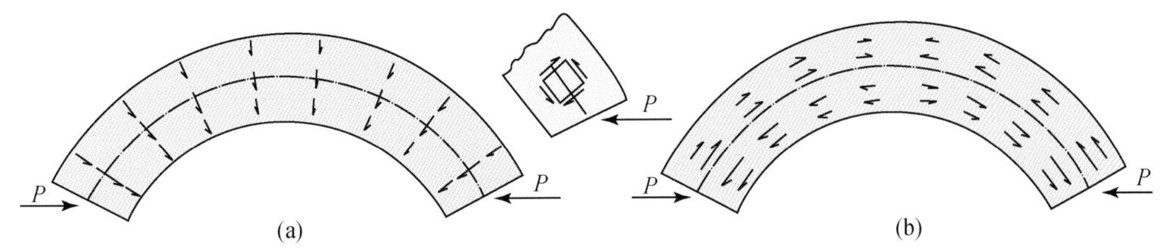

图 25　纵弯杆中横向剪应力（a）和纵向剪应力（b）分布示意图

3.1.2.2　褶曲翼部扇型逆冲断层（F_1）

纵弯杆端部横向剪应最大，故区内规模较大的东西向和北东向褶曲的翼部，普遍产生了大致与构造层垂直的扇型逆冲断层。纵弯杆横断面与挤压力夹角越小，剪应力越强，所以枫林背斜的扇型逆冲断层出现于倒转翼（图 1）。

纵弯杆横向剪应力的剪切方向，系端部朝内、中央朝外，因此这些扇型逆冲断层背斜一盘仰冲，向斜一盘俯冲。

这种位于褶曲翼部的扇型逆冲断层，在自然界相当普遍，在模拟试验中也反复再现[4-6]，它系构造断裂最典型的分布类型之一[7,8]。

中性面剪应力较两侧为强，所以在自然界和模拟试验中，褶曲翼部扇型逆冲断层

在构造层中部比较发育，如图 26[9]、图 27[4] 所示。

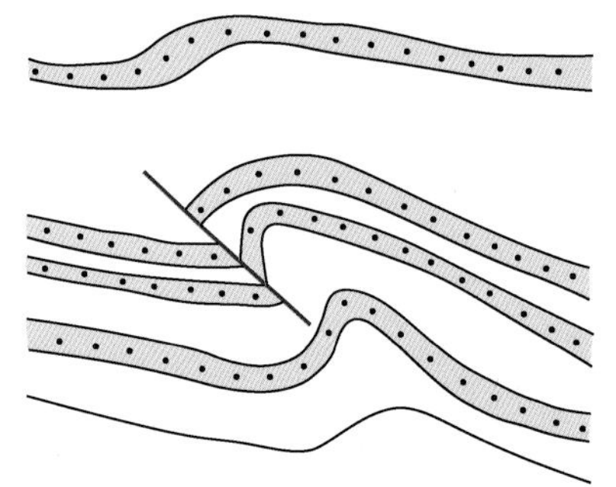

图 26　北京西山震旦系板岩及砂岩所形成的不对称背斜中扇型逆冲断层的分布[9]

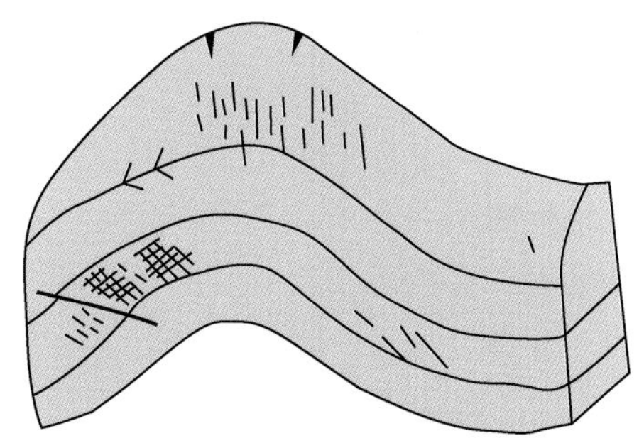

图 27　纵弯褶曲模型中扇型逆冲断层和顺层剪切断裂的分布[4]

这种从构造层中部向两侧发展的逆冲断层往往切入地壳较深，乃至成为岩浆活动的通道。所以，枫林矿区的两期岩浆活动，都与这种逆冲断层有关，并非偶然的巧合。

掌握这种断裂的分布规律有助于找矿。因一些矿层（体）被它断失，一些矿床的形成又与岩浆沿它侵入有关。

有人把扇型逆冲断层与剖面 X 型断裂混为一谈，这是不切实际的。因由挤压力直接产生的剖面 X 型断裂，可以出现于非褶皱地区；在褶曲中可以出现于任何部位；逆冲方向与褶曲形态无关；断裂面不与构造层垂直，而与水平面呈小于 45°的夹角。所以这两种逆冲断层的成因各不相同，将它们相提并论，是不了解岩层弯曲变形后派生了一个新的横向剪应力的缘故。

这个新的横向剪应力，往往比挤压力直接产生的剪应力大。这点从下面的推算可以得到说明。

设褶曲翼部中性面最大横向剪应力为 τ_Q 。根据式（1）和式（5）可得

$$\tau_Q = \frac{3}{2} \cdot \frac{Q}{bh} = \frac{3}{2} \cdot \frac{P\cos\alpha}{bh} \tag{6}$$

挤压力直接产生的、与之呈 45°夹角的最大剪应力 τ_σ 为水平压应力 σ 的一半，即

$$\tau_\sigma = \frac{1}{2}\sigma = \frac{1}{2} \cdot \frac{P}{bh} \tag{7}$$

式中，符号意义同前。

计算得知，当 $\alpha<70°32'$ 时，$\tau_Q>\tau_\sigma$，即褶曲翼部倾角（与 α 互为余角）$>19°28'$ 时，其中性面的剪应力将大于挤压力直接产生的最大剪应力；当褶曲翼部倾角达 90°时，其中性面的剪应力将趋近于挤压力直接产生的最大剪应力的 3 倍。这就说明了为什么纵弯褶曲翼部的扇型逆冲断层在自然界会那样普遍，在模拟试验中能反复再现。

3.1.2.3　褶曲翼部层间剪切运动（F_2）

纵弯杆端部纵向剪应力最大，故区内各个构造体系的褶曲翼部产生了层间剪切运动。煤系强度低，层间剪切运动便特别强烈，从而把煤系物质从剪应力大的翼部，推向剪应力小的转折端，造成煤系在翼部减薄、尖灭，在背形轴部和挠曲上下转折角外侧加厚（图 3）。

纵弯杆横断面与挤压力夹角越小，剪应力越强，因此褶曲陡翼煤系减薄更为强烈。

煤系顶底板间强烈的剪切运动所留下的形迹，是煤系尖灭处辨认煤系层位的主要标志之一，这点对避免探矿巷道跟错层位至关重要。

纵向剪应力剪切方向与横向剪应力剪切方向相反，所以层间剪切方向系顶板朝上、底板朝下。

在层间剪切运动作用下，矿区东部及其近邻地区岩浆沿褶曲翼部的层面侵入，形成层状矿床[1]。

褶曲越大，剪应力作用范围越广，翼部煤系减薄带也越宽。减薄带宽度与褶曲宽度的这种关系，给探矿工程的设计提供了重要的依据。

褶曲翼部煤系减薄带宽度，一般大于该褶曲所派生的断层减薄带宽度。矿山工人经过长期的生产实践，也总结出这么一条经验："闭得快，开得快；闭得慢，开得慢"。即断层引起的煤系陡然减薄，减薄范围较窄；顶底板间剪切运动引起的煤系缓慢减薄，减薄范围较大。对采矿工程来说，前者是战术性的，后者是战役性的。

由于断层对煤系厚度变化影响范围较小，所以在煤系厚度曲线图中，断层这一因素除向形轴部外，一般可以通过一定的统计方法加以排除。

根据最小功定律，应力是依靠最柔软最活动的部分实现其形变。煤系顶底板都是坚硬的石灰岩，故褶曲翼部剪应力便大部分消耗于煤系物质塑性变形中，因此，区内小型褶曲翼部的顶底板间剪切运动虽然如此强烈，但却没有产生垂直于煤系层面的扇型逆冲断层。

3.1.3 纵弯褶曲中直应力的分布及其产生的断裂系统

3.1.3.1 直应力的分布

式（2）表明，纵弯杆中弯矩的分布，两端为零，越趋中央越大。

弯矩使杆件外侧引张、内侧压缩；两侧之间为不引张不压缩的中性面。矩形断面杆件中任意一点的纵向直应力 σ_M 为

$$\sigma_M = \frac{12Mz}{bh^3} \tag{8}$$

式中，M 为该横断面所受弯矩。其他符号意义同前。

弯矩所派生的纵向直应力，其大小同至中性面距离成正比（图 28）。

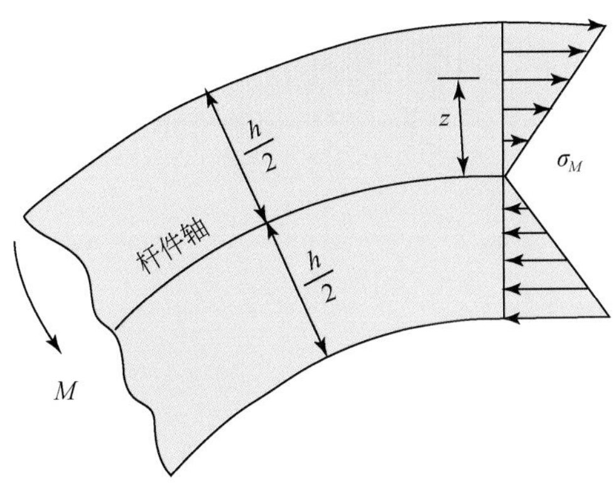

图 28 在弯矩作用下，纵弯杆横断面中纵向压应力和纵向张应力分布示意图

式（3）表明，轴向压应力均匀地分布于整个横断面中（图 29）。N 与 α 呈正弦关系。纵弯杆中央 α 为 90°，轴向压力达到最大值，趋向两端 α 渐小，轴向压力渐弱；纵弯杆变形越小，α 越趋近 90°，轴向压力越趋近最大值。

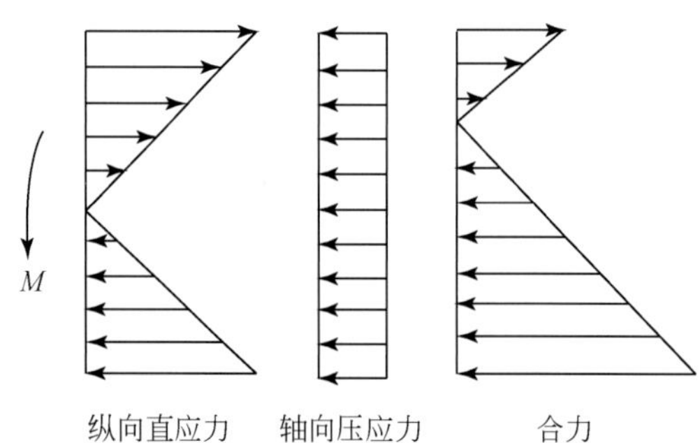

图 29　在纵向直应力与轴向压应力向量和示意图

横断面中轴向压应力呈均匀分布（图 29）。矩形横断面杆件中轴向应力 σ_N 为

$$\sigma_N = \frac{N}{bh} \tag{9}$$

纵弯杆横断面中任意一点的直应力，按照力的叠加原理，为纵向直应力与轴向压应力之向量和（图 29）。

矩形横断面中任意一点的直应力 σ 为

$$\sigma = \sigma_N + \sigma_M = \frac{N}{bh} + \frac{12Mz}{bh^3} = \frac{P\sin\alpha}{bh} + \frac{12Pyz}{bh^3} \tag{10}$$

式中，σ_N 为矩形横断面的轴向压应力。其他符号意义同前。

纵弯杆内侧直应力为纵向压应力与轴向压应力之和，外侧直应力为纵向张应力与轴向压应力之差（图 29）。

从式（10）可以看出，纵弯杆中央的内侧边缘压应力最大，其外侧边缘张应力最强（如果纵向张应力没有被轴向压应力全部抵消的话）（图 30）；纵弯杆的幅度（挠度）越大，直应力越强；纵弯杆断面的厚度越小，直应力越大。

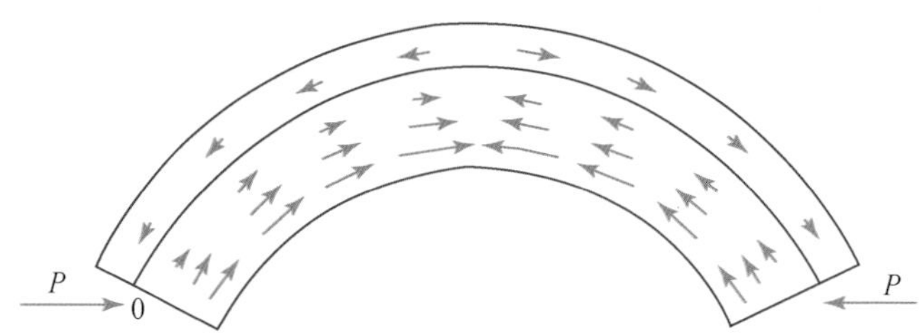

图 30　弯矩所派生的纵向直应力与轴向压应力之向量和

3.1.3.2　褶曲轴部纵断裂系统（F_3）

区内褶曲中顶底板间既然进行了如此显著的剪切运动，那么，顶板和底板便可各视为独立的杆件。每个独立的杆件各有其自身的内外侧，所以一般而论，顶底板在与煤系毗邻处的应力性质是不同的。这点从一些向形轴部顶板产生正断层，底板产生逆冲断层得到说明，一些模拟试验也提供了类似的现象[6]。

虽然纵弯杆外侧的直应力为纵向张应力与轴向压应力之差，但计算表明，在杆件的幅度与厚度之比大于 1/6 时，其外侧纵向张应力仍然大于轴向压应力，而依然没有改变该部位的引张性质。

以 2 号背形为例。该背形幅度 y 为 24m，顶板厚度 h 为 100m，外侧边缘至中性面距离 z 为 50m，宽度 b 取 1m。可得背形轴面外侧边缘直应力 σ 为

$$\sigma = \frac{12Mz}{bh^3} - \frac{N}{bh} = \frac{12 \times 24P \times 50}{1 \times 100^3} - \frac{P}{1 \times 100} = \frac{1.44P}{100} - \frac{P}{100} \tag{11}$$

计算得知，2 号背形轴面外侧边缘的纵向张应力，为该部位轴向压应力的 1. 44 倍。

所以区内许多背形顶部由于纵断裂系统发育而剥蚀成为洼地；向形轴部两旁（不在轴部，而在轴部两旁，理由见 3. 2. 1 节）顶板纵断层的断层强度一般为平均值的 1. 7 ~3. 1倍；挠曲下转折角顶板垂直断层有的产生十几厘米宽的张裂隙；一些向形底板深处有由纵断裂发育而成的暗河。

中性面在杆件断面中的位置并不是自始至终固定不变的。外侧破裂部分由于不能再承受张应力，实际上它已经从杆件中分离出去。杆件厚度一旦缩小，中性面就随之内移，张应力也随之增加。作用力持续作用，外侧断裂便不断加深，中性面就节节向内移动，直到杆件完全断裂为止。所以背形轴部和挠曲上转折角的顶板纵断裂，往往从顶部一直向下伸展到煤系，使该部位纵断层的强度为所在地段平均强度的 3. 1 ~6. 2 倍。其中一些断裂还成为地表水流入矿井的通道。

纵弯杆幅度越大，张应力越强，所以幅度大的褶曲顶板纵断层系统断层强度也高，剥蚀作用也甚。

规模较大的东西向和北东向背形轴部，煤系都被剥蚀殆尽，而将矿区切成三条矿带，其中南带又切成两个矿段。

规模最大的枫林背斜翘起的东段，其轴部的纵断裂切入地壳更深，以致引起岩浆侵入，产生夕卡岩型矿床[1]。

向形纵断裂是自下向上伸展的，其顶部断裂远不及背形发育，故它剥蚀速度较慢，而形成“背形谷，向形山”这一地貌景观，使向形煤系得以残存。

纵弯杆中央张应力强，越趋两端越弱。所以褶曲轴部顶板纵断层系统虽然如此发育，而其翼部断层强度多半为零，充其量也不过为轴部的 15. 4% ~43. 5% 。

一些断层强度曲线波峰侧旁的若干波谷，不是断裂产生前张应力分布不均所致，而是断裂出现后张应力释放于断裂发育地段的结果。

纵向张应力顺层传递，其所生的纵张性断裂的断裂线垂直于应力轴，张剪性断裂的断裂线与应力轴呈 $45° + \frac{\varphi}{2}$ 夹角。φ 为岩石内摩擦角。

为了根据这种纵断裂求取应力轴方向，必须建立以煤系层面法线作垂直轴、煤系层面作水平轴的三向应力轴。方法见有关文献[10]。

纵向张应力与褶曲枢纽垂直，故纵张性的断裂线与褶曲枢纽平行，张剪性的断裂线锐夹角平分线与枢纽一致。

地质构造现象和岩石力学试验表明，岩石在张应力作用下多发生张性破裂，所以区内的纵断层系统中，张性的比张剪性的发育（图 4）。纵断层系统最密集的方向，往

往就是褶曲枢纽的方向。

区内小规模褶曲平缓，其枢纽方向无法从一条巷道中测得，根据纵断裂系统各组的发育程度和方向来求取枢纽的方向，是个比较有效的方法。例如，25 号和 26 号褶曲只有一条巷道穿过，测不出该褶曲的方向，尔后将其纵断层系统的方向编成玫瑰图，推断枢纽为南北向（图 4）。这一推断为后来采矿工程的揭露所证实。

3.1.3.3　褶曲轴部内侧逆冲断层（F_4）

纵弯杆内侧压应力，为轴向压应力与纵向压应力之和。

以 2 号背形顶板为例。计算得知，该背形轴面内侧边缘压应力，为其外侧边缘张应力的 5.6 倍。该顶板岩石在普通条件下抗压强度为抗张强度的 22～23 倍。岩石在长期地应力作用下的力学性质，与普通条件下的并不尽相同，可是它仍然不失为解释该背形乃至整个矿区所有褶曲的轴部中，为什么逆冲断层远没有纵张性、张剪性断层发育的充分理由。

纵向压应力和轴向压应力顺层传递，并与褶曲枢纽垂直；压剪性断裂面与压应力轴呈 $45° - \frac{\varphi}{2}$ 夹角。所以顺层压应力所产生的剖面 X 型断裂——逆冲断层，其断层线与褶曲枢纽平行，断层面与煤系层面呈小于 45°夹角；其所产生的层面横 X 型断裂的锐夹角平分线与褶曲枢纽垂直，跟褶曲外侧与褶曲枢纽平行的层面纵 X 型断裂情况恰恰相反。

纵向压应力和轴向压应力在纵弯杆中央内侧边缘都达到最大值，所以这种逆冲断层产生于褶曲轴部内侧。在自然界中，褶曲轴部外侧正断层和内侧逆冲断层的结合，系构造断裂最典型的分布类型之一[8]。

煤系强度低，阻力小，因此顶板逆冲断层的运动盘俯冲，底板的仰冲，并将运动盘的煤系物质压向另一盘，造成煤系在运动盘减薄，在另一盘加厚（图 6、图 7）。

3.1.3.4　褶曲内外侧的顺层横断裂（F_5）

纵弯杆中纵向压应力随着杆件幅度的增加而增加，轴向压应力除纵弯杆中央外，一般随着杆件幅度的增加而减小，所以在弯曲变形和没有弯曲变形的岩层中都有顺层压应力存在，而使顺层横断裂系统除褶曲轴部外侧外，在褶曲翼部及褶曲之外的水平岩层中均能产生。

顺层压剪性断裂顺层面扭动，并在断裂面上留下平行于断裂线的擦痕。

顺层横断裂系统与一般水平横断系统不同：前者产生于一定的岩层内，扭动方向平行于层面，断裂线与顺层挤压力呈一定夹角；后者切穿不同的岩层，扭动方向平行于水平面，断裂面走向受水平挤压力直接控制。

杆件变形前，整个杆件的轴向压应力达到最大值，故一些层内横断裂可能产生于岩层褶皱之前；不过区内这种断裂绝大多数出现于岩层褶皱之后。有人认为层内横断裂系统都是岩层褶皱之前的产物，这种认识无视纵向压应力和轴向压应力在褶曲中的存在。

顺层横断裂系统在自然界分布相当广泛[9,11,12]。

为了根据顺层横断裂求取应力轴方向，同样必须建立以层面法线作垂直轴、层面作水平轴的三向应力轴。这点不但对岩层水平时产生的、尔后褶皱变位的断裂是需要的[10]，而且对褶皱以后产生的断裂也必不可少。因这里断裂面走向系由岩层产状，以及断裂面与岩层的相对关系这两个互不相关的因素所决定，而失去了力学上的意义。

地质构造现象和岩石力学试验表明，岩石在压应力作用下多发生压剪性破裂，所以在横断裂系统中，压剪性的比横张性的发育（图8、图9）。

岩石的抗压强度远大于抗张强度，因此区内各个构造体系中，横断裂系统均比纵断裂系统逊色得多。

顺层压应力不独产生上述两种断裂。在轴向压应力较大的其他部位，如5号和24号挠曲上转折角外侧岩层无弯曲地段，也产生剖面X型断裂——顶板或底板逆冲断层。这种位于褶曲缓翼的逆冲断层，也是构造断裂最典型的分布类型之一（图31）[8]。

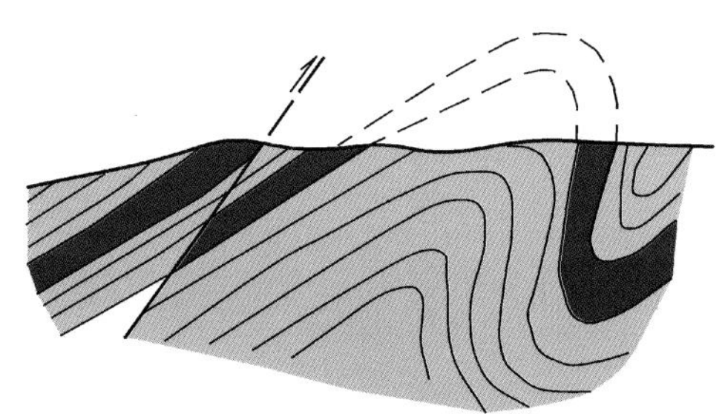

图31 不对称背斜缓翼同斜压性逆冲断层[8]

3.2 重力作用对纵、横断裂系统形成的影响

仅仅有顺层直应力，虽然可以确切地解释逆冲断层的分布、顶板纵断裂系统与若干形态的褶曲之间的关系，以及纵、横断裂系统在层面上的特点。但欲解释顶板纵断层系统的断层强度在背形、向形之间，挠曲上、下转折角之间的差异；欲说明顶底板间纵断层系统之发育程度及其分布规律的区别；欲回答纵、横断裂系统在煤系层面的法向上具有前述特点的原因，则唯有结合重力作用才行。

3.2.1 重力作用对顶板纵、横断裂系统形成的影响

顶板重力 G 在煤系这一抗力弱层上，分解成平行于煤系层面的滑动力 G_t 和垂直于煤系层面的压力 G_p。

$$G_t = G\sin\alpha \tag{12}$$

$$G_p = G\cos\alpha \tag{13}$$

式中，α 为重力与作用面法线之夹角，在这里等于煤系倾角。

摩擦力 F 为压力 G_p 与摩擦系数 f 之积：

$$F = f \cdot G_p \tag{14}$$

区内煤系倾角一般较小，摩擦力较强，滑动力较弱，所以没有发现滑动力作用而成的形变现象；尽管这种滑动力曾使某些地区的岩层滑动，并形成褶皱、逆冲断层等构造形迹[7,11]。但是垂直于煤系层面的压力在这里却发挥了极其显著的作用：它使纵、横断裂系统在煤系层面的法向上，产生一个与其平行的法向张性断裂面和两个与其夹角小于45°的法向压剪性断裂面——法向X型断裂（图32）。

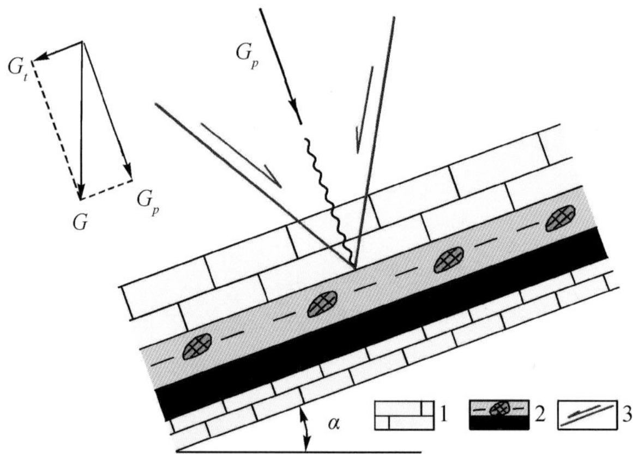

图 32　煤系顶板重力 G 在煤系层面上的分解，及其法向分力 G_p 所产生的一组法向张性断裂和两组法向压剪性断裂的图解

1. 煤系顶底板石灰岩；2. 煤系，上为黄铁矿层，下为煤层；3. 法向压剪性断层及其错动方向

与层面法向呈这种关系的断裂在自然界并不少见[9]。一些煤矿，一个断裂组也具有不同倾向的断裂面[13,14]。

由于岩石在压力作用下多呈压剪性破裂，因此法向压剪性断裂也比法向张性断裂发育。

法向 X 型断裂锐夹角一盘沿垂直于断裂线方向下滑，从而在断裂面上留下垂直于断裂线的擦痕。

在剖面上，出现单种断裂面时，形成阶梯状；出现两种断裂面时，由于断裂面或其延长线的交点位置、交点数量不同而形成各种形状（图 17）。

一条断层，有其发生、发展的过程，即使是小型断层，也往往不是一蹴而就的。断裂面一旦出现，运动盘的重力在断裂面上就分解成两力：平行于断裂面的滑动力和垂直于断裂面的法向力。前者使断层上盘沿倾斜方向下滑，并留下平行于断层倾向的擦痕；后者使正断层两盘紧密接触，呈封闭状。

高角度逆断层运动盘的重力，在断裂面上分解出来的法向力为张力，使断裂面产生张裂隙（图 19）。

法向张性断裂面上盘的重力，在断裂面上分解出来的滑动力，使它发展成为正断层。

顶板正断层，尤其是反槽状正断层，其下盘岩体的重力，在断裂面上分解出来的法向力为张力，使该部位成为矿井主要冒顶场所之一（图 17）。

角状断层内夹角的岩体，尤其是角顶的岩体，由于受到两条断层的切割，在重力作用下稳定性较差，因此其下滑盘均位于内夹角，并且角顶断距较大。

断裂面倾角越大，运动盘的滑动力越强，摩擦力越弱。同斜下滑断层倾角大于反斜下滑断层倾角，所以前者断距一般大于后者（图 17）。

因此，朝岩层走向和倾向下滑的角状断层虽然很发育，但却未见过朝岩层反倾斜方向下滑的角状断层产生。

由此可知，角状断层与锯齿状断裂不同，前者系在重力作用参与下形成的。

掌握断层错动方向与煤系层面法线的关系，以及同斜下滑断层与反斜下滑断层断距之差异，对寻找断失矿层有一定意义。

例如，一条向北掘进的煤系上山，遇东西向直立断层Ⅰ，煤系突然断失。从两盘迹象无法判定断层错动方向。尔后根据该地段煤系倾向南，倾角为25°，断层Ⅰ位于煤系层面法线上方来推断，北盘应相对上升。因此上山以大于煤系倾角的坡度向上掘进，而终于找到了断失的煤系。之后在离断层Ⅰ16m处遇东西向断层Ⅱ。断层Ⅱ倾向北，倾角为40°。这次不但根据断层Ⅱ位于煤系层面法线下方断定北盘下滑，而且按照反斜下滑断层的断距小于同斜下滑断层的一般规律，推断断层Ⅱ断距小于断层Ⅰ。施工结果表明，断层Ⅰ断距为5m，断层Ⅱ断距为3m（图33）。

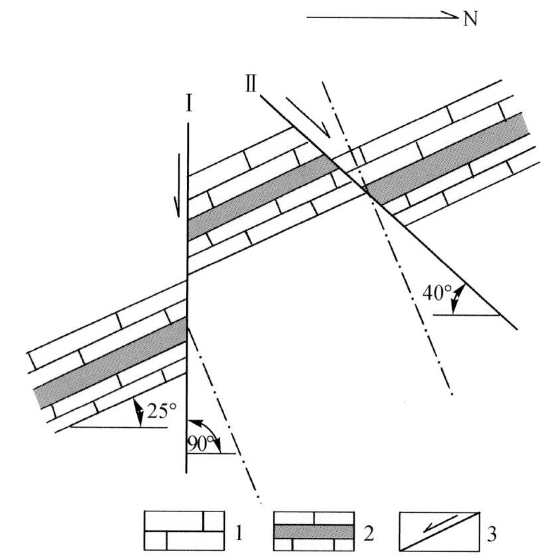

图33 一对煤系层面法向上呈共轭关系的X型断层剖面示意图

1. 煤系顶底板石灰岩；2. 煤系；3. 法向压剪性断层及其错动方向

顶板正断层运动盘在下滑过程中，将塑性的煤系物质压向另一盘，使后者顶板隆起，形成与引拽现象相反的上扬现象（图21）。这种现象，系煤系巷道掘进时预测断层的可靠标志之一。

因此煤系在顶板正断层运动盘减薄，在另一盘加厚。倒转地层中矿层位于煤系上部，顶板正断层对矿层厚度变化影响更大（图21）。

断距越大，下滑盘顶板对煤系作用越强烈，正断层两盘煤系厚度差别越多，以及加厚带和减薄带宽度也越大。这点给采矿工程的设计提供了重要的依据。

向形轴部顶板，是向形两翼顶板同斜下滑正断层的共同下滑盘。它在下滑过程中，将两翼层间剪切运动推进来的煤系物质又压向轴部两旁，造成向形轴部煤系减薄、尖灭，轴部两旁煤系加厚，与一般煤田向形轴部为煤层富集区的现象相反。

向形轴部煤系减薄带宽度受两翼断层共同控制，而较一般断层减薄带为大。

个别幅度小、顶板断层不发育的小型向形，如幅度近4m、顶板断层强度仅为1.2m/20m的26号向形，轴部煤系物质才没有被大量压出，而存在一定的富集现象（图3）。

所以一般向形轴部系采矿工程忌讳之地。该矿曾经在3号向形轴部顺枢纽方向掘进80余米探矿巷道全部报废，尔后在该巷道南20余米处，沿轴部侧旁的顶板正断层下盘布置一条巷道，施工结果表明，该部位是条平行于向形枢纽、长200余米、宽20m的特厚富集带。

向形轴部之间交叉处，更是采矿工程的禁忌区。例如，在东西向3号向形轴部和南北向13号向形轴部交叉处施工300余米探矿巷道全无所获。

挠曲下转折角只有靠翼部一边有同斜下滑断层，断层作用范围和作用强度没有向形轴部那样大，故下转折角外侧煤系富集带没有受到明显的影响（图3）。

煤系对顶板的反作用力越大，顶板断裂运动盘下滑便越困难，断层也越不容易产生。向形轴部顶板，作为向形两翼顶板同斜下滑断层的共同下滑盘，对煤系的作用力较强；因此该部位的煤系对顶板的反作用力也大，使向形轴部顶板没有或少有断层，而轴部两旁顶板正断层则很发育。挠曲下转折角顶板，在翼部顶板同斜下滑断层作用下也有一定下滑，使下转折角顶板断层的强度，一般仅为其上转折角的12.8%～31.4%（图5）。

煤系物质强度大的，对顶板的反作用力也大，顶板断层也难以产生。在强度小的结核状矿体中的2211m巷道，顶板断层平均强度为2.1m/20m；在强度较大的星散状矿体中的435m巷道，顶板断层平均强度为0.2m/20m。后者仅为前者的9.5%。

更有趣味的是，一条同时横穿星散状矿体和结核状矿体长276m的煤系平巷，其中星散状矿体184m竟无一条断层，结核状矿体92m顶板断层强度达3.6m/20m，前者往后者过渡处，恰恰是顶板断层开始出现的场所。所以根据该矿的全面统计，在较软的含结核状黄铁矿黏土页岩地段，其顶板正断层发育程度，为较硬的含星散状黄铁矿泥岩地段的10.5倍。

星散状矿体断层少，顶板剥蚀速度慢，故其地势比相邻结核状矿体地势普遍高出40～50m，而成为一种明显的地貌特征。

3.2.2　重力作用对底板纵、横断裂系统形成的影响

顶板重力作用于煤系的应力能，部分转变为煤系物质塑性变形的应变能，而应力减弱，底板受到的重力作用较小。所以无论在正常地层或倒转地层中，顶板纵、横断裂系统都比底板的发育。据该矿的全面统计，一层薄薄的煤系，竟然阻止了矿区97.7%的顶板正断层切入底板，只有其中2.3%断距大的顶板正断层才切穿了煤系。一些切穿煤系的顶板正断层，由于运动盘煤系减薄而使顶板断距也大于底板断距。

重力作用这种上强下弱的现象，在一些煤矿也曾见到[13,14]，其中有的煤矿穿切上下两层煤的正断层，下层煤断距一般为上层煤断距的70%。

底板纵、横断裂系统产于煤系对底板作用力大的部位，即顶板断层下滑盘和煤系次生富集处。向形轴部煤系受顶板的作用最强，故该部位底板断层强度最大（图5）。

如上所述，顶板纵、横断裂系统和底板纵、横断裂系统产生的条件往往相反，因此向形轴部的顶板断层强度最弱，其底板断层强度最强（图5）。

底板在煤系压力作用下，其纵、横断裂系统同样产生一个与煤系层面法线平行的法向张性断裂面和两个与煤系层面法线夹角小于45°的法向压剪性断裂面。后者在层面法向上也呈X型，并组成各种形状（图18）。在煤系尖灭处，底板断裂成为顶板之下

的层下断裂，而作为鉴别煤系层位的主要标志之一。

底板断层运动盘在下滑过程中自由空间增大，压力减低，煤系物质便从压力大的另一盘流入，造成煤系在下滑盘加厚，在另一盘减薄。在煤层与底板直接接触的倒转地层中，底板正断层下滑盘往往是煤层次生富集的场所（图22）。这种现象在区内麻土坡煤系中也常见到，所以当地小煤窑，一般都沿底板断层下滑盘采掘。

一般说来，断层是采矿工程的大敌，但在一定条件下，断层能使矿层局部富集，提高薄矿床的开采价值。

断层错动一般是指相对运动而言，这里对绝对运动盘的讨论，不是无足轻重的概念，而是关系到采矿工程设计这一重要的实际问题。

3.2.3 关于纵、横断裂系统成因的讨论

如上所述，纵、横断裂系统是在顺层直应力和重力共同作用下产生的。前者决定了断裂在层面上的性质、方向和扭动，后者决定了断裂在垂向上的性质，以及层面法线夹角和滑动。一个纵的或横的断裂系统共有9组互不平行的断裂面（图34）。

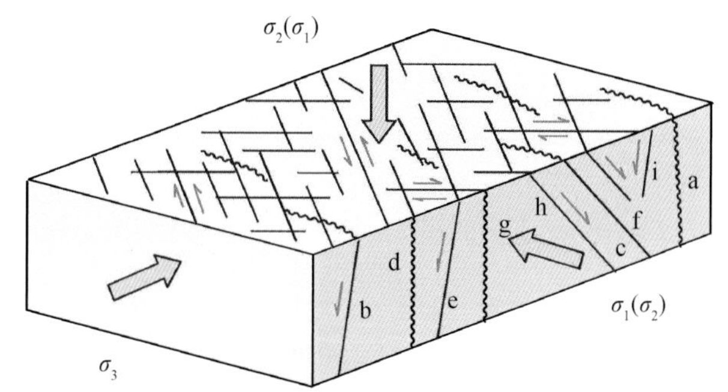

图34 在顺层直应力和重力共同作用下产生了9组张、剪性断裂

在G. 奥尔特耳对4英寸①厚的黏土饼所作的单向拉伸和单向挤压的模拟试验中，平面X型断裂也受黏土饼自身重力作用的影响而成为正断层，断层面倾角分别为72°和60°[15]。中国科学院地质研究所的模拟试验也得到了类似的结果[16]。

断裂的形成取决于应力差的大小，顺层直应力是决定纵、横断裂系统滑动量的两个应力之一。所以在重力作用大致均匀的地方，张应力强的部位顶板纵断层强度一般也比较大。这就说明了为什么某些褶曲的断层强度曲线恰恰反映了张应力强弱的分布。

压剪性断裂在顺层压力大于重力时主要产生顺层扭动；在重力大于顺层压力时主要产生垂向滑动；在两者势均力敌时产生斜向滑动。斜向滑动留下的斜滑擦痕是鉴定断层两盘扭动方向最好的标志之一。

这种混合位移的断层在自然界分布十分广泛。

重力是永恒的，水平挤压力有的是周期性的，前者即使比后者小，其积累起来的效应往往还比后者大，所以区内中、小型压剪性断层的垂向断距一般大于其水平断距。这种现象显示，岩石对长期作用的较小的重力有意想不到的敏感性。

① 1英寸=2.54cm。

对于正断层的成因有两种片面的认识。一种是只看到重力的作用，称所有正断层为重力断层；一种是只看到水平力的作用，称所有正断层为张性断层。

后一种观点流行更为广泛，以致不少人将压剪性正断层也当成张剪性断层，但是从区内及若干模拟试验中张应力和压应力都产生正断层看来，正断层并非张应力所独有。怀来歪头山断裂带岩矿构造特征研究表明，该正断层也是压剪性的[17]。

有人虽然也看到重力对正断层的作用，但是认为这种作用是在断裂面形成后产生的。诚然，断裂面形成后上盘重力在断裂面上的分解，使正断层进一步下滑；但是不能由此忽视在此之前重力对断裂形成的影响，否则就无法说明法向 X 型断裂的锐夹角平分线为什么与层面垂直，以及其断裂面上为什么有垂直于断裂线的擦痕。

区内无明显错动的纵、横节理极其发育，其破裂面或充填其中的方解石脉与层面法线的关系，和断层的一致，这种现象也充分地显示了断裂在形成的初期就有重力作用的参与。

参考文献

[1] 江西省地质局区域地质测量队. 1：20 万瑞昌幅区域地质测量报告书. 1966.

[2] 蒋镇亚. 阳新-瑞昌地区的构造体系及其复合关系的初步分析. 湖北省地质科技情报，1965，(2).

[3] 别辽耶夫 H M. 材料力学（下册）. 北京：高等教育出版社，1956.

[4] 李四光. 地质力学方法. 北京：科学出版社，1976.

[5] 黄汉纯. 几个模型试验. 地质力学丛刊，1959，(1).

[6] 蓝淇锋. 构造形迹地质力学分析图示. 北京：地质出版社，1974.

[7] 毕令斯 M P. 构造地质学. 北京：地质出版社，1959.

[8] 格佐夫斯基 M B. 构造应力场. 地质专辑，1958，(6).

[9] 武汉地质学院区地教研室. 地质构造形迹图册. 北京：地质出版社，1978.

[10] 王思敬. 岩体工程地质力学问题. 北京：科学出版社，1976.

[11] 李四光. 地质力学概论. 北京：科学出版社，1973.

[12] 卡泽米罗夫 Д A. 研究西南费尔干褶曲沉积岩层中节理的经验//国外小构造研究（专辑）. 地质部地质科学技术情报研究所编，1965.

[13] 王景明. 河北某煤矿井田深部煤层中构造裂隙特征的研究. 地质力学论丛，1976，(3).

[14] 高克德. 贵州某煤矿构造断裂的初步分析. 地质力学论丛，1976，(3).

[15] 奥尔特耳 G. 在黏土模型中地质变形的应力、应变及破裂//国外小构造研究（专辑）. 地质部地质科学技术情报研究所编，1965.

[16] 中国科学院地质研究所工程地质与抗震研究室. 岩体工程地质力学的原理和方法. 中国科学，1972，(1).

[17] 王嘉荫. 怀来歪头山断裂带岩矿构造特征和问题. 地质力学论丛，1976，(3).

压剪性正断层的成因机制与能量破裂理论
——以枫林矿区等为例*

李扬鉴

（化学工业部化学矿产地质研究院）

1 引　　言

一般认为正断层都是张性的或张剪性的，正断层所形成的断陷盆地均为引张作用的产物，正断层占主导地位的地区一定处于引张状态；但是，越来越多的事实迫使我们对这种观点提出异议。例如，位于纵弯褶曲翼部，与褶曲轴线斜交，且由水平挤压作用所产生的平面 X 型断裂多呈正断层产出；一般正断层压剪性特征明显，断层面呈封闭状，并对油气水起良好的遮挡作用；许多强地震受正断层所控制，临震时水平压应力剧增，发震时地震断层以水平错动占优势。凡此种种，都是引张说所难以解释的。

近年来有人开始注意到正断层的压剪现象，但认为这是引张和挤压先后作用的产物，或者解释为剖面上呈弧形的逆冲断层某一地段倾向的反向变化所致，以及拉分作用的结果。毫无疑问，这种“次生”的或局部的具有压剪性现象的正断层肯定是存在的，但大量的事实表明，许多呈压剪性特征的正断层是由区域应力场产生的、产状稳定的断裂。这种断裂现象不仅见于枫林矿区和中国东部中、新生代含油气盆地，而且也为有关的模拟试验所再现。所以将这种分布广泛的断裂，作为与张性正断层和张剪性正断层并列的断裂类型提出是恰当的。由于这种断裂类型与区域构造应力场、断陷盆地成因、地震地质、石油地质等的关系十分密切，而且其断裂面产状及两盘的错动方向与三个主应力的关系，又不符合大家公认的莫尔-库仑破裂理论，因此，对这种断裂类型的研究，将是一个涉及许多领域的、在实践上和理论上都具有重要意义的课题。

2 枫林矿区压剪性正断层的特征

湖北枫林矿区上二叠统龙潭煤系，由沉积型黄铁矿和无烟煤等所组成，原生厚度

---

* 本文原刊于《构造地质论丛》，1985，(4)。略修改。

附记：著名构造地质学家马杏垣院士 1984 年审阅了此文后指出，该文创立的压剪性正断层新概念，将要解决重大构造问题，并推荐给《构造地质论丛》发表。近 30 年来，该概念获得了越来越多的印证和应用。

为 1.5 ~ 3m，具有高度的塑性，但其顶底板却均为坚硬的中厚层、厚层石灰岩。所以夹于顶底板之间的煤系便成为顶板重力能释放的自由空间，其顶板正断层特别发育，断层平均间距为 10.4m。因此在该矿区采矿工程中研究这种断裂构造，不仅是生产的需要，而且也是认识构造变动规律的有利场所。

2.1　压剪性正断层在平面上的特征

矿区中、小型纵弯褶曲相当发育，并有大量的横断层伴生。它们均为中、新生代的产物，分布于褶曲翼部，尤其是缓翼。根据井下的广泛观测，横断层系统由一组横张性断层和两组压剪性断层①所组成。前者断层面和煤系层面的交线（简称断层线）与褶曲轴线（简称褶轴）垂直；后者的断层线与褶轴各呈 60° ~ 72° 夹角，在层面上组成 X 型，其锐夹角平分线与褶轴正交（图 1）[1]。

压剪性断层两盘接触紧密，呈封闭状，一般不含水，其中有的断层面侧旁还派生了次一级褶皱和逆冲断层；而且断层面极为平整，水平错动现象相当醒目，并可见到平行于断层线、垂直于断层线或斜滑等擦痕（图 2）②。从断层面上的擦痕及断层间的切错关系可以看出，压剪性断层在层面上的错动方向是，锐夹角一盘朝角尖所指的方向错动。压剪性断层较横张性断层发育，前者断层强度③为后者的 2.5 倍（图 1）。

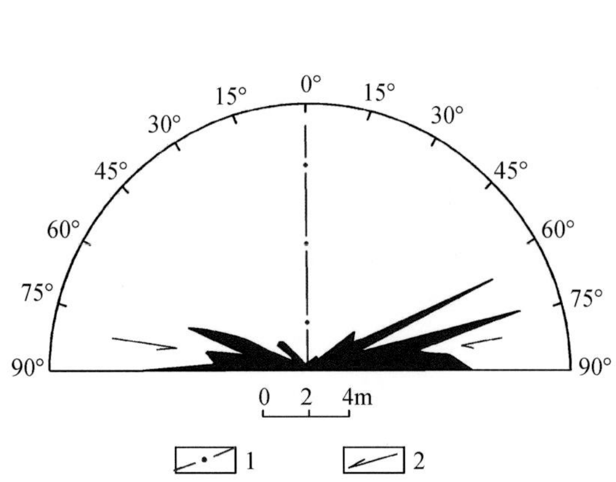

图 1　枫林矿区横张性、压剪性断层的断层线与褶曲轴线夹角玫瑰图

（共 58 条，总断距为 66.7m）

1. 褶曲轴线；2. 压剪性断层在层面上的错动方向

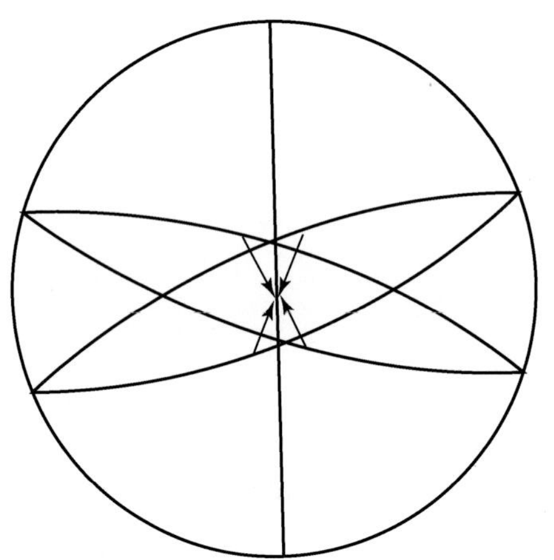

图 2　褶曲轴线、压剪性断层面及其斜滑擦痕产状赤平极射投影

① 本文所指的压剪性断层，主要是水平挤压作用所产生的平面 X 型断裂；所指的张剪性断层，主要是水平引张作用所产生的平面 X 型断裂。

② 本文采用吴尔福网上半球投影。

③ 为了更精确反映断层的发育程度，作者提出断层强度概念。断层强度包括断层的密度和断距，它是单位距离（本文为 20m）中该类断层的断距之和。

2.2 压剪性正断层在剖面上的特征

2.2.1 压剪性正断层在剖面上的产状、性质和分布

上述三组断层中，每组断层在剖面上也由三组断层所组成：其中一组与煤系层面垂直，在层面的法向上为张性；两组与煤系层面的法线各呈 18°～37°夹角，在层面的法向上为压剪性（图 3）。因此，一个横断层系统在三度空间上共有 9 组断层（图 4）。其中法向压剪性断层也较法向张性断层①发育，前者断层强度为后者的 3.3 倍（图 3）。所以横断层系统中以层面及其法向上均为压剪性的 4 组断层（图 4 中 5、6、8、9）占绝对优势。

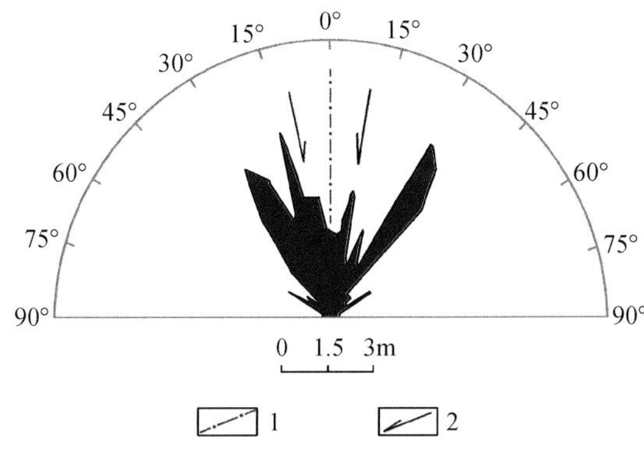

图 3　枫林矿区横张性、压剪性断层的断层面与煤系层面法线夹角玫瑰图

（共 58 条，总断距为 66.7m）

1. 煤系层面的法线；2. 下降盘下滑方向

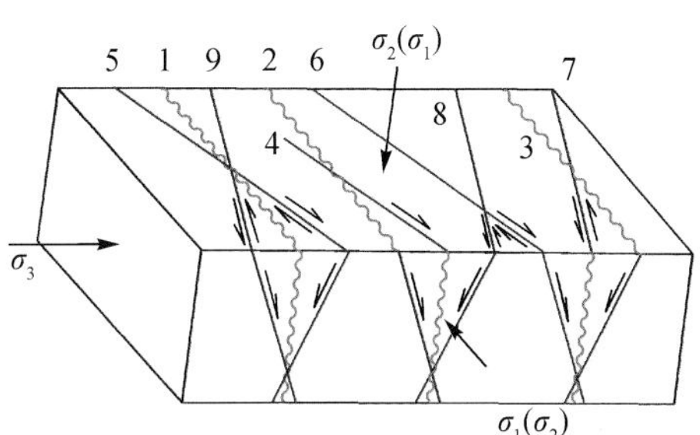

图 4　枫林矿区横张性、压剪性断层在三度空间上的 9 组断层

两组法向压剪性断层的锐夹角平分线与层面垂直，锐夹角一盘下降，彼此呈共轭关系，在层面的法向上组成 X 型。从上述 4 组压剪性断层在层面及其法向上的相互切错现象来看，它们的形成时间大体相同。

矿区煤系倾角一般为 10°～27°，法向压剪性断层面与煤系层面法线的夹角 β，通常大于该剖面上的煤系视倾角 α，故法向压剪性断层绝大多数呈正断层产出（图 5）。即横断层系统中，不仅张性断层为正断层，而且压剪性断层一般也以正断层的形式出现，并以后者最为发育。

矿区压剪性正断层一般断距小于 3m，没有切穿煤系，所以位于顶板中的断层和位于底板中的断层通常互不相连，彼此独立。其中顶板断层比底板断层发育得多，前者断层强度为后者的 4.2 倍，而且底板断层多位于顶板断层下降盘之下（图 5）。

顶底板法向压剪性断层，在剖面上往往组成阶梯状或地垒地堑等形式。

2.2.2 顶板压剪性正断层两盘煤系厚度的变化

顶板压剪性正断层下降盘煤系减薄乃至尖灭，上升盘煤系加厚（有的达到平均

---

① 法向压剪性和法向张性是指断层在层面的法向上的力学性质，而与其层面上的力学性质无关。文中没有“法向”二字的均指断层在层面（或平面）上的力学性质。

厚度的 2 ~ 3 倍)。其中与顶板直接接触的黄铁矿层厚度在断层两盘变化最为剧烈(图 5)。

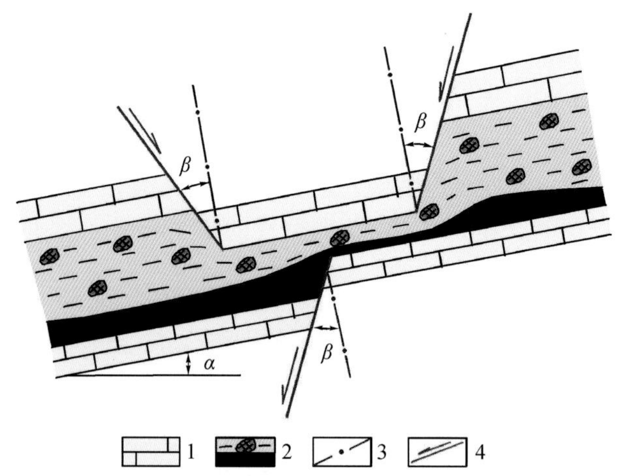

图 5　煤系顶底板的法向压剪性断层剖面图

1. 煤系顶底板石灰岩；2. 煤系，上为黄铁矿层，下为煤层；3. 煤系层面法线；4. 法向压剪性断层及其错动方向

3　枫林矿区压剪性正断层的成因

枫林矿区的横断层系统，显然与垂直于褶皱的顺层挤压力作用有关：在该挤压力作用下，产生了一组与其平行的横张性断层和两组与其各呈 18° ~ 30°夹角的压剪性断层，并使后者的锐夹角一盘朝角尖所指的方向错动，从而留下平行于断层线的擦痕。但是，仅仅有顺层挤压力，还无法说明这些断层在剖面上的种种特点；在这里重力起了重要的作用。

水平（或顺层）挤压力对横断层系统的作用是大家所熟知的，但是重力对它的作用却往往被人们所漠视。所以下面首先着重讨论重力的作用，然后再结合水平挤压力从三度空间进行全面的分析。

3.1　重力作用

矿区煤系顶板原来厚度为 350 ~ 450m，煤系受到顶板重力所导生的垂向压应力约为 100kg/cm^2。这一垂向压应力颇为可观，与许多地区的水平压应力相比也不逊色。

3.1.1　重力在层面上的法向分力所产生的断裂

顶板重力 G 在煤系塑性层界面上分解成两个力：平行于层面的切向分力 G_t 和垂直于层面的法向分力 G_p（图 6）。矿区煤系倾角较小，顶板重力在煤系层面上的切向分力较弱，法向分力较强；而且煤系塑性层又为后者提供了能量释放的有利空间。故区内未见前者所产生的形变现象，而后者在这里却发挥了极其重要的作用：它使顶板一组横张性断层和两组压剪性断层，在剖面上各产生一组法向张性断层和两组压剪性断层——法向 X 型断层（图 6），并使后者锐夹角一盘朝垂直于断层线方向下滑，从而留下了垂直于断层线的擦痕。其中倾向相同的组成阶梯状，倾向相反的组成地堑地垒。

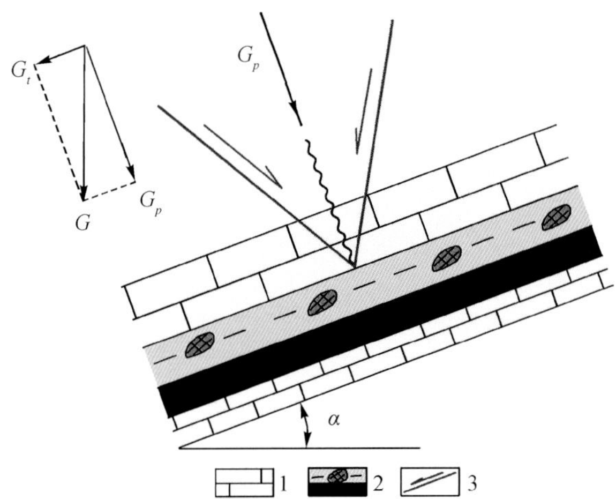

图6 煤系顶底板重力 G 在煤系层面上的分解，及其法向分力 G_p 所产生的一组法向张性断裂和两组法向压剪性断裂的图解

1. 煤系顶底板石灰岩；2. 煤系，上为黄铁矿层，下为煤层；3. 法向压剪性断层及其错动方向

如果受重力作用的界面为水平时，则法向张性断层与水平面垂直，两组法向压剪性断层的锐夹角平分线与水平面正交。即两组法向压剪性断层成为倾向相反、倾角相同的正断层。这种重力作用所产生的法向 X 型断裂在自然界中分布相当广泛。例如，渤海湾盆地中水平剪切运动显著的北东向和北西向等压剪性断层，在剖面上往往也由两组倾向相反、彼此呈共轭关系的正断层组成[2]。对重力在软弱夹层等界面上的切向分力所产生的重力滑动构造，已进行过深入的研究[3]；但是重力在界面上的法向分力对正断层，尤其是对压剪性正断层的作用，却还没有得到应有的重视。

3.1.2 重力作用在垂向上的分布

顶板压剪性正断层上盘在下降过程中向下压挤煤系，迫使该盘的煤系物质流向下盘，造成上盘煤系减薄，下盘煤系加厚。其中与顶板直接接触的黄铁矿层厚度，因首当其冲而在断层两盘变化最大（图5）。

煤系顶板的重力能，部分消耗于煤系物质的塑性流动中而向下压力减弱，故底板的岩石性质虽然和顶板的大体相同，但前者压剪性正断层发育程度却远比后者的低，并使绝大多数顶板断层无力切入底板[1]。所以枫林矿区与重力作用有关的正断层，包括压剪性正断层，一般被煤系塑性层所分隔，而分别赋存于顶底板中，成为层控断裂。这种层控断裂在其他地区也相当普遍。例如，渤海湾盆地中、新生界盖层中大量的正断层，多向下延伸到泥岩等塑性层或石炭纪煤系后消失；有的铁矿的顶板泥灰岩塑性层，也阻止了上部大部分正断层向下延伸，保护了矿层。薄的塑性层控制小的断裂，厚的塑性层控制大的断裂。这种受不同厚度塑性层控制的不同规模的层控断裂，系重力能在垂向上积聚和释放的分带性的具体反映。

3.1.3 重力对底板压剪性正断层形成的作用

顶板正断层下降盘对煤系的压力较强，故该盘的煤系对底板的压力也较大，所以底板压剪性正断层多位于顶板正断层下降盘之下。煤系对底板的压力，也使其横张性断层和两组压剪性断层在剖面上各产生一组法向张性断层和两组法向压剪性断层。

3.1.4　关于重力作用的讨论

重力在正断层形成过程中所起的作用，往往被视为是从属性的。即认为重力只是在断裂面出现后才起作用。诚然，断裂面出现后上盘的重力作用可以使该盘进一步下滑，但是不能由此就忽视重力对该断裂初期所起的作用，否则就无法说明一个横断裂系统为什么在三度空间上会出现 9 组断裂，一个平面 X 型断裂系统为什么在界面的法向上也呈 X 型。枫林矿区大量的横张性节理和压剪性节理，在剖面上同样由三组节理组成，而且节理面和层面法线的关系，也与上述断层面和层面法线的关系无异。这种现象提供了直接的证据，说明横断裂系统的形成一开始就与重力作用有关。所以对于正断裂，尤其是压剪性正断层来说，虽然不能无视水平力的作用而称它为重力断层，但是重力无疑与水平力具有同等重要的意义。

3.2　压剪性正断层的成因

如上所述，枫林矿区横断层系统是在顺层挤压力和重力共同作用下产生的，而且其平面上和剖面上的产状、性质和错动方向，分别受到两者的控制，从而使一个横断层系统在三度空间上具有 9 组断层。与水平挤压力和垂向挤压力均斜交的断裂面，其水平剪应力和垂向剪应力都较大，故这 9 组断层中以层面及其法向上均为压剪性的 4 组正断层最为发育。这种压剪性正断层既不是张、压应力先后作用而成的“次生”产物，也不是逆冲断层某一地段倾向的反向变化或拉分作用所引起的局部现象，而是一种“原生”的、产状稳定的独立的断裂类型。

在 G. 奥尔特耳对 4 英寸厚的黏土饼所作的单向拉伸和单向挤压的模拟试验中，平面 X 型断裂也受黏土饼自身重力作用的影响而成为正断层，断层面倾角分别为 72°和 60°[4]。中国科学院地质研究所的模拟试验也得到了类似的结果[5]。

由于地壳中遍布着强大的水平挤压力和重力，在不易褶皱变形的岩石中水平挤压力又多产生压剪性断裂[6]，所以压剪性正断层在刚性地层中较为发育。例如，枫林矿区到了新生代后期由于已经褶皱硬化，故压剪性正断层便占据着重要的地位；经历了多次构造运动而硬化了的中国东部地壳，晚白垩世—新生代在印度板块西隆突出体的北东向挤压力导生的辐射状应力场和地壳重力的共同作用下，在东海等地产生了一系列呈正断层产出的上地壳压剪性平面 X 型断裂，控制一系列断陷盆地的形成。

由于压剪性正断层的断层面与水平挤压力和重力均斜交，它们在断层面上的法向分力都为压力，而挤压作用较为强烈。所以枫林矿区的压剪性正断层具有明显的压性特征，渤海湾盆地中压剪性正断层也对油气水起很好的遮挡作用，并产生轻微糜棱岩化等压剪性现象。

压剪性正断层的错动方向，取决于水平挤压力与重力在断层面上的切向分力的合力——总切向分力的方向。由于两者切向分力的大小不同，故压剪性正断层有的以水平错动或垂向错动为主，有的斜向错动占优势（图 7）。4 组压剪性正断层的斜向错动方向，由于总切向分力方向不同而互异，从而留下不同方向的斜滑擦痕（图 2）。

世界各地地应力绝对值测量表明，在深度 600 ~ 1000m 的地壳以浅，水平压应力一

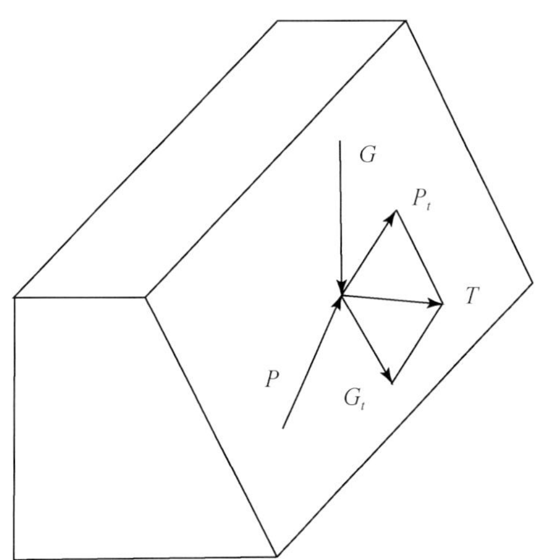

图 7　水平挤压力（P）和重力（G）在压剪性正断层断层面上的切向分力（P_t和 G_t）及其合力（T）的图解

般大于垂向压应力；在深度 600 ~ 1000m 的地壳以深，水平压应力一般小于垂向压应力[7]。所以压剪性正断层可能在地壳浅部以水平错动占主导，在地壳深部则以垂直错动较为重要。

压剪性正断层的水平剪切运动是张剪性正断层所无法比拟的。压剪性正断层的走向与水平挤压力的夹角较小，上盘作用于断层面的水平挤压力的切向分力又具有一定的仰角，故在该盘的重力作用参与下，其总切向分力接近于断层走向；而且，其断层面出现后仍能继续承受水平挤压力的作用，而不断进行水平错动。因此，压剪性正断层的水平错动现象往往相当壮观[2]。张剪性正断层与此不同：其断层走向与水平引张力夹角较大（比前者大一个内摩擦角），上盘作用于断层面的水平引张力的切向分力又为俯角，故在该盘的重力作用参与下，其总切向分力接近于断层倾向；而且，其断层面一旦出现，便不能再承受引张力的作用，所以张剪性正断层一般并无重要的水平剪切运动。这点不仅被野外观察所证实，而且也得到了模拟试验的支持[8]。自然界中纯剪切作用较为少见，因此可以说，具有重要水平剪切运动的正断层多为压剪性断层。看来，将平移正断层称为张剪性断层似乎不够妥当。

由于压剪性正断层同时受到水平挤压和水平剪切，而有助于能量的积累和突然释放，故这类断层对强地震往往起着重要的控制作用，并使地震裂隙发震时以水平错动为主。例如，华北地区大部分强地震便受北北东—北东向和西北向等压剪性正断层所控制。

上述正断层受到水平挤压力所派生的压力和剪切力的共同作用，所以称这类断层为压剪性正断层是恰当的。人们往往单纯从平面上或剖面上来认识断层，认为压剪性断裂仅仅与水平挤压作用有关，正断层仅仅与引张作用有关，从而对同一断层的力学成因常常从不同的角度得出不同的结论。所以为了全面地认识断裂的力学性质及其成因机制，必须从三度空间入手。

随着对压剪性正断层这一新的断裂类型的认识，对许多由正断层所形成的断陷盆地的成因和以正断层占主导地位的地区的应力状态，无疑将会有不同的看法。

4　能量破裂理论

4.1　压剪性正断层与三个主应力的关系

枫林矿区横断层系统的三个主应力的方向是 σ_1[①] 和 σ_2，分别与层面垂直和与层面平行，并与褶曲轴正交；σ_3 平行于褶轴。根据断层面与层面法线夹角，以及断层线与层面上两个主应力轴夹角的计算得知，在层面及其法向上均为压剪性的 4 组断层面，与 σ_1 和 σ_2 的夹角分别为 14°17′～28°24′和 18°～37°，与 σ_3 的夹角为 43°46′～64°46′。即上述 4 组压剪性正断层与三个主应力轴都斜交，并在层面及其法向上均呈 X 型（图 4）。这种断裂现象与莫尔–库仑破裂理论不符。

4.2　能量破裂理论

岩石抗压强度试验表明，剪裂面沿有效剪应力等于或大于岩石抗剪强度的截面产生。任意截面上的有效剪应力为

$$\tau = \tau_n - \mu\sigma_n \tag{1}$$

式中，τ 为截面上的有效剪应力；τ_n 为截面上的剪应力；μ 为岩石内摩擦系数；σ_n 为截面上的压应力。

在三向应力状态下，任意截面上的直应力和剪应力为

$$\sigma_n = \sigma_1 \cos^2\alpha_1 + \sigma_2 \cos^2\alpha_2 + \sigma_3 \cos^2\alpha_3 \tag{2}$$

$$\tau_n = \sqrt{\sigma_1^2 \cos^2\alpha_1 + \sigma_2^2 \cos^2\alpha_2 + \sigma_3^2 \cos^2\alpha_3 - \sigma_n^2} \tag{3}$$

式中，σ_1、σ_2 和 σ_3 分别为最大主应力、中等主应力和最小主应力；α_1、α_2和 α_3为截面上的法线与相应主应力 σ_1、σ_2 和 σ_3 的夹角。

计算表明，在压应力作用下，当$\mu \geqslant 0.8$、$\sigma_1 : \sigma_3 \geqslant 5:1$ 时，则与σ_2平行、与σ_1呈 15°～25°夹角的截面上有效剪应力最大；当$\mu = 0.2 \sim 0.5$、$\sigma_1 : \sigma_3 \geqslant 3:1$，并且$\sigma_2 \approx \sigma_3$时，则出现两种较大的有效剪应力作用面，其中一种作用面与 σ_2 平行，并与 σ_1 呈 30°～40°夹角；另一种作用面与三个主应力轴呈等夹角（图 8）。

图 8 中横坐标表示岩石内摩擦系数（μ），纵坐标表示截面上的有效剪应力（τ）。从图中可以看出，当$\mu = 0.2 \sim 0.5$ 时，上述两种截面上的有效剪应力相等。

由于岩石的内摩擦系数有的大于 0.8，呈脆性，所以在自然界和实验室中可以见到与 σ_1 呈小于 45°夹角，并与 σ_2 平行的符合于莫尔–库仑破裂理论的 X 型断裂。

但是，岩石在长期的地应力作用下往往处于韧性状态或脆韧性状态，内摩擦系数大为降低。所以这时除了产生上述那种 X 型断裂外，还出现另一种新的、与三个主应力轴均斜交的韧性断裂。即这时所产生的剪裂面，有的符合于建立在脆性破坏基础上的莫尔–库仑破裂理论，有的则符合于建立在韧性破坏基础上的能量破裂理论。故在枫

① σ_1 为最大的压应力。

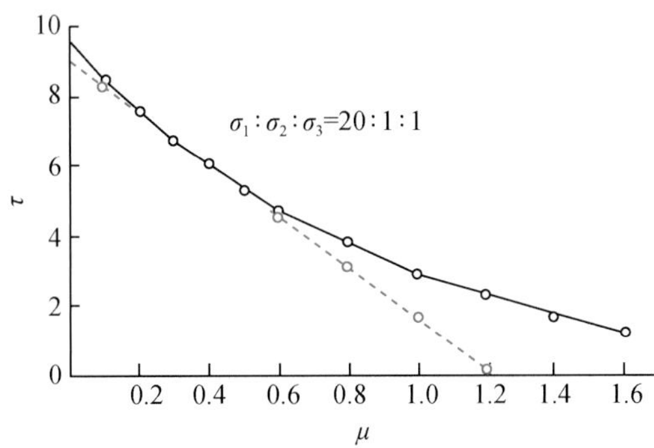

图8 在内摩擦系数（μ）不同的岩石中，与三个主应力轴呈等夹角的截面上有效剪应力大小，以及与 σ_2 平行的截面上最大有效剪应力大小的比较

图中实线为与 σ_2 平行的截面上最大有效剪应力；虚线为与三个主应力轴呈等夹角的截面上有效剪应力

林矿区横断裂系统中同时存在着上述两种断裂系统，其中4组断裂（图4中2、3、4、7）与前者相符，4组断裂（图4中5、6、8、9）与后者大体一致。

岩石力学[9]研究表明，岩石剪性破裂首先从有效剪应力最大的截面开始，但要进一步扩展这一破裂必须加强作用力。加强作用力的结果，则使其他截面的有效剪应力相应增加，从而产生新的破裂。所以开始产生的剪裂面，一般与最大有效剪应力作用面一致，并与 σ_2 平行；尔后的剪裂面则往往沿有效剪应力较小的截面产生。因此，即使在 σ_2 不等于 σ_3、与三个主应力轴均斜交的截面的有效剪应力略小于最大有效剪应力的情况下，其剪裂面也可以出现。这点G. 奥尔特耳的泥巴模拟试验[4]提供了很好的说明。试验表明，在水平挤压力作用下，起初产生的平面X型裂隙，裂隙面与平面接近垂直（与 σ_2 接近平行）；尔后产生的平面X型裂隙，裂隙面则呈60°左右倾角（与三个主应力轴斜交）。

由于法向压剪性断层的垂向剪应力较大，垂向错动作用较强；而且由于大陆地壳呈软硬相间的层圈结构，下伏软弱层是上覆刚硬层有利的应变空间，使自然界中的刚硬层，在水平力和重力共同作用下所产生的平面X型断裂的断裂面，与水平面垂直的较为少见，而一般多呈正断层产出。即符合于能量破裂理论的压剪性正断层，比符合于莫尔–库仑破裂理论的压剪性垂直断层更为发育。

能量破裂理论[10]认为，导致岩石韧性破裂的应力是总剪应力，总剪应力作用面与各个主应力轴呈等夹角。在三向应力状态下共有4个互不平行的总剪应力作用面（简称等斜面），它们与三个主应力轴的夹角均为35°16′。其中相邻的等斜面在平面上和剖面上均呈X型（图9）。即4个等斜面在三度空间上的分布，与枫林矿区等地区，以及模拟试验的4组压剪性正断层大体一致。由于受岩石内摩擦的影响，压剪性正断层的断层面往往与等斜面并不完全平行，其中与 σ_1、σ_2 的夹角比等夹角小，与 σ_3 的夹角比等夹角大。

在等斜面上总法向应力 σ_n 和总剪应力 τ_n，分别为各主应力在该等斜面上的法向分力和切向分力的向量和。根据式（2）和式（3）推算，其大小为

$$\sigma_n = \frac{1}{3}(\sigma_1 + \sigma_2 + \sigma_3) \tag{4}$$

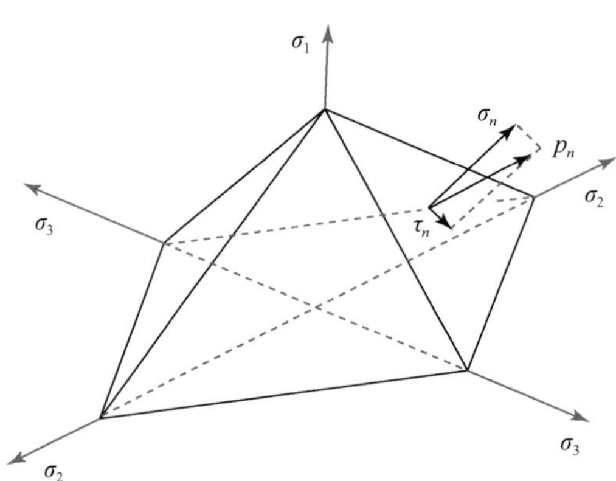

图 9　在三向应力作用下能量强度理论的 4 个断裂面的分布

$$\tau_n = \frac{1}{3}\sqrt{(\sigma_1 - \sigma_2)^2 + (\sigma_2 - \sigma_3)^2 + (\sigma_3 - \sigma_1)^2} \tag{5}$$

总剪应力方向介于三个主应力轴，4 个等斜面上的总剪应力方向互异。所以不能根据总剪应力产生的斜向错动所留下的斜向擦痕，来直接推求区域性的作用力产状，因为所求得的作用力，在最成功的场合下，也仅仅是三个主应力在该组断层面上的合力（P_n）而已（图 9）。

等斜面上的总剪应力方向受三个主应力的共同控制，并与绝对值较大的主应力方向较为接近。在重力所导生的垂向压应力和水平直应力的不同组合下，将产生三种不同错动方向的韧性断裂类型：σ_1 和 σ_2 为水平、σ_3 为垂直时，产生压剪性逆冲断层（斜冲断层）；σ_1 和 σ_2 一为水平、一为垂直，σ_3 为水平，并且是压应力时，产生压剪性正断层；σ_1 和 σ_2 一为水平、一为垂直，σ_3 为水平，并且是张应力时，则产生张剪性正断层（图 10），所以压剪性断层不一定都是斜冲断层，正断层不一定都是张性或张剪性断层；而且，中等主应力对断裂的作用不是无足轻重的。

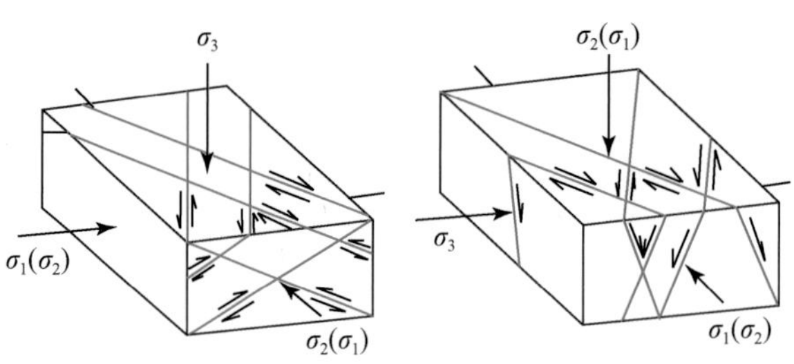

图 10　平面上和剖面上均为 X 型的三种韧性断裂类型

上述压剪性断层和逆冲断层相结合，以及压剪性断层或张剪性断层和正断层相结合的韧性断裂，在野外经常可见，在有关文献也时有报道[1,3,11]，本文所讨论的压剪性正断层，仅仅是韧性断裂中的一种类型而已。看来，构造地质学中只有莫尔-库仑破裂理论是不够的，能量破裂理论的引入是必要的。

参考文献

[1] 李扬鉴. 湖北枫林矿区褶曲构造中断裂系统力学成因研究. 化工矿产地质, 1980, (3).

[2] 蔺殿忠. 渤海湾盆地的扭动构造特征及其对油气的控制作用. 石油与天然气地质, 1982, (1): 16-24.

[3] 马杏垣. 嵩山构造变形. 北京: 地质出版社, 1981.

[4] 奥尔特耳 G. 在黏土模型中地质变形的应力、应变及破裂//国外小构造研究（专辑）. 地质部地质科学技术情报研究所编, 1965.

[5] 中国科学院地质研究所工程地质与抗震研究室. 岩体工程地质力学的原理和方法. 中国科学, 1972, (1).

[6] 张文佑, 钟嘉猷. 中国断裂构造体系的发展. 地质科学, 1977, (3): 197-209.

[7] 丁建民, 高莉青. 地壳水平应力与垂直应力随深度的变化. 地震, 1981, (2).

[8] 安欧. 岩石的应变和断裂与应力的基本关系及其实验证明. 地质力学丛刊, 1959, (1).

[9] 耶格 J C. 岩石力学基础. 中国科学院工程力学研究所译. 北京: 科学出版社, 1983.

[10] 别辽耶夫 H M. 材料力学. 于光瑜等译. 北京: 高等教育出版社, 1956.

[11] 谷德振. 从工程地质实践探讨地质力学的发展. 地质论评, 1979, 25 (1): 36-38.

论正断层上盘逆牵引构造的成因机制
——与 W. K. 汉布林等的不同认识*

李扬鉴[1]　张树国[2]

(1. 化学工业部化学矿产地质研究院；2. 大港油田地质勘探开发研究院)

1 引　　言

正断层上盘逆牵引构造在含油岩系和含煤岩系中分布相当广泛，由于这种构造的油气特别富集而受到国内外石油地质工作者的普遍重视。

对这种构造成因机制的认识，虽然自达顿（1882 年）以来的一百年间先后出现过许许多多的假说，如滑动面说、盐脊说和差异压实说等，但是这些假说多强调局部地区的个别因素，缺乏普遍意义。20 世纪 60 年代中期汉布林对科罗拉多高原西部地区的逆牵引构造进行了研究之后，支持另一个成因假说——弧形断裂面说。该假说认为正断层上盘逆牵引构造，系上陡下缓、凹面向上弧形断裂上盘在下降过程中，为了弥合潜在的空间而形成的如图 1 所示①。这个假说当前在国内外相当流行。可是大量的事实表明，许多断层面平直的正断层上盘逆牵引构造也相当发育，而凹面向上的正断层上盘又往往产生正牵引构造，所以该假说也同以前许多假说一样，未能说明一般逆牵引构造的基本成因。

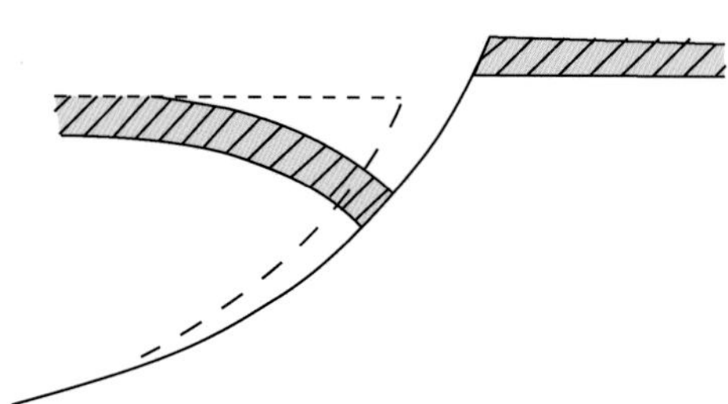

图 1　正断层上盘逆牵引构造成因机制的图解①

本文根据枫林矿区含煤岩系和渤海湾等地区含油岩系中不同规模、不同力学性质的后生和同生正断层的研究，认为正断层上盘牵引构造的形成，主要取决于重力作用、上硬下软的岩性组合和断裂面有效滑动力三个因素，其受力状态和变形情况与弹性基础悬臂梁相似，并根据梁的概念对这些因素所起的作用分别加以讨论。

---

* 本文原刊于《构造地质论丛》，1987，(7)。

① W. K. 汉布林．正断层下降盘上“逆牵引”的成因．国外油气勘探开发情报，1976，1～2。

2 枫林矿区含煤岩系逆牵引构造的赋存特征

2.1 矿区地质背景

湖北枫林矿区含煤岩系逆牵引构造发育程度较高，构造类型相当齐全，赋存特征比较典型，又可进行直接的观测，故为本文讨论的主要对象。

该矿区上二叠统龙潭煤系（龙潭组）主要由黄铁矿层和煤层等塑性层所组成，原生沉积稳定，厚 1.5 ~ 3m。黄铁矿层绝大部分为含结核状黄铁矿黏土页岩，含星散状黄铁矿泥岩仅在局部见到，两者在平面上各自形成独立的矿体。它们的抗压强度远比顶底板中厚层、厚层灰岩低，尤其是黄铁矿黏土页岩抗压强度更小，并具有高度的塑性。顶底板石灰岩、含星散状黄铁矿泥岩和含结核状黄铁矿黏土页岩的抗压强度，分别为 950 ~ 1250kg/cm^2、500 ~ 700kg/cm^{2}和 50 ~ 100kg/cm^2。

矿区褶皱发育，并有大量的纵、横断裂伴生。它们形成于中、新生代，均为含煤岩系沉积后产生的后生构造。断裂形成期煤系顶板厚度在 350 ~ 450m 以上。

纵断裂系统由一组纵张性断裂和两组张剪性断裂所组成，主要集中于背斜轴部，与褶曲所派生的垂直于枢纽的引张作用有关。其中纵张性断裂与枢纽平行，张剪性断裂与枢纽各呈 17° ~ 26°夹角，在层面上呈 X 型，其锐夹角平分线方向与枢纽一致。横断裂系统包括一组横张性断裂和两组压剪性断裂，分布较为广泛，它们是在垂直于枢纽的挤压力参与作用下产生的。其中横张性断裂与枢纽垂直，压剪性断裂与枢纽各呈 60° ~ 72°夹角，在层面上也呈 X 型，其锐夹角平分线与枢纽垂直。压剪性断裂的断裂面十分平整，水平错动现象相当醒目，其剪切方向是锐夹角一盘朝角尖所指的方向错动。矿区压剪性断裂的水平错动作用是张剪性断裂所无法比拟的[1]，这点模拟试验也提供了有力的说明[2]。

人们往往将上述两种 X 型断裂都称为剪性断裂。鉴于纵断裂系统中的 X 型断裂与引张作用有关，水平力在断裂面上还有一个引张分力；横断裂系统中的 X 型断裂与挤压作用有关，水平力在断裂面上也有一个挤压分力，所以它们应该分别属于张剪性断裂和压剪性断裂。

从断裂相互之间的切割、限制等现象来看，横断裂形成时间比纵断裂更早。

区内煤系倾角多为 10° ~ 27°，较为平缓，顶板重力在煤系这一塑性层上的法向分力较强，加之煤系塑性层又是该分力释放的相对自由空间，故矿区顶板纵、横断裂在重力作用参与下极为发育，断层平均间距为 10.4m；而且这些断裂多以断裂面与层面法线呈 18° ~ 37°夹角的正断层形式出现，在剖面上也组成 X 型（图 2）。一般认为，张剪性 X 型断裂和压剪性 X 型断裂的断裂面与层面或水平面垂直，但是自然界大量事实表明，这些断裂的断裂面与层面或水平面的法线多呈一定的夹角。

由此可知，矿区纵、横断裂是水平直应力和重力共同作用的产物，它们在层面上和剖面上的产状、性质和错动方向，分别受到水平直应力和重力的控制。

由于断层面与煤系层面法线呈一定的夹角，故断层倾斜方向与煤系倾斜方向相同的同斜断层倾角，大于断层倾斜方向与煤系倾斜方向相反的反斜断层倾角，前者平均

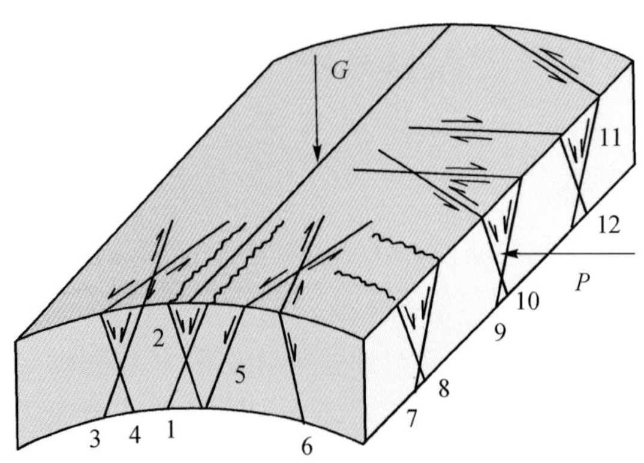

图2　枫林矿区褶曲构造中纵、横断裂系统在层面上和剖面上的产状及其错动方向示意图

1、2. 纵张性正断层；3～6. 张剪性正断层；7、8. 横张性正断层；9～12. 压剪性正断层；*P*. 水平挤压力；*G*. 重力

倾角为78°，后者平均倾角为56°。

上述断层通常称为同向断层和反向断层。为了跟那种与主断层倾向相同和相反的同向断层和反向断层相区别，作者给予前两种断层以新的名称。

从井下和地面观测得知，各种性质的正断层上下倾角大体一致，没有发现同生断层所常有的上陡下缓现象。

根据坑道编录图的全面统计，在176条纵、横断层中，97.7%为落差小于4.4m的、没有切穿煤系的小型断层，故顶板断层和底板断层一般互不相连，彼此独立，其中顶板断层平均密度为底板断层的1.6倍。

张性和张剪性正断层的断层面也普遍呈紧密接触，有的还派生了次一级逆冲断层挤压形迹，以及压剪性正断层的倾斜断距为走向断距的3～5倍等，从这些现象得知，这些由水平直应力和重力共同作用所产生的纵、横断裂，其形成过程中重力起着更为重要的作用。

2.2　逆牵引构造赋存特征

2.2.1　逆牵引构造的形态及其下伏煤系的变化

该矿区逆牵引构造几乎都分布于顶板，底板逆牵引构造罕见，偶尔见及的规模也比顶板的小得多。

实际观察表明，顶板正断层上盘普遍具有一个共同的特点，即越趋近断层面下降幅度越大。所以虽然区内许多断层的落差小、密度大，不足以形成逆牵引构造，但在所见到的136条顶板正断层中，上盘产生逆牵引构造的还有56条，逆牵引构造发育率仍达41.2%。

这些逆牵引构造的基本形态及其下伏煤系厚度的变化情况如下，顶板在离断层面几米至十几米处开始向下弯曲，至断层面顶板下降到最低点，形成与牵引现象相反的挠曲形状；下伏煤系在顶板下弯处开始变薄，至断层面顶板下降到最低处煤系也变得最薄（图3）。煤系底板产状一般不受顶板断层影响，煤系减小的厚度通常与顶板下降的幅度大致相等。区内逆牵引构造的幅度在3.8m以下，均小于煤系厚度。逆牵引作用所引起的岩层倾角变化多在 10°左右，最大可达 30°。

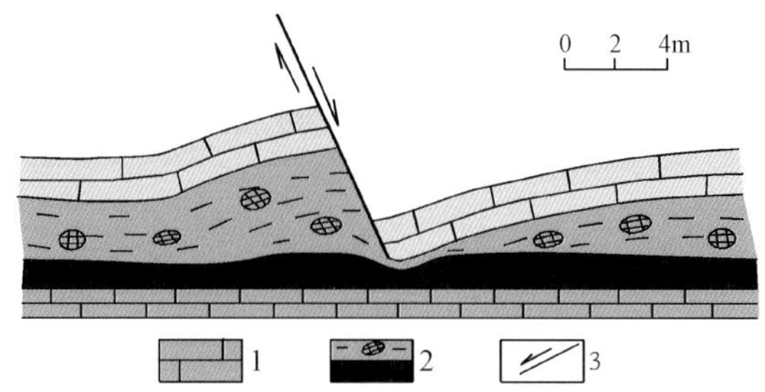

图 3　顶板正断层两盘逆牵引构造基本形态及其下伏煤系厚度变化情况剖面图
1. 煤系顶底板石灰岩；2. 煤系，上为黄铁矿层，下为煤层；3. 法向压剪性断层及其错动方向

顶板正断层中不仅上盘的逆牵引构造发育，而且下盘的逆牵引构造也很普遍（图 3）。下盘逆牵引构造的下伏煤系厚度及其顶板形态变化情况如下：顶板正断层上盘在下降过程中，把下伏部分呈塑性的煤系物质压向被断层切去部分顶板、重力作用较弱的下盘，促使该下盘顶板在离断层面几米至 10m 处开始向上弯曲，至断层面顶板上升到最高点，形成与牵引现象相反的挠曲形状（图 3）；下伏煤系开始加厚处，其顶板也开始上弯，至断层面煤系达到最厚，其顶板也上升到最高处，顶板上升的幅度大致与下伏煤系增加的厚度相等，厚者平均厚度可达 1m 左右。

顶板正断层两盘经常可见正牵引形迹，但其规模比逆牵引构造小一两个数量级，前者仅局限于断层面侧旁几厘米至几十厘米的狭小范围内。

2.2.2　逆牵引构造主要集中于结核状矿体顶板

软弱的结核状矿体的顶板正断层及其逆牵引构造，比坚硬的星散状矿体的顶板正断层及其逆牵引构造发育得多。据坑道编录图统计，结核状矿体顶板正断层平均密度为 9.6 条/100m，其中上盘产生逆牵引构造的断层平均密度为 4.0 条/100m；星散状矿体顶板正断层平均密度为 0.9 条/100m，其中上盘产生逆牵引构造的断层平均密度为 0.3 条/100m，前两者分别为后两者的 10.7 倍和 13.3 倍。

2.2.3　逆牵引构造在同斜断层中较为发育

区内倾角较大的同斜断层及其逆牵引构造的发育程度，高于倾角较小的反斜断层及其逆牵引构造。在坑道编录图中，见同斜断层 44 条，其中产生逆牵引构造的 20 条；反斜断层 23 条，其中产生逆牵引构造的 9 条，前两者分别为后两者的 1.9 倍和 2.2 倍。

2.2.4　各种性质的正断层均产生逆牵引构造

实际观察表明，张性、张剪性和压剪性正断层都出现逆牵引构造，不过其中张性和张剪性正断层的逆牵引构造，较之压剪性正断层的逆牵引构造发育。在 44 条判明力学性质的、具有逆牵引构造的正断层中，张性和张剪性的 31 条，压剪性的 13 条，前者为后者 2.4 倍。

3　对正断层上盘逆牵引构造成因机制的认识

3.1　逆牵引构造受力状态

一条断层，即使小型断层，往往不是一蹴而就的，而是有个发展的过程。断裂面一旦出现，断裂两盘彼此之间便失去了内聚力和内摩擦力，断裂面就成为两盘相对运动的相对自由空间。这时，顶板断裂上盘灰岩刚性层，由于位于煤系塑性层之上，又有断裂面作为活动的相对自由空间，故在上覆岩层的重力作用下，其受力状态便近似于一个具有自由端和弹性基础的、均匀分布载荷的悬臂梁（图4）。

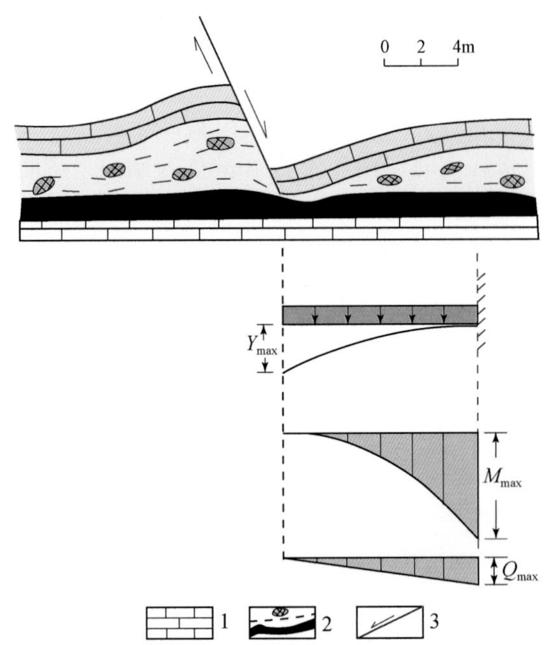

图4　正断层上盘中位于塑性层之上的刚性层受力状态及其弯矩（M）、剪切力（Q）分布和变形情况图解

1. 煤系顶底板石灰岩；2. 煤系，上为黄铁矿层，下为煤层；3. 法向压剪性断层及其错动方向

同生正断层上盘中位于泥岩等塑性层之上的砂岩之类的刚性层，在上覆岩层重力作用下，其受力状态也与此相同。

材料力学研究表明[3]，位于弹性基础上的均匀分布载荷的悬臂梁，在弯矩和剪切力作用下将发生弯曲变形，其中任意横断面越趋近自由端挠度（y）越大，梁的挠度曲线呈半个抛物线，形态上与逆牵引构造相似（图4）。所以逆牵引构造可以产生于均匀分布载荷的情况下，而不一定与上覆沉积物厚度差异有关。

3.2　产生逆牵引构造三个主要因素

上述悬臂梁的挠度，与载荷、基础的弹性系数和自由端的活动性有关。因此，对于逆牵引构造来说，重力作用、上硬下软的岩性组合和断裂面的有效滑动力是三个决定性的因素。现分别讨论如下。

3.2.1 重力作用

弹性基础悬臂梁的挠度与载荷呈正相关关系，故逆牵引构造的上覆岩层都具有相当的厚度。例如，枫林矿区逆牵引构造的上覆岩层厚度达数百米，渤海湾地区黄骅拗陷的马西、马东、王官屯和官 37 井等古近系逆牵引构造，以及港东和羊二庄一区等新近系逆牵引构造，其形成期构造层底面埋深也分别大于 1050m 和 1350m。受引张作用的黏土模型，其逆牵引构造也仅出现于重力作用较强的黏土层下部[4]。所以根据渤海湾地区的资料分析，同生断层的逆牵引构造，也是上覆沉积物达到相当厚度之后才产生的后生构造。

上覆岩层越厚，重力作用越强，逆牵引构造的幅度也越大。在渤海湾地区济阳拗陷东营组沉积末期形成的逆牵引构造中，沙一段的幅度一般大于其上覆地层东营组的幅度①。逆牵引构造幅度随着埋深的增加而增加这一现象，在墨西哥湾地区也普遍存在②。

3.2.2 上硬下软的岩性组合

根据最小功定律，在一套岩性不同的平缓岩层中，重力能主要释放于其中强度最小的岩层；弹性基础悬臂梁的挠度与其基础的弹性系数也呈反相关关系。因此，枫林矿区塑性结核状矿体的顶板与重力作用有关的正断层特别发育，而且这些落差仅仅数十厘米至数米的小型断层，其逆牵引构造也比比皆是。星散状矿体与此不同。它的强度较大，不利于重力能的释放和逆牵引构造的产生，故星散状矿体的顶板虽然与结核状矿体的顶板为同一灰岩层，但前者的顶板正断层及其逆牵引构造却远不及后者的发育。这种现象从一条横穿星散状矿体和结核状矿体的顺槽平巷可以得到更为生动的说明。

该平巷长 276m，其中星散状矿体 184m 竟无一条顶板断层，结核状矿体 92m 则见顶板正断层 14 条，逆牵引构造 5 个，在前者往后者过渡处，恰恰是断层开始出现的场所。

这种构造现象在同生断层中也很普遍。渤海湾地区多年来的地质勘探工作表明，盆地中二级断裂和逆牵引构造，多分布于盆地边缘与中心之间软硬岩层呈互层的过渡地区，其中逆牵引构造也仅局限于泥岩塑性层的上覆砂岩刚性层岩段。以黄骅拗陷中部为例。该地区马东、马西、港 8 井、板中东和板中南等沙二段至沙一段下砂岩层所形成的逆牵引构造，其下伏岩层均为沙三段上厚层泥岩，泥岩厚度据港 9 井揭露大于 500m。在该泥岩缺失的部位，其上覆砂岩层的逆牵引构造也随之消失。例如，同一地区的歧北斜坡部位、南大港断层、孔东断层中段和港西断层西段等部位，尽管断层落差大，断层面呈凹面向上的弧形，可是由于缺乏沙三段上厚层泥岩，沙二段至沙一段下砂岩层便见不到逆牵引构造的踪迹，而出现许多正牵引断面断鼻构造。从这里可以看出，凹面向上的弧形断裂面虽然有助于逆牵引构造的形成，但在缺乏上硬下软岩性

① 蔡德明，等．逆牵引构造地质特点、油气富集与预测．1975。

② 武汉地质学院．同生断层和油气聚集．国外油气勘探开发情报，1975，(2)。

组合的情况下，逆牵引构造也难以产生。由此可知，凹面向上的弧形断裂面并不是形成逆牵引构造的决定性因素。有些人根据汉布林的观点，认为渤海湾地区逆牵引构造主要受上陡下缓的断裂面控制，这种认识未免过于强调弧形断裂面所起的作用。

正断层上盘中每个位于塑性层之上的刚性层，均成为独立的弹性基础悬臂梁，而形成各自的逆牵引构造。例如，黄骅拗陷港东断层上盘中位于沙三段上泥岩层之上的沙二段至沙一段下砂岩层，产生马西背斜；位于沙一段中至馆陶组泥岩层之上的明化镇组下段砂岩层，产生港东浅层背斜。

由于逆牵引构造这种岩性组合与油气的生、储、盖条件基本一致，而油气往往较为富集。

在盆地边缘单一的粗相带和盆地中心单一的细相带中，因缺乏上硬下软的岩性组合，不利于重力能的集中和释放，弹性基础悬臂梁的受力状态也不明显，所以二级断裂和逆牵引构造都不发育①。

在墨西哥湾地区和尼日尔三角洲的同生正断层也主要集中于砂岩和页岩呈互层的过渡地带，其中逆牵引构造也仅产生于页岩塑性层之上的砂岩层②③。这种现象有人认为是平面上相邻沉积体差异压实所引起的垂向剪切作用所致④。这点我们有不同的认识。

以枫林矿区为例，如果说，结核状矿体与星散状矿体之间过渡地段的正断层及其逆牵引构造，还可能与两种矿体强度不同所引起的垂向剪切作用有关的话，那么，结核状矿体内部的顶板正断层及其逆牵引构造，则与这种垂向剪切作用完全无关。看来，上硬下软岩性组合所造成的重力在垂向上的集中释放和弹性基础悬臂梁的受力状态，对于同生和后生正断层及其逆牵引构造来说具有更为普遍的意义。

上覆刚性层下降幅度越大，对其下伏塑性层的压力越强。逆牵引构造各部位下降幅度的差异，导致对下伏塑性层的不均匀挤压，从而使塑性层物质从压力较大的下降盘靠近断层面部位，流向压力较小的上升盘或下降盘远离断层面部位。因此前者煤系减薄，后者煤系加厚，并迫使上覆刚性层上拱为逆牵引构造（图 3）。由于正断层下盘越趋近断层面活动性越大，受到来自上盘塑性物质的挤压作用越强，故该盘逆牵引构造上升幅度越趋近断层面越大而形成挠曲形状（图 3）。这种构造现象在尼日尔三角洲油田④和澳大利亚翁萨吉煤田[5]也处处可见，并形成一条条盐脊或泥脊。

逆牵引构造下伏塑性层厚度的这种变化，在渤海湾地区同生断层中也屡见不鲜（图 5）。

从图 5 中可以看出，沈青庄西断层上盘旺西逆牵引构造（Es_{2+3}）的下伏塑性层（Es_4+Ek）厚度，由离主断层 2km 处的 1000m 厚，至主断层处减小到 500m 厚。塑性层厚度的这种变化，在地堑中由于受到两侧断层的共同作用而更为剧烈，并往往形成中

---

① 武汉地质学院，等．渤海湾地区与同生断层有关的几种构造圈闭类型．1977。

② 李德生．滚动背斜油气田．广东石油，1979，(1)。

③ Bruce C H. 承压页岩与有关的沉积形变——区域性同生断层的发育机理．石油化工科技资料，1976，(12)。

④ Busch D A. 新生代尼日尔三角洲的构造地质．石油化工科技资料，1976，(13)。

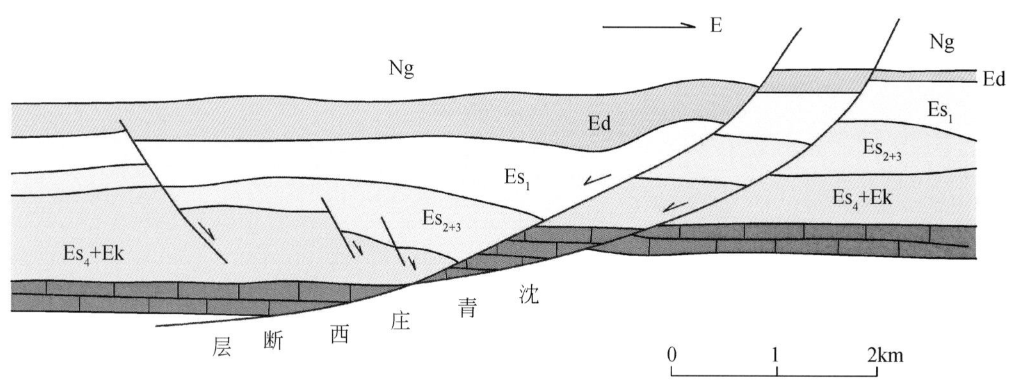

图 5　渤海湾地区黄骅拗陷旺西逆牵引构造剖面图

央背斜带①。

塑性层受到上覆刚性层的挤压作用越强，塑性层对其下伏岩层的压力也越大，所以枫林矿区顶板正断层下降盘靠近断层面部位不仅煤系最薄，而且底板正断层也较发育。

弹性基础悬臂梁挠度受弹性基础的厚度限制，故枫林矿区逆牵引构造的幅度不超过煤系厚度，渤海湾地区逆牵引构造的幅度也受塑性层厚度控制，逆牵引构造所在地段的泥、砂岩之比多为 3∶1，泥岩厚度较薄的则逆牵引构造难以产生。例如，济阳拗陷陈南断层上盘由于以砂砾岩为主，泥岩不发育，泥、砂岩之比仅为 1∶8 左右，故整个陈南断层未见逆牵引构造的踪迹②。枫林矿区底板因缺乏下伏塑性层，逆牵引构造也不发育。

上覆岩层重力能部分消耗于下伏塑性层的变形而向下压力减弱，因此枫林矿区与顶板直接接触的黄铁矿层厚度的变化，远比强度相近的下伏煤层大（图 3）；并且绝大部分顶板正断层进入煤系后自行消失，无力切入底板，底板正断层也不及顶板正断层发育。渤海湾地区中、新生界盖层中许多正断层，也终止于石炭纪煤系或其他塑性层。上硬下软的岩性组合，导致重力能在垂向上呈分带性释放，从而使与重力作用有关的正断层及其逆牵引构造，往往从上硬与下软之间的接触处开始产生，并赋存于塑性层之上的一定岩层中，形成不同规模的层状构造：薄的塑性层控制小的层状构造，厚的塑性层控制大的层状构造。

3.2.3　断裂面有效滑动力

作为梁的相对自由端的断裂面有效滑动力越大，断裂的活动性越强，则其上盘中位于塑性层之上的刚性层受力状态，便越接近于理想的弹性基础悬臂梁，而越有利于逆牵引构造的产生。逆牵引构造层在垂向力作用下，其断裂面有效滑动力为

$$P = P_G - f$$

式中，P 为断裂面有效滑动力；P_G 为断裂面滑动力；f 为断裂面摩擦力。

断裂面摩擦力为断裂面摩擦系数 μ 和断裂面法向压力 N_G 之积：

$$f = \mu N_G$$

式中，P_G 和 N_G 分别为垂向作用力 G 在断裂面上的切向分力和法向分力（图6），其大小为

① 武汉地质学院，等. 渤海湾地区与同生断层有关的几种构造圈闭类型. 1997。

② 蔡明德，等 . 逆牵引构造地质特点、油气富集与预测 . 1975。

$$P_G = G\sin\alpha$$
$$N_G = G\cos\alpha$$

式中，α 为断裂面倾角。

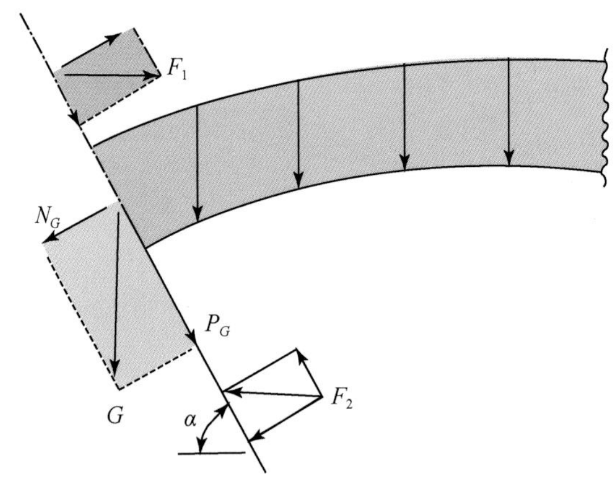

图 6　逆牵引构造层垂向作用力（G）、水平张力（F_1）和水平压力（F_2）在断裂面上的分解示意图

从式中可以看出，断裂面倾角越陡，则滑动力（P_G）越强，摩擦力越弱，而有效滑动力越大。故枫林矿区倾角较大的同斜断层及其逆牵引构造，比倾角较小的反斜断层及其逆牵引构造发育，渤海湾地区的逆牵引构造也多产生于断层倾角较大的断层中。黄骅拗陷便是一个典型的例子。在该拗陷中逆牵引构造主要集中于断层倾角在 45°以上的部位，如马东、羊二庄等 13 个构造；断层倾角在 45°以下的部位，则以正牵引断面断鼻构造占优势，如舍女寺、六间房等 32 个构造①。在上陡下缓的弧形断层中，逆牵引构造多形成于倾角较陡的段落，并于变缓处消失，如渤海湾地区冀中拗陷河间西断层和牛东断层所见②。有人认为断层倾角越缓越容易产生逆牵引构造③，这点与计算结果和所掌握的事实恰恰相反。

逆牵引构造层在不同性质水平力的叠加作用下，其断裂面上的切向分力和法向分力将得到加强或受到削弱，从而增加或减小断裂面的有效滑动力，助长或阻碍逆牵引构造的产生。水平张力（F_1）与垂向作用力两者的切向分力方向相同、法向分力方向相反，而有效滑动力较大；水平压力（F_2）与垂向作用力两者的切向分力方向相反、法向分力方向相同，而有效滑动力较小（图 6）。故水平引张力和重力共同作用下所产生的张性和张剪性正断层，其有效滑动力比水平挤压力和重力共同作用下所产生的压剪性正断层大。因此，枫林矿区前者的逆牵引构造比后者的发育。上陡下缓的断裂上盘在下降过程中导生一定的水平引张力，增强了断裂面的有效滑动力，助长逆牵引构造发育；虽然由于断裂面上盘远不是理想的刚体，而是一套岩性不同的、易于层间错动的岩层，其导生的水平引张力相当有限。

① 李志文，等．黄骅块断盆地的形成与演化．大港油田地质勘探开发研究报告集，1982，(3)。

② 侯承信．冀中拗陷古近系构造类型研究报告．1980。

③ 蔡明德，等．逆牵引构造地质特点、油气富集与预测．1975。

压剪性正断层及断裂面平直的断裂，虽然有效滑动力较弱，但是在垂向作用力足够大、断裂面有效滑动力达到一定强度的情况下，其上盘中位于塑性层之上的刚性层受力状态，也近似于弹性基础悬臂梁而产生逆牵引构造。故逆牵引构造不一定都与引张作用有关，也不一定均形成于凹面向上的断裂。在这点上，枫林矿区断裂面平直的压剪性正断层逆牵引构造也颇为发育、渤海湾地区一些压剪性特征明显和上下倾角大体一致的断裂也产生逆牵引构造①[6]，以及作者的模拟试验（图 7）均提供了有力的说明。

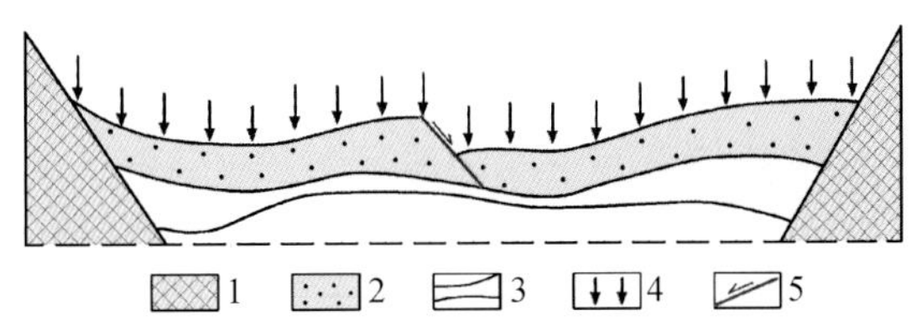

图 7　正断层上盘逆牵引构造模拟试验

1. 木板；2. 硬海绵层；3. 软海绵层；4. 均匀分布的垂向压力；5. 横切面及其上盘的错动方向

图 7 中位于软海绵层之上的硬海绵层其斜切面上盘，在均匀垂向压力作用下的弯曲变形形态及其下伏塑性层厚度变化，与自然界逆牵引构造相似。从图中可以看出，该逆牵引构造的产生不但与引张作用无关，并且还受到海绵层在垂向压力作用下沿两端木板斜面下滑所导生的水平压力的作用。

产生逆牵引构造时的上覆岩层厚度往往达数百米至上千米，重力所引起的断裂面有效滑动力相当强烈，从而使该盘不但向下滑动，而且还导生了较大的水平压力。所以即使与水平引张作用有关的张性和张剪性断裂，以及上陡下缓的弧形断裂，其断裂面也常常受到一定的挤压。例如，枫林矿区各种性质的正断层均出现不同程度的挤压现象，渤海湾等地区凹面向上的断裂其断裂面一般也对油、气、水起良好的遮挡作用，并使逆牵引构造的静压力越趋近断裂面越大（图 8）。

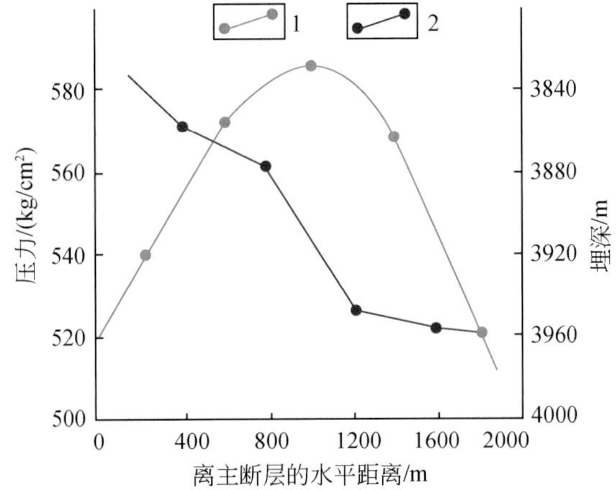

图 8　黄骅拗陷马西逆牵引背斜静压力曲线图

1. 沙一段下板 2 顶面及其埋深；2. 沙一段下板 2 静压力曲线

（为了排除钻井开采先后对压力的影响，各点压力取与主断层距离相同的 3 ~ 4 个钻井压力的平均值）

① 武汉地质学院等. 渤海湾地区与同生断层有关的几种构造圈闭类型. 1977。

图中横坐标表示离主断层的水平距离，纵坐标分别表示逆牵引构造的埋深和静压力。从图 8 中得知，该逆牵引构造的静压力，从离主断层 1.6km 处到离主断层 0.4km 处的 1.2km 范围内，增加了 48.5kg/cm^2。黄骅拗陷其他逆牵引构造，如板中南构造和港东浅层构造也见到类似的现象。同生断层上盘逆牵引构造层越趋近断裂面越厚这一普遍现象（图 5），除了原生沉积因素外，还可能与该盘下滑所导生的水平挤压作用有关。这些事实表明，产生逆牵引构造的正断层及其断层面应力状况，主要受重力作用控制。

重力作用并非像一些人所认为的那样，只是在引张作用出现了潜在的空间时才使上盘被动下掉，而是在没有任何潜在空间的情况下，也迫使该盘主动向下滑动。重力作用的这种积极性似乎还没有引起人们应有的重视。

弧形断裂面说、滑动面说和盐脊说等虽然从不同角度提出了逆牵引构造的成因模式，但是它们却一致认为引张作用是形成逆牵引构造直接的决定性因素，这种认识看来并不全面。

如上所述，作者认为正断层上盘逆牵引构造的产生，主要不是取决于断裂在剖面上的形状和在平面上的力学性质，而是取决于形成弹性基础悬臂梁受力状态的三个因素：重力作用、上硬下软的岩性组合和重力在断裂面上所派生的有效滑动力。我国东部箕状断陷盆地的成因机制，可能与上述逆牵引构造相似。

由于逆牵引构造是在正断层上盘下降过程中形成的，故这种构造主要产生于断裂活动剧烈期，其幅度也受断裂落差控制，这点有关文献已有报道①，这里不再赘述。此外，弹性基础悬臂梁固定端的弯矩和剪切力较大（图 4），所以逆牵引构造顶部往往在弯矩所派生的张应力作用下形成地堑，或形成半地堑（图 5），这方面也因篇幅所限不拟讨论。至于汉布林所说的弧形断裂面是产生逆牵引构造的原因，其实恰恰相反，它是正断层上盘呈悬臂梁受力状态进行弧形旋扭运动的结果。

参考文献

[1] 李扬鉴. 湖北枫林矿区褶曲构造中断裂系统力学成因研究. 今化工矿产地质，1980，(3).

[2] 安欧. 岩石的应变和断裂与应力的基本关系及其实验证明. 地质力学丛刊，1959，(1).

[3] 别辽耶夫 H M. 材料力学. 王光远等译. 北京：高等教育出版社，1956.

[4] 毕令斯 M P. 构造地质学. 张炳熺等译. 北京：地质出版社，1959.

[5] 希尔斯 E. 构造地质学原理. 李叔达等译. 北京：地质出版社，1981.

[6] 刘泽容，等. 浅谈覆盖地区结构面的鉴定. 地质力学文集，1979，(3).

① 蔡明德等. 逆牵引构造地质特点、油气富集与预测. 1975。

论纵弯褶曲构造应力场及其断裂系统的分布*

李扬鉴

（化学工业部化学矿产地质研究院）

纵弯褶曲在自然界中分布相当广泛，而且跟内外生矿床的形成和形变，以及与区域地质、工程地质、水文地质等关系甚为密切，因此对其构造应力场和断裂系统的研究无疑具有十分重要的意义。

当前对纵弯褶曲中各种应力及其分布规律，还缺乏全面的确切的认识[1,2]，从而使其中各种断裂系统的力学成因未能得到合理而严谨的说明。

作者根据材料力学纵弯杆（压杆）概念，研究了纵弯褶曲中轴向压应力、纵向压应力、纵向张应力、横向剪应力和纵向剪应力五种应力，并用若干数学式表述这五种应力在空间上的分布和在时间上的演化，解释横张性断裂和压剪性断裂、压性逆冲断层、纵张性断裂和张剪性断裂、扇型逆冲断层及层间错动五种断裂系统在纵弯褶曲中各个部位、各个发展阶段产生的力学原因，讨论一些与生产息息相关的构造问题。

1　纵弯褶曲中水平挤压力的分解

岩层受水平挤压作用所产生的褶曲，称为纵弯褶曲。纵弯褶曲的受力状态和变形情况，与受轴向挤压而弯曲的矩形横断面纵弯杆类似[3]。为了简单起见，杆件本身重量忽略不计。

图 1 中，杆件 AB 在水平轴向挤压力 P 作用下发生纵弯曲。根据静力学得知，纵弯杆任意横断面的作用力，将分解为轴向压力 N、弯矩 M 和剪切力 Q。N 为 P 在该横断面法线上的投影；M 为 P 与挠度 y 之积；Q 为 P 在该横断面上的投影。

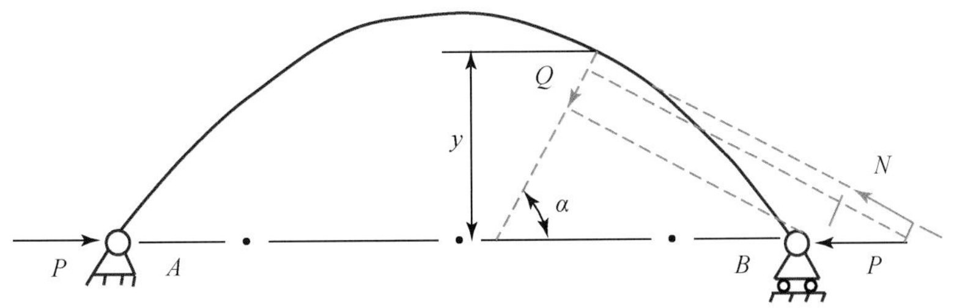

图 1　水平轴向挤压力（P）在纵弯杆上的分解

---

* 本文原刊于《地质力学文集》，1988，(7)。

附记：本文引入材料力学纵弯杆概念，从定量角度全面系统地研究了纵弯褶曲应力应变场的空间分布和时间演化，从而把国内外构造地质学教科书局部性的定向定性描述，提高到全面系统的半定量认识，并发现了横向剪切力，创立了扇型逆冲断层新概念。

纵弯杆轴为正弦曲线，α 为任意横断面和 P 的夹角。从图 1 得知

$$N = P\sin\alpha \tag{1}$$

$$M = Py \tag{2}$$

$$Q = P\cos\alpha \tag{3}$$

2 纵弯褶曲中压应力和张应力的分布及其产生的断裂系统

2.1 压应力和张应力的分布

式（1）表明，N 与 α 呈正弦关系。纵弯杆中央 α 为 90°，轴向压力达到最大值，趋向两端 α 渐小，轴向压力渐弱；纵弯杆变形越小，α 越趋近 90°，轴向压力越趋近最大值。

横断面中轴向压应力呈均匀分布。矩形横断面杆件中轴向压应 σ_N 为

$$\sigma_N = \frac{N}{bh} \tag{4}$$

式中，N 为所求横断面轴向压力；b 为横断面宽度；h 为横断面厚度。

式（2）表明，M 与 y 成正比。纵弯杆中央挠度最大，弯矩最强，趋向两端挠度渐小，弯矩渐弱；纵弯杆变形越剧烈，挠度越大，弯矩越强。

弯矩使纵弯杆外侧产生纵向张应力，内侧产生纵向压应力。矩形横断面纵弯杆中任意一点的纵向直应力 σ_M 为

$$\sigma_M = \frac{12Mz}{bh^3} \tag{5}$$

式中，M 为所求横断面弯矩；z 为所求点至横断面中心轴距离，外侧距离为负，内侧距离为正。其他符号意义同前。

横断面中各点纵向直应力的大小，与至横断面中心轴距离成正比，中心轴为零，趋向两侧边缘渐大（图 2）。

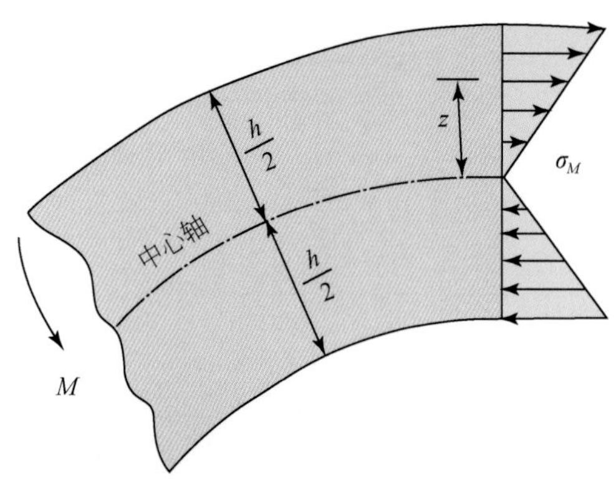

图 2　在弯矩作用下纵弯杆横剖面中纵向压应力和纵向张应力的分布示意图

纵弯杆横断面中任意一点的直应力，为纵向直应力与轴向压应力的向量和（图 3），横断面中任意一点的直应力 σ 为

$$\sigma = \sigma_N + \sigma_M = \frac{N}{bh} + \frac{12Mz}{bh^3} = \frac{P\sin\alpha}{bh} + \frac{12Pyz}{bh^3} \tag{6}$$

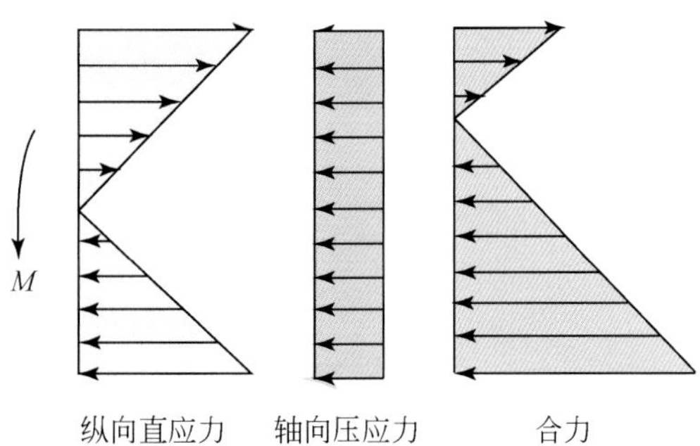

图 3 纵向直应力与轴向压应力的向量和示意图

从式（1）、式（2）和式（6）得知，矩形横断面纵弯杆中直应力，在挠度与厚度之比小于 1/6 时，轴向压应力将大于纵向张应力，纵弯杆内外侧均被压应力所控制；在挠度与厚度之比大于 1/6 时，轴向压应力将小于纵向张应力，纵弯杆外侧出现引张；挠度越大纵向张应力越强，厚度越小纵向张应力越大；纵弯杆中央横断面内侧边缘压应力最大，外侧边缘张应力最强（图 4）。

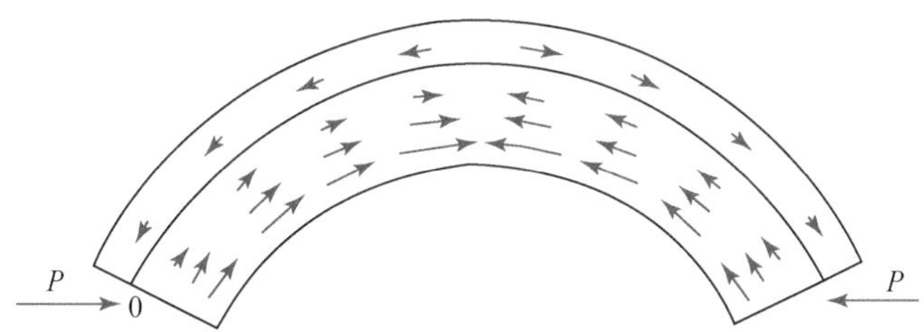

图 4 纵弯杆中压应力和张应力的分布示意图

2.2 压应力和张应力所产生的断裂系统

2.2.1 横张性断裂和压剪性断裂（简称横断裂系统，图 5 中 F_1）

纵弯杆中轴向压应力和纵向压应力均平行于杆件轴，故纵弯褶曲中这些压应力都顺层传递，并与褶曲枢纽垂直。当最小主应力 σ_3 平行于枢纽时，顺层压应力 σ_1 将产生横断裂系统。其中横张性断裂的断裂面和层面的交线（简称断裂线）与枢纽垂直；压剪性断裂的断裂线与枢纽夹角，由于受岩石内摩擦的影响，一般大于 45°[4]。

两组压剪性断裂在层面上组成 X 型，其锐角平分线与枢纽正交。它们的断层面相当平整，水平剪切作用也很强烈。这种断层多具有引人注目的走向断距，断层面也经常出现平行于断层线和斜落的擦痕[5]。两组压剪性断层的剪切方向是锐夹角一盘朝角尖所指的方向错动。

人们往往将水平挤压力所产生的平面 X 型断裂称为剪性断裂，又将压剪性断裂视为斜冲断层的同义词，这是不确切的。由于水平挤压力在平面 X 型断裂的断裂面上还有一个压力分量，故其平面上的力学性质应为压剪性。自然界中压剪性断裂也不仅仅

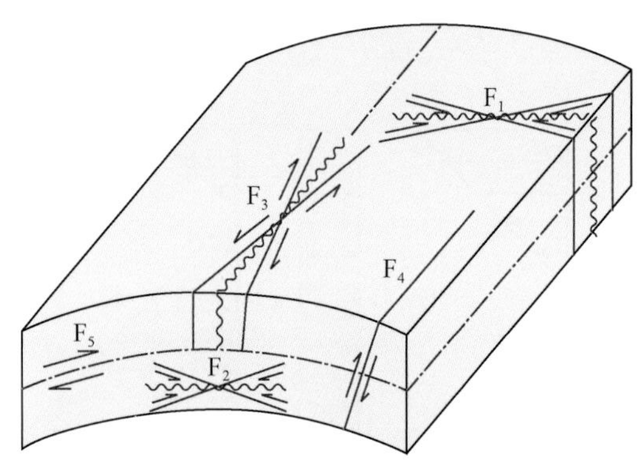

图 5　纵弯褶曲中五种断裂系统的分布示意图

只有斜冲断层一种，而是具有斜冲断层、平移断层和压剪性正断层三种类型。关于后者这种新的断裂类型的成因机制，作者在另文[6]已有所述。

纵弯杆在变形之前轴向压应力最强，故水平岩层在水平挤压力用下，横张性断裂和压剪性断裂往往相当发育[7]。一些进行水平挤压的模拟试验，首先出现的也常常是这种断裂[8]。

纵弯杆变形初期，由于仍然以轴向压应力为主，所以纵弯褶曲内外侧开始也都有横断裂系统产生。例如，美国蒙大拿州干溪岭背斜内外侧起初均受顺层挤压力控制并遍布这种断裂系统[9]。

不过，纵弯杆内侧的压应力为轴向压应力与纵向压应力之和，外侧的压应力为轴向压应力与纵向张应力之差，前者压应力比后者大；而且，随着纵弯杆变形的发展，外侧压应力不断减弱，内侧压应力不断加强，故作为纵弯杆内侧的向斜槽部，其横断裂系统比作为纵弯杆外侧的背斜顶部的要发育[4]；迁就压剪性 X 型断裂发展起来的横锯齿状断裂也多集中于向斜槽部[10]。

纵弯杆中央内侧边缘压应力最大，趋向两端减小（图 4），这点从纵弯褶曲光弹性模拟试验中也可以清楚看出，如图 6 所示[11]。因此，向斜中轴部的横锯齿状断裂比两翼的发育[10]。

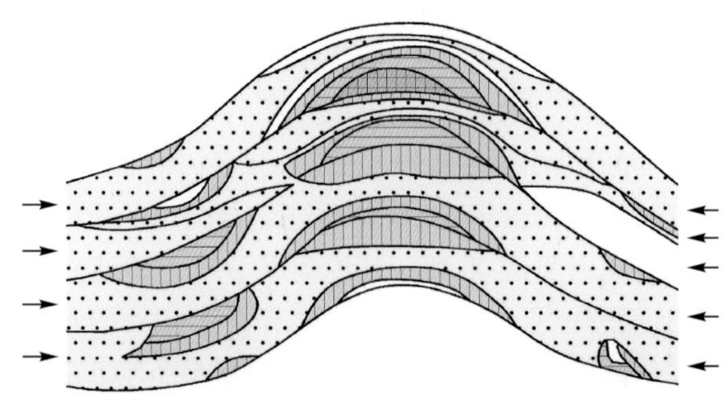
图 6　多层变形体纵弯褶曲模型中应力的分布

用方格标出的部位应力最强，用点标出的部位应力最弱，其他的依次介于两者

岩层在水平挤压力作用下，变形前后都存在着或大或小的顺层压应力，故层内横

断裂系统不一定均为岩层水平时的产物。

2.2.2 压性逆冲断层（图5中F_2）

当σ_3垂直于层面时，上述与枢纽垂直的顺层压应力，将产生断层线与枢纽平行、断层面与层面呈小于45°夹角的压性逆冲断层[12]。有时压性逆冲断层两组一并出现，并互相穿切而形成剖面X型断裂。

纵弯杆中央内侧边缘压应力最大，趋向两端和中和面渐弱（图4、图6），所以纵弯褶曲轴部内侧压性逆冲断层较为发育[13]，并从内侧边缘向褶曲层中部生长。

纵弯杆横断面与水平轴向挤压力夹角越大，轴向压应力越强，故水平岩层和不对称背斜的缓翼也经常出现压性逆冲断层[13]。

压性逆冲断层的断层面与层面夹角较小，切入地壳较浅，不利于岩浆上升和内生矿床产生，但对层状矿床的构造变动却往往起控制作用。例如，洋水不对称背斜缓翼的几条压性逆冲断层，便将该翼磷矿层切成几条矿带，其中有的断距竟达数百米[12]。

2.2.3 纵张性断裂和张剪性断裂（简称纵断裂系统，图5中F_3）

当矩形横断面纵弯杆的挠度与厚度之比大于1/6时，纵向张应力将大于轴向压应力。即纵弯褶曲发展到一定阶段之后，轴部外侧便开始出现引张（图4、图6），从而使纵弯褶曲轴部外侧的纵断裂系统，往往与轴部内侧的横断裂系统或压性逆冲断层同时并存[13]。

纵向张应力平行于层面，并与枢纽垂直，故其产生的纵张性断裂的断裂线与枢纽平行，张剪性断裂的断裂线与枢纽呈小于45°夹角。两组张剪性断裂在层面上组成X型，其锐夹角平分线与枢纽平行。

水平引张作用所产生的平面X型断裂，通常也被称为剪性断裂，这同样是不确切的。鉴于水平引张力在该断裂面上还有一个张力分量，所以其平面上的力学性质应为张剪性。张剪性断裂没有重要的水平剪切现象。

由于断裂面只能承受压力，不能承受张力，故压剪性断裂在水平挤压力的持续作用下，两盘可以不断进行水平错动，而张剪性断裂在水平引张力的持续作用下，两盘只能沿平行于引张力方向作相背运动。所以前者的水平剪切作用是后者所无法比拟的，而成为两者区别的主要标志。这点模拟试验也提供了生动的说明[14]。

纵弯杆中央处挠度最大，其外侧边缘纵向张应力最强，趋向两端挠度渐小、纵向张应力渐弱（图4、图6），因而纵弯褶曲的纵断裂多集中于轴部。

这种现象在湖北东部枫林矿区特别明显。据该矿区的全面统计，褶曲轴部的纵断层平均强度为翼部的7.8倍。例如，2号背斜轴部的纵断层强度为9.4m/20m，翼部的为0m/20m（图7）。

为了更为定量地描述断层的发育程度，作者提出断层强度新概念。断层强度包括断层的密度和断距，它系单位距离（这里为20m）内同系统断层的断距之和。图7是根据滑动平均法计算结果绘制的，其中横坐标表示水平距离，纵坐标分别表示煤系顶板底面的高程和统计单位的断层强度。

纵弯杆挠度越大纵向张应力越强，故幅度大的纵弯褶曲纵断裂系统也较发育。例如，上述矿区两个幅度分别为9m和14m的挠曲，其上转折角纵断层系统断层强度前者

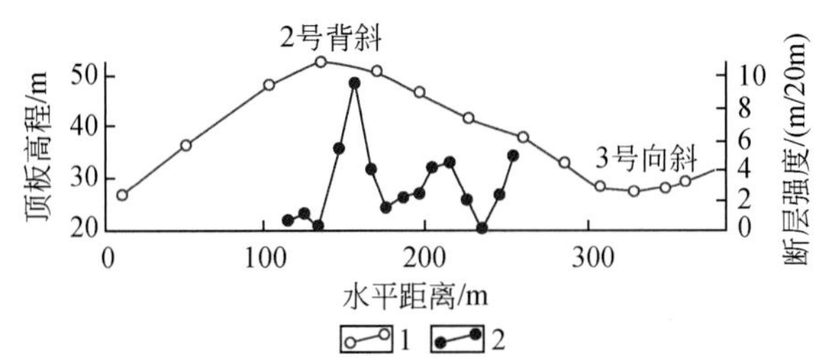

图 7　湖北东部枫林矿区 2 号背斜中纵张性断层和张剪性断层的断层强度曲线图

1. 煤系顶板底面及其高程点；2. 纵张性断层和张剪性断层的断层强度

为 5.1m/20m，后者为 7.8m/20m。北京西山一个由奥陶纪灰岩形成的背斜，其纵锯齿状裂隙从幅度大的顶部到幅度小的倾伏端，也“变窄、变短、变浅”[10]。

纵弯杆厚度越小纵向张应力越强，所以纵弯褶曲中独立层厚度越小纵断裂越发育。例如，广东潭潦一个由薄层灰岩所形成的小型向斜，上部几层灰岩较薄，纵张性裂隙就比较发育；底部一层灰岩较厚，纵张性裂隙便很稀少[15]。

纵弯杆外侧边缘纵向张应力较强，趋向中和面渐弱，故纵弯褶曲的纵张性裂隙多呈外宽内窄的楔形，并从外侧向内侧发展[15,16]。

背斜顶部纵断裂系统较为发育，剥蚀速度较快，而往往形成“背斜谷”的地貌景观。向斜的纵断裂系统主要集中于下部，其中有的还发展成为暗河。

纵弯杆外侧出现破裂之后，由于破裂部分不能再承受张应力，所以实际上它已经从杆件中分离出去。杆件厚度一旦缩小，张应力就随之增加，破裂也随之加深。作用力持续作用，外侧破裂便节节向内侧延伸，直至整个杆件完全断裂为止。因此，一些纵断裂系统切穿了整个褶曲内外侧。规模大的背斜，其切穿内外侧的纵断裂系统往往还成为岩浆活动和内生矿床成矿的有利场所。例如，湖北东部长 130km 的排市–大桥背斜的纵断裂系统，便在拱起幅度不下 2km 的东端上翘地段产生了夕卡岩型矿床。

虽然由于轴向压应力的叠加作用，纵弯褶曲（或其独立层）外侧的张应力小于内侧的压应力（图 4、图 6），但是因为一般岩石的抗张强度比抗压强度小一个数量级，而且随着褶曲的发展，外侧引张范围不断扩大，内侧挤压范围不断缩小，从而外侧张应力所产生的纵断裂系统，通常比内侧压应力所产生的横断裂系统和压性逆冲断层更为发育[5]。

3　纵弯褶曲中横向剪应力和纵向剪应力的分布及其产生的断裂系统

3.1　横向剪应力和纵向剪应力的分布

式（3）表明，Q 与 α 呈余弦关系。纵弯杆中央 α 为 90°，剪切力为零，趋向两端 α 渐小，剪切力渐强；纵弯杆变形越大，其两端 α 越趋近 0°，剪切力越趋近最大值。

该剪切力与纵弯杆轴垂直，呈扇形分布，剪切方向为端部一侧朝内，中央一侧朝外。

根据剪应力互等定理，上述垂直于纵弯杆轴的横向剪应力，将导生平行于纵弯杆轴的纵向剪应力，两者大小相等，剪切方向相反。在矩形横断面纵弯杆中任意一点的横向剪应力和纵向剪应力 τ 为

$$\tau = \frac{3}{2} \cdot \frac{Q}{bh}\left(1 - \frac{4z^2}{h^2}\right) \tag{7}$$

式中，Q 为所求横断面剪切力。其他符号意义同前。

当 $z=0$ 时，代入式（7），得该横断面的最大剪应力 τ 为

$$\tau = \frac{3}{2} \cdot \frac{Q}{bh} \tag{8}$$

当 $z=h/2$ 时，代入式（7），得剪应力为零。横断面中剪应力呈抛物线分布，中心轴最强，趋向内外侧边缘渐弱（图 8）。

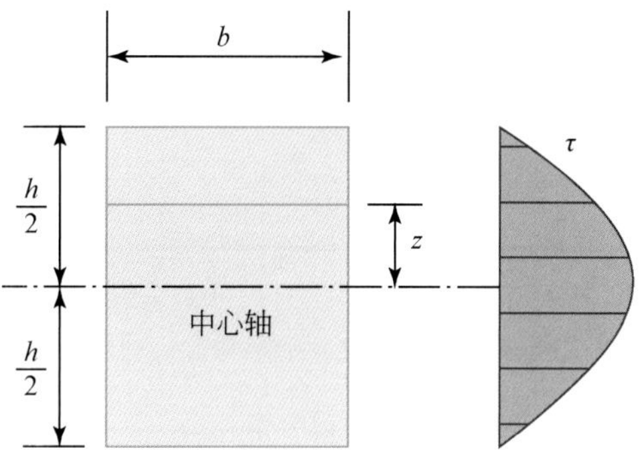

图 8　纵弯杆横断面中剪应力分布示意图

式（3）和式（7）表明，纵弯杆两端横断面中心轴横向剪应力和纵向剪应力最强（图 9），而且纵弯杆变形越大，α 越趋近 0°，其剪应力越大。

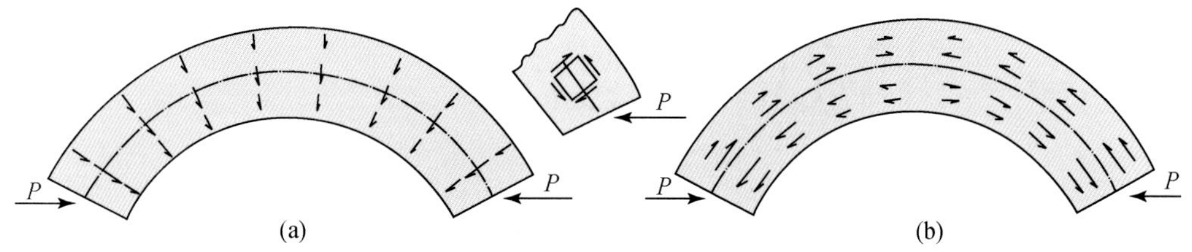

图 9　纵弯杆中横向剪应力（a）和纵向剪应力（b）的分布示意图

3.2　横向剪应力和纵向剪应力所产生的断裂系统

3.2.1　扇型逆冲断层（图 5 中 F_4）

纵弯杆中横向剪应力为扇型分布，并呈端部一侧朝内、中央一侧朝外的剪切方向，如图 9（a）所示，故其产生的逆冲断层，在剖面上往往组成扇型，并且逆冲方向是背斜一盘仰冲，向斜一盘俯冲。

纵弯杆端部横断面与水平轴向挤压力夹角较小而横向剪应力较大［图 9（a）］，故

扇型逆冲断层多产生于纵弯褶曲翼部倾角最大处[13,15,16]。

扇型逆冲断层在平面上沿褶曲翼部倾角最大处延伸，而与线状褶曲枢纽大致平行。趋近褶曲端部，由于翼部倾角变缓，横向剪应力相应减弱，扇型逆冲断层也随之变小乃至消失，所以这种断层不越出所在褶曲范围。

扇型逆冲断层在剖面上也沿褶曲翼部中各层倾角最大的拐点（A、B）（图 1）发育，因此在同心褶曲中断层面与层面垂直，在相似褶曲中断层面与层面夹角接近于 45°。故扇型逆冲断层倾角视其所在部位岩层倾角和褶曲形态而定，既可小于 45°成为逆掩断层，也可大于 45°成为冲断层。这种断层有的尔后随着褶曲倒转而呈水平产状乃至反向倾斜，形成推覆构造。

扇型逆冲断层在纵弯褶曲模拟试验中也得到了再现，如图 10 所示[8,17]。

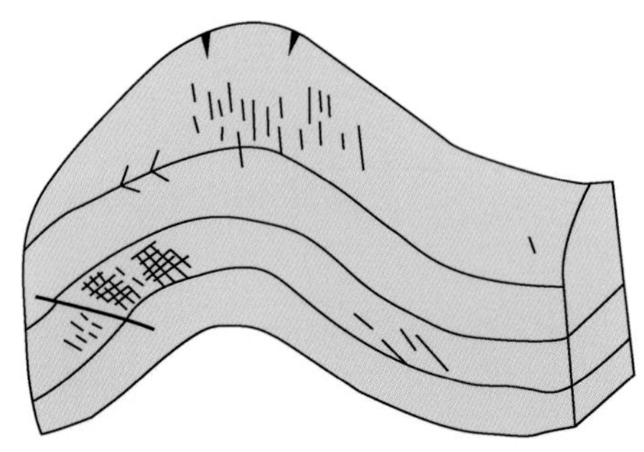

图 10　纵弯褶曲模型中扇型逆冲断层和顺层剪切裂隙的分布[17]

纵弯杆横断面与水平轴向挤压力夹角越小横向剪应力越大，所以扇型逆冲断层多出现于不对称褶曲的陡翼，如图 10、图 11 所示[16]，尤其是倒转翼。

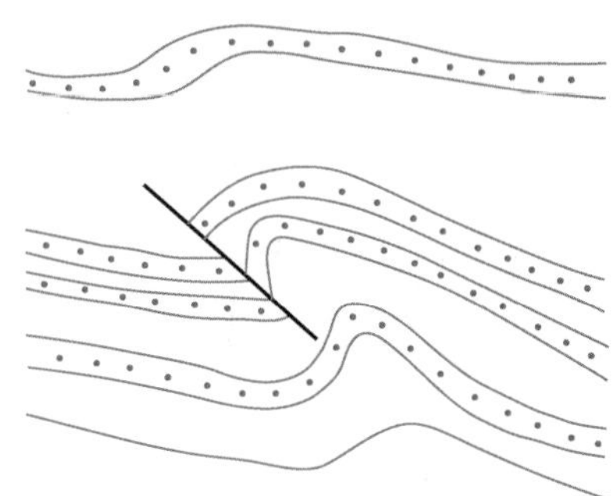

图 11　北京西山震旦系板岩及砂岩所形成的不对称背斜中扇型逆冲断层的分布[16]

纵弯杆横断面中部横向剪应力较强，故扇型逆冲断层在褶曲层中部较为发育（图 10、图 11），并从褶曲层中部向上下发展。近年来我国西部和四川等压性、压剪性含油气盆地，也发现一些扇型逆冲断层的断距在褶曲层中部较大，往褶曲层两侧变小，未切入顶部即行消失，成为隐伏断裂[18]。

自然界中纵弯褶曲形态多介于同心褶曲和相似褶曲，所以扇型逆冲断层的断层面与层面多呈高角度相交。在大的纵弯褶曲翼部，尤其是陡翼或倒转翼，这种从褶曲层中部向上下发育的、与层面呈高角度相交的断层，常常因切入地壳较深而引起岩浆上升，形成内生矿床[19]①。

一个大的造山带往往相当于一个大的纵弯背斜，因此其侧翼的扇型逆冲断层也较为发育。例如，位于青藏高原北缘的昆仑山和东缘的龙门山，它们的外侧都分布着向外仰冲的断裂带。这些断裂带也应该属于青藏高原上地壳的扇型逆冲断层，而不仅仅是盖层中水平挤压力产生的逆冲断层。由于这些断裂切穿了整个青藏高原上地壳纵弯隆起带，与深部地幔流体关系密切，而成为油气等资源源源不断输出的通道。

扇型逆冲断层通常被人们视为压性逆冲断层，可是，事实上两者无论在赋存特征上或力学成因上都互不相同。在赋存特征上：前者是纵弯褶曲发展到一定阶段的产物，而且在不对称褶曲陡翼的褶曲层中部最为发育，断层面与层面多呈高角度相交，断层倾角可大可小，逆冲方向受褶曲形态严格控制，褶曲两翼的断层都终止于褶曲核部而不相互切穿，在剖面上形成扇形；后者见于水平岩层和纵弯褶曲的核部及不对称背斜的缓翼，断层面与层面或水平面夹角一般小于45°，两组断层可以互相穿切而形成剖面X型断裂。在力学成因上，前者是纵弯褶曲派生的横向剪应力的产物，后者是水平挤压力或顺层挤压力的剪应力分量作用的结果。将它们相提并论，可能是由于对岩层在纵弯曲过程中派生一个新的横向剪应力缺乏了解的缘故。

值得进一步指出的是，这个新的横向剪应力，往往比水平挤压力的最大剪应力分量强得多。这点从下面的计算可以得到定量的说明。

设纵弯褶曲翼部的褶曲层中部最大横向剪应力为 τ_Q。根据式（3）和式（8），得

$$\tau_Q = \frac{3}{2} \cdot \frac{Q}{bh} = \frac{3}{2} \cdot \frac{P\cos\alpha}{bh} \tag{9}$$

设水平挤压力的最大剪应力分量为 τ_σ（与水平挤压力呈45°夹角），其大小为水平压应力 σ 的一半，即

$$\tau_\sigma = \frac{1}{2}\sigma = \frac{1}{2} \cdot \frac{P}{bh} \tag{10}$$

计算得知，当 $\alpha = 70°32'$ 时，$\tau_Q = \tau_\sigma$；当 $\alpha \approx 0°$ 时，$\tau_Q \approx 3\tau_\sigma$。即纵弯褶曲翼部倾角（与 α 互为余角）为19°28′时，其褶曲层中部的最大横向剪应力将等于水平挤压力的最大剪应力分量；当纵弯褶曲翼部倾角趋近于90°时，其褶曲层中部的最大横向剪应力将趋近于水平挤压力的最大剪应力分量的3倍。由此可知，岩层纵弯曲发展到一定阶段之后，褶曲翼部的最大横向剪应力将大于水平挤压力的最大剪应力分量，从而产生扇型逆冲断层。所以，扇型逆冲断层是一种不同于压性逆冲断层的新的断裂类型，而且在我国西部等褶皱带分布地区，前者比后者更为发育。

3.2.2 层间错动（图5中 F_5）

纵弯杆中纵向剪应力平行于杆件轴，其剪切方向是上部朝上，下部朝下［图9（b）］，故背斜产生的顺层剪切断裂上部岩层仰冲，下部岩层俯冲。由于层面的抗剪强度低，所以这种断裂多以层间错动的形式出现。

纵弯杆端部的横断面中部纵向剪应力最大［图9（b）］，因此纵弯褶曲模型中顺层剪切裂隙集中于翼部的褶曲层中部（图10）。纵弯褶曲翼部夹于硬岩层之间的软岩层，

① 胡成荫．江苏宁镇地区的逆掩–推覆构造及其控矿意义．全国断裂构造学术讨论会资料，1983。

在层间错动作用下往往产生塑性流动和牵引褶皱[15]。软岩层物质从纵向剪应力大的翼部，流向纵向剪应力小的轴部，造成前者软岩层减薄，后者软岩层加厚。例如，在枫林矿区的纵弯褶曲中，夹于顶底板坚硬石灰岩之间，由含黄铁矿黏土页岩和煤层等塑性层所组成的煤系，轴部平均厚度为翼部的4倍。其中25号背斜和26号向斜的黄铁矿层厚度，轴部为0.65 ~ 0.80m/15m，翼部为0 ~ 0.5m/15m（图12）。

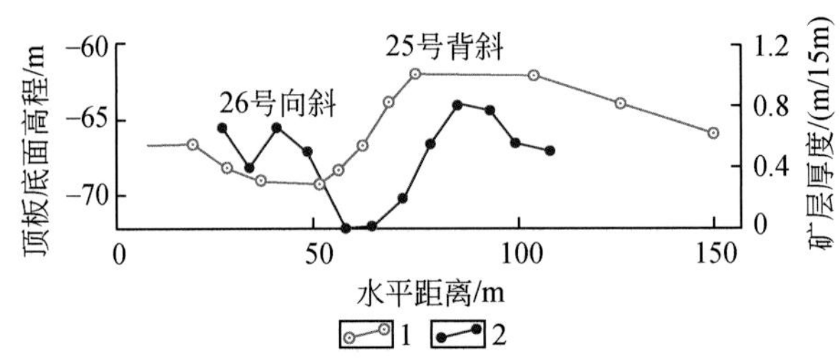

图12　湖北东部枫林矿区25号背斜和26号向斜中黄铁矿层厚度曲线图

1. 煤系顶板底面及其高程；2. 黄铁矿层厚度

图12是根据滑动平均法计算结果绘制的，其中横坐标表示水平距离，纵坐标分别表示煤系顶板底面高程和黄铁矿层厚度。

这种塑性流动现象在煤矿和盐矿中也相当普遍，如我国南方诸省的鸡窝煤，便往往与层间错动作用有关[19]。褶曲规模越大，层间错动作用范围越广，翼部软岩层的减薄带也越宽。

由于纵弯褶曲中软岩层在层间错动作用下，于翼部减薄、轴部加厚的现象较为明显，而多形成相似褶曲。例如，山东五莲一个由砂岩和页岩所组成的背斜，其下部厚层砂岩强度较大形成同心褶曲，上部薄层砂岩和页岩强度较小形成相似褶曲[16]。

纵弯杆横断面与水平轴向挤压力夹角越小纵向剪应力越大，故纵弯褶曲中倾角较大的部位层间错动作用较强，软岩层也较薄。如图12中黄铁矿层厚度曲线，波峰位于倾角小的轴部，波谷位于倾角大的翼部，而且倾角越大，波谷越低：背斜右翼倾角为4°，矿层厚度为0.5m/15m；向斜左翼倾角为9°，矿层厚度为0.4m/15m；背斜和向斜之间的翼部倾角为20°，矿层厚度为0m/15m。纵向剪切作用强弱与褶曲层倾角大小的这种正相关关系，在模拟试验中也得到了生动的反映（图10）。

由于纵弯褶曲翼部倾角越大层间错动作用越强烈，岩层厚度次生变化越显著，所以倾角平缓的多形成同心褶曲，倾角陡急的多形成相似褶曲。例如，内蒙古一块云母石英片岩手标本中两个变形程度不同的相邻小背斜，翼部倾角为30°的，其轴部岩层加厚7%，成为同心褶曲；翼部倾角为55°的，其轴部岩层加厚70%，成为相似褶曲[16]。由此可知，相似褶曲往往是由同心褶曲发展而成的。

变形急剧的大型纵弯褶曲，其翼部的层间错动作用更为强烈，从而常常引起岩浆侵入，生成层状或似层状矿床[19]。例如，长江中下游某些铜、铁矿，湖南某些钨矿、铅锌矿，就是沿着这种褶曲的翼部，尤其是陡翼、倒转翼的层间错动有利空间成矿的。

层面的抗剪强度一般小于岩层本身的抗剪强度，故纵向剪应力虽然与横向剪应力相等，但前者所产生的层间错动还是比后者所产生的扇型逆冲断层更为普遍。

被强烈层间错动作用面所分隔的岩层，在某种程度上可以视为独立层，每个独立层各有其自身的内外侧（图6）。所以一些纵弯褶曲的纵断裂系统分布于各独立层外侧而互不相连[15]，枫林矿区煤系顶底板毗邻处也常常出现不同性质的断裂。

一般来说，纵弯杆中压应力和张应力比横向剪应力和纵向剪应力大得多。计算得知，矩形横断面纵弯杆的挠度与厚度之比，大于1/12时的最大压应力和大于1/2.4时的最大张应力，将分别超过其最大变形时的最大横向剪应力和最大纵向剪应力。所以在多层变形体纵弯褶曲模型中，各独立层的应力均以轴部内外侧的压应力和张应力为主（图6）。不过，由于层面的抗剪强度很低，岩石的抗剪强度也仅为抗压强度的几分之一至十几分之一，因此层间错动和扇型逆冲断层还是纵弯褶曲重要的断裂系统之一。

4 结 束 语

综上所述，纵弯褶曲中存在着轴向压应力、纵向压应力、纵向张应力、横向剪应力和纵向剪应力五种应力，而且它们在空间上和时间上的分布情况也各不相同，所以通常用一个统一的固定的应力场，来描述纵弯褶曲中各种应力在各个发展阶段的分布是不妥当的[1,2,11]。

根据纵弯褶曲中各种应力及其断裂系统的成生先后，其发展过程大体可以分成如下四个阶段。

第一阶段，褶曲层（或其独立层）幅度与厚度之比小于1/6。这时褶曲中以轴向压应力为主，并在轴部内侧及其他部位产生 F_1 和 F_2。

第二阶段，褶曲层（或其独立层）幅度与厚度之比大于1/6。这时除了轴部内侧的顺层压应力进一步加强、F_1 和 F_2 进一步发展外，轴部外侧也开始出现纵向张应力及其 F_3，翼部的纵向剪应力也发挥了重要作用并产生 F_5。

第三阶段，褶曲翼部倾角大于19°28′。这时除了第二阶段那四种应力和断裂继续发展外，翼部的横向剪应力也因超过了水平挤压力的最大剪应力分量，而产生 F_4。在褶曲层（或其独立层）厚度相对较大的情况下，F_3 和 F_4 的成生次序可能互换。所以有的纵弯褶曲仅仅产生了翼部扇型逆冲断层，而没有见到轴部纵断裂的踪迹（图11）。

第四阶段，发展成为紧闭褶曲。这时水平挤压力从顺层传递转变为垂直于层面传递，从而使其应力场及构造变动发生根本性的变化：由垂直褶曲两翼层面的压应力取代原来的五种应力，由香肠构造、压扁现象等取代原来的五种断裂。关于这一新的发展阶段的讨论，已超出本文的范围。

压性逆冲断层和扇型逆冲断层，有的尔后在重力或张力作用下，上盘下滑成为正断层[19]。关于这种不同应力先后作用而成的构造现象，本文也不再赘述。

参 考 文 献

[1] 霍布斯 B E. 构造地质学纲要. 刘和甫等译. 北京：石油出版社，1982.
[2] 徐开礼，等. 构造地质学. 北京：地质出版社，1984.
[3] 别辽耶夫 H M. 材料力学（下册）. 于光瑜等译. 北京：高等教育出版社，1956.
[4] 王维襄，等. 棋盘格式构造的力学分析. 地质力学论丛，1977，(4).
[5] 李扬鉴. 湖北枫林矿区褶曲构造中断裂系统力学成因研究. 今化工矿产地质，1980，(3).

[6] 李扬鉴．压剪性正断层的成因机制与能量破裂理论——以枫林矿区等为例．构造地质论丛，1985，(4).
[7] 李四光．地质力学概论．北京：科学出版社，1962.
[8] 黄汉纯．几个模型实验．地质力学丛刊，1959，(1).
[9] 鲍格尔 H R. 蒙大拿州干溪岭背斜应力的岩组学分析．林传勇译．国外地质，1978，(10).
[10] 张文佑，等．锯齿状断裂的力学形成机制//构造地质问题．北京：科学出版社，1965.
[11] 马瑾．几种构造变形体的光弹性模拟实验研究//构造地质问题．北京：科学出版社，1965.
[12] 杨绍亮．开阳磷矿马路坪矿段 F_{41} 断裂特征及意义．化工地质（今化工矿产地质），1980，(2).
[13] 格佐夫斯基 M B. 构造应力场．江超西译．地质专辑，1958，(6).
[14] 安欧．岩石的应变和断裂与应力的基本关系及其实验证明．地质力学丛刊，1959，(1).
[15] 蓝淇锋．构造形迹地质力学分析图示．北京：地质出版社，1974.
[16] 武汉地质学院．地质构造形迹图册．北京：地质出版社，1978.
[17] 李四光．扭裂缝之泥浆试验//地质力学方法．北京：科学出版社，1976.
[18] 罗志立．试从地裂运动探讨四川盆地天然气勘探的新领域．成都地质学院学报，1983，(2).
[19] 陈国达．成矿构造研究法．北京：地质出版社，1978.

On the Structural Stress Field of the Longitudinal Bend Fold and its Distribution with Respect to the Fault System*

Li Yangjian, Chen Yancheng

(Geological Institute for Chemical Minerals Product, Ministry of Chemical Industry, Zhuozhou, Hebei, China)

Abstract Until now the structural stress field of the longitudinal bend fold has been understood only qualitatively, and only a few stresses are known in the longitudinal bend fold; therefore the distribution of the fault system cannot be explained exactly and comprehensively. We draw on the conception of the longitudinal bend bar in mechanics of materials to research systematically and quantitatively the various stress distributions and the evolution of longitudinal bend folds. We explain the cause of formation for every type of fault system in the different positions and developmental stages of the longitudinal bend folds, and we discover an important new cross-shear stress and a new, fan-type thrust fault.

1 Introduction

Until now the structure stress field of the longitudinal bend fold, which closely relates to formation and change of endogenic and exogenic deposits, has been understood only qualitatively. Only three kinds of stresses are generally known (the outside of axial part is drawn and tensed, the inside is compressed, and the interior (longitudinal direction) of the flank part is sheared); therefore the distribution of fault systems cannot be comprehensively and systematically explained. In this paper, we draw on the conception of the longitudinal bend bar in mechanics of materials to research systematically and quantitatively the various stress distributions and the evolution of the whole longitudinal bend folds and explained successfully the cause of formation for every type of fault system in the different positions and developmental stages of the longitudinal bend folds. In addition, we have discovered a strong new cross-shear stress as well as a new fault form, namely, the fan-type thrust fault.

---

* Copyright 1991 by the American Geophysical Union. Journal of Geophysical Research. Vol. 96. No. B13: 659-665. December 10. 1991.

2　The Structural Stress Field of the Longitudinal Bend Fold

2.1　Decomposition of the Horizontal Compressive Force in the Longitudinal Bend Fold

The rock formation which is compressed and folded by the horizontal compressive force is called the longitudinal bend fold. The force bearing and deformation of the longitudinal bend folds is similar to the longitudinal bend bar of the rectangular cross section bent by the compressive force with an axial direction.

In Figure 1 the bar *AB* is bent longitudinally by the horizontal axial compressive force *P*. According to the statics principle, the active force of the longitudinal bend bar in any cross section can be decomposed as the axial compressive force *N* and bending moment *M* as well as shear force *Q*. *N* is the projection of *P* on the cross section normal. *M* is the product of *P* and *y* (the degree of warping). *Q* is the projection of *P* on the cross section.

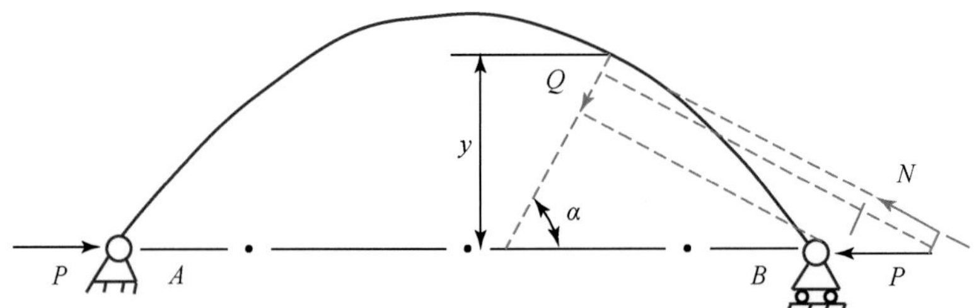

Fig. 1　Decomposition of the horizontal compressive force *P* on the longitudinal bend bar

The longitudinal bend bar axis is the sine curve, and α is the angle between any cross section and *P*. From Figure 1 we know

$$N=P\sin\alpha \tag{1}$$

$$M=Py \tag{2}$$

$$Q=P\cos\alpha \tag{3}$$

2.2　Distribution of the Compressive and Tensile Stress in the Longitudinal Bend Fold

Equation (1) shows the sine relationship between *N* and α. When α is 90° in the center of the longitudinal bend bar, the axial compressive force is at a maximum value. When α gradually decreases toward the two ends, the axial compressive force gradually diminishes and the deformation of the longitudinal bend bar is slow.

The axial compressive force is distributed evenly through the cross section. The axial compressive force a σ_N of the rectangular cross section is

$$\sigma_N = \frac{N}{bh} \tag{4}$$

Where N is the axial compressive force of the cross section, b is the width of the cross section, and h is its thickness.

Equation (2) shows the direct ratio relationship between M and y. The warping degree is the largest and bending moment is the strongest in the center of the longitudinal bend bar, and the warping degree gradually decreases and the bending moment gradually diminishes toward the two ends. The stronger the deformation of the longitudinal bend bar is, the larger the warping degree and the more powerful the bending moment.

The longitudinal tensile stress outside the longitudinal bend bar and the longitudinal compressive stress inside it are produced by the bending moment. The longitudinal positive stress σ_M on any point of the rectangular cross section of the longitudinal bend bar is (Wan *et al.*, 1979)

$$\sigma_M = \frac{12Mz}{bh^3} \tag{5}$$

Where M is the bending moment of the cross section and z is the distance from the point to the central axis of the cross section. The outside distance is negative, and the inside one is positive. Other symbols is are as define earlier.

The relationship between the longitudinal positive stress value on each point of the cross section and the central axial distance of one is a direct ratio. When the central axis is zero, the stress value gradually increases toward the two sides (Figure 2).

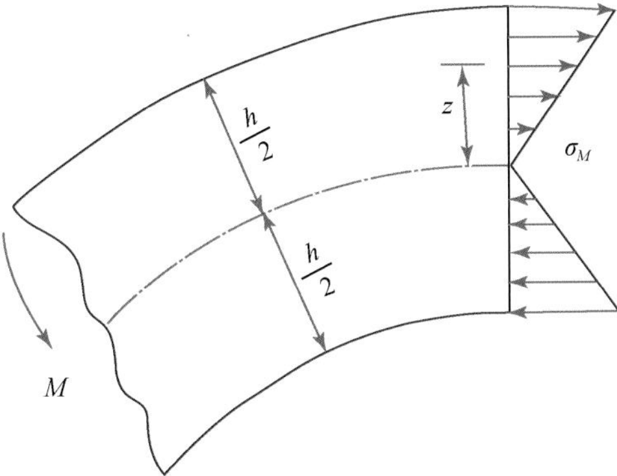

Fig. 2 Distribution of the longitudinal compressive stress and the longitudinal tensile stress in the cross section of the longitudinal bend bar which is acted on by the bending moment

The positive stress on any point in the cross section of the longitudinal bend bar is the vector sum of the longitudinal positive stress and the axial compressive stress (Figure 3).

The positive stress σ on any point in the cross section of the longitudinal bend bar is

$$\sigma = \sigma_N + \sigma_M = \frac{N}{bh} + \frac{12Mz}{bh^3} = \frac{P\sin\alpha}{bh} + \frac{12Pyz}{bh^3} \tag{6}$$

From equation (6) we know the positive stress σ in the longitudinal bend bar of the

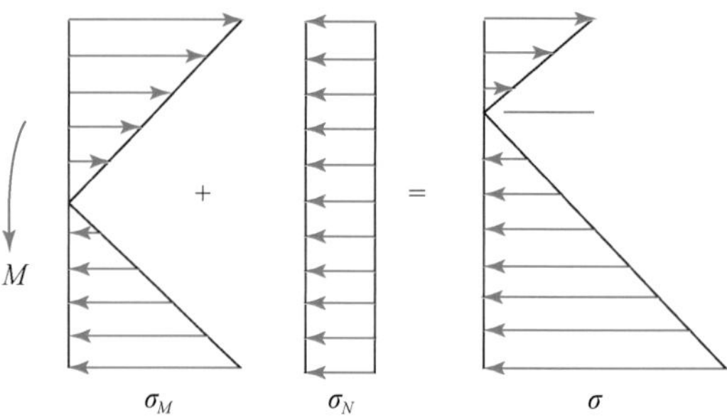

Fig. 3　Vector sum (σ) of the longitudinal positive force (σ_M) and the axial compressive force (σ_N)

rectangle cross section. When $y/h < 1/6$, the axial compressive stress is more than the maximum longitudinal tensile stress, and the inside and outside of the longitudinal bend bar are controlled by the compressive stress. When $y/h>1/6$, the axial compressive stress is less than the maximum longitudinal tensile stress, and the stretch tension appears in the outside of the longitudinal bend bar. The larger the warping degree of the longitudinal bend bar is, the smaller the thickness and the longitudinal tensile stress, the stronger the compressive stress in the inside margin of the central cross section of the longitudinal bend bar, and as the larger the tensile stress in the outside margin (Figure 4).

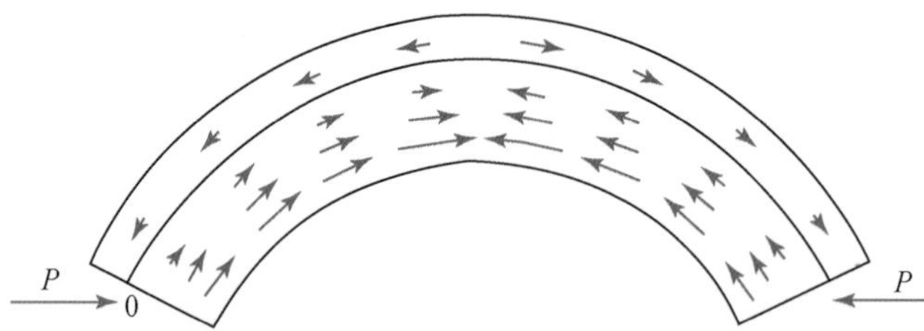

Fig. 4　Distribution of the compressive stress and tensile stress in the longitudinal bend bar

2.3　The Distribution of the Horizontal and Longitudinal Shear Stress in the Longitudinal Bend Fold

Equation (3) shows the cosine relationship between Q and α and $\alpha = 90°$, the shear force $Q = 0$ in the center of the longitudinal bend bar, and the gradual decrease in α and increase in Q toward two ends. When formation of the longitudinal bend bar is larger, $\alpha \approx 0°$ and Q tends to the maximum value in both ends.

The shear force is perpendicular to the longitudinal bend bar axis and is distributed in a fan shape. The end direction of the shear force is toward the inside and the center is toward the outside. According to the theorem of equality of shear stresses, the cross-shear stress, which is perpendicular to the longitudinal bend bar axis, will produce the longitudinal shear stress parallel to the longitudinal bend bar axis, the cross-shear stress is equal to the longitudinal shear stress, but their shear direction is opposite. The cross-shear stress and the longitudinal shear stress τ in any point of the longitudinal bend bar with the rectangular cross section are

(Wan *et al.*, 1979)

$$\tau = \frac{3}{2} \cdot \frac{Q}{bh}\left(1 - \frac{4z^2}{h^2}\right) \tag{7}$$

Where Q is a shear force of the section to the cross section and other symbols are as defined previously.

When $z=0$ in equation (7), the largest shear stress τ of the cross section is

$$\tau = \frac{3}{2} \cdot \frac{Q}{bh} \tag{8}$$

When $z=h/2$ in equation (7), the shear stress is zero and the shear stress distribution in the cross section is parabola shaped, largest in the central axis and gradually decreasing toward the inside and outside margin (Figure 5).

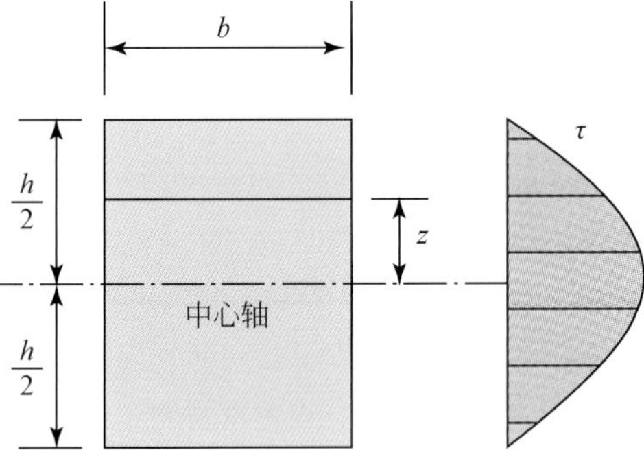

Fig. 5 Distribution of the shear stress in the cross section of the longitudinal bead bar

Equations (3) and (7) show that the cross-shear stress and the longitudinal shear stress in the central axis of the cross section are largest at the two ends of the longitudinal bend bar (Figure 6). When the longitudinal bend bar forms much more, a decreases gradually toward zero and its shear stress is larger.

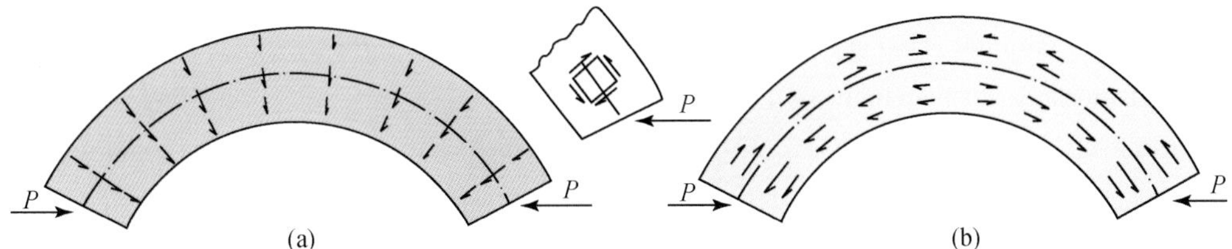

Fig. 6 Distribution of (a) the cross-shear stress and (b) the longitudinal shear stress in the longitudinal bend bar

3 The Distribution With Respect to the Fault Systems in the Longitudinal Bend Fold

The five types of fault system in the longitudinal bend fold are shown in Figure 7.

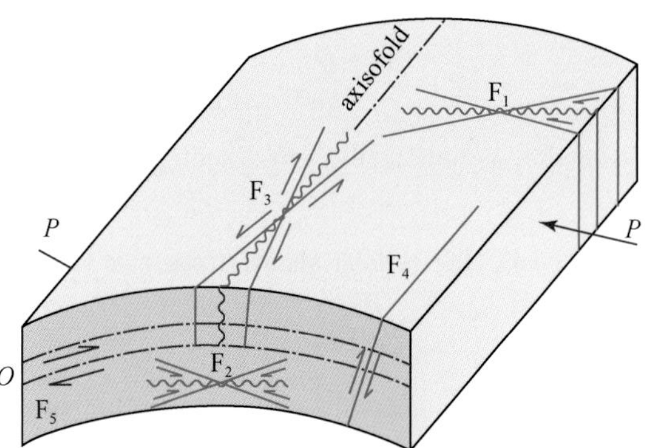

Fig. 7　Distribution sketch of the five types of fault system in the longitudinal bend fold

3.1　The Cross-tensile and Compressive Shear Faults (the Cross-Fault System F_1)

Because the axial and longitudinal compressive stresses in the longitudinal bend bar parallel the bar axis, these compressive stresses in the longitudinal bend folds are transfered along bed and perpendicular to the fold axis. When the smallest main stress σ_3 parallels the axis, the bedding compressive stress σ_1 will produce the cross-fault system F_1. The fault plane of the cross-tensile fault and the cross line of the bed plane (the fault line) in the cross-fault system are perpendicular to the fold axis.

The angle between the fault line of the compressive shear fault and the fold axis is usually greater than 45°because it is affected by rock friction.

The two groups of compressive shear faults are conjugate with each other and appear as an X on the bed plane. In addition, the bisector of their acute angle meets the fold axis at right angles.

Because this fraction is the bedding compressive production, the force acts gradually and there are the continual shear movements on the bed plane; therefore the fracture plane is quite level and the fault displacement on the bed plane is larger.

Since the inside positive stress of the longitudinal bend bar is the sum of the axial and longitudinal compressive stresses, and since the outside positive stress is the difference of the axial compressive stress and the longitudinal tensile stress, even though in the initial stage of the longitudinal bend fold formation the former compressive stress is more than the latter one, the cross-fracture systems much more concentrate in the syncline trough of the longitudinal bend bar inside (De Sitter, 1956).

3.2　The Compressive Thrust Fault (F_2)

When σ_3 is perpendicular to the bed plane, the bedding compressive stress, which meets the fold axis at a right angle, will produce a compressive thrust fault. The fault line parallels to the fold axis, and the angle between the fault plane and the bed one is less than 45°. Two groups of compressive thrust faults appear together and form X-shaped section faults.

The compressive stress is largest in the central inside margin of the longitudinal bend bar and decreases gradually toward the two ends and the neutralization plane, therefore the compressive thrust faults in the inside of axial part of the longitudinal bend fold develop more (Gezovski, 1975).

The larger the angle α between the cross section of the longitudinal bend bar and the horizontal axial compressive force is (or in other words, the smaller the angle between the compressive force and the bend central line), the stronger the axial compressive stress, so that the compressive thrust faults appear often in the 'gentle' flank one with the smaller dip (Figure 8) and appear seldom in the overturned flank with the larger dip in the asymmetrical anticline (Gezovski, 1975).

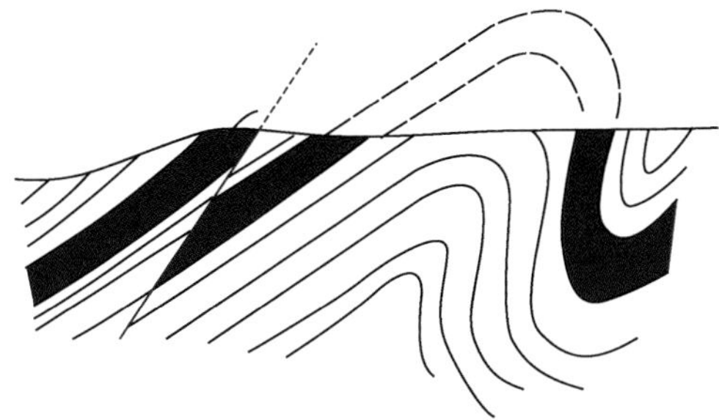

Fig. 8 Sketch of the compressive thrust fault in the gentle flank of the overturned anticline

This is one of the main distribution types of fraction in the longitudinal bend fold (Gezovski, 1975)

The angle between the fault plane of the compressive thrust fault and bed plane shown in Figure 8 is smaller. and the compressive thrust fault cuts into a shallower part of the Earth's crust.

3.3 The Longitudinal Tensile Fault and the Tensile Shear Fault (the Longitudinal Fault System, F_3)

When the ratio between the warping degree and thickness of the longitudinal bend bar in the rectangular cross section is more than 1/6, the longitudinal tensile stress will be more than the axial compressive stress. When the longitudinal bend folds develop up to a certain degree, the drawing and tensing appear in the axial outside, therefore, a longitudinal fault system F_3 is produced. The longitudinal fault system in the axial outside and the cross fault system or the compressive thrust fault in its axial inside often exist side by side, becoming one main distribution type of fraction in the longitudinal bend fold.

The longitudinal tensile stress parallels the bed plane and crosses the fold axis at a right angle, therefore the fracture line of the longitudinal tensile stress parallels the fold axis. The angle between the fracture line of the tensile shear fraction and the fold axis is less than 45°.

An X shape is formed by the two groups of tensile shear fraction on the bed plane, and the bisector of its acute angle is parallel to the fold axis (Figure 9).

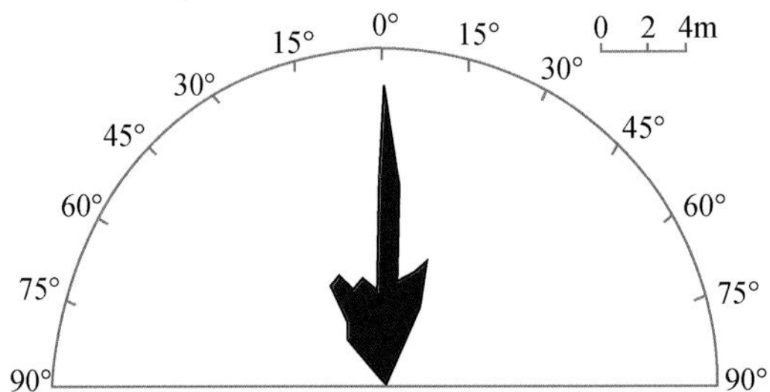

Fig. 9　Rose diagram of the angle between the fault line of the longitudinal tensile fault and the tensile shear fault, and the fold axis in the NS folds of Fenglin mineral region, Hubei Province, China

There are a total of 56 pieces. The total fracture slip is 70. 9m

Because the normal rock strength is less against the tensile stress than against the compressive stress, the longitudinal fracture system develops more than the cross-fault one does in the longitudinal bend fold even though the longitudinal tensile stress is less than the bending compressive stress. The degree of development of the longitudinal fault system in the NS fold of the Fenglin mineral region in Hubei province, China (Figure 9), is twice that of the cross-fault system.

The longitudinal tensile stress in the outside margin of the longitudinal bend bar is largest in the center and gradually decreases toward the two ends (Figure 4), so that the longitudinal fault system of the longitudinal bend folds is centralized mainly in the axial part. On the basis of the complete statistics in the Fenglin mineral region, the average fault intensity of the longitudinal fault system in the axial part of the fold is 7. 8 times that in the flank. For example, the fault intensity of the longitudinal fault system is 9. 4m/20m (i. e., the sum of the fault slip of the system in the distance 20m as statistics unit) in the axial part of anticline No. 2 and zero in the flank part (Figure 10).

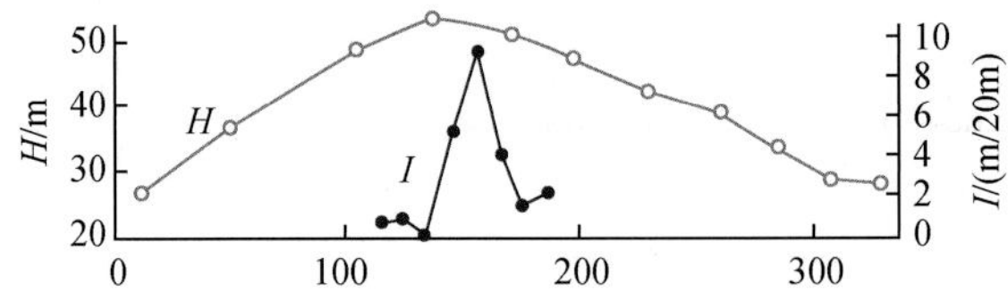

Fig. 10　Plot of fold profile and fault intensity of the longitudinal fault system in the No. 2 anticline of Fenglin mineral region, Hubei Province, China

H denotes the top plate and its height point in the coal series,

I denotes the fault intensity and its curve in the longitudinal fracture system

Figure 10 is based on the calculation result of the sliding average method. The abscissa expresses the horizontal distance, and the ordinate separately expresses the height point (H) and the fault intensity (I) of the coal series. The term 'fault intensity' was devised by the authors and expresses a new conception of the degree of fault development. Fault intensity includes the fault density and fault slip and is the sum of the fault slips of the same kind of fault in the unit distance.

Because the longitudinal tensile stress is largest in the outside margin of the longitudinal bend bar and gradually decreases toward the neutralization surface, the longitudinal tensile cracks of the longitudinal bend folds often form a wedge with a wide outside part and narrow inside part and develop from outside to inside.

After the longitudinal bend bar outside appears to break, as the broken part cannot hold the tensile stress, it actually separates from the bar. The smaller the bar thickness is, the greater the tensile stress is and the larger the broken part is also. When the acting force continues, the outside broken part gradually extends toward the inside until the whole bar breaks completely, so that some longitudinal faults cut out the whole fold inside and outside.

3.4 The Fan-Type Thrust Fault (F_4)

The cross-shear stress in the longitudinal bend bar is distributed in a fan shape. The shear direction of its end is toward the inside, and that of its center is toward the outside [Figure 6 (a)], therefore thrust faults, which are produced by the cross-shear stress, often are fan shaped in cross section, and the thrusting direction is upthrusting in one wall of the anticline and underthrusting in one wall of the syncline (Figure 11).

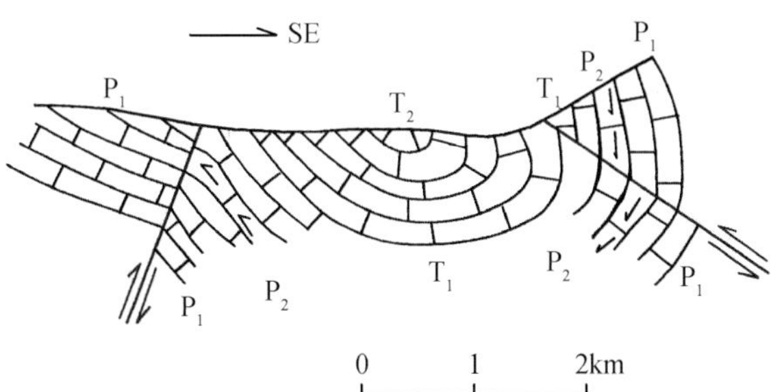

Fig. 11 Distribution section map of the fan-type thrust fault in two flanks of the Xinzhuang-Hangqiao syncline in northern Jiangxi province, China

T_2. middle Triassic series; T_1. lower Triassic series; P_2. upper Permian series; P_1. lower Permian series

The angle between the cross section of the longitudinal bend bar end and the compressive force on the horizontal axial direction is smaller, but the cross shear stress is larger [Figure 6 (a)]. The fan-type thrust fault is produced mainly in the larger dip site of the longitudinal bend fold flank.

The fan-type thrust fault on a plane extends along the largest dip site of the longitudinal fold flank and fundamentally parallels the fold axis. Because the flank dip becomes small toward the fold end, the cross-shear stress decreases and the fan-type thrust fault becomes smaller with increasing height until disappearing, therefore this fault does not cross its fold limits.

The fan-type thrust in section develops also along the turning point of each largest stratum dip of the fold flank (Figure 12), so that the fault surface meets the stratum one at a right angle [Figure 12 (a)] in a concentric fold and the angle between the fault surface and the stratum surface is close to 45°in a similar fold [Figure 12 (b)]. The fan-type thrust fault dip is determined by the stratum dip of its location and the fold form and can be either less than 45°or more than 45° (Figure 12); nevertheless, this kind of fault sometimes changes its form as the fold is overturned, so that the angle between the fault surface and the stratum surface can differ from those described above.

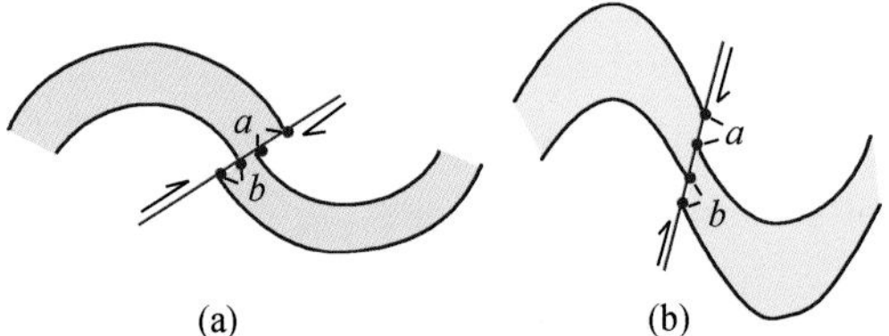

Fig. 12　Sketch of the angle between the fault surfaces of the fan-type thrust faults as well as the stratum surface of (a) the concentric fold and (b) the similar fold

The smaller the angle between the cross section of the longitudinal bend bar and the horizontal axial compressive force is, the larger the cross-shear stress is. Therefore the fan-type thrust fault appears mainly in the steeper flank of the asymmetrical fold, especially in the overturning flank.

Because the cross-shear stress in the cross-section medium of the longitudinal bend bar is more powerful, the fan-type thrust fault develops much more in the strongest fold layer and grows from the fold layer medium to upper and lower parts. The fault slip of some fan-type thrusts becomes small toward the upper part and does not cut into the top strata until disappearing and offers as the blind faults, which were discovered in the 1970s in oil-bearing and gas-bearing basins, for example, the Sichuan and Tarim basins of China. Undoubtedly, to understand these fault characteristics, it is important to research the oil and gas deposits related to these fan-type thrust faults.

Because forms of the longitudinal bend folds are among the concentric and similar folds in nature, the fault surface meets the layer surface at a higher angle in the fan-type thrust faults. In the flanks of large-scale anticlinoria, especially in the steeper and overturn flanks, this kind of fault often cuts in to a deeper site of Earth crust, causing magma to rise and form endogenic deposits.

As the larger the longitudinal bend bar deformation is, the stronger the cross shear stress is, in the natural word and in simulations the fan-type thrust faults appear when the longitudinal bend folds develop to a certain degree and the fan-type thrust faults develop as folds do.

The fan-type thrust fault is a newly recognized fault type identified by the authors, Anderson (1905) refers to all of the thrust faults as the X-type section fraction. It is not comprehensive knowledge because he does not consider the bending deformation of the rock bed. Actually, when a rock bed is acted upon by horizontal compressive force, it will form with the longitudinal bend deformation and produce a cross-shear stress which is different from the shear stress component of the compressive stress. Because it is not recognized as a new shear stress in the longitudinal bend fold, the fan-type thrust fault is considered to be a compressive thrust fault. Though De Sitter (1956) thought the cause of formation of this kind of fault related to the longitudinal bend fold, he only described it qualitatively from the geometry and kinematics angles and did not analyze further its quantitative mechanics; therefore, he did not discover an independent fault type.

The fan-type thrust fault is a new fault type, different from the compressive thrust fault not only in its present characteristics, but also in the cause of formation of mechanics (Figure 13). In characteristics the fan-type thrust fault is not produced until the longitudinal bend fold develops to a certain degree. It does not cross to its present fold limits and develops much more in the fold layer medium of the steeper flank and the overturn flank of the asymmetrical fold. The fault length in the upper part becomes small and the angle between the fault surface and the layer surface is a higher angle. The dip of fault can be large or small, and the thrusting direction is controlled by the fold form. The faults in two flanks of folds stop in the core part and not cut out each other and form the fan shape in cross section. The compressive thrust fault can be seen in the lever rock bed and the axil inside of the longitudinal bend fold as well as the gentle flank of the asymmetrical anticline. The fault length in the upper part becomes larger and the angle between the fault surface and the layer surface or the horizontal surface is normally less than 45°. Two groups of faults can cut out each other and form the X-type section faults. In the cause of formation of mechanics the fan-type thrust fault is the product of the cross-shear stress of the longitudinal bend fold, but the compressive thrust fault results from the horizontal compressive stress or the shear stress component of the compressive stress along layers. In the fold region the cross-shear stress of the longitudinal bend fold is normally much more than the shear stress component of the horizontal compressive stress, and even the former is 3 times as much as the latter; therefore in these regions the thrust faults mainly belong to the fan-type thrust fault form. This can be quantitatively illustrated from the following theoretical calculation.

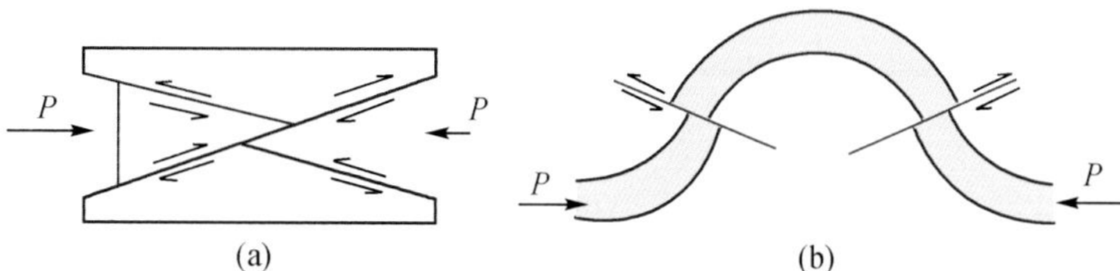

Fig. 13 Section sketch of (a) the compressive thrust fault and (b) the fan-type thrust fault

We assume the largest cross-shear stress in the fold layer medium of the longitudinal bend fold flank is τ_Q. From equations (3) and (8) we obtain

$$\tau_Q = \frac{3}{2} \cdot \frac{Q}{bh} = \frac{3}{2} \cdot \frac{P\cos\alpha}{bh}$$

We assume the largest shear stress component of the horizontal compressive stress is τ_σ (it meets the horizontal compressive stress at 45°) and its intensity equals one-half the horizontal compressive stress σ, i. e.

$$\tau_\sigma = \frac{1}{2}\sigma = \frac{1}{2} \cdot \frac{P}{bh}$$

From calculation we know when $\alpha = 71°$, $\tau_Q = \tau_\sigma$, and when $\alpha \approx 0°$, $\tau_Q \approx 3\tau_\sigma$, e. g. when the dip in the longitudinal bend fold flanks is 19° (the dip is mutually α, a complementary angle), the largest cross-shear stress in the fold layer medium will equal the largest shear stress component of the horizontal compressive stress. When the dip in the longitudinal bend fold flanks tends to 90°, the largest cross shear stress in the fold layer medium will tend to 3 times as much as the largest shear stress component of the horizontal compressive stress. Therefore when the longitudinal bend fold develops up to a certain degree, the largest shear stress in the flanks is more than the largest shear stress component of the horizontal compressive stress and the fan-type thrust fault is formed. Thus many thrust faults and their nappes belong to the fan-type thrust faults in the side flanks of anticlinoria and synclinoria as well as the compression-type basins in the continental interior of China.

3.5 The Interlayer Fault (F_5)

The longitudinal shear stress in the longitudinal bend parallels the bar axis, and the shear direction is upward in the upper part and downward in the lower part [Figure 6 (b)]. Therefore the upper rock bed of the bedding shear fault, which is produced by the longitudinal shear stress, upthrust, and the lower one underthrust. As the shear strength on the layer surface is low, this kind of fault often is manifested as the interlayer fault form.

As the longitudinal shear stress in the cross section of the longitudinal bend bar is largest at the ends [Figure 6 (b)], the bedding shear cracks in the longitudinal bend fold concentrate in the fold layer medium of the flank position.

The feeble rock bed intercalating in the rigid rock bed in the longitudinal bend fold flanks often produces the fraction folds and the plastic flow as the interlayer fault activity. Materials in the feeble rock bed flow from flanks of the larger longitudinal shear stress to the axial part of the smaller one; therefore the feeble rock bed becomes thin in the former and become thick in the latter. For example, in the coal series intercalating among the hard limestone layer and consisting of the feeble bed of clay-shale-bearing pyrite and coal seam, etc., of the longitudinal bend folds of Fenglin mineral region, the average coal seam thickness in the axial part is 4 times that in the flank part. The pyrite layer thicknesses of anticline No. 25 and syncline No. 26 are separately 0.8m/15m, 0.65m/15m in the axial part and 0m/15m, 0.4m/15m, 0.5m/15m in the flank part (Figure 14).

The curves in Figure 14 were drawn on the basis of the calculation result of the sliding average method. The abscissa expresses the horizontal distance and the ordinate separately expresses the height of the top plate and the pyrite layer average thickness in the statistical unit

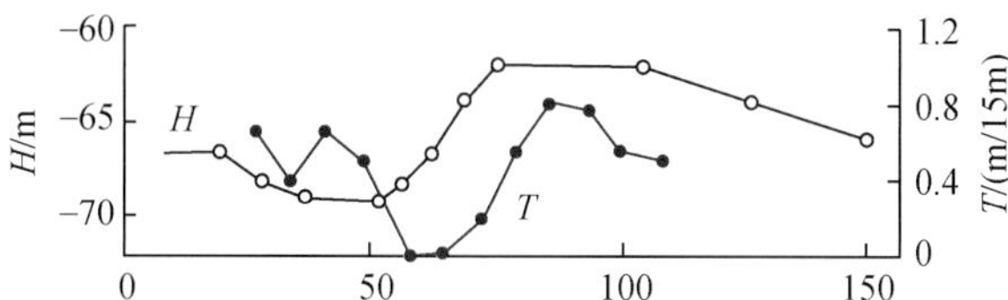

Fig. 14 Thickness curve of the pyrite layer in anticline No. 25 and syncline No. 26 of Fenglin mineral region, Hubei province, China

H denotes the top plate and its height point of the coal series, *T* denotes the pyrite layer thickness and its curve

(15m) distance.

This phenomenon of the plastic flow is also quite universal in salt and coal deposits. The henhouse-shaped coal deposits in every province of south China are often related to the interlayer fault (Chen, 1978). The larger the fold scale is, the broader the interlayer fault and the wider the weaken zone of the feeble layer in flank part.

The smaller the angle between the cross section of the longitudinal bend bar and horizontal axial compressive force is, the larger the longitudinal shear stress, therefore in the large dip position of the longitudinal bend fold the interlayer fault activity is stronger and the feeble layer is also thin. For example, on the thickness curve of the pyrite layer in Figure 14 the wave front is located in the fold's axial part with the smaller dip, and the wave valley does in the fold's flank part with the larger dip, the larger the dip, the lower the wave valley. When the dip of the right flank of anticline is 4°, the mineral layer thickness is 0.5m/15m. When the dip of the syncline's left flank is 9°, the mineral layer thickness is 0.4m/15m. When the dip of the flank part between the anticline and syncline is 20°, the mineral layer thickness is 0m/15m. The relationship between the longitudinal shear activity strength and the fold layer dip is a positive ratio. The bedding shear faults are concentrated mainly in the steep flank of the asymmetricalanticline.

In the flank part of the large-scale anticlinorium with a rapid deformation, the interlayer fault is very strong. It often leads to magma intrusion and formation of mineral deposits with the layer shape and like layer shape, such as some copper and iron ores in the middle and lower reaches of the Yangtze River and some tungstite and lead-zinc ores in Hunan province, and metallogenic elements along the advantageous space of the interlayer fault in the fold flanks, especially in the steep and overturn flanks.

Even though the longitudinal shear stress is produced by the cross shear stress, the layer surface of rockbed strength against shear is usually less than rock strength against shear. The interlayer fault of the longitudinal bend fold appears, earlier than the fan-type thrust fault does, and the former develops more than the latter does.

4 Conclusion

(1) There are five kinds of stresses in the longitudinal bend fold: axial compressive

stress, longitudinal compressive stress, longitudinal tensile stress, cross-shear stress and longitudinal shear stress. There are also five kinds of fault systems in the longitudinal bend fold: cross-fracture system F_1, compressive thrust fault F_2, longitudinal fracture system F_3, fan-type thrust fault F_4 and interlayer fault F_5. Of these, the strong cross- shear stress and its important fan- type thrust fault constitute a new stress and fraction type which have been discovered by the authors.

(2) The formation process of stress and fracture systems in the longitudinal bend fold is divided into the following three phases.

In the first phase, when the ratio between the lift and fall scale of the fold layer as well as thickness is less than 1/6, there is mainly an axial compressive stress in fold, F_1 and F_2 are separately produced in inside and in flank part of axis.

In the second phase, when the aforementioned ratio is more than 1/6, the axial compressive stress is less than the longitudinal tensile stress, and F_3 appears outside of the fold axis. In addition F_5 is produced by the longitudinal shear stress in the flank position.

In the third phase, when dip in the fold flank part is more than 19°, F_3 and F_5 continually develop and the cross- shear stress in flank part is more than the largest shear component of the horizontal compressive stress, therefore F_4 is produced. When the thickness of the fold layer is relatively larger, the longitudinal tensile stress is smaller and the formation order of F_3 and F_4 can be changed, so that F_4 is produced only in the flank part of some longitudinal bend fold, but F_3 has been never seen in the axial outside.

When the longitudinal bend fold develops up to the close fold stage, the horizontal compressive force transfers from the bedding to vertical bedding surface. Therefore its stress field and the structural formation have fundamentally changed. For example, the compressive stress, which is perpendicular to the layer surface of two flanks of fold, will replace the original five kinds of fracture systems, such as the boudinage structure and flaser one etc. A discussion of the stress change of this new development stage is beyond the scope of this paper.

(3) In this paper, we have drawn on the concept of the longitudinal bend bar in mechanics of materials and researched the structural stress field of the longitudinal bend fold, and understood every position of the longitudinal bend fold is acted upon by many stresses simultaneously. The intensity of each stress is different in the different positions and developmental stages of the fold, and we have used some mathematical formulae to express the change regularity of these stress intensities in space and time. The acknowledgment about the structural stress of the longitudinal bend fold has directionally, qualitatively, and quantitatively (or half quantitatively) reached unanimity, so that we have exactly explained the mechanical causes of the different types of fracture system, which are produced by the longitudinal bend fold in different positions and different developmental stages.

The fracture surfaces of F_1 and F_3 acted upon by gravity are often not perpendicular to the layer surface and meet normal to the layer surface at 18° ~37°, forming separately the tensile ortho fault, tensile shear fault, and compressive shear fault. Among these the compressive shear ortho fault is a new and important type of fracture discovered by the authors, which has controlled the production and development of the Mesozoic and Cenozoic fracture downcast basins in the eastern China and other continental rift valley. We have already discussed these in a previous paper.

References

Anderson E M. 1905. The dynamics of faulting. Trans. Edinburgh Geol. Soc., 8 (3): 387.

Chen G. 1978. Studying Method About Mineralization Structure (成矿构造研究法). Beijing: Geological Publishing House.

De Sitter L U. 1956. Structural Geology. New York: McGraw Hill.

Gezovsk M B. 1975. Tectonic-Physics Base (ОСНОВЫТЕКТОНОФИЗКИ). Moscow: Nauka Publishing House.

Johnson A M. 1970. Physical Processes in Geology. SanFrancisco: Freeman Cooper.

Li Y J. 1986. Are the thrust faults produced by the hidden sliding and underthrusting activity in the compressive-type basin margin of China ? Geol. Oil Gas, 7 (2): 125-134.

Wan R, *et al.* 1979. Solid Mechanics Fund (固体力学基础). Beijing: Geological Publishing House.

Wuhan College of Geology. 1978. The Form Trace Map Collection About Geological Structure (地质构造形迹图册). Beijing: Geological Publishing House.

Zhang W, *et al.*. 1985. Drawing Scope of the Simulated Test About Tectonic-Physics (构造物理模拟实验图册). Beijing: Science Press.

中国东部中、新生代断陷盆地成因机制新模式*

李扬鉴[1]　林　梁[2]　赵宝金[3]

（1. 化学工业部化学矿产地质研究院；2. 石油工业部石油地球物理勘探局；3. 成都地质学院）

控制中国东部中、新生代断陷盆地的正断层，是水平挤压力和地壳重力共同作用下所产生的、在平面上和垂向上同时呈X型的压剪性断裂，与拉张作用无关。位于中地壳塑性层之上的上地壳刚硬层，其断裂上盘在自身重力作用下，受力状态和变形情况类似于弹性基础悬臂梁，从而使盆地多呈箕状产出。盆地基底在沉降过程中把中地壳塑性层物质压向他处，造成该部位重力失衡，软流层上拱。因此，软流层隆起是断陷盆地形成的结果而不是原因。

1　分歧之所在

中国东部中、新生代断陷盆地，蕴藏着丰富的石油、天然气和煤等资源，又是强震的集中场所和研究克拉通盆地成因这一重大构造难题的有利地区，因而多年来受到地质界的广泛关注，并对其成因提出种种不同的假说，如地幔隆起拉张说[1]、纵弯隆起拉张说[2]、区域拉张说[3]和剪切–拉张说[4]等。这些假说虽然千差万别，但由于大家看到它们全受正断层控制，而普遍认为是拉张作用的产物，并称之为张性盆地。不少人甚至还把其中正断层的水平断距视为所在盆地的扩张量，声称从北京西山至鲁西隆起这条横切华北盆地、具有46条正断层的剖面，自古近纪以来总扩张量达57.7km[5]。

然而，人们不禁要问，①中国西部盆地地幔隆起幅度不亚于东部盆地[6]，为什么又受逆冲断层控制？沂沭断裂的莫霍面明显隆起，为什么第四纪以来却发生褶皱和逆冲？地幔隆起与其上面盆地性质究竟有无必然的联系？②这些所谓纵弯隆起派生的“张性断裂”，为什么出现于隆起已经基本剥蚀夷平了的准平原化阶段，而不是见于纵向张应力最强的隆起时期？隆起派生的扩展量是否足以形成这样规模的断陷盆地？③世界屋脊青藏高原，在强烈抬升的第四纪所产生的主要“张性盆地”，为什么不是受隆起的纵张性断裂控制，而是与水平挤压作用的平面X型断裂有关[7]？④中国东部主要正断层在垂向上发育方向，为什么与一般隆起顶部的张性断裂相反，不是自上而下生长，而是自下而上延伸？其所产生的断陷盆地在剖面上为什么多呈箕状，而不是拉张作用形成的那种对称地堑？⑤这些盆地的平面形态，为什么有的像郯庐断裂那样呈

---

* 本文原刊于《石油与天然气地质》，1988，9（4）。略修改。

附记：本文提出多元动力成因观，并强调中地壳塑性层物质流变性的重要意义，从水平挤压力和重力共同作用入手，引入压剪性正断层新概念，运用材料力学弹性基础悬臂梁手段，对中国东部中、新生代断陷盆地的形成及演化创立了一个新模式。

条带状，有的又如华北盆地这样以不规则四边形断块的面目出现？⑥这些“张性断裂”为什么呈平面X型断裂产出？它们的挤压和剪切特征为什么如此醒目？⑦这些“张性断裂”为什么能够经常积聚这么大的应力能来发动一次次的强震，使华北地区成为我国主要强震区之一，而且发震之前的地层压力剧增[8]，发震时地震裂隙以平移为主，震源机制解表现为走滑型？⑧这一地区的绝对地应力测量为什么至今没有发现张应力存在，几乎所有方向均受挤压力控制？这一系列问题是任何拉张说都难以回答的。

诚然，控制这些断陷盆地的断裂全是正断层，但是正断层并不都与拉张作用有关，并不均属张性、张剪性。野外观测表明，水平挤压力与重力共同作用下所产生的平面X型断裂，也多呈正断层产出。这种压剪性正断层是作者之一在另文[9]所创立的新断裂类型，认为把正断层视为张性断裂的同义词这一传统概念，是长期以来国内外出现有关大陆内部断陷盆地成因种种经不起事实检验的假说的根本原因。

由于人们仅仅从剖面上来认识正断层，又被基于脆性破坏的莫尔–库仑强度理论所束缚，因而认为正断层的走向均互相平行，受垂直于断层走向的拉张力控制。可是，地壳中的岩石在长期地应力作用下多处于韧性状态，地球内部又往往具有下伏软弱层（如软岩层、中地壳塑性层、软流层）作为上覆刚硬层（如硬岩层、上地壳、岩石圈）重力能集中释放和向下错动的有利空间，故在重力和水平挤压力共同作用下，平面X型断裂也多以正断层的形式出现（图1）。这种在平面上和垂向上同时呈X型，断裂面与三个主应力轴都斜交的断裂现象，不符合沿用已久的莫尔–库仑强度理论，但是却和基于韧性破坏的能量强度理论一致[9]。其中水平拉张力与水平挤压力各自产生的断裂，由于它们的断裂面上法向分力一为张力一为压力，分别成为张剪性正断层和压剪性正断层。前者上盘作用于断层面的水平挤的切向分力呈俯角，而且由于断裂面产生后不能再传递拉张力的作用，故该盘在重力叠加作用下，沿接近于断层倾向的方向下滑，平移现象不明显；后者上盘作用于断层面的水平挤压力的切向分力呈仰角，而且由于断裂面产生后能够继续传递挤压力的作用，所以该盘在重力叠加作用下，往往沿比较接近于断层走向的方向滑动，水平剪切运动强烈。这点已经得到了野外观测[10]和模拟试验[11]的有力支持。由于自然界中纯剪切作用较为少见，故自然界具有重要平移现象的断裂，多为压剪性断裂。称走滑正断层为张剪性断裂，这是一个以正断层，即张性断裂为前提演绎出来的不切实际的概念。所以，控制中国东部中、新生代断陷盆地的走滑正断层，与拉张作用无关。为此，作者对其断陷盆地的成因机制，提出一个与当

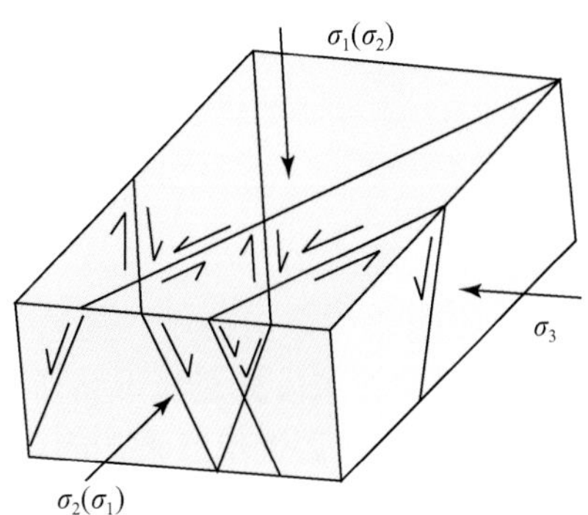

图1 平面X型断裂在三度空间上的形态及其与三个主应力的关系

前国内外各种拉张说都不相同的新模式。

2　区域应力场及其构造变动特征

中国东部地壳在经历了印支和早燕山等褶皱运动之后，已经大大硬化，因而到了晚侏罗世—早白垩世和晚白垩世—新生代，先后在库拉板块北北西向挤压力和印度板块北东向挤压力，以及地壳重力共同作用下，形成了一系列受平面 X 型断裂控制的断陷盆地。前者分布于大兴安岭以东的广大地区，其中北北东—北东向左旋断裂，因剪切方向与库拉板块斜向俯冲所导生的区域性剪切方向一致，又与太平洋应变空间的西缘平行而较为发育，形成了郯庐和松辽（初期）等条带状盆地；后者将在下文着重讨论。

晚白垩世，尤其是始新世以来，印度板块西隆突出体对中国大陆施行北东向挤压，从而使中国西南部形成一道道向北东方向突出的弧形挤压带，并在其北侧和东侧各产生一条压剪性构造带，组成一个巨型的平面 X 型构造（图 2）。

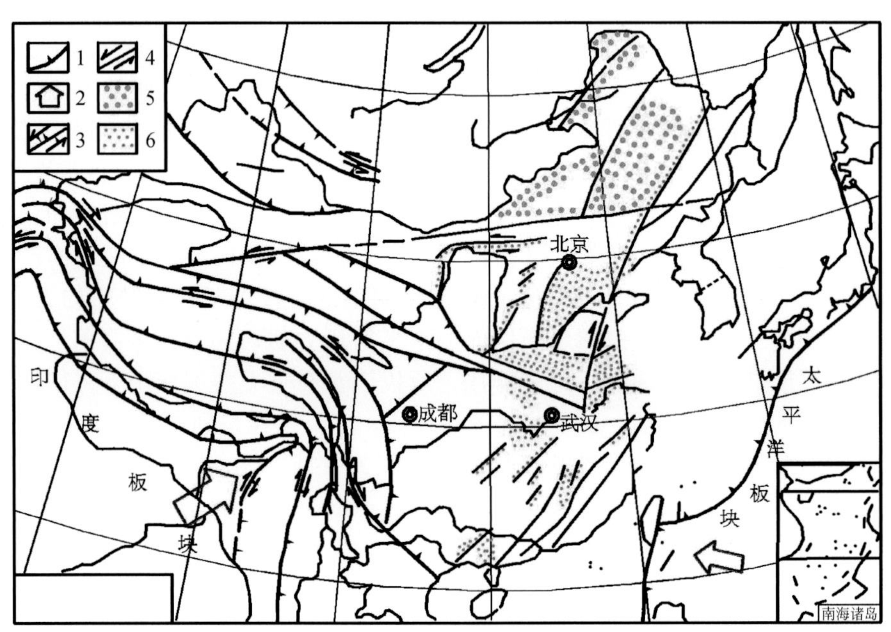

图 2　中国晚白垩世—新生代区域应力场及其断陷盆地分布图

1. 太平洋板块俯冲带；2. 板块推挤方向；3. 断层带及其剪切方向；4. 正断层及其剪切方向；5. 晚侏罗世以来继承性盆地；6. 晚白垩世—新生代断陷盆地

北侧构造带位于阿尔金山、阴山和燕山一带，总体方向北东东，左旋剪切。其中西段在弧形挤压带北翼外侧，主要受北北东向挤压，构造带与挤压力夹角较大，故新生代以来阿尔金断裂活动为平移-逆冲；东段横亘弧形挤压带的弧顶前方，主要受北东向加压，构造带与挤压力夹角较小，所以古近纪以来在阴山-燕山南缘产生近东西向走滑正断层，形成一系列新生代断陷盆地，与该带以东西向褶皱和逆冲断层为主体的中生代构造格局截然不同。

东侧构造带南起北部湾，向北经湖南、南襄、华北平原、下辽河直达依兰-伊通，总体呈北北东向，右旋剪切，与北侧构造带交汇于燕山地区。由于该带濒临太平洋便于侧向应变而比较宽松，并在北东—北东东向挤压力和地壳重力共同作用下，以呈正断层产出的北北东—北东向右旋断裂和北东东—北西西向左旋断裂为主，北西—北北西向褶皱和逆冲断层不发育，而且自西南往东北变弱①。其中北北东—北东向断裂也因平行于西太平洋边缘线，以及该带总剪切方向一致而处于优势。这一构造带的走滑正断层，以与北侧构造带交汇部位最为发育，并在上述两组断裂共同作用下，形成了颇为壮观的华北断块盆地。由于这时期主要作用力来自中国西南面，而且其强度随着印度板块与中国大陆的聚敛、碰撞逐渐增加，故该带中各盆地产生时间自南而北变新：南襄盆地晚白垩世，华北盆地始新世。华北盆地内部次一级拗陷，也大体自南向北、自西向东发育。其北部出现自北而南产生的局部现象，则与两条构造带交汇部位的应力较强和稳定性较差有关。

现代地震资料表明，中国大陆内部地震活动，主要沿上述弧形挤压带和北侧、东侧构造带（尤其是交汇部位）及其内侧的山西、银川次一级北北东向压剪性构造带分布，北侧构造带东段以北的大陆内部地震活动微弱[12]。

所以，新生代以来中国东西部构造格局的差异，并不是一般所认为的西压东张所致，而是与两者的边界条件，以及构造带与水平挤压力夹角大小不同有关。

晚白垩世以来中国东部构造应力场，虽然总的来说受印度板块与欧亚板强烈汇聚碰撞所控制，但是，在晚白垩世晚期和古近纪、新近纪之间等几个短暂时间，由于太平洋板块进行垂直于大洋边缘线的有力俯冲，也产生一些北东—北北东向褶皱、逆冲断层和大面积隆起，造成上下地层不整合。

如上所述，松辽盆地与华北盆地以南诸盆地的动力背景并不相同，而且都受平面X型断裂控制，因此把它们视为新华夏系压性构造，并合称为该系的第二沉降带[13]是不妥当的。

3 压剪性正断层的深部边界条件与主要特征及其成因

3.1 深部边界条件

理论计算表明[9]，水平挤压力和重力共同作用下所产生的平面X型断裂，当岩石内摩擦系数小于0.6、$\sigma_1:\sigma_3 \geqslant 3:1$ 和 $\sigma_2 \approx \sigma_3$ 时，其与三个主应力轴呈等夹角的断裂面有效剪应力，才等于或接近于最大有效剪应力。换言之，这种平面X型断裂，呈正断层产出的有效剪应力，往往小于断裂面直立的断裂。但是中国东部中、新生代平面X型断裂为什么反而主要以正断层的形式出现呢？问题的症结在于，产生破裂是一回事，破裂进一步发展成为具有一定规模的断层又是另一回事。前者取决于有效剪应力大小，后者则与边界条件有关。在直立的断裂面上重力的切向分力为零，没有垂向错

① 万天丰，等. 中国白垩纪—始新世早期构造应力场，1986。

动，只是在水平挤压力作用下平移。而压剪性正断层的有效剪应力虽然有时较小，但因可以利用下伏软弱层进行重力能集中释放和向下错动而更为发育。

下伏软弱层对于上覆刚硬层正断层的产生和发展所起的这种重要作用，在湖北枫林矿区可以清楚地见到。该矿区大量的实测资料表明，煤系为黏土页岩等软岩层地段，其顶板中厚层灰岩的正断层平均密度，等于煤系为泥岩等较硬岩层地段同一顶板的10.7倍。正断层的发育程度受其下伏岩层强度控制这一现象，在一般沉积岩系中普遍存在[14]。因此，华北断块区东部的中地壳塑性层，由于存在着处于部分熔融状态的低速层、高导层，而断陷盆地发育，岩浆和地震活动强烈，震源主要位于低速层、高导层的顶板底部；中部的鄂尔多斯地块内部，则因居里面深度大，地温梯度小，壳内难有熔融层，而正断层不发育，差异升降运动不明显，岩浆岩阙如，地震活动微弱[15]。

3.2　主要特征及其成因

控制中国东部中、新生代断陷盆地的正断层，虽然分布于不同大地构造单元、产生于不同动力背景和形成于不同地质时期，但由于它们均为压剪性而具有如下三个共同的基本特征。

3.2.1　挤压现象

由于压剪性正断层的断层面受到水平挤压力和重力的法向分力，以及上盘在下降过程中派生的侧压力的共同作用，压应力较强。多年来油田勘探和开发工作表明，其断层面普遍呈封闭状，并对油、气、水起一定的遮挡作用。近年来在华北盆地还发现，一些油层压力越趋近断层面越强[14]，以及断层上盘出现反向逆冲断层和地层明显增厚等挤压现象（图3）。这种挤压现象往往都被视为重力滑动作用的产物，其实并不尽然。因为这些逆冲断层的下伏“润滑层”不一定都是倾斜的（图3），具有倾斜下伏“润滑层”的也不一定都位于“滑体”的下方；何况，这些“滑体”后缘的正断层规模有的比前缘的逆冲断层大得多，并常常切入“下伏系统”（图3），表明它们并不是同一成生序次的产物。所以正断层上盘反向逆冲断层并不都受重力滑动作用控制。这种断裂现象在山西临汾盆地和河南舞阳盆地也曾发现。井下观察表明，煤系顶、底板

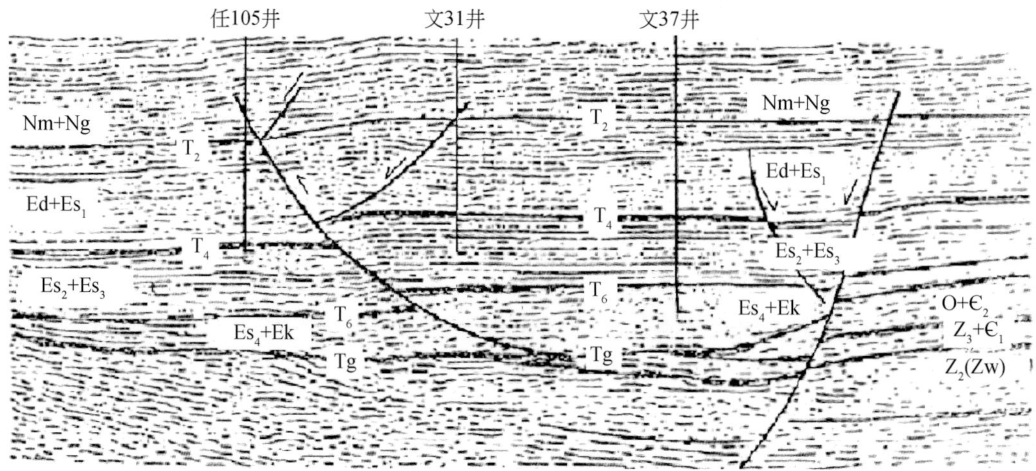

图3　冀中坳陷WA82-联37叠偏剖面图（据杨克绳等，1985）

在没有任何滑动的情况下，其小型正断层上盘的反向逆冲断层也屡见不鲜。由于一般认为正断层都是拉张作用的产物，人们往往把正断层的挤压现象一概视为张、压应力先后作用所致，这种解释无助于对这种断层性质的真正认识。

3.2.2 水平剪切现象

压剪性断裂两盘的相对运动方向，取决于水平挤压力和重力在断裂面上的切向分力的合力方向（图4）。两者的切向分力强弱不同，以及水平挤压力与断裂走向夹角大小不一，使压剪性断裂两盘相对运动方向，具有平移-逆冲、平移和平移-正断三种形式。所以压剪性断裂不仅仅只有斜冲断层一种，走滑正断层的平面力学性质也与斜冲断层大体一致。故北侧构造带中不同段落，由于与水平挤压力夹角不同而产生斜冲或斜落；山西盆地边缘一些断裂，也因与水平挤压力夹角从中生代的正交到新生代转为斜交，而由逆冲断层演化为走滑正断层。

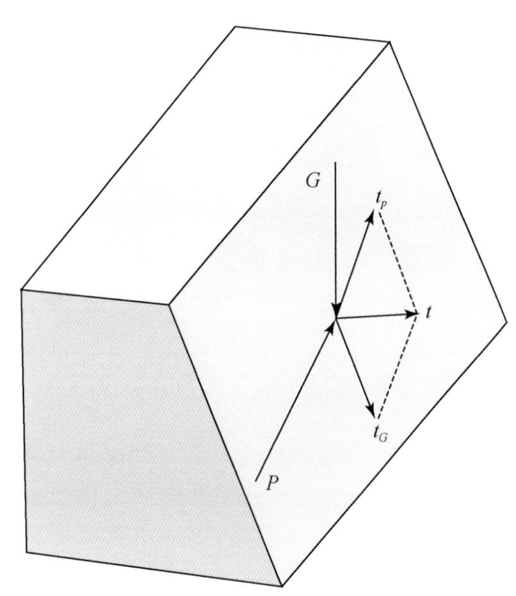

图4 水平挤压力（P）和重力（G）在压剪性断裂面的切向分力（t_P、t_G）及其合力（t）的图解

中国东部中、新生代正断层的平移现象是众所周知的，并被大家称为走滑正断层，其中以郯庐断裂的水平剪切运动最为强烈。压剪性正断层的断层面具有较强的压应力和剪应力，便于应力能的积聚和突然释放，故中国东部地震活动主要受这种断层控制，震源机制解表现为走滑型，地震裂隙发震时以平移为主。

3.2.3 自下而上发育

压剪性正断层的产生和发展不仅有赖于地壳硬化、侧向应变空间、下伏软弱层和较大水平挤压力等条件，而且还需要有较强的重力作用。所以从所掌握的地质和地震资料来看，这一地区控制断陷盆地的主断层，首先以后生断层形式产生于地壳深处，并与中地壳塑性层毗邻的上地壳底部刚硬的结晶基底，然后才向上发育成同生断层，使盆地基底断距下大上小。例如，作为黄骅凹陷与沧县隆起之间分界线，产生于始新世的沧东断层，其盆地基底断距便自下而上递减（图 5），而与隆起顶部自上而下发育、断距上大下小的张性的正断层不同。

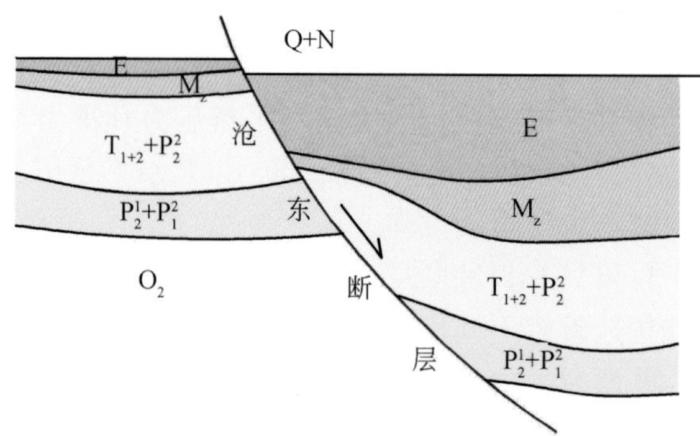

图 5　华北盆地黄骅拗陷灯明寺地区 76-1 测线
（据李志文等，1982）

4　断陷盆地形成机制

4.1　断陷盆地基底的受力状态及形变

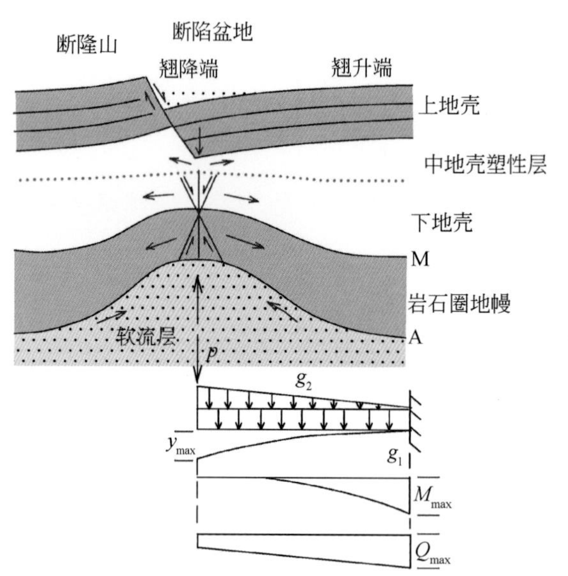

图 6　箕状盆地基底受力状态、弯矩（M）和剪切力（Q）的分布及其变形情况与深部构造关系图解
M. 莫霍面；A. 软流层顶面

位于中地壳塑性层之上的上地壳刚硬层一旦发生断裂，由于断裂上下盘之间失去了内聚力和内摩擦力，断裂面便成为两盘相对运动的“自由空间”。这时断裂上盘与下伏中地壳塑性层直接接触、承受着该盘全部载荷并将首先变形的上地壳底层，在上覆层重力均布载荷 g_1 和断裂面上覆三棱柱岩体集中载荷 P 共同作用下，其受力状态相当于以下伏中地壳塑性层为弹性基础、以断裂面为自由端的弹性基础悬臂梁（图 6）。故该层在悬臂梁的弯矩和剪切力作用下，越趋近断层面下降幅度（y）越大。尔后在该层的带动下，其上覆各层相继产生相似的受力状态和变形情况，从而整个盆地基底在剖面上呈半个抛物线产出，使盆地成为箕状。不过，由于越向上，上覆层越薄、重力越弱而下降幅度越小，所以盆地基底落差自下而上递减。盆地基底在自身厚 10km 左右的岩层重力均布载荷（g_1），以及翘降端厚以千米计的充填物重力分布载荷（g_2）和断层面滑动力集中

载荷（P）三者共同作用下，沉降幅度往往达数千米乃至上万米，并产生快速沉降和楔状沉积（图7）。华北盆地古近系沉积速度，便比一般地台沉积大10倍以上[16]。

断裂下盘的底层，因缺乏断层面滑动力集中载荷，均布载荷也由于断层面附近地层被错失而较弱，该层及整个下盘的受力状态和变形情况，一开始便与其上盘不同。

断裂交汇部位由于地块受到两面切割而稳定性更差，更容易向下错动，共同下降盘沉降幅度较大。所以，河套盆地中以北东向狼山山前断裂与近东西向色尔腾山山前断裂交汇部位的临河盆地沉降幅度最大，新生代沉积厚度大于12000m[17]。地震工作者也发现，中国东部强震多集中于断裂的交汇部位。不过他们往往只强调水平力的作用，认为这是由于交汇或汇而不交部位产生平面应力集中所致，没有从地块在三度空间上的稳定性考虑问题。

悬臂梁固定端的弯矩最强，故该部位由弯矩所派生的纵向张应力也最大，从而使箕状盆地翘升端往往产生次一级张性正断层，形成小型地堑（图7），或受悬臂梁的剪切力影响，只出现其中那组垂向剪切方向与其相同的反向断层，与主断层一起组成不对称地堑。这种由纵向张应力所产生的次一级张性正断层，自上而下发育，与受重力作用而生的控制箕状断陷盆地的主断层自下而上发育相反。

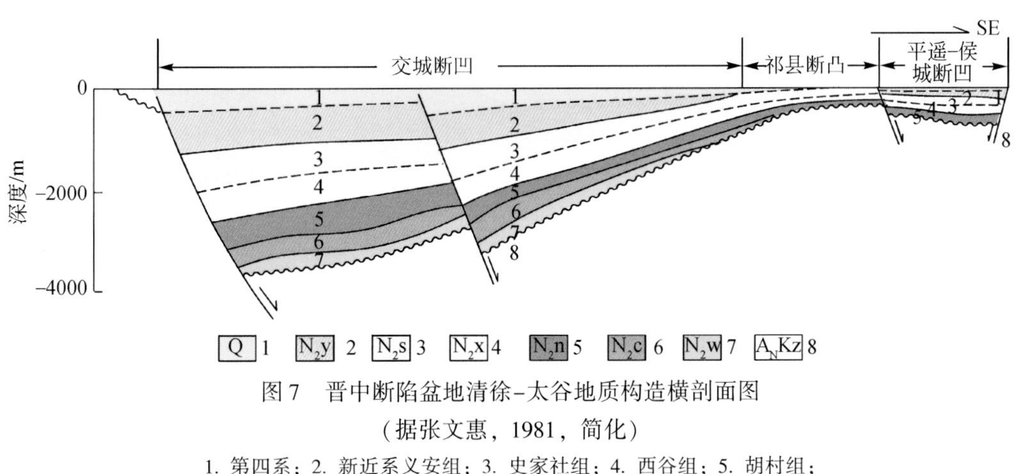

图7　晋中断陷盆地清徐–太谷地质构造横剖面图

（据张文惠，1981，简化）

1. 第四系；2. 新近系义安组；3. 史家社组；4. 西谷组；5. 胡村组；6. 城子组；7. 王吴组；8. 前新生界

4.2　下伏软弱层物质流动及其导生的构造现象

上地壳刚硬层的断层上盘在下降过程中，势必挤压下伏中地壳塑性层，其挤压力大小与该盘下降幅度呈正相关关系。因此，箕状盆地基底的下伏中地壳塑性层物质，在其上覆上地壳刚硬层的挤压下，便从下降幅度较大、垂向压力较强的翘降端压出。其中的岩浆有的沿断裂面侵入上覆地层乃至喷溢出地表，有的则与其他塑性物质侧迁到垂向压力较小的断裂下盘或上盘翘升端。所以盆地及其邻区的岩浆活动，往往受盆地的沉降作用控制[18]；下辽河拗陷各地段各时期的火山岩厚度，也与其沉降幅度呈正相关关系[19]。

中地壳塑性层物质侧迁到断裂下盘或上盘翘升端，迫使该部位上地壳抬升，造成本区隆起与盆地毗邻，隆起上升与盆地沉降相随。华北盆地沉降与周围山区抬升的相对幅度达 12～13km，不亚于印度板块与欧亚板块强烈碰撞所激起的世界最高峰隆起幅度。故对于地壳运动的动力背景，我们在强调水平挤压力的同时，似乎没有理由忘记永恒的无处不在的强大重力作用的重要性。

正断层下盘由于越趋近断层面活动性越大，受到来自上盘中地壳塑性层物质的挤压作用越强，故该盘越趋近断层面下伏中地壳塑性层越厚，抬升幅度越大，而向上掀斜。从冀中拗陷电性结构剖面图可以看出，在大兴断层上下盘之间，作为下伏软弱层的中地壳低阻层厚度相差很大，上盘廊坊–固安断陷明显减薄，下盘大兴断隆则显著加厚，并使上地壳发生掀斜如图 8 所示[20]。

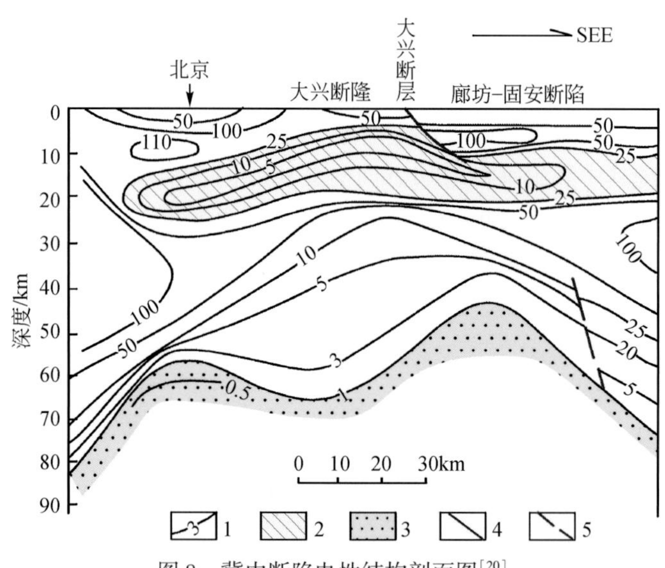

图 8　冀中断陷电性结构剖面图[20]

1. 电阻率等值线（Ω · m）；2. 中地壳低阻层；3. 上地幔低阻层；4. 上地壳正断层；5. 推测断层

正断层两盘这种变形现象及其下伏软弱层厚度变化情况，在沉积岩系各种规模的正断层中也广泛存在，并在上下盘形成逆牵引构造[14,21]（图 9）。国内外不少学者[21,22]认为正断层下盘向上掀斜这一普遍现象，是上盘下降后下盘因卸去部分载荷而受重力均衡作用所致。但作者发现，在落差不足 1m、谈不上有什么卸载作用的煤系顶板小型正断层中，下盘也同样产生明显的掀斜。事实上，没有下伏软弱层物质的迁移，正断层上盘的下降是不可思议的；下伏软弱层物质的侧向流动，不引起“富集”部位的抬升也难以想象。

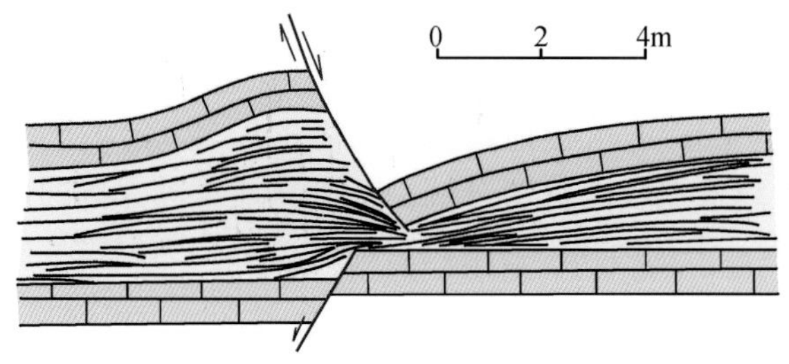

图 9　湖北枫林矿区煤系顶板正断层两盘变形现象及下伏煤系厚度变化情况剖面图

下盘向上掀斜，带动了该断层上盘靠近断层面部位也一起上升，引起沉积中心向盆地中央迁移，产生超覆现象，形成所谓异向掀斜（图10）。上盘翘升端的抬升，则使盆地沉积范围向断层面退缩，出现退覆现象，形成所谓同向掀斜[23]。这种掀斜运动往往主要产生于盆地大幅度沉降、深部物质大规模侧迁之后，并使盆地从断陷阶段转入断拗阶段。黄骅拗陷在始新世（Ek）发生了大幅度断陷之后，于渐新世（Es）便出现异向掀斜，使沉积中心迁往盆地中央而成为断拗，形成向斜状沉积（图10）。湖南白垩纪—古近纪盆地在晚白垩世发生了中新生代最大的一次沉降之后，于古近纪初期也普遍产生了同向或异向掀斜[23]。有些人认为这种缓慢的、呈连续沉积的掀斜运动，是水平挤压作用的产物，看来未必妥当。因水平挤压作用如果强烈到足以产生这种规模的抬升，那么，隆起与盆地之间为什么没有出现一般挤压型盆地经常见到的那种向盆地冲覆的逆冲断层？盆地中软弱的沉积物为什么也不广泛产生褶皱和逆冲断层等挤压现象？

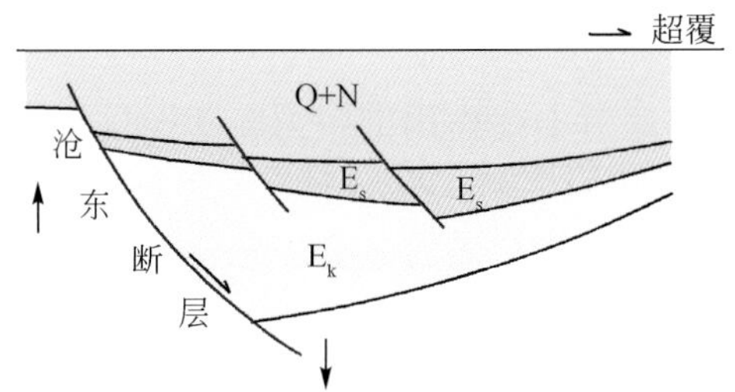

图10 华北盆地黄骅拗陷舍女寺地区6-159测线
（据李志文等，1982，略改）

由于盆地的沉降及其导生的掀斜运动，是一种间歇性的震荡运动，盆地边缘的沉积物性质发生周期性变化，不同岩性的岩层在剖面上呈交错接触。

地下深部物质这种塑性流动所引起的地壳运动，是触发地震的重要因素。近些年来，华北平原及其邻区在强震发生前后，沿地震断裂两侧地面所产生的明显升降运动，以及下盘所出现的重力值升高和地热增温等异常现象，看来与深部高密度的熔融物质从断裂下降盘流向上升盘有关[18]。

正断层上盘在下降过程中，部分重力能消耗于下伏软弱层物质的塑性流动，使这种断层向下多消失于软弱层中，成为层控断裂。其中薄的软弱层控制小的断层，如湖北枫林矿区1.5~3m厚的煤系，便阻隔了97.7%的顶板正断层进入底板；厚度10km左右的中地壳塑性层，则控制规模大得多的上地壳断裂。人们对下伏软弱层在构造运动中的作用，往往只强调其作为滑动面的一面，殊不知对深部呈水平状态的软弱层说来，作为上覆刚硬层向下错动的有利空间也具有十分重要的意义。正断层上盘这种强烈的悬臂梁作用及其对下伏软弱层不均匀挤压所导生的大规模物质流动，对箕状盆地形成及岩浆和地震活动的重要性，至今还未为大家所充分认识。

4.3 正断层两盘垂向运动方式

所以正断层两盘的垂向运动，实质上是沿着各自的水平轴旋转，从而使夹于两盘之间的断层面发生歪斜。这种断层下部落差大、翘倾运动强烈，而造成断层面呈下缓上陡的弧形。这点一些研究者也有相似的认识。许多人把正断层的水平断距一概视为所在盆地在拉张力作用下产生的扩张量，这是一个很大的误解。因为水平断距所反映的伸展是应变，而拉张是应力，两者并无必然的联系；何况水平断距部分是由于断层面歪斜引起的，部分又被断层面附近种种挤压现象所抵消。

另外，W. K. 汉布林认为热内正断层上盘逆牵引构造，是上陡下缓弧形断层面作用所致[24]，看来是本末倒置了，因为一般弧形断层面是逆牵引作用的结果，而不是产生逆牵引作用的原因。

4.4　软流层隆起原因

如上所述，中国东部断陷盆地的地壳变薄，主要是中地壳塑性层物质他流所致，而地壳上部刚硬的花岗质层厚度并无显著变化。综合华北东部地区深部探测成果得知，上地壳厚 10～12km；中地壳塑性层厚 10～16km；下地壳厚从几千米至十几千米[25]。这种上地壳厚度稳定，中、下地壳厚度变化剧烈的构造现象，是拉张“缩颈”说所难以解释的。

控制断陷盆地的主断层通过上述作用把中地壳塑性层压薄，而盆地中新充填的物质密度又较小，故在重力均衡作用下，该部位起主要补偿作用的软流层便向上隆起，并把上覆的岩石圈地幔和下地壳物质压向侧旁，导致软流层顶面与盆地底面呈镜像关系（图 6、图 8）。上地幔密度与下地壳密度之差，只有中地壳密度与盆地充填物密度之差的一半左右，故软流层隆起幅度远远超过盆地的沉降幅度（图 8）。所以地幔上拱是断陷盆地发展到一定阶段的产物，而且盆地沉降越深，中地壳塑性层物质压出越多，软流层上拱也越高。华北盆地新生界厚度以渤中拗陷最大，达 11000m，故该拗陷的地壳也最薄，约 28km。因此，软流层隆起是断陷盆地形成的结果，而不是断陷盆地形成的原因。近些年来许多人热衷于用地幔隆起拉张说来解释这一地区断陷盆地的产生和发展，看来与事实不符。这点从图 8 也可得知。图 8 表明，软流层上拱引起上覆岩石圈地幔和下地壳横弯隆起，抵达中地壳塑性层底面便完全被吸收了，对上地壳并无任何影响，谈不上软流层上拱引起上地壳拉张的问题。R. W. Girdler 在 20 世纪 70 年代初根据东非裂谷建立起来的地幔隆起拉张说，近年来也被他自己对该裂谷重新研究后所否定。他发现处于裂谷发展初期阶段的南段地幔并未隆起，向北随着裂谷的发展，地幔才逐渐上拱①。

地温梯度与岩石圈厚度呈反相关关系，故中国东部这些盆地的地温，随着岩石圈的减薄而普遍增高，并助长了壳内低速层、高导层的形成。

4.5　拗陷产生原因

断陷盆地在经历了断陷阶段和断拗阶段之后，深部大幅度上拱的软流层高温物质，便通过上覆横弯隆起的岩石圈地幔和下地壳派生的纵张性断裂涌上中地壳塑性层和地表（图 6），引起玄武质岩浆喷溢。软流层物质和热流的大量流失，导致上覆岩石圈全

---

① Girdler R W. 见于非洲裂谷及破裂中的行星断谷作用．何洁生译．地质研究，武汉地质学院北京研究生部编，1983。

面沉降，进行披盖状沉积，使盆地进入拗陷阶段。

4.6 小结

综上所述，中国东部中、新生代断陷盆地的形成，大体可以分为如下阶段，在水平挤压力和重力共同作用下，上地壳产生了呈正断层产出的平面 X 型断裂走滑正断层（压剪性正断层）→走滑正断层在中地壳塑性层上进行走滑过程中，大面积的 10km 左右厚的上地壳强大的重力能，便转变成机械能和热能，使中地壳塑性层物质糜棱岩化和重熔，产生中、酸性岩浆→位于中地壳塑性层之上的上地壳正断层上盘在自身重力作用下，呈弹性基础悬臂梁受力状态和变形，形成箕状断陷盆地，进行楔状沉积，进入断陷阶段→断陷盆地在沉降过程中，把下伏中地壳塑性层物质及其岩浆压向下盘，促使该盘上地壳向上掀斜成断隆山，并导致其中岩浆上侵和喷溢→断隆山在隆升过程中带动其上盘断陷盆地翘降端抬升，使沉积中心向盆地中央迁移，楔状沉积演变成向斜状沉积，盆地从断陷阶段转入断拗阶段→盆地在断陷阶段把下伏中地壳塑性层物质大量压向他处，造成该部位重力失衡和软流层上拱。软流层上拱导致上覆岩石圈地幔和下地壳横弯隆起，把其轴部物质大量压向两翼，并产生纵张性断裂→软流层物质沿纵张性断裂涌向中地壳塑性层和地表，使盆地到断拗阶段晚期开始产生玄武质岩浆活动，造成盆地岩浆活动出现“先酸后基”的特点→高温的软流层物质大量外流，引起上覆岩石圈全面沉降，接受披盖状沉积，使盆地又从断拗阶段转入拗陷阶段。

参考文献

[1] 李德生，薛叔浩．中国东部中、新生代盆地与油气分布．地质学报，1983，57（3）．

[2] 朱夏．中新生代油气盆地//中国地质大学岩石圈构造与动力学开放研究实验室．构造地质学进展．北京：科学出版社，1982.

[3] 陈发景．关于我国东部第三纪含油气盆地形成问题的初步探讨//中新生代构造．北京：科学出版社，1982.

[4] 张文佑．断块构造导论．北京：石油工业出版社，1984.

[5] 李德生．中国东部含油气盆地的构造特征．石油勘探与开发，1982，9（2）．

[6] 张用夏．中国大型含油气盆地地球物理场及深部地质构造特征//中国新生代盆地构造和演化．北京：科学出版社，1983.

[7] 韩同林．西藏活动构造的基本特征．中国地质，1984，（12）．

[8] 张德元，赵根模．唐山地震前后渤海湾地区油井动态的异常变化．地震学报，1983，5（3）．

[9] 李扬鉴．压剪性正断层的成因机制与能量破裂理论．构造地质论丛，1985，（4）．

[10] 李扬鉴．论纵弯褶曲构造应力场及其断裂系统的分布．地质力学文集，1988，（7）．

[11] 安欧．岩石的应变和断裂与应力的基本关系及其实验证明．地质力学丛刊，1959，（1）．

[12] 国家地震局地质研究所．亚欧地震构造图（比例尺 1：8000000）．北京：地图出版社，1981.

[13] 李四光．地质力学概论．北京：科学出版社，1973.

[14] 李扬鉴，张树国．论正断层上盘逆牵引构造的成因机制——与 W. K. 汉布林等的不同认识．构造地质论丛，1987，（7）．

[15] 邓起东．华北断块区新生代、现代地质构造特征//中国科学院地质研究所．华北断块区的形成与发展．北京：科学出版社，1980.

[16] 谭试典．论渤海湾盆地早第三纪构造——掀斜断块//中国科学院地质研究所．中新生代构造．

北京：科学出版社，1982.

[17] 邓起东．鄂尔多斯周缘断陷盆地带的构造活动特征及其形成机制．现代地壳运动研究，1985，(1).

[18] 王振中．试论地壳深部物质的侧向迁移．西安地质学院学报，1987，9 (2).

[19] 顾志明．辽河裂谷的断块运动和油气聚集．构造地质论丛，1985，(4).

[20] 赵国泽，赵永贵．华北平原盆地演化中深部热、重力作用初探．地质学报，1986，60 (1).

[21] 周治安．造成煤层压薄和增厚的正断层及“反牵引”正断层．中国地质科学院地质力学研究所所刊，1984.

[22] Jackson J，Mckenzie D. 正断层系的几何形态演化．李继亮译．国外地质，1983，(5).

[23] 储澄．湖南白垩第三纪盆地的成生与发展//中国中新生代盆地构造和演化．北京：科学出版社，1983.

[24] Hamblin W K. Origin of “Reverse Drag” on the downthrown side of normal faults. Geological Society of America Bulletin，1965，76：1145-1164.

[25] 孙武城，李松林，杨玉春．华北东部地区地壳结构的初步研究．地震地质，1985，7 (3)：1-11.

An Alternative Model for the Formation of the Meso-Cenozoic Down-Faulted Basins in Eastern China*

Li Yangjian

(Geological Institute of Chemical Minerals, Ministry of Chemical Industry, Zhuozhou, Hebei, China)

1 Meso-Cenozoic Regional Stress Fields in Eastern China and Their Related Tectonic Patterns

Since Mesozoic, in eastern China, there existed following two block basin-developing epochs: Late Jurassic to Early Cretaceous and Late Cretaceous to Cenozoic. The earlier events were related to the NNW-extending compression of the Kula plate. In the course of compression, NNE-NE-striking sinistral faults were much better developed than NW-NWW-extending dextral counterparts as their shear direction was identical to the regional shear direction caused by the subduction of the Kula plate, creating some elongated basins such as the Yishu and Songliao basins. On the other hand, the latter tectonic activities were mainly controlled by the upward thrusting from the Indian plate.

The northeastward compression of the Chinese continent by the Xilong projective body of the Indian plate has generated a northeast-convex arcuate compressional belt since Cretaceous, particularly in Eocene. At the same time, separately along the northern and eastern flanks of this belt emerged two compresso-shear belts which jointly constituted a giant X-shaped structure in plan.

The northern belt is characterized by sinistral shearing. running NNE along a line of West Kulun-Altun-Yinshan-Yanshan. Its western segment is mainly composed of the Altun Mountains, underwent NNE-directed horizontal compression at a high angle to its strike during Cenozoic time and afterwards, as indicated by the predominance of strike-slip plus thrusting activities. In contrast, its eastern segment was subjected to NE-directed compression at a low angle to the strike in early Tertiary time and later on, forming a series of nearly E-W-trending strike-slip, normal faults along the southern margin of the Yinshan-Yanshan mountain chain and a number of Cenozoic down-faulted basins.

The eastern belt, extending in a NNE direction from the Beibu Gulf northwards through Hunan and the North China basin up to Yilan-Yitong, was subjected to dextral shearing as to differ sharply from the tectonic manner of the northern counterpart. And, owing to the

* Progress in Geosciences of China (1985-1988). Papers to 28th IGC.

immediate proximity to the Pacific Ocean, it was apt to undergo lateral or oceanward strain; under the NE- NEE compression there developed mainly NNE- NE dextral and NW- NNW sinistral normal faults, and NW- NNW- trending folds and thrusts only occur locally, the associated basins have a tendency of northward younging with time.

The existing seismic data show that the seismic activities in the interior of the Chinese continent are also controlled by the above compressional arcuate belt and the huge X- type structure as well as the second-order, NNE-trending, compresso-shear structures at its inner side, such as the Fenwei and Yingchuan structural belts.

In summary, the differences of tectonic frameworks between the eastern and western parts of China since Cenozoic were not caused by compression in the west and extension in the east as generally believed but by the differences between the boundary conditions of both and the angles at which the strain zones intersect the horizontal compressional force.

2 Deep Boundary Conditions for the Compresso-shear Normal Faults and Their Basic Characters and Origins

2.1 Deep boundary conditions

It is generally accepted that the interior of the earth consists of certain ring layers of different mechanical proper ties: inner or underlying ring are flexible and outer or overlying rings are rigid. In this process, the formerare prone to act as a good space for the massive release of gravity energy from the latter and its downward movement. Under the combined effects of gravity and horizontal compression, the X-type fractures in plan of the overlying rigid layers mostly occur as normal faults. That is why in areas with flexible layers such as low-velocity and high- conductive layers in middle and lower crust in the eastern part of China down-faulted basins are well developed, magmatism and seismism are intense. Seismic focuses are most likely found at the base of the top of the flexibly layers.

The large-scale elevation and then erosion of the brittle supracrust in some areas would lead to partial melting of the materials in the deep levels of the crust due to the decrease in the confining pressure and drop in melting points, and as a result, low- velocity or high-conductive layers were formed. So the basements of these basins were almost all subjected to elevation and erosion in the past geologic ages.

2.2 Principal characters and origin

2.2.1 Compression

On the fault planes of compresso-shear normal faults, the compressive stress is more intense because of the combined action of two normal components from the horizontal compression and the gravitation, and one lateral component derived during the descending of the hanging wall. The high intensity of the compressive stress caused the fault planes to be so strongly pressed that they became barriers to oil and gas and water, as shown by exploration and development of many oil fields in recent years. In the vicinity of the fault planes and particularly in the proximity of some second-order thrusts, there is obvious evidence for this compression.

2.2.2 Horizontal shearing

The variations in the intensity of tangential components from horizontal compression and gravitation on the fault plane and the included angle between the horizontal compression and the strike of the fault both directly determine the styles of the relative movement of the hanging wall and foot wall: strike-slip, strike slip-thrusting, or strike slip-normal faulting. According to the differences of the included angles, in the structure belt, there existed obliquely thrust-faulted and down-faulted segments.

As previously mentioned, the planes of compresso-shear normal faults possess relatively strong compressive and shear stresses, so stain energy is liable to accumulate and release suddenly. This means that compresso-shear normal faults play an important role in controlling the seismic activities in eastern China. Analysis of the seismic focus mechanism suggests a strike-slip type, that is, seismic induction by seismic fractures is mainly related to strike-slipping.

2.2.3 Upwards development

On the basis of the available data, the formation and evolution of down-faulted basin-controlling compresso- shear normal faults under significant gravitation in eastern China began probably with post- sedimantary faulting in the deep levels of the crust, followed by syn-sedimentary faulting in the basin-filling sediments above. As a result, the displacement in the basement of the basins is large in the lower part and small in the upper; while the displacement of the tensile normal faults at the top of the uplift is large in the upper part and small in the lower.

3 Mechanism of the Formation of Down-faulted Basins

When the rigid upper crustal layers above the middle and lower crustal ones broke down, the friction and cohesion forces were completely lost between the hanging wall and footwall, i.e., that the breaking plane became a free space for their relative movement, under the load of the hanging wall and the derived planar sliding force, the hanging wall might be taken as a tremendous cantilever, and the middle and lower crustal flexible layers could serve as its elastic basis and the breaking plane as its free end. In this mechanical regime, the closer to the breaking plane, the larger was the amplitude of subsidence (y), eventually formed a listric basin.

Nearly simultaneous with the subsidence of the hanging wall, the underlying flexible materials were expelled from the down warping free end with the highest vertical pressure and largest descending amplitude. Some of them moved laterally to the foot wall or the raised end with lower vertical pressure, causing that part to be elevated, and others moved upwards along fracture planes to the ground. This process resulted in the formation of a tectonic framework characterized by alternating arrangement of uplifts and basins in the region.

The relative elevation of the foot wall caused the sediments close to the fault plane in the hanging wall to rise, shifting the sedimentary center towards the center of the basin and resulting in the overlap phenomenon. On the other hand, when the upwarping end of the hanging wall were elevated, the scope of sedimentation of the basin withdrew towards the fault plane and offlap appeared.

The crustal movements produced by such plastic flow of the materials at depth are believed to be responsible for certain seismic activities. This is documented by the earthquakes which took place in recent years in the northern part of the North China plain. Here, before and after earthquakes, rise and fall of the two walls along the seismic fault planes were markedly pronounced, accompanied by increase of gravity and geothermal gradients in the upthrown wall, which possibly are related with the flowing of high-density molten materials at depth from the downthrown wall to the upthrown wall.

The thinning of the crust of the down-faulted basins in eastern China was mainly caused by removal of the material from the flexible layer in the lower crust, while the rigid granitic layer in the upper crust shows no significant change in thickness. This has been supported by a great amount of geophysical observations. The extension-plus-shrink-age is difficult to explain the phenomenon that the thickness of the upper crust is stable while the thicknesses of the middle and lower crust are highly varied.

As the above-mentioned process led to gradual thinning of the middle and lower crusts and in addition the basin in fills were lower in density, isostatic composition of gravity certainly resulted in the arching of the asthenosphere, which in turn expelled the materials in the lower part of the lithosphere to the lateral or distal sites. In consequence, the top surface of the asthenosphere exhibits mirror symmetry to the base of the basins. The materials from the middle and lower crusts increased with increasing subsidence of the basins and the rising of mantle. In other words, mantle diapirism is not generally accepted as the cause of the formation of down-faulted basins but as the effect.

弧后盆地成因机制新模式*

李扬鉴

（化学工业部化学矿产地质研究院）

弧后盆地成因是当今板块构造理论一个悬而未决的重大难题。主动说难以解释安第斯型边缘没有弧后盆地和一些俯冲作用仍在进行的主动边缘弧后盆地停止扩张的原因，以及弧后盆地与俯冲带之间的种种关系；被动说所列举的一些事实，虽然是形成弧后盆地的重要因素，但未能对它们做出全面的系统的说明。本文在已知事实的基础上，引入材料力学弹性基础悬臂梁概念，对弧后盆地的产生及演化提出一个崭新的完整的模式。弧后盆地的形成分裂谷和扩张两个阶段，它具有严格的成因含义，而不包括那些被捕获的（如白令海）或由陆缘断陷盆地发展而成的（如南海）边缘海。

1　大陆边缘的演化

被动大陆边缘切穿岩石圈的正断层上盘洋壳，在自身和沉积物的重力作用下，受力状态和变形情况相当于以断层面为自由端、以下伏软流层为弹性基础的悬臂梁，从而使该盘洋壳在梁的弯矩和剪切力作用下，沉降幅度趋向断层面变大，到断层面处可达10km以上。当上盘大洋岩石圈大部断落到与下盘岩石圈错开、侧向阻力较小时，若受到来自大陆一侧的有力推挤，下盘便向上盘仰冲、推覆，并把该盘压入软流层中，使被动边缘转变为主动边缘。仰冲盘也由此抬升。琉球–冲绳地块在早中新世沿琉球转换断层向东仰冲之后，便形成一个区域性的晚中新世不整合面。

这样经正断层演变成俯冲带，比一开始就由逆冲作用产生俯冲带容易得多，因为它无需具备促使整个岩石圈断裂、逆冲那样的强大水平挤压力。所以主动边缘多由被动边缘的张性正断层，以及具正断层形态的转换断层发展起来的。西太平洋沟弧系，便是由几条这样的近南北向的转换断层演变而成。故年轻俯冲带的海沟内侧多具正断层特征。马尼拉海沟东壁便是由美岸脊西侧的正断层构成，从而造成该海沟的浅部构造与深部构造截然不同[1]。

一些学者只强调大洋岩圈密度大于下伏软流层密度这一因素对于产生贝尼奥夫带所起的作用，这是很不够的。因为密度倒转现象在远离该带的大洋区及被动边缘也普遍存在，但那里并无俯冲作用发生。大西洋边缘洋壳虽然有的已经存在一亿多年，沉

---

* 本文原刊于《“七五”地质科技重要成果学术交流会议论文选集》，中国地质学会编．北京科学技术出版社，1992年。略修改。

附记：本文引入材料力学弹性基础悬臂梁概念，为解开弧后盆地成因这一国际性长期“不解之谜”提供了一个合理的模式。

降幅度也超过 10km，但至今仍未转入俯冲阶段，看来与缺乏一个来自大陆方面的有力推挤所产生的仰冲、推覆作用有关。

始新世中期印度板块与欧亚板块正面碰撞激起的第一次喜马拉雅运动[2]，不仅促使青藏地块全面抬升，而且导致东亚大陆向大洋应变空间迅速滑移，并与太平洋板块发生强烈挤压，从而引起东亚陆缘褶皱隆起和西太平洋边缘几条近南北向转换断层演变成俯冲带，产生日本海沟和九州-帛琉火山脊，使太平洋板块运动方向从 42Ma 前的北北西，转为与俯冲带高角度相交的北西西，造成太平洋板块运动方向改变和印度次大陆与欧亚大陆碰撞这两个性质不同的全球性构造时间的同时性。故这个时期太平洋板块运动方向的改变，不是西太平洋边缘从被动型转变为主动型的原因，而是结果。中新世初-中期，东亚陆缘地槽回返，形成本州-琉球-台湾岛弧褶皱带，以及琉球和马尼拉转换断层演变成贝尼奥夫带，看来也是该时期第二次喜马拉雅运动所引起东亚大陆再次与太平洋板块发生强烈挤压作用的产物。

洋壳中没有引人注目的褶皱、逆冲现象，它的驱动力主要是自身的重力，故大洋盆地缺乏足够的水平挤压力来促使被动边缘转变成主动边缘。俯冲洋壳对上覆大陆板块的挤压，一般仅仅是大陆板块向大洋迅速滑移所引起的反作用而已。

贝尼奥夫带的俯冲方向，与其前身正断层的倾向相反。由于裂谷作用产生的正断层多向拉张中心倾斜，所以大洋边缘主要朝大陆俯冲，弧后盆地外缘俯冲带则向大洋倾斜。

故大陆边缘由被动型转变成主动型的起因，主要不是洋壳对陆壳的俯冲，而是陆壳对洋壳的仰冲。只有当洋壳潜入软流层之后，才在密度差驱动力作用下转入沉降、俯冲阶段。

2 弧后盆地成因机制

潜入软流层的大洋岩石圈，在密度倒转驱动力和俯倾板块下滑力共同作用下不断下沉，倾角不断变陡，海沟不断主动向大洋迁移。洋壳年龄越老，密度越大，下沉速度越快，俯冲带倾角也越陡。西太平洋边缘俯冲带倾角大于东太平洋边缘，看来与前者的侏罗纪、白垩纪地壳老于后者的新生代地壳有关。

上覆板块前缘与贝尼奥夫带之间的应力性质和大小，取决于两者之间的相对运动方向和速度。当俯冲板块在自身重力作用下迅速沉降，俯冲带不断变陡并主动后退，或者上覆板块背离海沟方向运动，那么上覆板块与贝尼奥夫带之间将处于低压乃至拉张状态。近些年来对西太平洋海沟的地质调查发现，由于菲律宾海板块背离马里亚纳海沟方向运动，该海沟内侧沉积物不发育或缺失，洋底沉积物多遭潜没，弧前区往往处于拉张状态，而形成地震活动较弱的马里亚纳型俯冲带。

位于软流层之上的上覆板块，当其前缘与贝尼奥夫带之间为拉张或低压，俯冲带倾角又较陡时，则该板块在自身重力均布载荷 g 作用下，受力状态和变形情况便类似于以下伏软流层为弹性基础、以前缘为自由端的悬臂梁（图 1），从而在梁的弯矩 M 和剪切力 Q 作用下，其沉降幅度 y 趋向海沟变大，而形成弧前盆地。琉球弧前区晚中新世侵蚀面，现已沉到海平面下 4km（Letouzey *et al.*，1986）；日本本州岛外 100 多千米处，也有一个2km深的古陆块（许靖华，1982）。弧前区基底在沉降过程中，把岩石圈中下部的塑性层物质压向他处，造成沟弧盆系前缘的岩石圈厚度比被动大陆前缘的薄得多。

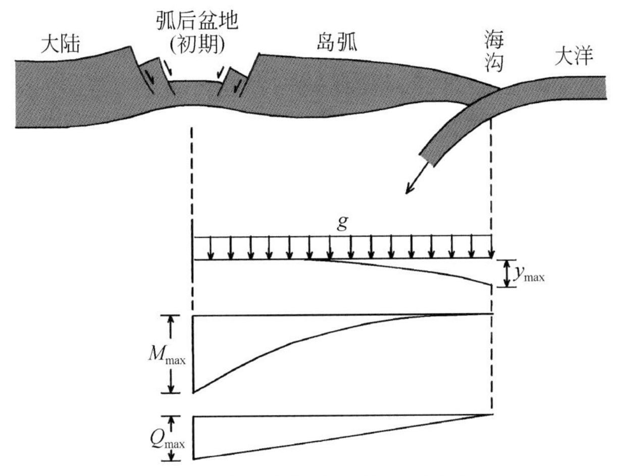

图1 弧后盆地成因机制新模式

上覆板块的受力状态、弯矩 M 和剪切力 Q 分布及变形情况的图解

材料力学研究得知，弹性基础悬臂梁的固定端弯矩最大。故上覆板块与离海沟数百千米的悬臂梁固定端处，在最大弯矩派生的纵向张应力作用下产生了裂谷（图1）。日本海沟西侧，当今便分布着一条弧后裂谷系（Tamaki，1985）；冲绳海槽自中晚中新世开始拉开以来，其北段至今也还处于裂谷阶段末期（Letouzey *et al.*，1986）。

悬臂梁固定端的拉张作用，使该部位的岩石圈深部物质，因压力减小、熔点下降而部分熔融，俯冲过程导生的热流上升加强了这种作用，从而为弧后裂谷的产生和发展提供了深部的应变空间。由于地下弥漫了物质，而物质又是不灭的，故弧后裂谷的正断层上盘在下降过程中，势必把下伏塑性层物质压向他处，使该盘岩石圈变薄。压出的物质部分侵入上覆岩层和喷溢出谷底，引起基底基性化；部分侧迁到断裂下盘，促使裂谷两侧隆起。冲绳海槽两侧，便伴随着海槽的沉降而抬升。所以，岛弧的抬升往往产生于弧后盆地出现之后。深部物质这种侧迁运动及其导生的地质现象，在中国东部中新代断陷盆地[3]和一般大陆裂谷也普遍存在。

弧后裂谷的岩石圈被垂向作用压薄之后，软流层在重力均衡作用下便向上拱起，把岩石圈底部物质压向侧旁，使岩石圈进一步减薄而产生高热流。故软流层隆起是裂谷作用的结果，而不是原因。当裂谷发展到晚期，岩石圈压得很薄、软流层隆起很高时，软流层便产生某种形式的对流。上覆岩石圈也在重力作用下沿隆起的软流层顶面斜坡下滑，从而把岩石圈完全撕开，开始海底微型扩张。因此，弧后盆地是安第斯型边缘发展到一定阶段才出现。西太平洋边缘一些转换断层在始新世晚期已演变成俯冲带，可是到渐新世—中新世起才先后形成沟弧盆系，从俯冲作用开始到弧后次生扩张产生，一般需要20～40Ma。

东太平洋边缘在洋壳俯冲、后退的过程中，海沟有时也处于拉张状态，使大洋物质多遭潜没，陆侧的张性正断层也较发育，但由于美洲大陆经常向西漂移，迫使海沟被动向大洋迁移，贝尼奥夫带倾角变小，海沟拉张状态持续时间较短，而来不及形成弧后盆地。

弧后盆地和弧前盆地是同一悬臂梁形变过程的产物，故日本海盆在渐新世的出现与该时期日本岛弧东侧的大幅度沉降同步，冲绳海槽在中晚中新世以来的拉开与琉球弧前区的外倾沉没也具有同时性（Ltetouzey *et al.*，1986）。

弧后盆地在裂陷、扩张过程中，把其外侧的火山链推向大洋，使岛弧多成为向大洋突出的弧形。对日本古地磁和地质情况研究表明，日本岛弧在过去的30Ma中，随着日本海裂陷、扩张，西南日本和东北日本分别呈顺时针和逆时针方向扭转了20°~60°和30°~50°（Faure，1987）。

弧后盆地受上覆板块的悬臂梁固定端纵向张应力控制，故它具有一些不同于大洋中脊的特点：它与海沟大体平行，两者之间保持一定距离；磁性条带较短较分散，也不太明显和对称，有些还可能是沿断裂分布的基性物质的反映，与扩张作用无关；有的还出现多个扩张中心，并往岛弧方向变新；之间残留着陆壳碎块。

上覆板块前缘大的自由度，是该板块形成悬臂梁受力状态、产生弧后盆地的决定性因素。所以，沟弧盆系主要见于贝尼奥夫带倾角大于45°、低压力的主动边缘，而安第斯型边缘多出现于贝尼奥夫带倾角小于30°、高压力的俯冲带。沟弧盆系的上覆板块，一旦向俯冲板块推覆，迫使海沟被动后退，贝尼奥夫带倾角变小，这时因其前缘丧失了自由，而改变了该板块的受力状态，使弧后盆地停止扩张。上新世—更新世印度次大陆对青藏地块又一次强烈推挤所产生的第三幕喜马拉雅运动[2]，促使该地块急剧大幅度隆起和东亚大陆重新向东快速滑移，造成日本列岛褶皱抬升和岛弧前缘以低角度逆掩于俯冲洋壳之上，迫使日本海沟被动向大洋一侧迁移，从而结束了日本海沟的上覆板块的悬臂梁受力状态。故尽管现代的太平洋板块继续沿日本海沟俯冲，但日本海的扩张却早已停止；东北日本弧前区不但不再沉降，反而有所回升；东北日本区域构造应力场也从7~21Ma前的拉张转为挤压（Uyeda，1982）。

弧后盆地扩张终止之后，隆起的软流层因丧失了大量的地幔流体和热能而收缩，引起弧后盆地及其邻区的岩石圈整体沉降。因此，日本海的区域性大幅度沉降产生于扩张作用停止后的上新世，并使其中散布着一些该时期才沉没的陆块。

随着贝尼奥夫带的后退和弧前区的增生，岩石圈厚度减薄和悬臂梁长度缩短，使梁的固定端和弧后盆地向岛弧迁移，形成弧间盆地。当上覆板块的悬臂梁固定端转移到弧间盆地之后，原来的弧后盆地因不再受悬臂梁的纵向张应力作用，而停止扩张并冷缩、下沉。故弧后盆地都是短命的，其扩张延续时间一般不超过30Ma。因为它不是被大陆板块侧向滑移而夭折，便是为弧间盆地所取代。

新生代以来，东亚陆缘构造演化受太平洋板块俯冲作用的影响，这是众所周知的事实，然而它与印度板块对欧亚板块碰撞、推挤的关系，却往往被人们所漠视。其实这是一个更为重要的动力背景，这个时期中国东部断陷盆地的形成、东亚陆缘的多次褶皱隆起、西太平洋转换断层演变成俯冲带、太平洋板块运动方向的改变和日本海的停止扩张等一系列重大构造事件，都与印度板块的作用息息相关。一些学者看到中国东部新生代断陷盆地赋存特征与西太平洋弧后盆地初期阶段有某些相似之处，便把太平洋板块俯冲作用的影响范围扩大到这个离海沟1000多千米以外的大陆内部地区，并称它们为弧后裂谷盆地。其实，它们的成因机制截然不同。中国东部这些盆地主要受印度板块西隆突出体北东向挤压力和地壳重力共同作用下产生的压剪性正断层控制，与拉张无关[3,4]。作为中国东部断陷盆地一员的南海，与大洋毗邻，便于侧向应变，故大陆内部断陷盆地没有发展到扩张阶段即行夭折，而位于陆缘的南海则在32Ma前的断陷盆地晚期，沿其中近东西向盆地的软流层隆起顶面斜坡下滑、撕开，开始微型扩张。到中新世中期，在东亚大陆向东迅速滑移并与太平洋板块发生强烈挤压的作用下，位于美岸脊西侧正断层下盘的吕宋岛向西仰冲，比其上盘的南海向东俯冲更为容易，而使前者沿该断层冲覆于南海洋壳之上，把洋壳及软流圈下压，抑制了该岩石圈的南北向扩张运动，导致海盆于17Ma前停止扩张。有学者（Miyashiro，1986）根据南海的形成，认为弧后盆地的产生与俯冲作用无关。这是一个误解，因它根本不属于弧后盆地范畴。不过有些弧后盆地，如日本海，可能是叠加在陆缘断陷盆地的基础上。

参考文献

[1] 南海海洋研究所．南海地质构造与陆缘扩张．北京：科学出版社，1988.

[2] 黄汲清．中国大地构造及其演化．北京：科学出版社，1985.

[3] 李扬鉴，林梁，赵宝金．中国东部中、新生代断陷盆地成因机制所模式．石油与天然气地质，1988，9（4）：334-345.

[4] 李扬鉴．若干构造地质理论问题的新认识．山西地质，1991，6（3）：249-273.

A New Model of the Formation Mechanism about Back-Arc Basin*

Li Yangjian

(Geological Institute for Chemical Minerals Product, Ministry of Chemical Industry, Zhuozhou, Hebei, China)

At present the formation of back-arc basin is an important and difficult issue of the plate tectonics theory. On the basis of the known facts I quote the concept of the cantilever beam of elastic base and put forward a new model about the formation and evolution of back-arc basin in the paper. Formation of the back-arc basin can be divided into the two stages of the rift valley and expansion and the back-arc basin has a rigorous formative meaning except those marginal seas which were produced by the capture activity of sea-floor trench (such as Bering Sea) and development of the epicontinental downcast faulted basins (such as the South China Sea).

The subducting direction of the Benioff zone is opposite to the dip of its predecessor-ortho-fault. Because ortho fault, which is produced by rift valley action, slope mostly toward the tensile center, the oceanic margin subducts mainly toward continent and the subduction zone of the outside margin of back-arc basin slopes toward ocean.

The cause of the driving type of the passive continent is not the subduction of oceanic crust to the continental crust. Only after the oceanic crust slips into the circle of flowage, the continental margin begins the settle and underthrust stage under the driving force action of the density difference.

The Formation Mechanism of Back-Arc Basin

Under the driving force of the overturned density and the downslipping force of the subduction plate, the oceanic lithosphere of the slipped circle of flowage continues to subside and its dip angle becomes continuously steep and the sea-floor trench continues to move initiatively toward ocean. The stress properties and sizes between the uptake part of the upper plate and Benioff zone decides the movement direction and the above speeds. When the downthrusting plate draws initiatively back or the upper plate moves opposite to the seafloor trench, between upper plate and Benioff zone is from the low pressure to tensile state. In recent years, on the basis of the geological survey of the west Pacific Ocean trench, the Mariana-type subduction zone with the weak earthquake activity because the plate of Philippine

* Li Yangjian. A new model of the formation mechanism about back-arc basin. Progress in geology of China (1989-1992) —papers to 29th IGC. Gology Press, 1992, China.

Sea moves opposite to the Mariana trench, and sediment of the oceanic bottom of the trench is submerged and the ore-arc is in tensile state. When the uptake part of upper plate over the asthenosphere and Benioff zone is tensile or lower pressure and the dip angle of subduction zone is steep, under the even load g of its gravity, the stress state and deformation of the plate is similar to the cantilever beam with an elastic base asthenosphere and a free end as uptake part (Figure 1). Under the bending moment M of beam and the shear force Q the settling scope y increases toward the sea-floor trench and basin of the fore-arc area. The erosive plane in Late Miocene in the Ryukyu-Gunto fore-arc has settled 4 km below the sea level. There is a fossil continental segment at 2 km depth and more than 100 km beyond the Honshu Island of Japan.

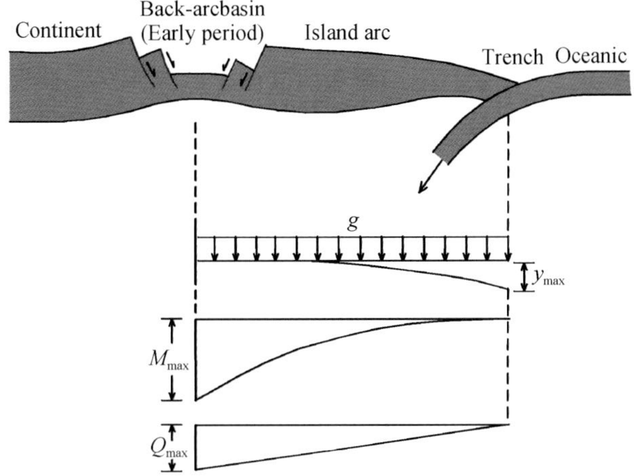

Fig. 1 Diagram of Distribution of the Stress State and the Bending Moment M and Shear Stress Q of the Upper Plate as well as Deformation Situation

In the light of the mechanics of materials the bending of fixed end is the biggest in the cantilever beam of elastic base. In the fixed end of the cantilever beam of upper plate several hundred kilometers from the sea-floor trench, the rift valley, has been derived by the biggest bending moment. A back-arc rift system distributes on the west of the Ogasawara trench. The Okinawa sea trough has been extended since Late Miocene, and until now it is at the last phase of the rift valley in its north sector. The tension of fixed end of the cantilever beam makes the materials of the deep part of lithosphere melt partly as the pressure decreases and melting point drops; on the other hand the raised head flow promoted this action in the underthrust process so that it gave a deep strain space for the production and development of back-arc rift valley. During the downthrow process the upper wall of ortho fault of back-arc rift valley presses materials of lower plastic layer to other site and leads to lithosphere of the wall to become thin. The pressed materials are eroded partly into upper rock bed and erupts over the valley bottom; therefore the basic rock lithification takes place and moves partly to lower wall of fracture and leads to the rift valley upwarping on the two sides so that, after the back-arc basin appears, the island-arc raises.

After the lithosphere of the back-arc rift valley has been thinned by vertical pressure, its asthenosphere rises under the balanced gravity and presses the bottom materials of lithosphere to side as well as leads to lithosphere to become thin again and produces the big head flow; therefore, the mantle upwarping is a result of the rift activity rather than a cause. When the rift develops up to the late period and lithosphere is pulled very thin and the asthenosphere raises very high, the asthenosphere produces convection, and the upper lithosphere also slips along slope of the top surface of the asthenosphere under gravity so that the lithosphere has been completely ripped open and the weak tension happens in the sea bottom; therefore, when the Andes-type margin develops to a certain stage, the back-arc basin appears. The time lag from the under- thrust beginning to the secondary back- arc tension is more than 10 Ma. Each back-arc basin is different from that of the mid-oceanic ridge as the longitudinal tensile stress activity in the fixed end of the cantilever beam of upper plate.

In the driving-retreating process of the underthrust oceanic crust of the East Pacific Ocean margin the sea- floor trench is also in the tensile state, and it makes the oceanic materials submerge, and the tensile ortho thrust on the continental side is quite developed. Because the American continent drifts toward west it forces the sea-floor trench to move passively toward the ocean, and the dip angle of the Benioff zone becomes small and the sustained time during the tensile state of the sea-floor trench is short; therefore the back-arc basin can not be formed.

The back-arc and front-arc basins are produces in the deformation process of the same cantilever beam; therefore the sea basin of Japan, which appeared in Oligocene Epoch, is synchronous with the large scale deposition in the east side of the island-arc of Japan in the same epoch. Since the Late Miocene the Okinawa sea trough extended simultaneously with the outer slope of the Ryukyu-Gunto fore-arc area.

The big free degree of the upper plate uptake part is a decisive factor of the stress state of the cantilever beam and back-arc basin, which are produced by the plate, so that the trench-arc basin system appears mainly in the driving margin of Benioff zone with more than 45°of the dip angle and the lower pressure, but the Andes-type margin appears mainly in the underthrust zone of Benioff zone with the dip angle less than 30°and the higher pressure. Once the upper plate of the trench-arc basin system causes the nappe toward the underthrust plate and the sea-floor trench retreat passively as well as the dip angle of the Benioff zone become small, the stress state of the plate has changed and the back-arc basin tension stops because the uptake part of obduction plate is not free.

The India sub-continent pushed and compressed violently once more to the Asia continent during Pliocene Epoch and Pleistocene Epoch; and the third phase of Himalayan movement began. It made the Qinghai-Tibet massif upwarp rapidly with a big scope and the east Asia contitent sliped rapidly toward east. A chain of islands of Japan folded and upwarped as well as the island-arc uptake part overthrusted with a small angle over the underthrust oceanic crust. It made the sea- floor trench of Japan moved passively toward the oceanic side; therefore it stopped the stress state of the cantilever beam of upper plate in the sea-floor trench of Japan. Even though modern Pacific Ocean plate underthrusts continuously along the sea-floor trench of

Japan, the sea tension of Japan has stopped. The regional structural stress field in the northeast Japan is from tension before 7 ~ 21 Ma to compression.

Since the beginning of Cenozoic the evolution of the east Asia epicontinental structure has been affected by the underthrust of the Pacific Ocean plate, but the relationship between the Pacific Ocean and India plates, which collide and push as well as compress the Eurasia plate, has often been neglected. In fact it is a more important dynamic background; during the period the downcast faulted basins of the east China occurred, and the east Asia epicontinent folded and upwarped repeatedly, and the inversive faults of the west Pacific Ocean becomes the underthrust zone, and the movement direction of the Pacific Ocean plate changes and tension of the Sea of Japan stops etc. These important structural events are closely related to the India plate activities. The the Sea of Japan may be produced on the basis of the epicontinental down-faulted basin as the India plate pushes and compresses, which is just below the Sea of Japan.

论辽东-吉南地区硼矿床控矿构造及找矿方向*

李扬鉴　王培君

（化学工业部化学矿产地质研究院）

摘要　辽东-吉南沉积变质再造硼矿床成矿物质来源于古火山活动，沉积于古元古代箕状断陷盆地沉降中心。其中有3个含硼沉积旋回，上部旋回含矿性最好。含硼镁质碳酸盐岩矿源层，在吕梁运动变质热液作用下转化为含矿溶液，受该时期东西向褶皱层间剪切运动控制，顺层流入褶曲翼部低压空间和背斜轴部虚脱部位聚集、交代、沉淀，形成硼矿床。矿床具严格的层控特点，并主要分布于层间剪切运动强烈的东西向复背斜和背斜的倒转翼或陡翼，以及复背斜轴部次一级向斜翼部的陡倾地段。中新生代构造运动使矿层重新破碎，并在新的纵弯褶曲层间剪切应力作用下，塑性流动到背斜轴部形成厚矿体，或受正断层上盘下降过程的挤压，流到下盘富集。由上部含硼沉积旋回所构成的东西向复背斜、背斜的倒转翼为该区主要找矿靶区。

关键词　硼矿床；古元古代；辽东-吉南地区；箕状断陷盆地；控矿构造

1　概　　述

对我国重要硼矿产区——辽东-吉南地区硼矿床的成因的认识存在着3种观点：与岩浆作用有关的接触交代成矿、超变质或混合岩化成矿和沉积变质再造成矿。后一种观点当前已成为许多人的共识，但又多强调古火山活动及其沉积，对构造在成矿过程中的重要性缺乏应有的认识。作者认为，成矿物质固然来源于古火山作用，但矿床的形成还受到吕梁运动东西向褶皱层间剪切作用的严格控制。

多年来，许多研究者把辽东地区不同含硼沉积旋回的不同类型硼矿床，视为辽河群里尔峪组同一含硼层位的产物，将属于不同层位呈层状的条痕状角闪混合岩，当成所有含硼沉积旋回的同一下伏花岗岩[1]。姜春潮研究员把辽东这套富硼的变质岩系，命名为宽甸群（吉林为集安群），并划分出7个岩组（图1）[2]。在该地层方案的基础上，厘定出3个含硼沉积旋回（图1）。每个旋回下部均为条痕状角闪混合岩，上部为变粒岩、浅粒岩夹镁质大理岩及硼矿床。其中第1、2个旋回中分别赋存磁铁矿-硼镁石矿床（俗称黑硼，以凤城翁泉沟特大型矿床为代表）和含磁铁矿-硼镁石矿床（俗称黑硼，以集安高台沟中小型矿床为代表）；第3个旋回的镁质大理岩中赋存多个大型硼

---

* 本文原刊于《化工地质》（今《化工矿产地质》），1993，15（2）。

附记：本文是作者在自己过去的箕状断陷盆地和纵弯褶曲应力应变场研究基础上，结合辽东-吉南地区硼矿床地质特点撰写而成的。1992年科研报告提交后，辽宁化工队在后仙峪背形处张秋生教授的所谓花岗岩底辟无矿论和作者的背形有矿论争议地区施钻。经过短短一年的勘探，终于找到了一个富矿，打开了该地区找矿新局面，获化工部科技进步奖一等奖。

镁石矿床（俗称白硼）。

时代	地层名称及代号		厚度/m	柱状图	岩 性	含量硼沉积回旋	含硼建造	含硼组合
古元古代	草河群 (Pt_1ch)				黑云片岩和变复理石岩石组合			金属硫化物矿石组合
古元古代	宽甸群	砖庙组 (Pt_1kn_7)	500~1650	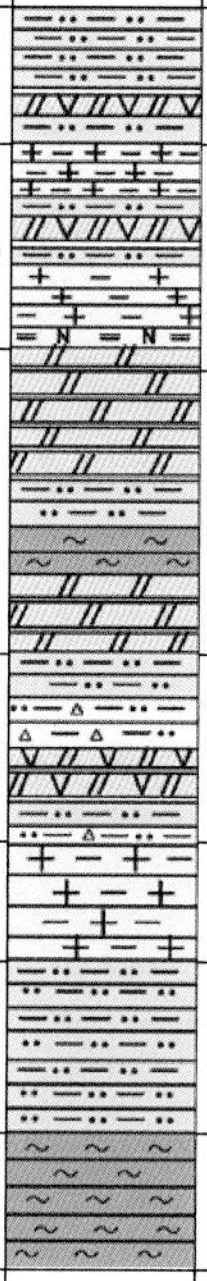	变粒岩、浅粒岩夹大理岩组合	第三含硼沉积回旋	硼镁石-遂安石建造	磁铁矿-黄铁矿组合 铜-钴-黄铁矿组合
古元古代	宽甸群	老营沟组 (Pt_1kn_6)	1050~1440		角闪条痕混合岩，含硼大理岩夹电气石变粒岩，黑云母质混合岩，斜长角闪岩	第二含硼沉积回旋	含磁铁-硼镁石建造	铁硼-稀土组合 铅-硫化物组合
古元古代	宽甸群	林家台组 (Pt_1kn_5)	500~12619.73		橄榄金云大理岩，石榴夕线黑云变粒岩和黑云片岩，大理石			菱镁矿-滑石玉石组合
古元古代	宽甸群	高小岭组 (Pt_1kn_4)	604		黑云变粒岩，电气石变粒岩，含硼大理岩	第一含硼沉积回旋	磁铁-硼镁石建造	铜-黄铁矿组合 铁-硼-稀土组合
古元古代	宽甸群	刘家河组 (Pt_1kn_3)	300		角闪条痕混合岩			
古元古代	宽甸群	炒铁河组 (Pt_1kn_2)	1508.57		黑云变粒岩			
古元古代		双塔岭组 (Pt_1kn_1)	1105		二云母片岩			
太古宙	鞍山群				斜长角闪岩，磁铁石英岩			鞍山式铁矿

图1 宽甸群及其含硼沉积旋回地层柱状图

根据前人和作者的同位素年龄资料，该群沉积年龄下限为2350Ma，上限为2100Ma，应属于古元古代。

2 辽东-吉南断陷盆地及其构造演化

2.1 沉积阶段

根据同位素年龄资料，辽东-吉南地区于2500Ma前太古宙末期发生鞍山运动，成为克拉通。尔后该古陆在经过长期剥蚀夷平的基础上，于2350Ma前产生断陷，沉积古元古界宽甸群。该断陷盆地（有人称为裂谷）在大石桥-宽甸一带呈东西向，过宽甸转向北东，至集安折往东南进入朝鲜半岛，形成一个向北突出的弧形海盆，如图2所示[2]。中国境内，盆地长300多千米，宽60～80km。在大石桥-宽甸地区，控制断陷盆地的主要正断层位于盖县-岫岩-古楼子一带，断层向北倾斜，牧牛至红石砬子为盆地沉降中心。北侧是盆地斜坡带，沉降幅度逐渐变小，到本溪地区出露太古宙鞍山群基底，盆地呈箕状产出。盆地南面为断隆带，宽甸群到此突然终止（图3）。

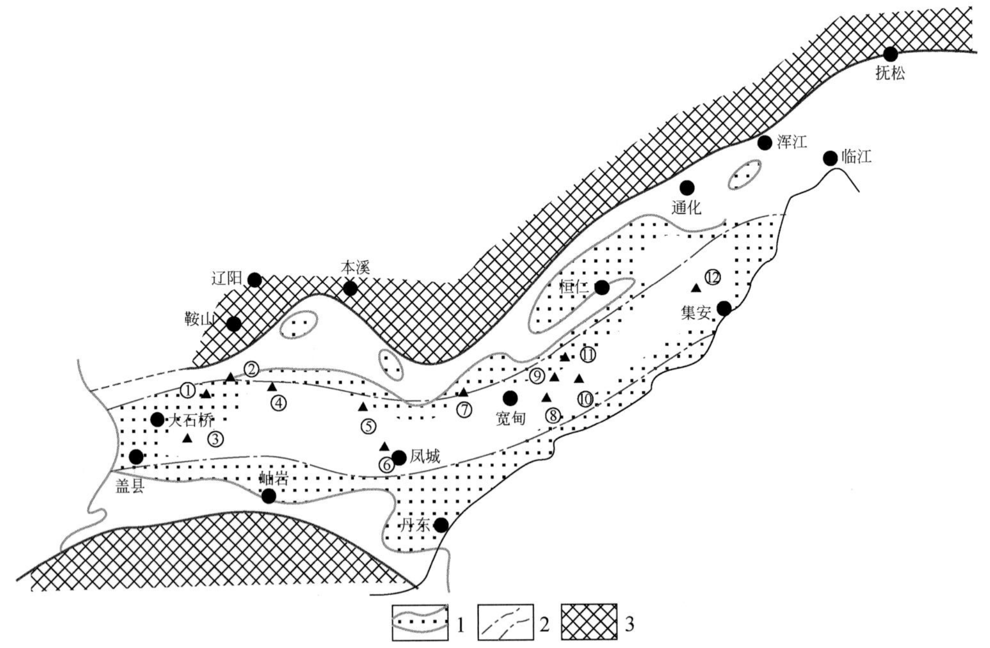

图 2 辽东-吉南断陷盆地宽甸群（集安群）及硼矿床分布图[2]

1. 宽甸群（集安群）分布区；2. 硼矿床和硼铁矿床分布带；3. 古隆起区，龙岗群、鞍山群和太古宙混合花岗岩分布区。硼、硼铁矿床：①大台沟；②诸葛岭；③后仙峪；④生铁岭；⑤翁泉沟；⑥二台子；⑦边沟；⑧红石砬子；⑨砖庙；⑩杨木杆；⑪五道岭；⑫高台沟

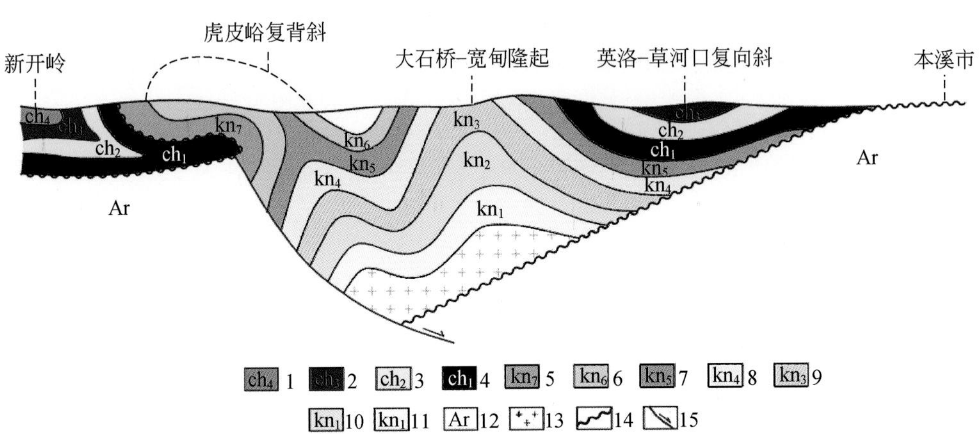

图 3 辽东古元古代断陷盆地及其构造演化理想剖面图

1. 盖县组；2. 通远堡组；3. 云盘组；4. 石家沟组；5. 砖庙组；6. 老营沟组；7. 林家台组；8. 小岭组；9. 刘家河组；10. 炒铁河组；11. 双塔岭组；12. 太古宙鞍山群；13. 古元古代花岗岩；14. 不整合面；15. 断层

图中 ch、kn 分别为古元古界草河群、宽甸群代号，其前省略古元古界代号 Pt_1

盆地中沉积了厚近 10000m 的碎屑岩+火山岩+碳酸盐岩建造。在沉降过程中，中地壳中、酸性熔融物质被压出地表。故盆地沉降中心海底火山活动频繁，沉积了一套巨厚的所谓优地槽建造。这些火山物质富硼，其含量可高出同类火成岩数十倍至上百倍，使该地区硼矿床沿一条宽为 25～35km 的盆地中心沉降带分布（图 2）。

宽甸群在沉积过程中，于刘家河组沉积时期、老营沟组沉积早期和晚期先后发生过3次大的岩浆喷溢。其中以老营沟组晚期最为强烈，火山物质最厚。上述3层火山沉积物在尔后的混合岩化过程中，分别形成厚为200～1200m的条痕状角闪混合岩。

火山物质带来的硼，溶于海水中，随后与镁质碳酸盐一起沉积，形成矿源层，尔后在变质过程中，演化成赋存于镁质大理岩中的硼矿床。由于硼主要来源于火山物质，故在宽甸群中虽然存在着多层镁质大理岩，但只有上述这三层位于火山物质丰富的条痕状角闪混合岩之上的才含矿[2]，而且混合岩越厚，上覆硼矿床规模也越大。第二个旋回的混合岩厚200m，硼矿最贫乏；第一个旋回的混合岩一般厚300m，仅翁泉沟超过1200m，故除翁泉沟外该旋回的矿床规模也普遍较小；第三个旋回的混合岩厚达1000m，因而产生多个大型矿床。

宽甸群沉积初期局限于盆地沉降中心，故双塔岭组和炒铁河组只见于盆地南部，随着沉降幅度增大，到老营沟组沉积几乎遍及整个盆地。进入砖庙组沉积时期，又萎缩到大石桥-宽甸一带，形成潟湖环境，从而在沉积镁质碳酸盐、硼酸盐的同时沉积了硫酸盐。

砖庙组沉积末期发生了一次区域性的不太强烈的褶皱运动，盆地由此结束了断陷活动，转入拗陷阶段，造成一些地区的草河群与宽甸群的不同层位接触[2]。断陷时期引起的地幔上拱，到了拗陷阶段因丧失了大量的地幔流体和热能而收缩，使草河群沉积远远超出了宽甸群的断陷盆地范围。

2.2 褶皱隆起阶段

草河群沉积末期（1900Ma前）发生了一场由地槽演变成准地台的强烈的吕梁运动，草河群与宽甸群一起褶皱隆起，先后产生了东西向褶皱、纬向隆起和北东向隆起（图4）。

2.2.1 东西向褶皱

草河群和宽甸群一起在自北而南的水平挤压力作用下，产生了剧烈的东西向褶皱，并由北往南倒转、逆冲（图3、图4）。从北到南大的复式褶曲为二户来-清河复背斜、英洛-草河口-下露河复向斜、虎皮峪-翁泉沟-红石砬子复背斜和盖县-岫岩-古楼子复向斜（图4）。其中正向构造以位于盆地沉降中心、沉积物最厚的虎皮峪-翁泉沟-红石砬子复背斜规模最大，它长200km，宽近20km。该区次一级的东西向背斜有鸡冠山背斜、杨木杆倒转背斜等。砖庙和高家堡两个相邻的倒转背斜为下露河复向斜中次一级的正向构造。该区东西向复背斜、背斜是硼矿床主要控矿构造。

2.2.2 纬向隆起

东西向褶皱之后又发生南北向挤压作用，使褶皱硬化了的辽东-吉南地区在原来沉积物最厚的盆地沉降中心，产生大规模的大石桥-宽甸纬向隆起（图3、图4）。该隆起在形成过程中，把两侧先存的东西向褶皱外推，造成褶轴弧形弯曲（图4）。

2.2.3 北东向隆起

纬向隆起之后又受到北西—南东向挤压，而产生一系列规模不等的北东向（北东23°～北东43°）隆起。其中主要有太平哨-丹东、河栏-新开岭和通远堡-大营子3个隆

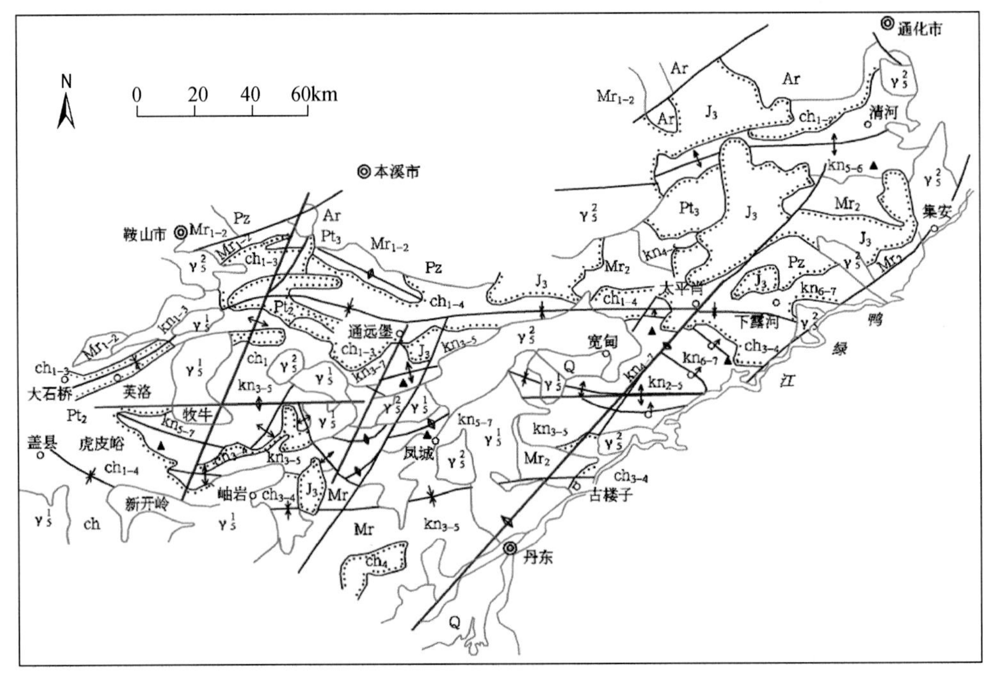

Q 1　J₃ 2　Pz 3　Pt₃ 4　Pt₂ 5　Ar 6　γ_5^2 7　γ_5^1 8　Mr₂ 9

Mr₁₋₂ 10　11　12　13　14　15　16　17　18

图 4　辽东–吉南地区地质构造简图

1. 第四系；2. 上侏罗统；3. 古生界；4. 新元古界；5. 中元古界；6. 太古宇鞍山群；7. 燕山期花岗岩；8. 印支期花岗岩；9. 古元古界混合花岗岩；10. 太古宙元古宙混合花岗岩；11. 地层界限；12. 不整合面；13. 背斜、复背斜；14. 倒转背斜、倒转复背斜；15. 复向斜；16. 隆起；17. 断裂；18. 硼矿床

起（图 4）。它们与东西向褶皱、纬向隆起并列成为该区 3 种主要构造类型之一，并共同控制了古元古代区域变质和混合岩化作用（图 5）。

上述大型北东向隆起与大石桥–宽甸隆起分别交会于红石砬子、牧牛和翁泉沟地区，形成 3 个大型的穹窿构造。其中牧牛穹窿形态最为完整。它把被纬向隆起歪曲成弧状的东西向褶皱，进一步弯曲成环状，使虎皮峪–翁泉沟–红石砬子复背斜在该穹窿西南侧呈北西西向，到穹窿的东南侧、东侧转为北东、北北东向（图 4）。

3　吕梁运动的成岩成矿作用

吕梁运动强烈的水平挤压作用使宽甸群的火山岩、黏土岩和镁质碳酸盐岩，演变成相当于角闪岩相的各种变粒岩、浅粒岩、角闪质岩和镁质大理岩。其中矿源层产生镁橄榄石、粒硅镁石、透辉石、磁铁矿、硼镁铁矿、遂安石、板状硼镁石和柱状硼镁石等高温矿物组合。

随着沉积盖层的不断褶皱隆起，在软弱的沉积盖层与刚硬的盆地基底之间便产生越来越大的虚脱空间，使该部位的围压不断减弱，岩石熔点不断下降，吸入周围岩石在高温高压条件下去气、去水、去硅、去碱等作用排放出来的、具有高度化学活动性

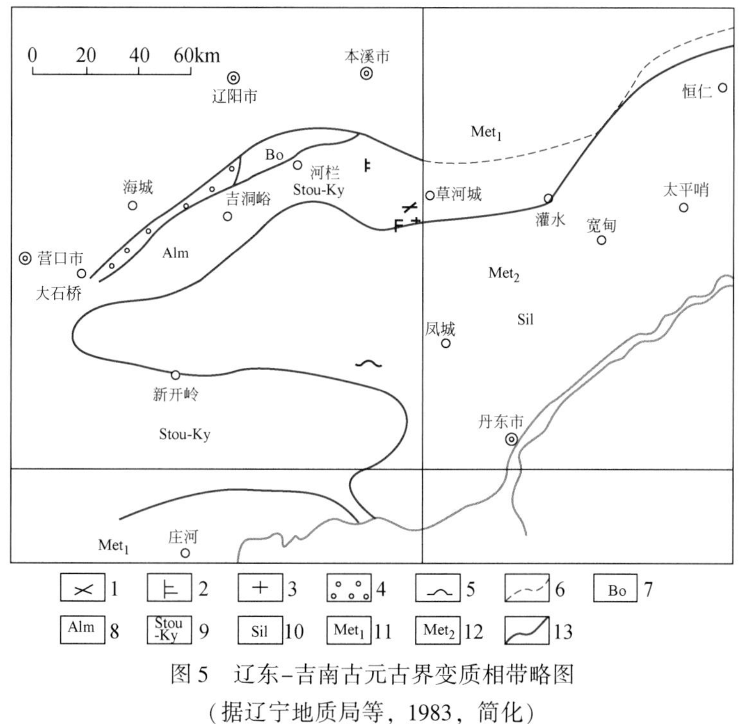

图5 辽东-吉南古元古界变质相带略图

（据辽宁地质局等，1983，简化）

1. 红柱石；2. 蓝晶石；3. 十字石；4. 石榴子石；5. 堇青石；6. 不同时代变质区界限；7. 黑云母带；8. 铁铝榴石带；9. 十字石-堇青石带；10. 夕线石带；11. 2400Ma 前的区域变质区；12. 距今 1900～2000Ma 的区域变质区；13. 变质带分界线

和渗透能力的热液也越来越多，并引起深部物质分异和热能上升，导致该部位易熔的火山物质在区域变质的基础上产生重熔和再生作用[3]，成为混合岩，而热液的交代作用则使镁质大理岩中含硼酸盐的高温矿物组合，蚀变成蛇纹石、金云母、透闪石、阳起石、纤维硼镁石等矿物。在各种类型硼矿床中，均可见到矿石受到这种作用所产生的交代结构，被交代的硼矿物往往呈交代残余甚至交代假象结构出现。矿石构造也多具二次成矿特点，区域变质阶段的矿物组合呈角砾，被混合岩化阶段的矿物所包裹。这两次成矿作用叠加的地段，矿石质量好，矿床规模大；仅见第一次成矿作用的地段一般难以形成具有工业意义的矿床。可见，混合岩化是该区硼矿床最终形成的决定性因素。各种同位素年龄资料也表明，宽甸群中条痕状角闪混合岩、矿化蚀变岩和硼矿石年龄具有明显的一致性。即在 1900Ma 前的吕梁运动期间，不仅产生了混合岩化，而且使硼进一步富集成矿床。

中生代以来，该区先后在西伯利亚板块向南不均匀推挤所导生的南北向左行扭动、库拉板块的北北西向挤压和特提斯-印度板块的北东向挤压下[3-5]，上述各种构造相继复活，从而在复背斜和大型隆起的核部，由于再次纵弯隆起产生新的虚脱空间及其减压、吸入作用，使该部位一些变质岩在距今 130～240Ma 进一步演变成花岗岩，硼矿床也产生一些次生变化。

迄今为止，关于混合岩和花岗岩的成因，都主要强调来自深部的物质侵入或热流作用，并认为这些物质或热流是通过深断裂上升的，而对于巨厚沉积盖层乃至整个上地壳的大规模纵弯隆起形成的虚脱空间，在广义的花岗岩化过程中所起的重要作用，却缺乏认识，从而难以解释大陆内部混合岩、花岗岩为什么多产生于褶皱隆起时期，以及主要分布于大型背斜和隆起的核部这些并无深断裂存在部位的原因。

4　控矿构造分析

4.1　成矿期构造的控矿作用

作者研究表明[6,7]，纵弯褶曲层间（纵向）剪应力强弱，与该翼倾角大小呈正相关关系，当该翼倾角达到90°时，其层间剪应力将达到水平压应力的最大剪应力分量（与水平压应力呈45°夹角）的3倍，强度十分惊人。强烈的层间剪切运动所产生的低压空间，顺层吸入矿源层的含矿溶液，形成硼矿床。所以在该区第3个旋回的4个大型硼镁石矿床中，后仙峪、砖庙和杨木杆3个矿床分别分布于虎皮峪复背斜、砖庙背斜和杨木杆背斜的倒转翼（图4），二台子矿床所在的鸡冠山背斜虽然没有倒转，但矿床赋存地段的地层倾角也达到60°～80°；而且由该旋回构成的复背斜、背斜的倒转翼，几乎都有大型矿床出现。层间剪切运动对硼矿床形成的控制作用在虎皮峪复背斜中最为典型。该复背斜长40km，宽近20km，轴向283°，自北而南倒转，西端封闭（图6）。北翼为正常翼，南翼以接官厅北东向横断层为界，断层以西为正常翼，断层以东倒转，老营沟组层状混合岩覆盖于砖庙组含硼层位之上。倒转翼中派生了与复背斜轴向平行的次一级的后仙峪背形和冯家堡向形（图6）。尽管该含硼层位遍布于复背斜南北两翼，但仅仅在南翼的倒转地段发现大型矿床，而其他地段却未见工业矿体。属于第1个旋回的翁泉沟特大型磁铁矿-硼镁石矿床，也主要分布于翁泉沟复背斜轴部中次一级东西向向斜翼部倾角达60°～85°的地段，往向斜轴部随着地层倾角变小，矿体逐渐变薄、尖灭（图7）。分布于二户来-清河复背斜南翼、作为第2个旋回代表的高台沟一带含磁铁矿-硼镁石矿床，虽然有40多个矿点，但由于该旋回原始沉积时成矿物质来源贫乏，该翼地层又很平缓，倾角多在30°以下，层间剪切运动较弱，故其矿体分散，规模较小，没有形成大型矿床。

东西向复向斜、向斜的轴部虽然也能产生一定的虚脱空间，但因该部位低洼不利于密度小的含矿溶液聚集，故除了其中次一级背斜外，没有重要的硼矿床出现。这点从翁泉沟矿床到向斜轴部变薄、尖灭也可得到说明（图7）。该时期的东西向复背斜、背斜的轴部所见矿床不多，乃由后期剥蚀所致，仅在其中一些次一级向斜中才有含硼层位残存，如翁泉沟所见。

由于含矿溶液沿层间剪切运动所产生的低压空间（虚脱部位和裂隙）充填，矿体多呈鞍状、似层状、透镜状、S状、反S状、羽毛状或条带状产出，矿体的长轴方向与层间剪切运动方向垂直，而与褶曲枢纽平行。在大型低压空间中形成的厚矿体，其矿石构造与小型低压空间薄矿体的条纹状、条带状构造不同，多呈束状、放射状、三角格架状等构造。

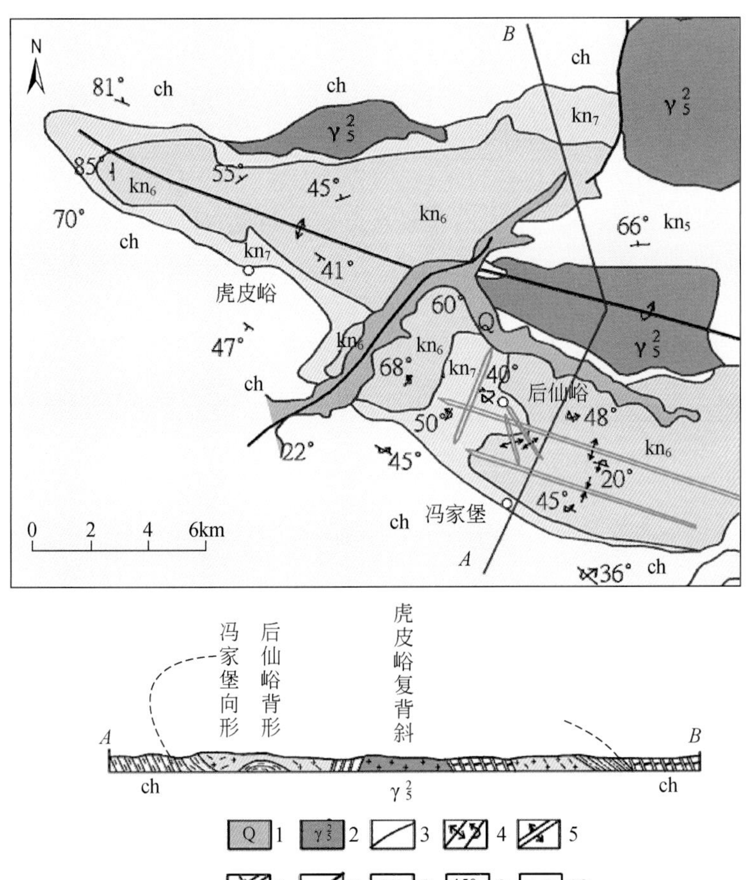

图6 虎皮峪复背斜地质构造图

1. 第四系；2. 燕山期花岗岩；3. 地质界线；4. 复背斜轴、倒转复背斜轴；5. 隆起、背形；6. 向形；7. 断裂；8. 地层产状；9. 倒转地层产状；10. 剖面位置

图中古元古界诸层代号同图3

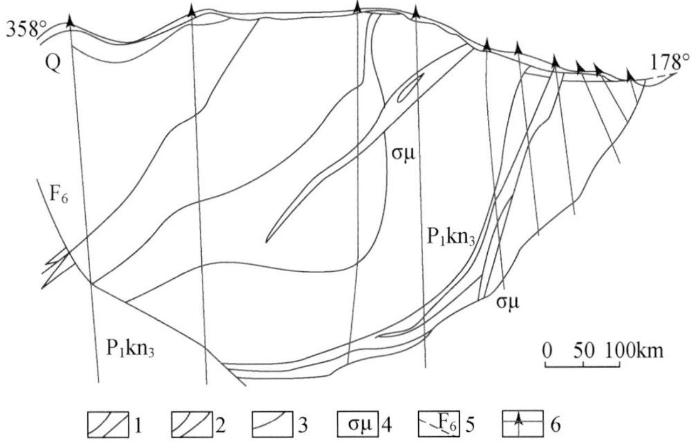

图7 翁泉沟矿床第3矿段101线矿层形态剖面图

1. 硼矿体；2. 蛇纹岩及铁矿；3. 岩层界线；4. 闪长玢岩；5. 断层及编号；6. 钻孔位置

该区不同方向的正向构造交会部位所形成的穹窿构造，使含硼沉积旋回抬升、露出，从而造成穹窿构造控制硼矿床的误解。一些学者强调穹窿构造的所谓控矿作用，而且把这种尔后形成的穹窿构造视为原来沉积盆地的古火山活动中心，将其轴部具有固定层位的层状混合岩称为来自深部的底辟物质，将其周围抬升出露的硼矿床（点）当作古火山活动中心附近洼地的沉积物，认为“所有大型硼矿床都产于古火山喷发中心附近的向形构造中”[1]。甚至把虎皮峪复背斜倒转翼覆盖于砖庙组之上的老营沟组层状混合岩，也视为古火山活动中心的产物，从而将该翼在后仙峪和冯家堡两处出露的，现已被证实层位相连的大型硼矿床，看作分布于底辟两侧洼地中两个孤立矿点[1]，显然有误。

4.2 成矿后构造对矿床的影响

成矿后构造对硼矿床影响最大的是中新生代的北东东向构造和北西向构造。

4.2.1 北东东向构造

晚侏罗世至早白垩世时期库拉板块的北北西向挤压作用，不仅使该区先存的东西向褶皱和纬向隆起复活，在虎皮峪复背斜和大石桥-宽甸隆起核部形成一系列同位素年龄为 130 ~ 160Ma 的花岗岩体，而且还产生一组北东东向逆冲断层和两组组成平面 X 型的平移断裂。其中一组左行的北北东—北东向断裂，因扭动方向与库拉板块对东亚大陆斜向俯冲所导生的区域性扭动方向一致，而较为发育，形成鸭绿江断裂等区域性断裂；另一组右行的北西—北西西向断裂，则因扭动方向与区域性扭动方向相反，发育程度较差。这两组断裂与水平挤压力斜交，在平面上呈压剪性。它们在重力作用下，垂向上也多呈 X 型产出，而成为正断层，即压剪性正断层[3-8]。它们控制了该区及相邻广大地区晚侏罗世、早白垩世断陷盆地和火山活动[3-5]。

上述 3 组断裂在集安高台沟一带相当发育，而且北北东—北东向一组发育程度也较高（图 8）。这些断裂不仅使该带第 2 个含硼沉积旋回重复出露或平移，而且由于正断层上盘的矿层顶板在下降过程中，把下伏比较软弱的矿层物质压向下盘，造成上盘矿层变薄，下盘矿层变厚（图 9）。这种现象在后仙峪露天采场也可清楚见到。这 3 组断裂在砖庙一带也很发育。它们不仅把矿床切错成一节节的矿段，而且由于矿区

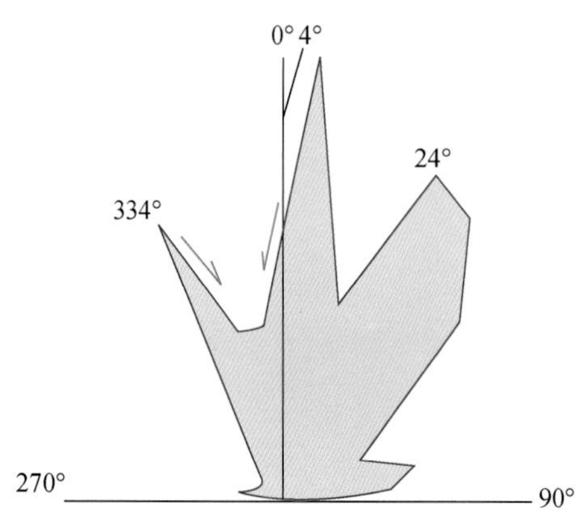

图 8 集安二道阳岔-小西沟硼矿床断层玫瑰图

西缘北吊幌子北北东向大型正断层下盘（东盘）向上掀斜所产生新的层间剪切运动，矿区所有矿体的长轴方向与新的层间剪切方向垂直，而与原来的背斜枢纽斜交，并向西侧伏。

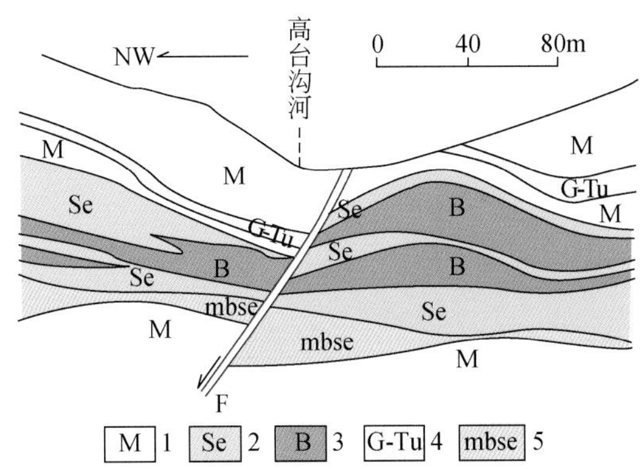

图 9　高台沟矿段 F_{308} 正断层两盘矿层厚度变化示意剖面图

1. 混合岩；2. 蛇纹岩；3. 硼矿体；4. 电气石变粒岩；5. 蛇纹石化大理岩

4.2.2　北西向构造

晚白垩世以来，印度板块对欧亚板块进行北东向强烈推挤，从而在该挤压力导生的辐射状应力场作用下，使中国中、东部产生了北西向构造，以及在地壳重力共同作用下，出现呈正断层产出的平面 X 型断裂，控制了一系列中新生代断陷盆地[3-5]，并使郯庐等北北东—北东向断裂由原来的左行转变为右行。辽东地区北西向构造也有所发育，并在后仙峪、翁泉沟和高台沟等矿区控制一些硼矿体的分布。其中对矿床影响较大的是虎皮峪复背斜倒转翼中鲁家堡北沟和鲁家堡南沟两个背形（图 6）。它们轴向分别为 328°和 345°，宽度各为 300～400m。后仙峪矿床规模最大的Ⅴ号矿体，便是沿鲁家堡北沟背形轴部分布，矿体沿轴部延深 700m 尚未尖灭，最大厚度超过 61m，为该矿体平均厚度的 3.5 倍。反角砾状构造矿石在该矿体中广为分布，遂安石及硼镁石集合体中散布着蛇纹石化大理岩、蛇纹岩角砾或透镜体，显示了原来矿层及其围岩在新的纵弯褶曲层间剪切运动作用下重新破碎，并塑性流动到背形轴部虚脱空间富集的特点[1]。这种次生富集现象及其反角砾状构造矿石，在辽东-吉南地区各种类型硼矿床中均可见到。

5　找矿方向

根据对辽东-吉南地区硼矿床的原始沉积条件和尔后构造作用这两个主要控矿因素的研究，分别提出如下找矿方向。

5.1　按沉积条件确定找矿方向

5.1.1　第 1 个含硼沉积旋回

该旋回沉积于大石桥-宽甸一带的盆地沉降中心，沉积环境不稳定，岩石建造自西而东产生规律性变化：辽阳生铁岭为磁铁矿–稀土建造，凤城翁泉沟为磁铁矿–硼镁石建造，宽甸红石砬子为含磁铁矿–硼镁石建造。即由西向东铁的含量逐渐减少，硼的含量逐渐增多[2]。在翁泉沟该旋回的条痕状角闪混合岩最厚。铁硼物质来源最丰富，而形成了特大型磁铁矿–硼镁石矿床。向东西两侧混合岩迅速减薄，硼矿床规模也急剧变小，到红石砬子硼的含量虽然有所增加，但总的成矿物质来源贫乏，仅形成一些小型的含磁铁矿–硼镁石矿床（点）。因此，寻找该旋回的硼矿床，应该根据沉积条件这种变化规律，在盆地中心沉降带中段找磁铁矿–硼镁石矿床，在该带东段找含磁铁矿–硼镁石矿床，并以层状混合岩最厚的中段作为找矿重点。

5. 1. 2　第 2 个含硼沉积旋回

该旋回沉积范围扩大到集安地区。它与向东硼含量逐渐增加的第 1 个旋回具有相同的趋势：海域–凤城为磁铁矿–稀土建造，宽甸为磁铁矿–硼镁石建造，集安高台沟为含磁铁矿–硼镁石建造。硼矿床集中于宽甸–集安一带，以高台沟地区较佳，但由于其层状混合岩厚度也只有 200m，成矿物质来源贫乏而无大型矿床产出。

5. 1. 3　第 3 个含硼沉积旋回

该旋回沉积范围又退缩到大石桥–宽甸盆地沉降中心，成为潟湖。老营沟组沉积末期广泛而强烈的火山活动所形成的层状混合岩厚达 1000m，其大量溶解于水体中的成矿物质，比较均匀地沉积于整个潟湖中。故从后仙峪到杨木杆这两百多千米范围内，矿床类型和规模都无显著变化，并形成多个大型硼镁石矿床。该旋回的硼矿床，是过去、现在和今后很长时间内我国硼矿资源的主要开发对象。

5. 2　按构造条件确定找矿方向

如上所述，第 1 个和第 2 个旋回硼矿床的分布，取决于原始沉积条件和尔后构造作用两个因素，而第 3 个旋回的硼矿床，在其沉积范围内则主要受尔后构造条件控制。因此，我们认为当前在辽东–吉南地区寻找硼矿床应以第 3 旋回中虎皮峪、砖庙、高家堡、杨木杆等东西向复背斜、背斜的倒转翼为主要靶区。一些学者只强调成矿物质来源及沉积、保存条件，把寻找古断裂、古火山口和有利于含硼物质沉积、保存的负向构造，作为这一地区硼矿床的找矿方向，将无助于找矿工作的有效开展。

参 考 文 献

[1] 张秋生．辽东半岛早期地壳与矿床．北京：地质出版社，1988.

[2] 姜春潮．辽吉东部前寒武纪地质．沈阳：辽宁科学技术出版社，1987.

[3] 李扬鉴．若干构造地质理论问题的新认识．山西地质，1991，6（3）：249-273.

[4] 李扬鉴，林梁，赵宝金．中国东部中、新生代断陷盆地成因机制新模式．石油与天然气地质，1988，9（4）：334-345.

[5] Li Yangjian. An alternative model of the formation of the Meso-Cenozoic down-faulted basins in eastern China. In：Progress In Geosciences of China（1985-1988）——papers to 28th IGC，Volume Ⅱ. Beijing：Geological Publishing House，1989：153-156.

[6] 李扬鉴．论纵弯褶曲构造应力场及其断裂系统的分布//地质力学文集，第 7 集．北京：地质出版

社，1988：145-155.

[7] Li Yangjian，Chen Yancheng. On the structural stress field of the longitudinal bend fold and its distribution with respect to the fault system. Journal of Geophysical Research，1991，96（B13）：659-665.

[8] 李扬鉴．压剪性正断层的成因机制与能量破裂理论//构造地质论丛，第4集．北京：地质出版社，1985：150-161.

青藏高原隆起及其断裂系统成因的探讨*

李扬鉴　张星亮

（化学工业部化学矿产地质研究院）

摘要　作为研究全球构造窗口的青藏高原的隆起及有关构造现象成因，半个多世纪以来一直为国内外地学界所瞩目，各种观点也众说纷纭。作者在印度板块挤压说的基础上，强调青藏高原上地壳的整体纵弯隆起作用。在该隆起所派生的横向剪应力作用下，高原两侧边缘出现一系列向外仰冲的扇型逆冲断层，形成压陷盆地。与此同时，由于刚硬的上地壳与软弱的中、下地壳力学性质的差异，它们在同一水平挤压力作用下形变不同。前者纵弯隆起，后者塑性变形，两者之间出现大规模的虚脱空间，从而引起该部位的围压和岩石熔点显著下降，并产生强烈的吸入作用，造成部分岩石熔融和软流层物质分异上升，在地壳中部和底部分别形成低速低阻层和壳幔混合层，使地壳大大加厚并进一步抬升。地壳中部熔融层的出现，为上地壳提供重力能集中释放和向下错动的有利空间，使上地壳在水平挤压力和自身重力共同作用下所产生的呈正断层产出的平面 X 型断裂，发展成一系列近南北向的断陷盆地。

关键词　青藏高原；纵弯作用；隆起；断裂；地壳中部熔融层

作为研究全球构造窗口的青藏高原的隆起及其断裂系统成因，20 世纪以来一直为国内外地学界所瞩目，各种观点也众说纷纭，如周边地区软流层物质流入隆起说[1]，高原物质外流扩散说[2]，东西向拉张说[3]和印度板块挤压说[4]等，不一而足。作者在印度板块挤压说的基础上，强调高原上地壳的纵弯隆起作用，认为高原的隆起、隆起轴部纵向张性正断层和两侧边缘逆冲断层、上下地壳之间虚脱空间及壳中熔融层和壳底壳幔混合层，以及高原中、西部的中南地区南北向断陷盆地带的产生，都受该作用控制。

1　青藏原高隆起及其断裂系统的成因

印度板块在始新世与欧亚板块全面碰撞后继续向北汇聚，促使青藏地块不断褶皱、隆起、逆冲而缩短、加厚。40Ma 以来，青藏地块南北宽已由 3300km 缩短为 1000 ~ 1200km，减少了三分之二[4]，地壳厚度增加了一倍，达到 70 ~ 80km。时至今日，印度板块仍以 20mm/a 的速率向北汇聚[4]。

历经了多次汇聚和褶皱运动、由几个地块拼贴而成的硬化了的青藏地区，上新世以来，在南侧印度板块的强烈推挤和北侧塔里木–中朝地台的有力阻挡下，形成一个整体大幅度纵弯隆起。即使在当今补偿过剩的情况下，也仍然以 3. 2 ~ 12. 7mm/a 的速率

---

* 本文原刊于《西藏地质》，1993，9（1）。略修改。

抬升（蒋福珍等，1989），成为“世界屋脊”。

作者研究表明[5]，水平挤压作用而生的纵弯褶曲，在轴部和翼部分别派生了纵向张应力和横向剪应力（图1）。前者随着纵弯褶曲幅度的增大而加强，使纵弯褶曲发展到一定阶段轴部便出现纵向张性断裂和张剪性断裂。后者随着纵弯变形的加剧而增大，其大小可以达到水平压应力的最大剪应力分量（与水平压应力呈45°夹角）的3倍，而使纵弯褶曲翼部尤其是陡翼倒转翼普遍产生与褶曲层呈高角度相交的扇型逆冲断层，背斜一盘仰冲，向斜一盘俯冲。

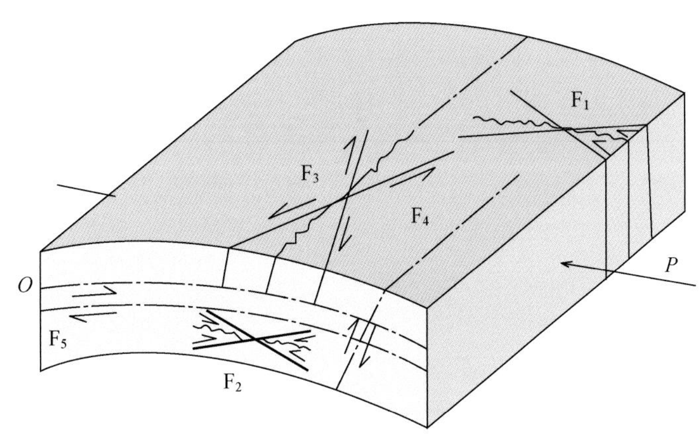

图1 纵弯褶曲中5种断裂系统分布示意图

F_1. 横向张性断裂和压剪性断裂；F_2. 压性逆冲断裂；F_3. 纵向张性和张剪性断裂；F_4. 扇型逆冲断裂；F_5. 层间错动断裂；P. 水平挤压力；O. 中性面

青藏高原在上新世以来的整体大幅度纵弯隆起过程中，可以视为一个巨型的纵弯背斜。从而其轴部在纵向张应力作用下，产生了申扎–纳木错等一些东西向纵向张性正断层[6]。其翼部在横向剪应力作用下，沿高原南北两侧的主干大断裂，即沿南侧的喜马拉雅主边界大断裂带和北侧的祁连山山前大断裂带、阿尔金山山前断裂带和西昆仑山山前大断裂带，向周边盆地强烈仰冲、推覆[7]（图2）。现代它们仍表现出很强的活动性，都发生过强震。青藏高原纵弯隆起的规模巨大，横向剪切力特别强，故由扇型逆冲断层仰冲而成的高喜马拉雅构造带成为当今世界最高山脉。

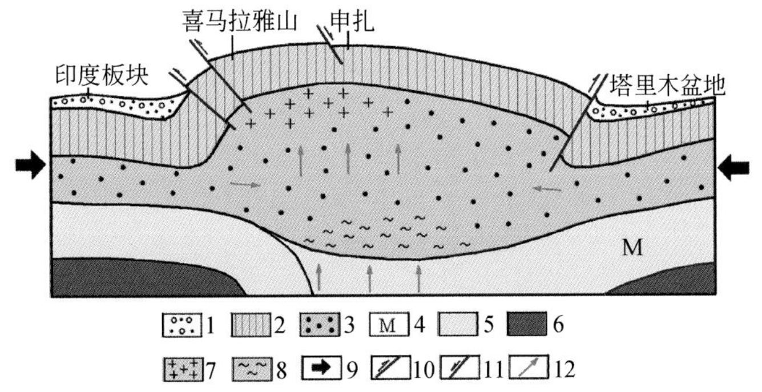

图2 青藏高原上地壳纵弯隆起过程中所产生的各种构造现象剖面示意图

1. 新生界；2. 上地壳；3. 中下地壳；4. 莫霍面；5. 岩石圈地幔；6. 软流层；7. 中地壳熔融层；8. 壳底壳幔混合层；9. 区域性挤压力；10. 扇型逆冲断层；11. 纵向张性纵断层；12. 物质流动方向

2　上地壳之下的虚脱空间及壳中熔融层和壳底混合层的形成

上新世以来青藏高原在南北向挤压力作用下，不仅产生纵弯隆起、纵向张性正断层、扇型逆冲断层和班公湖–东巧等东西向压性逆冲断层带，而且还在高原的上地壳之下出现虚脱空间，导生壳中熔融层和壳底壳幔混合层，并在高原中、西部的中南地区，形成一系列呈共轭关系的北东向、北西向走滑正断层，控制第四纪断陷盆地[7-10]。

地球呈圈层结构，各圈层的力学性质互不相同。一般来说，硅铝层上地壳具有较大的刚性，中地壳为塑性层，硅镁层下地壳在高温高压条件下也多呈一定的塑性性质。故它们在同一水平挤压力作用下产生不同的形变，前者纵弯隆起，后者则以塑性压缩为主，从而在两者之间引起扩容减压效应，出现虚脱空间。

自上新世晚期至今，青藏高原上升幅度达 3300 ~ 4000m（张青松，1981）。在这样大幅度纵弯隆起过程中，青藏高原的上地壳与中、下地壳之间便不断出现虚脱空间，导致一系列相应变化。

2.1　形成壳内熔融层

低压空间引起该部位围压和岩石熔点显著下降，产生部分熔融和强烈吸入作用，促使周围岩石在高温高压条件下因去气、去水、去硅、去碱等作用而排放出来的助熔物质大规模流入，加快熔融速度，形成中、酸性岩浆。地球物理探测资料表明，青藏高原上地壳厚 10 ~ 30km，底部普遍存在一个厚 5 ~ 10km、地震波层速度为 5.6 ~ 5.8km/s 和电阻率为 1 ~ 5Ω · m 的低速低阻层[4]。该层在羊八井附近较浅，低阻层埋深为 10 ~ 20km（郑克棪等，1986）。它可能是一条分布于高原隆起轴部的东西向局部重熔带（图 2）。该带浅源地震频繁、大地热流异常高和热水活动强烈，温泉水中也多含亲石元素及挥发性组分。

2.2　形成壳幔混合层

青藏高原周边地区中、下地壳物质被大规模吸入，引起高原地壳厚度大增和下伏岩石圈地幔向下弯曲，派生纵向张性断裂，导致软流层中的地幔流体上涌，在地壳底部形成一个壳幔混合层（图 2）。故青藏高原地壳最厚部位不是在地势最高的南缘喜马拉雅山地区，而是分布于壳层间低压空间所在的高原隆起轴部。据中法两国合作取得的地震测深资料，当雄以北在埋深 50 ~ 56km 以下，存在着一个平均 P 波速度为 7.4km/s 的厚度为 30km 左右的壳幔混合层[9]。

由于地幔热流的上升，班公湖–怒江断裂带以南至喜马拉雅山主脊线以北的高原隆起轴部壳内熔融层分布区，地热活动更为强烈。当今高原地壳也因受热变软而介质品质因数 Q 值比全球平均低一半以上（冯锐等，1985）。一些学者也强调岩石圈内部上下构造层之间的虚脱空间对吸引深部物质和热流上升的重要性[11]。

2.3　吸入周边地区壳幔物质

青藏高原地壳中虚脱空间的吸入作用，虽然引起高原周边地区中、下地壳物质的流入；这种流入作用还由于高原仰冲于周边盆地中推覆体的下压而得到了加强（图2）。所以作者认为，壳幔物质向高原地壳大规模流入，是青藏高原上地壳纵弯隆起的结果，而不是促使高原隆起的原因。

关于造成青藏高原这种地壳重熔现象的原因，有些学者强调放射性元素的富集、加热作用，但是据 Bird 等（1975）的研究，该加热作用要在地壳变厚之后 30 ~ 40Ma 才能产生变质或熔融。因此，虽然不排除青藏高原在纵弯隆起过程中有放射性元素流入、富集，但是促使该处地壳重熔的决定性因素，应该是地壳深部虚脱空间所引起的围压和岩石熔点下降、助熔物质流入和地幔热流上升。这种重熔作用在一般大型纵弯隆起中也相当普遍，从而使广义的花岗岩化多产生于褶皱隆起时期，其混合岩和同造山期花岗岩也主要分布于复背斜和大型隆起的核部。许多学者认为花岗岩化是沿深大断裂上升的热流作用的产物，但是，这种认识也与该花岗质岩石多位于无深大断裂存在的大型纵弯隆起轴部，并呈无根的分布广泛的层状等事实不符。花岗岩化成因是当今地质学领域一个重大难题，上述观点将为解决这一难题提供新思路。

3 压剪性正断层及其断陷盆地成因

青藏高原中地壳熔融层的形成，为上地壳刚硬层提供重力能集中释放和向下错动的有利空间。

上地壳刚硬层在水平挤压力和自身重力的共同作用下，产生一系列在平面上和垂向上均呈 X 型的走滑正断层，控制第四纪断陷盆地。这种在平面上呈 X 型的断裂，走向与水平挤压力斜交，多具有显著的压剪性特征，而成为压剪性正断层。近年来一些地质学家在西藏南部发现其中有的还呈韧性正断层产出（Mattauer *et al.*，1998）。

这种与拉张作用无关的压剪性正断层，是作者在另文[12]所创立的与张性、张剪性断层并列的一种新断裂类型。

青藏高原这些平面 X 型断裂进一步发展的途径，理论上虽然可以连接成东西向、南北向或其他斜交方向的断裂带（图3），但是南北向断裂带与该方向的水平挤压力夹角最小，其上盘在重力作用下易于下滑，而东西向或其他斜交方向的断裂带则与其水平挤压力夹角较大，上盘下滑较难。所以，青藏高原在南北向挤压力和上地壳重力共同作用下所产生的、呈共轭关系的北东向和北西向走滑正断层，其所控制的断陷盆地多连接成近南北向，并集中于地壳中部熔融层发育的高原中、西部的中南地区。在该地区分布着 9 条规模不等的近南北向断陷盆地带[10]。

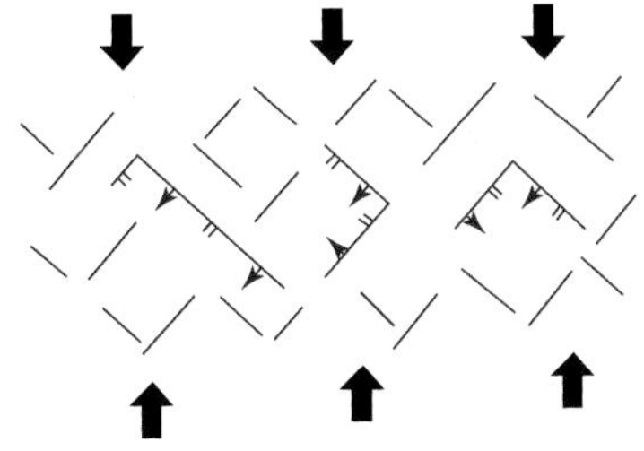

图3　平面 X 型断裂 3 种组合形式示意图

国内外有些学者[3]，根据青藏高原这些近南北向断陷地带的分布，认为第四纪以来高原受力状态已经由原来的南北向挤压转变为东西向拉张。这种认识与该时期高原的大幅度隆升和东西向逆冲断层强烈活动等构造现象[7]不符。诚然，高原在南北向挤压力作用下产生南北向缩短（褶皱隆起、逆冲及塑性压缩）的同时，也导生东西向伸展，使高原物质沿其东缘的龙门山–锦屏山构造带向东强烈仰冲、推覆，以及造成东亚大陆向太平洋应变空间走滑、蠕散，对太平洋西缘构造演化产生深刻的影响[13]。青藏高原中北部渐新世至中新世期间出现的平面 X 型断裂，也在上新世以来的南北向“压扁”作用影响下，由原来的北东向、北西向分别旋转为北东东向、北西西向，使断层走向与水平挤压力夹角超过 45°，其断陷盆地由此萎缩封闭，并在盆地边缘产生逆冲断层[7]。但是，构造变动的特征受主动力性质控制，南北向挤压与东西向拉张所产生的构造现象截然不同，即使它们的三向主应力轴方向完全一致。南北向挤压可以形成东西向褶皱和逆冲断层，以及压剪性平面 X 型断裂，也会产生南北向横向张性断裂，而东西向拉张却只能产生南北向纵向张性断裂和张剪性平面 X 型断裂（图 1）。这两种平面 X 型断裂的力学性质不同，形变特征也不同，前者具有重要的挤压和走滑现象，后者与张性断裂相似，走滑作用也不明显，这点已为野外观测和模拟试验所证实[12]。所以青藏高原这些具有重要走滑特征、有的还呈韧性形变的正断层，是压剪性断裂而不是张剪性断裂。各大洲大量的地应力绝对值测量资料表明，大陆内部遍布着强烈的水平压应力，而很少发现张应力的踪迹。在埋深 600 ~ 1000m 的地壳浅部，水平压应力占主导地位。在超过这一深度的地下深处，重力所导生的垂向压应力超过最大水平压应力[14]。所以，大陆内部由水平挤压力和重力共同作用而生的压剪性正断层，比水平拉张力和重力所形成的张性、张剪性正断层发育得多，并对青藏高原第四纪断陷盆地、中国东部中新生代断陷盆地，乃至世界其他“大陆裂谷”起控制作用[15]。这种正断层与当前国外所关注的科迪勒拉型伸展构造相似[16]。

上覆刚硬层重力在下伏软弱层上不仅产生顺层滑动的切向分力，而且还导致向下错动的法向分力。因此，把地壳内部软弱层仅仅视为顺层滑动的滑脱面是远远不够的，它作为上覆刚硬层向下错动的应变空间具有更为重要的意义[17]。没有下伏软弱层的存在，上覆刚硬层的正断层上盘将难以下降。故青藏地区上地壳在大幅度纵弯隆起、壳中出现大规模熔融层的第四纪，断陷盆地才广泛发育。这些控制断陷盆地的上地壳正断层上盘在下降过程中，把下伏中地壳熔融层物质压向侧旁，促使侧旁部位抬升，造成隆起与盆地毗邻[15]（图 4）。正断层上盘下降必然迫使下伏软弱层物质他流。下伏软

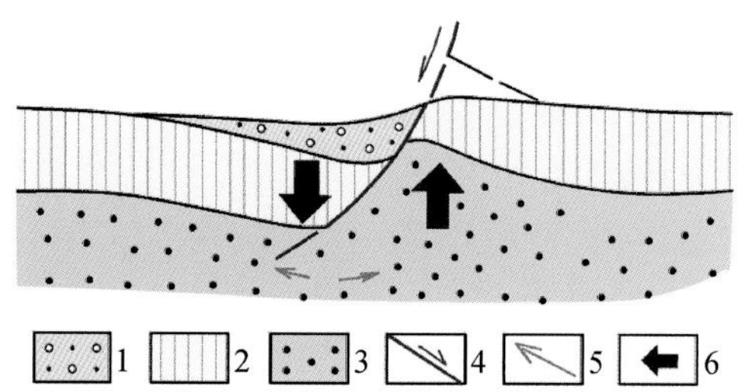

图 4　上地壳正断层上盘下降过程所引起的中地壳塑性层物质流动及下盘向上掀斜剖面示意图

1. 第四系；2. 上地壳；3. 中地壳塑性层；4. 正断层；5. 物质流动方向；6. 垂向压力

弱层物质汇集部位，也一定引起上覆刚硬层上拱。断隆是上地壳重力作用导生的下伏中地壳塑性层物质流动的产物，而不是地壳拉薄、熔融体上拱[10]所致。

这种断陷盆地产生于中地壳低速低阻层分布区，其断隆与断陷伴随的现象，不仅在青藏高原十分普遍，而且也是中国东部中新生代断陷盆地等一般所谓大陆裂谷的共同规律[15,17]。由于下伏软弱层是上覆刚硬层重力能集中释放和向下错动的有利空间，青藏高原内部的地震多发生于这些盆地中，震源集中于上地壳底部至中地壳低速低阻层、埋深20～40km的范围内，呈层状分布[10]。

如上所述，青藏高原地壳隆起、增厚及其断裂系统的演化模式应当是，上新世以来印度板块的推挤作用，使“焊接”成一体的硬化了的青藏上地壳整体大幅度纵弯隆起，从而在高原隆起轴部和南北缘分别产生纵向张性正断层和扇型逆冲断层，同时使高原隆起轴部刚硬的上地壳与软弱的中地壳之间形成大规模的虚脱空间→虚脱空间部位围压和岩石熔点显著下降，并产生强烈吸入作用，使地壳中部和底部分别形成熔融层和壳幔混合层，导致地壳大大加厚→上地壳在南北向挤压力和自身重力共同作用下，以中地壳塑性层为应变空间，产生一系列压剪性正断层及其断陷盆地。

参考文献

[1] 刘代志．青藏高原隆升的动力学模型研究．地质论评，1992，38（1）：60-67.

[2] 周玖，黄修武．在重力作用下的我国西南地区地壳物质流．地震地质，1980，2（4）.

[3] 麦尔西叶 J L．西藏活动正断层的野外证据//中法喜马拉雅考察成果．北京：地质出版社，1984.

[4] 肖序常．喜马拉雅岩石圈构造演化．北京：地质出版社，1988.

[5] 李扬鉴．论纵弯褶曲构造应力场及其断裂系统的分布．地质力学文集，1988，(7).

[6] 崔军文．青藏高原的伸展构造及对建立陆内碰撞模式的意义//“七五”地质科技重要成果学术交流会议论文选集．北京：北京科学技术出版社，1992.

[7] 潘桂棠．青藏高原新生代构造演化．北京：地质出版社，1990.

[8] 李扬鉴，赵宝金．论褶皱系和挤压型盆地逆冲断层的成因机制．西安地质学院学报，1988，10(2).

[9] 马杏垣．中国岩石圈动力学纲要．北京：地质出版社，1987.

[10] 韩同林．西藏活动构造．北京：地质出版社，1987.

[11] 张之孟．喜马拉雅构造．青藏高原地质文集，1982，(1).

[12] 李扬鉴．压剪性正断层的成因机制与能量破裂理论．构造地质论丛，1985，(4).

[13] 李扬鉴．弧后盆地成因机制新模式//“七五”质科技重要成果学术交流会议论文选集．北京：北京科学技术出版社，1992.

[14] 丁健民，高莉青．地壳水平应力与垂直应力随深度的变化．地震，1981，(2).

[15] 李扬鉴，林梁，赵宝金．中国东部中、新生代断陷盆地成因机制新模式．石油与天然气地质，1988，9（4）：334-345.

[16] 李江海．造山带的伸展作用及其地壳演化意义．地质科技情报，1992，11（3）：10-18.

[17] 李扬鉴．若干构造地质理论问题的新认识．山西地质，1991，6（3）：249-273.

中国东部中新生代盆-山系及有关地质现象的成因机制*

李扬鉴　张星亮　陈延成

（化学工业部化学矿产地质研究院）

摘要　中国东部中新生代盆-山系及有关地质现象，受水平挤压力和重力共同作用而呈正断层产出的上地壳平面X型断裂——压剪性正断层的控制，分别形成于晚侏罗世—早白垩世库拉板块北北西向挤压和晚白垩世以来印度板块北东向挤压时期。其断层上盘在重力作用下的受力状态和变形情况，类似于以中地壳塑性层为弹性基础、以断层面为自由端的悬臂梁，从而在该梁的弯矩和剪切力作用下，形成箕状断陷盆地。盆地基底在大幅度沉降过程中，把下伏中地壳塑性物质大量压向下盘，促使该盘上地壳上升为断隆山，使阴山、燕山、秦岭和太行山等山脉与断陷盆地毗邻。富含有用元素的中地壳高温塑性物质上涌，产生了变质核杂岩、岩浆活动、成矿作用、高热流和地质灾害。

盆-山系是指受正断层控制的断陷盆地（地堑、裂谷）及其毗邻的断隆山（山脉、潜山）。由逆冲断层作用而生的压陷盆地及其毗邻的褶皱隆起带，不属于盆-山系范畴。由于盆-山系与成矿作用和人类生存环境息息相关，近些年来受到国内外学术界的广泛关注。

1　压剪性正断层形成条件

岩石在长期的地应力作用下内摩擦系数显著下降，在地壳深处高温高压条件下该系数更低，一般不属于典型的脆性材料；地壳又是由不同力学性质的圈层所组成，上覆刚硬层（如硬岩层、上地壳）往往具有下伏软弱层（如软岩层、中地壳塑性层）作为重力能集中释放和向下错动的有利空间，使重力发挥了极其重要的作用。因此，上地壳在水平挤压力和重力共同作用下所产生的平面X型断裂，多与由均质脆性材料在实验室短时间试验结果建立起来的莫尔-库仑强度理论不符，而与基于韧性破坏的能量强度理论一致，断裂面不是与中间主应力轴平行，而是与三个应力轴都斜交，成为走滑正断层（图1）。这是作者在另文所创立的压剪性正断层新类型，它以具有显著的压剪性形变为特征[1,2]。近年来在渭河盆地（彭建兵，1990）和华北盆地（刘池萍，1990）发现这种正断层到地壳深部受高温高压作用还产生韧性流变，成为韧性正断层。

* 本文原刊于《中国区域地质》，1996，(1)。修改。

附记：盆-山系是造陆时期地壳运动的主要形式。本文与普遍的水平拉张说不同，强调该时期水平挤压力和重力的共同作用，并结合中地壳塑性层的流变性，对造陆运动成因作出了独特的合理的解释。

认为一切正断层都是拉张力的产物、走向均互相平行、平面 X 型断裂的断裂面全为直立的传统观点，受到越来越多事实的挑战。事实上，中国东部和世界其他地区大量地应力测量资料表明，地壳中遍布着强烈的水平压应力和由上覆岩层重量导生的垂向压应力，而很少发现张应力的踪迹。即使在华北盆地、东非裂谷、贝加尔裂谷和美国西部盆岭省等所谓的典型的拉张区也不例外。中国东部中新生代盆-山系，以及莱茵和贝加尔等裂谷，也都产生于水平挤压作用较强时期，其正断层又多为水平挤压力和重力共同作用所产生的平面 X 型断裂[2]。

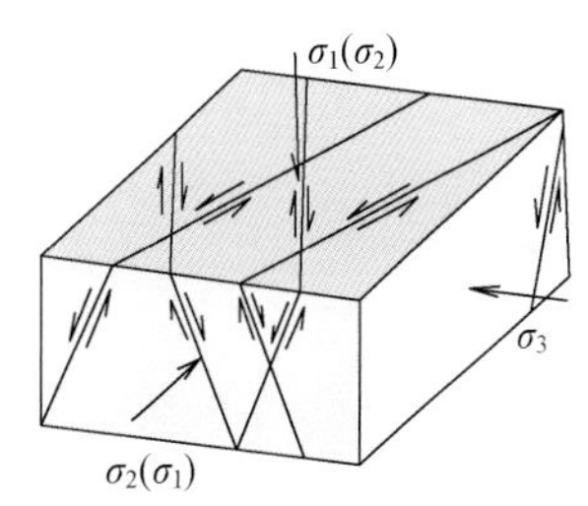

图 1 水平挤压力和重力共同作用下所产生的平面 X 型断裂在三度空间上的形态及其与三个主应力关系

晚侏罗世—早白垩世和晚白垩世以来中国东部上地壳，先后在太平洋伊泽奈崎板块低角度高速度北北西向斜向俯冲下和印度板块东端西隆突出体北东向挤压力与自身重力共同作用下，以中地壳塑性层和太平洋为下伏和侧向应变空间，产生了一系列呈正断层产出的平面 X 型断裂控制的盆-山系[2]。

根据华北平原及邻区的地应力测量资料，深度在 150 ~ 2000m，水平压应力大于垂向压应力，断层活动以走滑为主；在 2000m 以深，垂向压应力大于水平压应力，倾滑较为重要[3]。世界其他地区的地应力测量也得到了类似的结果：在 600 ~ 1000m 以浅，水平压应力占优势；在 600 ~ 1000m 以深，一般垂向压应力超过水平压应力[3]。这些事实表明，厚度达 10km 左右的上地壳的底部，垂向压应力将大大超过水平压应力，使压剪性断裂都呈正断层产出。

2 盆-山系成因

2.1 上地壳正断层上盘的受力状态及变形

中地壳塑性层由相当于花岗闪长岩类的物质所组成，厚度为 8 ~ 20km[4]，横向分布很不均匀。该层埋深一般为 10 ~ 15km，在正常的地热增温率条件下，其温度为 300 ~ 450℃，围压为 270 ~ 405MPa，相当于石英由脆性变形转为塑性变形的绿片岩相变质环境。由于该层岩石的变形主体受石英的塑性变形控制[5,6]，放射性元素又最集中，而呈一定的塑性。尤其是在上地壳走滑正断层控制的盆-山系分布区，塑性更为显著，形成低速低阻层，P 波速度降为 5.6 ~ 6.0km/s，出现密度倒转现象，其物质能够进行大规模的长距离的塑性流动[6]。该层是上地壳应力、应变集中释放的有利空间，对大陆地壳运动起着承上启下的关键性作用。

位于中地壳塑性层之上的上地壳刚硬层，在水平挤压力和重力共同作用下所产生的压剪性正断层的断层面一旦出现，上盘便在自身重力均布载荷（g_1）和断层面有效下滑力集中载荷（P）共同作用下（随后还有盆地充填物重力分布载荷 g_2 的作用），其受力状态类似于以下伏中地壳塑性层为弹性基础、以断层面为自由端的悬臂梁，从而使该盘在悬臂梁的弯矩（M）和剪切力（Q）作用下，趋向断层面沉降幅度（y）越大，形成箕状断陷盆地，进行楔状沉积。这是箕状盆地的断陷阶段（图 2）。这种变形现象是中国东部中新生代断陷盆地和一般大陆裂谷的基本构造形态。

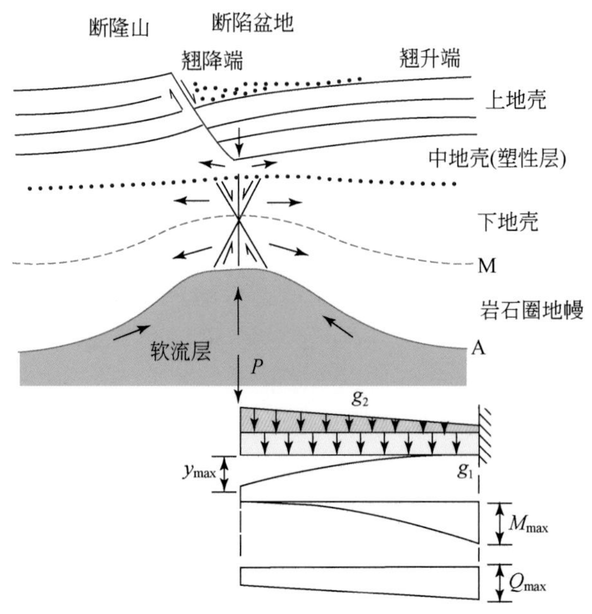

图 2　盆–山系及其深部构造成因机制剖面示意图

M. 莫霍面；A. 软流层顶面

上地壳底部刚硬的结晶基底，与中地壳塑性层应变空间毗邻，重力作用也较大，故上地壳压剪性正断层从该层开始产生，随后才自下而上发展，使断层落差下大上小，而与隆起顶部由上向下发育的纵向张性正断层[7]不同。

正断层上盘的悬臂梁变形，实质上是该盘绕着水平轴旋扭，从而使断层面产生歪斜。断层下部落差大、歪斜剧烈，使断层面成为上陡下缓的弧形，并最终消失于中地壳塑性层中，成为拆离断层。当断层面旋扭得较平缓，难以再向下错动时，该盘的悬臂梁作用将使它产生新的较陡的断层面，而组成垂向上的帚状断裂（李先福，1991）。所以，这种断裂现象为一般拆离正断层所常见。

促使正断层上盘悬臂梁弯曲变形的弯矩和剪切力，与垂向压应力和梁的长度呈正相关关系。由于上地壳厚度一般在 10km 左右，垂向压应力很大；其正断层上盘的悬臂梁长度通常也达数十千米，故该盘的弯矩和剪切力十分强烈，从而使中国东部中新生代断陷盆地断陷期沉积特别快速。华北盆地各断块古近纪断陷期沉积速度为其地台沉积的 20 ~ 40 倍（胡见义等，1990），其中黄骅拗陷该期沉积速度也比自己的新近纪拗陷期快 3 倍左右[8]。正断层上盘的弹性基础悬臂梁受力状态和变形情况，在含油和含煤岩系的中、小型正断层中也广泛存在，从而形成对油气储存和煤层厚度次生变化起重要作用的逆牵引构造（图 3）[9]。

人们往往把下伏软弱层仅仅视为上覆刚硬层的滑动面，殊不知作为该层向下错动的应变空间，并使其正断层上盘形成弹性基础悬臂梁受力状态，具有更为重要的意义。一般把正断层上盘下降都视为水平拉张作用的产物，这是由于漠视重力和下

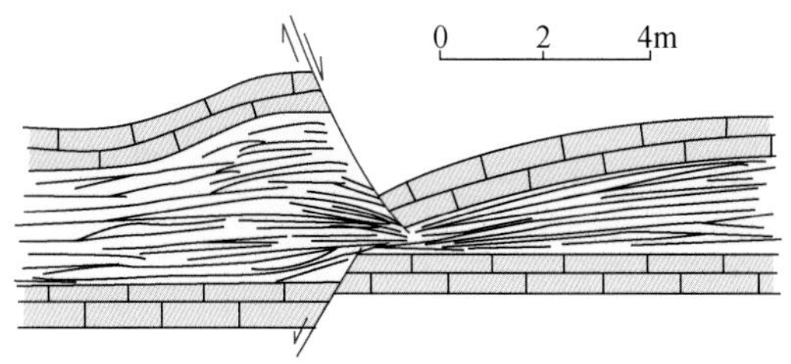

图3 湖北枫林矿区顶板正断层两盘变形及下伏煤层厚度变化和底板正断层分布情况素描图

伏软弱层所起的重要作用所致。其实拉张仅仅减小断层面的摩擦力，有助于上盘下降而已；只要重力作用足够强大，又具有较厚的下伏软弱层，水平挤压力所产生的压剪性正断层上盘也可以出现大幅度的沉降。中国东部一些走向与水平挤压力斜交的活动正断层，其上盘至今也仍在快速下沉，如长江三峡地区所见。诚然，压剪性正断层也产生与张性正断层相似的伸展，但伸展是应变，拉张是应力，两者并无必然联系。

2.2 上地壳正断层下盘隆升成因

2.2.1 中地壳塑性层厚度变化

上地壳正断层上盘在下降过程中，压迫下伏中地壳塑性层，压力大小与该盘下降速率呈正相关关系。该塑性层物质在上地壳正断层上盘悬臂梁变形所产生的不均匀垂向压力作用下，从该盘下降幅度最大、垂向压力最强的翘降端压出，流向毗邻失去断层面三棱柱岩体垂向压力较小的下盘和上盘翘升端，促使它们隆升（图2、图3）。由于下盘与上盘翘降端紧邻、又被断层面切去部分上地壳而垂向压力较小，中地壳塑性层物质主要流向下盘，迫使该盘向上掀斜，形成与断陷伴随的断隆山，组成盆-山系（图2）。这是中国东部断陷盆地和一般大陆裂谷分布区共有的构造特征。断陷盆地沉降越深，中地壳塑性层物质流动和下盘隆升的规模也越大。据地球物理测深资料显示，华北地块P波最低速度为5.8～6.0km/s的中地壳塑性层厚度，在平原断陷区为8～10km，在山西高原和燕山中部断隆区分别达到20km和12～14km[4]。当今中国中东部的阴山、燕山、秦岭、太行山等断隆山脉，无不与新生代大幅度沉降的断陷盆地毗邻（图4），而且隆升时间与断陷大体同步，隆升幅度与断陷幅度也相近。华北盆地在始新世开始断陷，古近纪断陷期一般沉降4000～6000m，相邻的太行山、燕山也在这一时期隆升，其北台期准平原面当今在山西高原已经抬升到海拔3000m左右（叶洪等，1983）。一般大陆裂谷侧翼也普遍产生断隆带，成为裂谷肩。

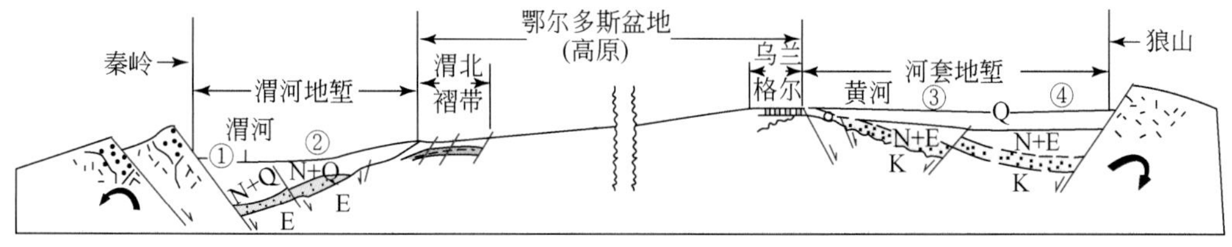

图4 鄂尔多斯盆地南北两侧盆-山系构造形态示意图（据孙肇才，1983）

①南集贤深陷；②桑镇浅陷；③巴拉亥浅陷；④五原深陷

上地壳正断层上盘下降是周期性的，因而下盘和上盘翘升端也呈间歇性隆升。下盘隆升通过断层面摩擦力带动上盘翘降端回升，使盆-山系出现周期性振荡运动，盆地沉降→中地壳塑性物质流动→下盘隆升→上盘翘降端回升，因而引起盆地边缘沉积物岩相呈锯齿状变化，沉积中心也逐渐向盆地中央迁移，产生超覆现象。上盘翘升端的隆升，则使盆地沉积范围向断层面方向退缩，出现退覆现象。于是盆地由楔状沉积转为向斜状沉积，从断陷阶段进入断拗阶段。

中地壳塑性层是上地壳重力能的传送带，也是地壳内部一个最活跃的重力均衡调节层，没有该层的存在及其塑性物质的流动，上地壳正断层上盘难以下降，下盘也不易隆升。所以，缺乏中地壳低速低阻层的鄂尔多斯地块内部便无中新生代断陷盆地产生，与断陷盆地发育的周边地区形成强烈反差。正断层两盘下伏软弱层厚度变化及下盘隆升现象，在煤田和油田等沉积岩系的中、小型正断层中也广泛存在，从而使顶板正断层上盘下伏的煤层、泥岩或岩盐变薄，下盘的加厚，形成煤丘（图3）、泥丘或盐丘，并使该盘向上掀斜。中地壳塑性物质的大规模流动，消耗了上地壳大量的重力能，使上地壳正断层终止于中地壳塑性层中，成为广布于盆-山系中的拆离断层。这点已经得到中国东部和世界其他地区众多测深资料的证实。据湖北枫林矿区的全面统计，该矿区 1.5～3m 厚的煤系软弱层，便阻止了 97.7% 的顶板正断层切入底板[9]（图3），而成为层控构造。

2.2.2　正断层下盘隆升成因评述

关于正断层下盘隆升这一普遍现象的成因，目前主要有两种观点。①正断层上盘下降后，下盘卸去部分载荷，因而在重力均衡作用下，该盘便向上隆升[10]。但是作者在煤矿中发现，落差不足 1m、谈不上有什么卸载作用的小型顶板正断层，其下盘也向上掀斜，可见卸载作用不是造成下盘隆升的主要因素。②断陷盆地“扩张”派生的侧压力促使下盘隆升[11]。诚然，正断层上盘在下降过程中可以派生一定的侧压力，使该盘出现一些次一级的逆冲断层和小型褶皱等挤压现象[1,2]。但是，这种侧压力如果能使下盘形成与上盘沉降同等规模的隆升的话，那么上盘又如何能“扩张”、下降呢？华北地块一些断陷盆地边缘也见到逆冲断层，如山西地堑边缘的逆冲断层便颇为发育，但是它们与盆-山系是不同时期、不同动力背景的产物。地应力测量资料表明，活动性正断层附近的压应力，一般不是加强，而是减弱。可知正断层上盘的伸展并没有对下盘产生足够大的压力。

其实“造山作用”有两种：褶皱造山和断隆造山。前者是在水平挤压力强烈作用下所产生的褶皱、隆起和逆冲作用的产物，褶皱隆起是主导的，毗邻压陷盆地是被其推覆体压下去的，它们主要形成于地层软弱又缺乏侧向应变空间的地区，如新生代中国西部所见；后者是重力所引起的上地壳正断层上盘悬臂梁变形促使下伏中地壳塑性物质流动的结果，断陷是主动的，毗邻的断隆是被动的，它们多产生于褶皱硬化了的、具有大洋侧向应变空间的地区，如晚侏罗世以来的中国东部。两者的成因机制截然不同，构造形态迥异，从而形成两种完全不同的盆地和山脉系统。

3 盆-山系有关地质现象的成因

3.1 变质核杂岩

上地壳正断层两盘的降升运动，不仅在时间上呈周期性，在空间上也是不平衡的。断层各段降升时间和速度不同，因而造成一些下盘呈穹窿状上升。中地壳塑性物质的大幅度上升，往往形成了近年来国内外广泛关注的变质核杂岩。在上盘下降和中地壳塑性物质侧迁、上升的长距离强烈运动过程中，后者在断层面附近往往产生糜棱岩化（李先福等，1991）。中国东部变质核杂岩普遍分布于中新生代上地壳正断层下盘，其结晶岩系原来赋存于埋深10～20km的中地壳，产生了绿片岩相到角闪岩相变质。上地壳正断层上盘的悬臂梁变形极其强烈，促使下伏中地壳塑性物质快速侧迁和上升。据北美科迪勒拉区的研究，其古近纪—新近纪糜棱岩以大于10mm/a的速度从中地壳上升到地面（Davis，1988）。该塑性物质在上地壳正断层下降盘强烈压迫下快速上升过程中，由于压力的急剧下降和糜棱岩化而加速重熔，变质核杂岩核部往往出现与正断层活动时间相同的花岗岩类侵入（李先福等，1991）。

中地壳塑性物质中丰富的成矿元素，在糜棱岩化和重熔过程中又进一步富集，使拆离正断层往往成为金属成矿带。长江中下游一些铜、金矿床、胶东金矿床（胡家杰，1989）和湖南幕阜山铅锌矿床等，便与这种作用有关。有些富含有用元素的熔融物质还被压出地表成为火山岩，在盆地中沉积成矿源层，为尔后矿床的形成提供丰富的物质来源，如我国硼资源主要产地辽东地区的古元古代沉积变质再造硼矿床[12]。

目前关于变质核杂岩成因多强调正断层上盘下降的卸载作用，其实正断层上盘的悬臂梁变形所产生的强烈的垂向压应力具有更为重要的意义。

3.2 地热分布

高温的中地壳塑性物质在上地壳正断层下盘聚集、上涌，使该部位产生了高热流。故华北盆地内高地温带主要分布于岩石圈较厚的断隆区，而不是位于岩石圈较薄的断陷区。断隆区盖层地温梯度一般为3.5～5.0℃/100m，大地热流值为63～84mW/m^2；而断陷区则分别为2.7～3.5℃/l00m和46～59mW/m^2[13]。看来盆-山系的热场，直接受中地壳高温物质控制，而与软流层只呈间接关系。

3.3 地震活动

由于上地壳压剪性正断层便于应力能的积累和突然释放，故华北地块受这类断层控制的盆-山系地震活动十分强烈，震级可达8级以上，与洋中脊和弧后盆地等拉张区震级很少超过6级的现象明显不同；而且发震前水平压应力剧增（张德元等，1983），发震时地震断裂以走滑为主。上地壳底部重力作用较强，又与中地壳塑性层毗邻，便于重力能释放，故该部位及下伏中地壳塑性层上部便成为震源集中区。据京、津、唐地区震源深度的统计，震源多分布于上地壳底部至中地壳上部埋深10～

15km 处，其震级也最大；18km 以深，由于来自上地壳的重力能大量消耗于中地壳塑性层上部，地震明显减少[4]。这种壳内震源呈层状分布的特点，在世界其他盆-山系中也普遍存在。由于断层交汇部位的地块受到两面切割而稳定性更差，其共同下降盘的沉降幅度较大[2]，地震也较集中。地震多发生于上地壳正断层上盘快速沉降、下伏中地壳塑性物质急剧流动和下盘迅猛隆升的过程中，因而在发震前后地震正断层上下盘产生显著的降升运动，以及上升盘重力值升高和地热增温等异常现象（卢造勋等，1978）。

3.4 地质灾害

上地壳活动正断层下盘的隆升，是造成当今中国东部山崩、滑坡等地质灾害的主要内动力。长江三峡地区黄陵背斜为东西两侧中新生代断陷盆地的共同断隆区，黄陵背斜的形成与该断隆作用有关。从中生代晚期开始，随着两侧盆地的沉降，黄陵背斜也不断隆升。第四纪以来，其间隔性掀斜式上升幅度达 500m 以上。时至今日，两侧盆地仍在快速沉降，背斜也在急剧上升。据 20 世纪 50 ~ 60 年代测量资料，两侧盆地的沉降速度分别为 2 ~ 24mm/a 和 3 ~ 6mm/a（李绍武，1992）。该地区上地壳活动正断层比较发育，因而成为我国东部地质灾害的多发区之一。东秦岭等地区的重力滑动构造，也主要受上地壳正断层上升盘控制。许多工程地质工作者认为，造成重大地质灾害的断裂是切穿地壳和岩石圈的深断裂，上地壳断裂不足以破坏整个地壳的完整性和稳定性。这种漠视上地壳活动正断层对人类生存环境危害性的认识是十分有害的。

3.5 软流层隆升

上地壳正断层上盘下降过程中，把下伏中地壳塑性层物质压往他处，造成该部位中地壳塑性层减薄、重力失衡和软流层隆起，从而促使岩石圈地幔和下地壳也横弯隆起，并把隆起轴部部分物质压向两侧，使该部位的岩石圈地幔和下地壳减薄，两侧加厚，导致软流圈顶部及莫霍面形态与盆地的上地壳底面呈镜像关系。所以，地幔隆起是断陷盆地形成的结果而不是原因。这点也被地幔隆起拉张说的创立者 R. W. Girdler 在 20 世纪 80 年代初重新研究东非裂谷后所证实。软流层与岩石圈地幔及下地壳之间的密度差远远小于盆地充填物与中地壳物质之间的密度差，故软流层隆起幅度大大超过断陷盆地的沉降幅度（赵国泽等，1988）。

岩石圈地幔和下地壳在横弯隆起过程中，轴部派生了纵向张性断裂，引起软流层的地幔流体上涌到中地壳塑性层和地表。所以断陷盆地发展到断拗阶段晚期，往往便产生玄武质岩浆活动。高温的软流层物质大量外排，引起上覆岩石圈广泛沉降，接受披盖状沉积，使盆地又从断拗阶段进入拗陷阶段。

当断陷盆地发展到最后，软流层隆起较高、顶面斜坡较陡、近邻又有大洋侧向应变空间时，盆地的岩石圈便在自身重力作用下向该应变空间下滑，从而把岩石圈完全撕开，使断陷盆地转入扩张阶段。中国南海中央海盆于 32 ~ 17Ma 前，便利用印度洋应变空间由陆缘断陷盆地发展为扩张带。

参考文献

[1] 李扬鉴. 压剪性正断层的成因机制与能量破裂理论. 构造地质论丛, 1985, (4).

[2] 李扬鉴, 林梁, 赵宝金. 中国东部中、新生代断陷盆地成因机制新模式. 石油与天然气地质, 1988, 9 (4): 334-345.

[3] 丁健民, 高莉青. 地壳水平应力与垂直应力随深度的变化. 地震, 1981, (2).

[4] 孙武城. 对华北地壳上地幔的探测与研究//国家地震局科技监测司. 中国大陆深部构造的研究与进展, 北京: 地质出版社, 1988.

[5] 王国灿. 中、下地壳中长石的塑性变形机制及其证据——长石的显微构造研究综述. 地质科技情报, 1993, 12 (3): 18-24.

[6] 宋鸿林, 单文琅, 傅昭仁. 论壳内韧性流变及其构造表现. 现代地质, 1992, 6 (4): 494-503.

[7] Li Yangjian, Chen Yancheng. On the structural stress field of the longitudinal bend fold and its distribution with respect to the fault system. Journal of Geophysical Research, 1991, 96 (B13): 659-665.

[8] 孟庆任, 王战. 新生代黄骅拗陷构造伸展、沉积作用和岩浆活动. 地质论评, 1993, 39 (6): 535-547.

[9] 李扬鉴, 张树国. 论正断层上盘逆牵引构造的成因机制. 构造地质论丛, 1987, (7).

[10] Jackson J A, Mckenzic D. The geometrical evolution of normal fault systems. Journal of Structural Geology, 1983, 5 (5): 471-482.

[11] 白文吉, 杨经绥, 胡旭峰. 试论华北地块中生代以来的盆-山运动. 中国区域地质, 1991, (4).

[12] 李扬鉴, 王培君. 论辽东-吉南地区硼矿床控矿构造及找矿方向. 化工地质, 1993, (2): 69-79.

[13] 陈墨香, 王集旸. 华北断陷盆地热场特征及其形成机制. 地质学报, 1990, (1): 80-91.

大陆层控构造论——盆-山系与造山带成因及演化新模式*

李扬鉴　张星亮　陈延成

（化学工业部化学矿产地质研究院）

1　概　　述

正断层上盘断陷盆地（地堑、裂谷、地槽）和下盘断隆山（地垒、裂谷肩、地背斜）所组成的盆-山系，以及由盆-山系演变而成的冲叠造山带，是大陆内部造陆运动和造山运动两种主要构造类型，它们是地球旋转力、陨星撞击力、重力和热力作用的产物。

地球是由不同力学性质的层圈所构成，虽然各层圈在横向上存在着不均匀性，但是它们都受到不同层次下伏软弱层的控制，而形成相应层次的层控构造：软流层对岩石圈的控制，形成板块构造；异常地幔对地壳的控制，形成过渡壳构造（优地槽）；中地壳塑性层对上地壳的控制，形成厚皮构造；结晶基地上覆软弱层对盖层的控制，形成薄皮构造。其中大陆层控构造具有多层次特点，并以受中地壳塑性层控制的盆-山系和冲叠造山带为地壳运动的主要形式。

地球在所处天文环境和自身物质运动作用下逐渐膨胀，自转角速度逐渐变慢，地质时期历年天数逐渐减少，从寒武纪时的424 天，到现在的365 天。陨星逆向或顺向撞击事件在地质历史的短暂时间内，对地球自转角速度也产生不同程度的影响。

由于地球自转角速度变化所导生的不同地区的经向和纬向惯性力方向、性质、强弱不同，使不同地块之间产生纬向剪切力和南北向、东西向的水平挤压力或水平拉张力，所以与东西向剪性断裂有关的大洋转换断层和大陆东西向盆-山系及其纬向褶皱造山相当发育，洋中脊及其转换断层和 B 型俯冲带也多与地球自转轴呈一定关系。

大陆的上地壳离地球自转轴最远，地球自转角速度变化时派生的经向和纬向惯性力最大，故由地球自转角速度变化和板块碰撞远程效应所引起的水平应力最强，构造形变也最先。世界各地大量的地应力绝对值测量资料表明，陆壳中遍布着水平压应力，而很少发现张应力的踪迹，即使在所谓典型拉张区的大陆裂谷也不例外。在 600 ~ 1000m 以浅，水平压应力占主导地位；在 600 ~ 1000m 以深，重力所导生的垂向压应力超过水平压应力。上地壳厚度在 10km 左右，垂向压应力十分强烈。故该层圈中水平挤

* 本文原刊于《“八五”地质科技重要成果学术交流会议论文选集》，中国地质学会编，冶金工业出版社，1996 年。修改。

压力、拉张力和剪切力所产生的压剪性、张剪性平面 X 型断裂和张性、剪性断层，多以中地壳塑性层为应变空间呈正断层产出。所以陆壳中正断层有张性、张剪性、剪性和压剪性 4 种类型。其中剪性和压剪性断裂为走滑正断层，是控制盆-山系及其冲叠造山带的主要断裂。

2 盆-山系形成及演化

2.1 箕状断陷盆地的形成

位于中地壳塑性层之上的上地壳正断层的断层面一旦出现，其上盘在自身重力均布载荷 g_1 和断层面上覆三棱柱体重力集中载荷 P 作用下的受力状态和变形情况，便类似于以中地壳塑性层为弹性基础、以断层面为自由端的悬臂梁（图 1）。该盘在悬臂梁的弯矩 M 和剪切力 Q 作用下，趋向断层面挠度 y 变大，成为箕状盆地。盆地在充填物分布载荷 g_2 叠加下，趋向断层面的沉降幅度进一步加大。所以，断陷盆地多呈箕状产出。

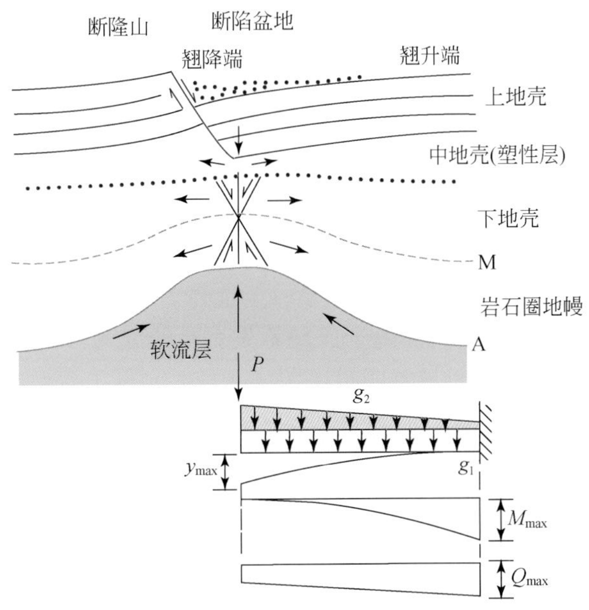

图 1 盆-山系及其深部构造成因机制剖面示意图

M. 莫霍面；A. 软流层顶面

压剪性和剪性上地壳正断层上盘的变形，首先从与中地壳塑性层毗邻、重力作用最强又便于应变的底层开始，随后才自下而上发育，造成落差下大上小，而与隆起顶部自上而下生长、落差上大下小的张性正断层迥然不同。

促使悬臂梁形变的弯矩和剪切力大小，与梁长度和重力强弱呈正相关关系。箕状盆地的宽度往往达几十千米至上百千米，上地壳厚度也在 10km 左右，故其弯矩和剪切力十分强烈，使盆地沉降幅度通常在几千米以上，沉积速率也可为地台区的 20 ~ 40 倍。

作为秦岭印支造山带的冲褶带前身的南秦岭泥盆纪–中三叠世断陷盆地，位于扬子陆块北缘，受近东西向南倾的商南–丹凤上地壳走滑正断层控制。从泥盆纪开始，该断层南盘在悬臂梁的弯矩和剪切力强烈作用下，其箕状盆地的翘降端大幅度沉降，形成礼县–柞水主断陷带，沉积了厚达 10km 的陆源碎屑物质；在盆地翘升端和中部，产生 3 条次一级上地壳正断层，形成略阳–旬阳次断陷带和徽县–镇安断隆带，组成一个现存宽度 150km 的两堑夹一垒构造系。这种构造系在不同时代不同构造背景的断陷中均可见到。

2.2 断隆山的形成

上地壳正断层上盘在下降过程中，挤压下伏中地壳塑性层，挤压力大小与该盘下降幅度呈正相关关系。因此，中地壳塑性层物质在该压力作用下从下降幅度最大、垂向压力最强的箕状盆地翘降端压出，主要流向垂向压力较小、紧邻断层面应变空间的下盘，促使该盘向上掀斜，形成断隆山，组成盆–山系（图 1）。断隆山是大陆内部两种主要造山形式之一。下盘隆升的幅度与上盘下降的幅度相当，故断隆山抬升幅度往往也达数千米。据地球物理测深资料（孙武城等，1988），华北平原断陷区的中地壳厚 8 ~ 10km，而相邻的山西高原和燕山中部断隆区的中地壳则分别厚达 20km 和 12 ~ 14km。所以现今中国中东部阴山、秦岭、太行山和燕山等断隆山脉，无不与同时代深沉降的断陷盆地毗邻。作为商南–丹凤正断层断隆山的北秦岭，也在该断层南盘急剧沉降的同时，大幅度隆升，从而使该地区晚古生代沉积不发育，并为当时南侧的礼县–柞水主断陷带巨厚的碎屑堆积提供了大量的陆源物质。

上地壳正断层两盘错动及下伏中地壳塑性物质流动、聚集、上升，还产生中、酸性岩浆、变质核杂岩、内外生矿床、地震、环境地质灾害和高热流等地质现象。

没有中地壳塑性层的存在及其物质流动，上地壳正断层上盘便难以下降，盆–山系也就无法产生。鄂尔多斯地块内部由于该层不发育，便成为一个异常稳定的地块，而与其盆–山系繁生的周边地区形成鲜明对比。

上地壳正断层的重力能大部分消耗于中地壳塑性物质大规模流动过程中，而一般无力切入下地壳，成为消失于中地壳塑性层的厚皮构造。

2.3 盆地扩张

中地壳塑性层在上地壳正断层上盘作用下变薄，引起该部位重力失衡而软流层上拱，促使上覆岩石圈地幔和下地壳横弯隆起，并把它们轴部部分物质压向两侧，造成软流层顶面和莫霍面与盆地的上地壳底面形态呈镜像关系（图 1）。下地壳和岩石圈地幔隆起轴部的拉张作用，导致该部位产生纵向张性断裂和软流层物质上涌。当莫霍面和软流层隆起到一定高度，隆起侧翼坡度较大，近邻地区又有大洋侧向应变空间时，被张性断裂切割的下地壳和岩石圈地幔，便先后沿莫霍面和软流层顶面下滑、扩张，形成扩张带。南海陆缘断陷盆地与印度洋和太平洋毗邻，便于 32 ~ 17Ma 前发展到岩石圈扩张阶段，形成中央海盆洋壳。中国大陆内部前中生代褶皱造山带中蛇绿岩带，由于当时只有分异不充分、规模较小的异常地幔，还未形成软流层，也无大洋应变空间，故它们只是陆壳分裂和异常地幔物质介入的过渡壳产物（优地槽），而不是洋壳的残迹（赵宗溥，1995）。

3 冲叠造山带成因及有关地质现象

3.1 俯冲型冲叠造山带

盆-山系发展到断陷盆地刚硬的上地壳底部结晶基底，全部断落到与断隆山的中地壳塑性层全面接触，侧向阻力较小时，如果受到来自断陷盆地一侧的强烈挤压作用，则该结晶基底便向断隆山的中地壳塑性层俯冲，使盆-山系演变成俯冲型冲叠造山带（图2）。

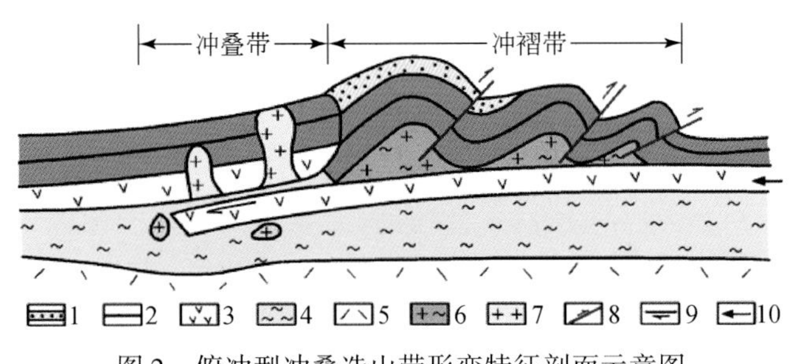

图2 俯冲型冲叠造山带形变特征剖面示意图

1. 盆地中充填物；2. 盆地基底（盖层）；3. 上地壳结晶基底；4. 中地壳塑性层；5. 下地壳；6. 交代型花岗岩；7. 重熔型花岗岩；8. 逆冲断层；9. 俯冲方向；10. 主动力作用方向

三叠纪时期发生两幕印支运动，它们先后发生于中三叠世与晚三叠世之间和三叠纪与侏罗纪之间，距今235Ma和208Ma。该时期世界先后发生4次陨击坑直径在40km以上的重大陨击事件，其中两次陨击时间与这两幕造山运动时间一致。根据该时期多处造山运动作用力方向综合判断，这两次陨击事件都是逆向撞击，从而北半球在地球自转角速度急剧减慢派生的自南向北经向惯性力强烈挤压下，南秦岭断陷盆地上地壳底部刚硬的结晶基底，便向北秦岭断隆山中地壳塑性层进行顺层俯冲。在俯冲过程中南秦岭结晶基底俯冲岩板上覆盖层被刮削下来，形成向南褶皱倒转、仰冲的冲褶带；而北秦岭则成为具有双层结晶基底的冲叠带（图2）。该俯冲模式为东秦岭造山带QB-1二维速度结构剖面图所证实，俯冲距离50km左右。俯冲过程中，俯冲岩板受到了强大的挤压，使其中变质基性岩类发生高压超高压变质作用，产生榴辉岩、柯石英等高压超高压变质岩石矿物。它们先后的变质时间为230Ma和210Ma，与造山运动同期。由此可知，大别山的超高压变质矿物，是壳内俯冲动力作用产物，而不是板块俯冲到100km以深的围压所致。

3.2 仰冲型冲叠造山带

当主动力来自断隆山一侧时，则其仰冲作用可以产生大规模的推覆构造。例如，印支运动期间，地球自转角速度两次急剧减慢所派生的自西向东纬向惯性力，便使整体呈南北向产出的阿拉善古陆和六盘山西南古隆起断隆山，先后两次向东侧的贺兰山-六盘山断陷盆地仰冲、推覆，形成两条长达600km的南北向压陷盆地沉降带，晚三叠世沉降带位于银川西侧，侏罗纪沉降带东迁到银川东边。

没有盆-山系的大幅度垂向错动为上地壳的冲叠运动提供侧向应变空间，冲叠造山带便难以产生。所以，冲叠造山带对盆-山系存在着严格的继承关系，有些学者称这种关系为开合律（杨巍然等，1991）。

由于冲叠造山带的冲叠作用局限于上地壳之间，与板块俯冲相比，动力小而阻力大，故冲叠作用只能产生于水平挤压力强烈的造山运动时期，冲叠距离一般也只有几十千米，其造山带规模和强度无法与阿尔卑斯-喜马拉雅等板块碰撞造山带相比。冲叠造山带不仅反映了中国大陆内部元古宙以来"软碰撞"造山特点（任纪舜，1991），而且也是世界各大陆前中生代地槽褶皱带一般的造山模式。

4 结 束 语

大陆构造是当今地质科学的核心。中国地处亚洲构造域、特提斯构造域和太平洋构造域的交汇部位，构造运动又具有多层次多旋回的特点，因而成为研究大陆构造、解决全球性地质问题得天独厚的场所。我们从全球角度研究中国区域地质所创立的大陆层控构造学说，看来是解决当代诸多重大地质问题的有效工具，并将成为大陆地质研究新的理论基础。发端于中生代以来海洋岩石圈的板块学说，既无力解决具有多层次特点的大陆构造问题，也不能说明前中生代未形成软流层的非板块构造阶段的构造运动特点。

Continental Layer-Bound Tectonics —A New Model for the Origin and Evolution of Basin-Mountain System and Orogen*

Li Yangjian, Zhang Xingliang, Chen Yancheng

(Geological Institute for Chemical Mineral Products, Ministry of Chemical Industry, Zhuozhou, Hebei, China)

The basin-mountain system and the thrust superimposed orogen evolving from the system are the two major tectonic types of continental crust mobile zones, which are products of the process of rotational, gravitational and thermal energies.

The Earth is made up of spheres of different geomechanical properties. Although laterally nonuniform, they are controlled by their underlying weak layers at different levels, thus forming layer-bound structures at corresponding levels. Among them, the continental layer bound structure is of multi-level character, of which the crustal movement is dominated in form by basin-mountain system and thrust superimposed orogen controlled by the middle crust plastic layer.

The theory of continental layer-bound tectonics established by our study of the China regional tectonics from the global angle will become a new theoretical basin surpassed the plate tectonic theory for the study of continental geological problems.

1 Initiation and Evolution of Basin-Mountain System

1.1 Formation of half graben-like rift downcast basin

Once the fault plane of the upper crust normal fault on the middle crust plastic layer occurred, the force-affected condition and deformation of the hanging wall under the process of the uniform load g_1 of its proper gravity and the concentrated load P of its effective downsliding force were similar to those of a cantilever beam taking the middle crust plastic layer as the elastic base and the fault plane as the free end (Figure 1). Under the effect of the beam's moment of bending M and the shear force Q, the deflection y increased toward the fault plane, forming a half graben-like basin. Under the superimposition of the distribution load g_2 of infilling materials in the basin, the subsidence toward the fault plane further increased. Thus rift downcast basins are mostly half graben-like ones.

---

* Progress in Geology of China (1993–1996). Papers to 30th IGC.

The size of the moment of bending and shear force causing the beam's deformation is directly correlated to the beam's length and gravity. Half graben-like basins were generally tens to over 100km in width and the upper crust was more than 10km thickness. Hence the moment of bending and shear force were quite strong, causing the basin's subsidence of commonly several kilometers and a deposition rate 10 times that in stable regions.

1.2 Initiation of rift rising mountain

The hanging wall of the upper crust normal fault, during its descending, compressed the underlying middle crust plastic layer, with the strength of the compression being directly correlated to the descending magnitude. Therefore, under such a pressure, the plastic material of the middle crust was squeezed out from the tilting descending side of the half graben-like basin where the descending and vertical pressure were maximum, flowing to the footwall with a lower vertical pressure and adjacent to the strain space of the fault plane, titling the footwall upward to form a rift rising mountain, and finally producing a basin-mountain system (Figure 1). Geophysical sounding data indicate that the thickness of the middle crust in the rift downcast area of the North China Plain is 8 ~ 10 km, whereas the two in its adjacent rift rising areas of the Shanxi Plateau and the middle Yanshan Mountain are up to 20km and 12 ~ 14km, respectively. Therefore, all today's magnificent rift rising mountains in eastern China, such as the Yinshan, Qinling, Taihang and Yanshan, without exception, are adjacent to a certain rift downcast basin if the same age and with deep descending.

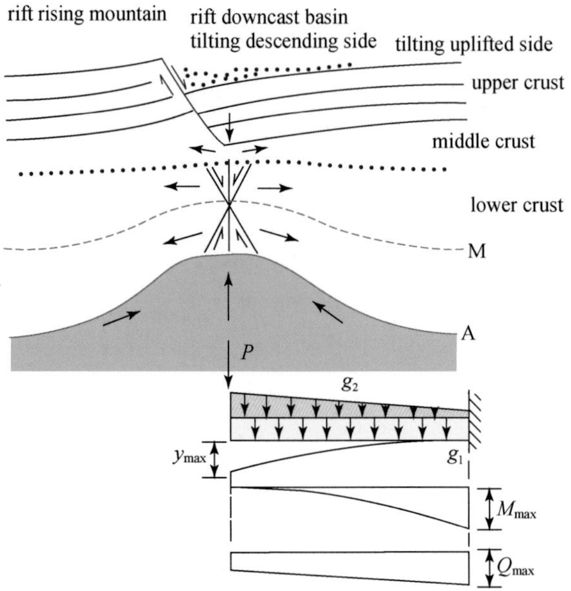

Fig. 1　Schematic map of genetic mechanism of a basin-mountain system and its deep structure

M. Moho; A. top of asthenosphere

Without the presence of the middle crust plastic layer and the flow of its material, the hanging wall of the upper crust normal fault could hardly descend, nor did a basin-mountain system form.

1.3 Basin spreading

The thinning of the middle crust plastic layer under the action of the hanging wall of the upper crust normal fault caused the arching of the asthenosphere due to a gravitational disequilibrium in that part, creating a mirror relation in tectonic form between the asthenosphere top/Moho and the upper crust bottom of the basin (Figure 1). The extension of the lower crust and the arch top of the mantle resulted in the decrease of confining pressure and melting point and the partial melting at that location, producing basic and alkaline magmas, forming bimodal character common to continental rifts. When the Moho and asthenosphere arched a certain height, with a relatively steep slope on the two flanks and the presence of lateral strain space in adjacent areas, or was strongly extended owning to the change of the earth's rotation rate, then the lower crust and lithospheric mantle successively slide down and expanded along the Moho and asthenosphere top, forming transitional and oceanic crusts. Ophiolite suites in orogens of different times within the China continent are only products of continental crust spreading and mantle material introduction in the transitional crust, rather than residues of oceanic crust.

2 Origin of Thrust Superimposed Orogens and Their Related Geological Phenomena

2.1 Origin of thrust superimposed orogens

A basin mountain system, when developing to the depth of the upper crust crystalline basement (with high-density and-hardness) of a rift downcast basin, was entirely down-faulted to be in contact with the middle crust plastic layer of the rift rising mountain. Under a small resistance, if strongly compressed by the force from the basin side, the crystalline basement would be subducted under the middle crust plastic layer, resulting in the evolution of the basin mountain system into a thrust superimposed orogen (Figure 2). Because of the half graben-like form of the rift downcast basin, the subduction would become even stronger due to the superposition by the basin's sliding force. The QB-1 geophysical profile traversing the eastern Qinling Mountains shows that only the southern Qinling upper crust crystalline basement has been subducted under the northern Qinling crust plastic layer for a distance of more than 50 km; and the subduction has caused the selective anatexis and P-wave velocity variation of only the middle crust, with no remarkable effect on the lower crust.

Without the lateral strain space provided by the big-range vertical dislocation of the basin mountain system for the upper crust thrust-super imposition movement, it was difficult for a thrust superimposed orogen to form. Therefore, such an orogen has a strict inheriting relation

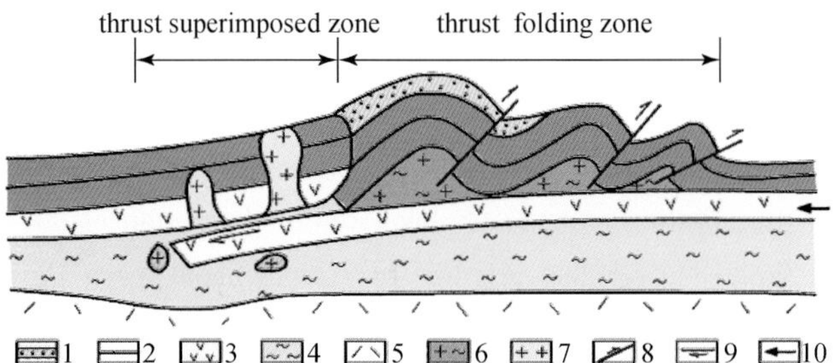

Fig. 2　Schematic section map of deformation features of a thrust superimposed orogen

1. infilling material of basin; 2. basin's basement (cover); 3. upper crust crystalline basement; 4. middle crust plastic layer; 5. lower crust; 6. S-type granite; 7. I-type granite; 8. thrust; 9. direction of subduction; 10. direction of major dynamic force

with the basin-mountain system, which is called the law of opening and closure by some scientists. Thrust superimposed orogen not only reflects the orogenic character of "soft collision" prevailing since the phanerozoic within the China continent, but also represent a common model for intraplate orogenesis of other continents.

2.2　Deformation features and geological phenomena of thrust superimposed orogen

A thrust superimposed orogen consists of two parts: thrust-folding and thrust superimposed zones (Figure 2).

2.2.1　Thrust folding zone

It was formed by the evolution of a rift downcast basin. During the subduction of the upper crust crystalline basement of the basin under the middle crust of the rift rising mountain, the overlyingcover was scraped down, folded and thrust, forming a thrust-folding zone.

During its formation, the large anticline of the thrust folding zone was detached from its underlying crystalline basement to form a comparatively large empty space at its core, where the confining pressure was sharply decreased and the melting point of rock markedly dropped. In addition, degasification, dehydration, desilification, dealkalization, etc. took place in the surrounding rocks under high-temperature and pressure; the discharged flux material flowed in and the deep material and beat flow differentiated and ascended, resulting in anatexis and metasomatism, forming migmatite and S-type granite. Mineral resources of thrust-folding zones have inherited the character of those of rift downcast basins, being dominated by sedimentary and sedimento-metamorphic mineral deposits.

2.2.2　Thrust superimposed zone

It was formed by the evolution of a rift rising mountain. The long-distance bedding subduction of the several kilometers thick crystalline basement in the middle crust of the zone gave rise to strong compression and friction, causing large- scale anatexis of middle crust plastic material of the zone, producing I-type granite and related endogenetic deposits, which are quite different from those in thrust-folding zone as seen in the northern Qinling area.

The formation of a thrust superimposed orogen resulted in the accumulation of deep radioactive elements and low-melting material, which subsequently remelted because of the lowering of pressure and melting point induced by denudation and planation, thus providing the underlying strain space for a new round of production of upper crust normal fault. Therefore, a basin-mountain system tended to form in the original distribution area of thrust superimposed orogen, representing a polycyclic tectonic movement.

层控构造与板块构造*

李扬鉴

（化学工业部化学矿产地质研究院）

1 大陆岩石圈的层圈结构及其构造

地球内部物质在重力和热力长期作用下，不断进行层圈分化运动。近10多年来通过地球物理测深等手段，发现古老的大陆岩石圈呈纵向分层、横向不均一的结构特点，而与年轻的刚硬单一的大洋岩石圈截然不同。研究表明[1]，大陆岩石圈中各个层次刚硬层的构造运动，分别受其下伏软弱层控制，从而形成不同层次的层控构造：软流层对岩石圈的控制，形成板块构造；异常地幔对地壳的控制，形成过渡壳构造；中地壳塑性层对上地壳的控制，形成厚皮构造；结晶基底上覆软弱层对盖层的控制，形成薄皮构造。其中，中地壳塑性层起着关键性作用：它向上控制盆-山系和冲叠造山带厚皮构造，向下引起软流层（或异常地幔，下同）隆起，使上地壳断陷盆地发展成优地槽过渡壳构造或洋中脊板块构造。

软流层是地球内部物质长期层圈分化运动达到了高级阶段的产物。在前中生代可能只有分异不充分的规模较小的异常地幔，尚未形成软流层。时至今日，软流层也还不是遍及全球的层圈。没有软流层便不会有大规模的海底扩张，因而也就不能形成大洋岩石圈和板块构造。前中生代裂谷作用只发展到异常地幔物质上升的优地槽过渡壳构造阶段便终止了。所以在现今散布着古老陆壳残块的各大洋中，没有发现一块前侏罗纪洋壳；前中生代大陆造山带中被视为古洋壳遗迹的蛇绿岩，也仅仅是异常地幔的基性、超基性物质而已。把板块构造体制引上大陆，推广到前中生代是不切实际的。

2 岩石圈的动力类型及其构造作用

构造运动是地球自转力、陨星撞击力、重力和热力协调作用的产物。造山运动以地球受到大的陨星顺向或逆向撞击引起自转速度急剧变化派生的强烈经向和纬向惯性力为主，造陆运动则重力占支配地位。

地球在所处天文环境和内部物质运动作用下逐渐膨胀，自转速度逐渐变慢，地质时期历年天数逐渐减少，从寒武纪的424天，减少到现在的365天。地球自转速度在逐渐变慢过程中派生了纬向惯性力和赤道指向两极的经向惯性力，它们在重力作用参与下，分别在中纬度地区产生了南北向张性正断层、东西向剪性正断层和北东向、北西

* 本文原刊于《中国地质》，1997，第1期。略修改。

向压剪性正断层[2]，以及在赤道地区产生了东西向张性正断层。这些正断层首先出现于惯性力最大、具有中地壳塑性层作为下伏应变空间的上地壳。其上盘为断陷盆地（地堑，裂谷，地向斜），下盘为断隆山（地垒，裂谷肩，地背斜），两者组成盆-山系。该时期的构造运动以缓慢的升降作用占主导地位，成为平静的造陆期。该时期上地壳走滑正断层两盘底部刚硬的结晶基底，驮着整个上地壳在下伏中地壳塑性层上进行大面积长距离的平移。于是上地壳强大的重力能，在下伏中地壳塑性层顶部转变成机械能和热能，使该部位物质重熔，形成中酸性岩浆，成为盆-山系首先产生的岩浆岩。

地球主要膨胀部位在南半球，现代南半球的洋壳面积占全球的75%～80%，便是这种不对称膨胀作用的产物。南半球膨胀率大于北半球，故在地球旋转轴大体固定的情况下，赤道便不断南移，从而使古赤道地区先后形成了北古特提斯和南新特提斯纬向拉张带，并造成环南极洲洋中脊以北各陆块的古地磁和古生物资料出现所在陆块大幅度向北漂移的假象。

陨星撞击事件促使地球自转速度在短暂时间内发生急剧变化，从而派生了强烈的经向和纬向惯性力，导致升降幅度较大、具有侧向应变空间的东西向、南北向、北东向、北西向盆-山系的上地壳之间进行冲叠运动，形成冲叠造山带。该时期的构造运动以快速的水平压缩作用为主，成为剧烈的造山期。冲叠造山带与盆-山系之间具有严格的继承关系，服从于升降-冲叠律。据任振球等的统计（1994），目前地球上24个直径在25km以上陨击坑的撞击时间，依其大小分别与构造运动强度不同的代、纪、世或期的交界，呈良好的对应关系。

3 盆-山系

位于中地壳塑性层之上、厚达10km的上地壳，其正断层上盘断陷盆地在重力作用下的受力状态和变形情况，类似于以中地壳塑性层为弹性基础、以断层面为自由端的悬臂梁，从而使盆地沉降幅度趋向断层面变大，呈箕状产出。中地壳塑性物质在上覆盆地基底沉降过程中，被大量压到下盘，促使该盘向上掀斜成为断隆山。两盘相对升降幅度可达十几千米。所以今日中国中东部的太行山、燕山、秦岭和阴山等宏伟的断隆山脉，无不与新生代深深沉降的断陷盆地毗邻，而且前者的中地壳厚度比后者的大几千米至十几千米[3]。人们往往把这种由重力作用所形成的断隆山，也视为水平挤压力的产物，这种认识漠视了重力在构造运动中的重要意义。断隆山中地壳塑性物质及其上覆上地壳结晶岩系高高抬升的地段，经过剥蚀后出露于地表，成为近些年来受国内外地质界广泛关注的窥视深部地质作用窗口的变质核杂岩。中地壳塑性物质在长距离流动过程中的摩擦作用，使断层面下盘可以出现厚达数千米的糜棱岩带，并在杂岩核产生选择性重熔，形成与该正断层活动时间相同的花岗岩类侵入体。上地壳正断层两盘的相对运动及其下伏中地壳塑性物质流动，往往造成了严重的地质灾害。中国东部盆-山系是地震活动集中区和滑坡、山崩、地裂多发区，震源多分布于上地壳底部至中地壳上部的10～15km深处。不少工程地质工作者认为，上地壳断裂没有破坏整个地壳的完整性，对地壳的稳定不构成大的威胁。这种认识可能会给人类生存环境和工程设施造成严重后果[3]。

中地壳塑性层是上地壳正断层产生的重要前提。所以在该层不发育的鄂尔多斯地块内部，便成为一个差异升降运动不明显的异常稳定的地区，而与其中地壳塑性层巨厚、盆-山系繁生的周边地区形成鲜明对比。

断陷盆地基底沉降过程中，把下伏中地壳塑性物质压到他处，造成该部位重力失衡，引起软流层和莫霍面隆起。所以，地幔隆起是断陷盆地形成的结果而不是形成的原因[4]。许多人把地幔隆起视为断陷盆地形成的原因，看来是本末倒置了，这点也被地幔隆起拉张说创立者吉德勒（R. W. Girler）于20世纪80年代初重新研究东非裂谷后所证实①。

地幔隆起使下地壳和岩石圈地幔出现自上而下发育的张性断裂，造成该部位的围压减弱、熔点下降而分熔，产生基性岩浆，形成裂谷常有的先酸性后基性双峰式岩浆岩特点。当地幔隆起很高，近邻又有海洋侧向应变空间，或者受到地球自转速度变化派生的拉张力作用，那么被张性断裂切断的下地壳和岩石圈地幔，便先后沿莫霍面和软流层顶面斜坡下滑，引起深部地幔流体大量上涌，使断陷盆地依次演变成优地槽和洋中脊。与中国大陆东部新生代断陷盆地受同一动力背景控制的南海陆缘断陷盆地，之所以在32～17Ma前发展到海底扩张阶段，形成中央海盆洋壳，便与该时期南邻出现苏门答腊-爪哇海沟有关。由于全球性的拉张带主要受地球自转速度变化派生的张应力控制，故现今各大洋的中脊方向均与地球旋转轴呈一定的关系，大西洋、太平洋、印度洋的大体为南北向，环南极洲的洋中脊总体呈东西向。

来自中地壳塑性层和软流层的成矿物质，为盆-山系各种类型矿床的形成提供了物质来源[1]。

4　冲叠造山带

在地球自转速度急剧变化导生的强烈经向和纬向惯性力作用下，升降幅度较大、具有侧向应变空间的盆-山系上地壳之间，便发生冲叠运动，形成冲叠造山带。当主动力来自断陷盆地一侧时，则其上地壳底部刚硬的结晶基底便向断隆山软弱的中地壳塑性层进行顺层俯冲，成为俯冲型冲叠造山带。在俯冲过程中，盆地的充填物及其下伏盖层被刮下来形成冲褶带。盖层冲褶带与下伏结晶基底俯冲岩板拆离，故在其中的大型背斜核部出现了较大的虚脱空间，使其围压大幅度减弱并产生强烈的吸入作用，引起岩石熔点急剧下降和周围岩汁的大规模流入，以及深部物质和热流的分异、上升，导致该部位发生重熔和交代作用，形成混合岩和S型花岗岩。冲褶带的矿产资源，继承了原来断陷盆地阶段的沉积矿床，改造了该阶段的矿源层为沉积变质矿床，新产生了与盖层含矿物质有关的浅源内生矿床。

几千米厚的上地壳结晶基底在断隆山中地壳塑性层中长距离的俯冲作用，产生了大量的摩擦热，引起该部位物质选择性重熔，形成I型花岗岩及有关的深源内生矿床。

---

① 参考《见于非洲裂谷及破裂中的行星裂谷作用》，何浩生译，地质研究，1985。

断隆山由此转变成冲叠带。由于该带前身为断隆山，花岗岩形成时又缺乏外来岩汁的流入，故其成岩成矿作用，与由断陷盆地演变而成的冲褶带明显不同，如秦岭印支造山带中南北秦岭所见。

在俯冲型冲叠造山带中，其结晶基底俯冲岩板中基性超基性岩在强烈挤压力作用下发生高温高压变质，成为含超高压变质矿物的榴辉岩。尔后，它们在正断层下盘断隆山作用下大幅度抬升，经剥蚀后成为出露于地表的超高压变质带。所以近些年来在大别山等世界各地的大陆造山带中，所发现的被视为地质科学重要进展的超高压变质带，其实不是人们所认为的陆壳俯冲到 90km 以深的产物，而是壳内俯冲作用的结果。即这不是静力学问题，而是动力学问题。它的俯冲范围局限于中地壳，深度只有 10km 左右。这一新认识使目前大家根据柯石英等超高压矿物的变质环境，所推算出来的俯冲深度出现的种种重大难题迎刃而解。即陆壳为什么能够深深地俯冲入密度比它大得多的地幔中，俯冲后为什么又快速上升，以及该造山带的地温梯度为什么异常低。这种壳内俯冲模式，已为东秦岭和下扬子地区的地球物理测深资料所证实[1]。由于壳内俯冲是几千米厚的上地壳结晶基底对中地壳塑性层的俯冲，动力小而阻力大，故其俯冲作用只能产生于水平挤压力特别强烈的陨击事件引起的造山运动时期，使大陆造山作用往往具有全球的同时性，俯冲距离已知的也只有几十千米，因而其造山带呈规模小、形变弱的“软碰撞”特点。所以大陆造山带，与近百千米厚大洋岩石圈在海沟处密度倒转下拽力和洋中脊侧翼下滑力共同作用下，向软流层进行持续地长距离地俯冲，所形成的大规模的阿尔卑斯–喜马拉雅碰撞造山带截然不同。

当主动力来自断隆山一侧时，则侧向阻力较小的断隆山上地壳便向断陷盆地充填物推覆，形成仰冲型冲叠造山带。印支–燕山期雪峰山地区东南盘断隆山的板溪群—震旦系，向西北盘断陷盆地古生界—下三叠统逆掩所形成的推覆构造，便是一个典型的实例。

5 结　语

发端于中生代以来大洋岩石圈的板块构造学说，多年来一直试图把该构造体制引上大陆，推广到前中生代。他们根据构造形态的某些相似性，视陆壳上的盆–山系为洋盆和岛弧，视壳内俯冲为板块俯冲。凡此种种，不一而足。但是这种认识受到越来越多重要地质事实的严重挑战。为了摆脱困境，使板块构造模式适应于复杂多样的大陆地质，近些年来一些板块构造学说的热情追随者把板块构造“小型化”，划分出许多微板块或地体，把一幅空间分布有序、时间演化和谐、动力背景简洁的宏伟构造画卷，撕成一些杂乱无章的小纸片。大陆构造不是板块构造“小型化”所能解决得了的，因为两者根本不是同一个地质历史演化阶段、同一个构造体制、同一个构造层次的产物。

我国幅员辽阔，既有前中生代与地球自转速度变化有关的古欧亚构造系和特提斯构造系，也有中生代以来由多个板块活动所产生的各种构造形迹，构造现象丰富多彩，因而是研究大陆构造、解决种种全球性地质问题得天独厚的场所。作者根据地质工作者在这片广袤沃土上长期辛勤劳动积累起来的宝贵资料，经过多年的创造性研究，创立了层控构造学说[1]。板块构造是层控构造最新演化阶段中一个最深层次的构造类型。

层控构造可能在古元古代产生上硬下软层圈结构时期便已开始，板块构造则可能到三叠纪发生了 4 次大的陨击事件，地球内部物质经过了进一步强烈分化运动达到高级阶段形成软流层之后才出现，活动范围集中于大洋及其邻区。所以层控构造学说将取代板块构造学说，成为全球地质研究，尤其是大陆地质研究新的理论基础。

参 考 文 献

[1] 李扬鉴，张星亮，陈延成．大陆层控构造导论．北京：地质出版社，1996.

[2] 李扬鉴．若干构造地质理论问题的新认识．山西地质，1991，6（3）：249-273.

[3] 李扬鉴，张星亮，陈延成．中国东部中新生代盆-山系及有关地质现象的成因机制．中国区城地质，1996，(1)：88-95.

[4] 李扬鉴，林梁，赵宝金．中国东部中、新生代断陷盆地成因机制新模式．石油与天然气地质，1988，9（4）：334-345.

大陆层控构造论——一个新的大地构造学说*

李扬鉴

（化学工业部化学矿产地质研究院）

编者的话：对未知自然现象、试验现象的探讨，对新生的科学概念、科学理论的审视，对创新的技术设想、技术发明的争鸣，以用对科学计算、技术计算的研究，不仅是人类创造力和想象力的精彩体现，而且是科学与技术发展的推动力量。在科学探索的过程中，应该坚持“双百方针”，鼓励人们对科学中的未知领域和世界科技前沿问题进行探索和创新。提出新的假设，进行实事求是的讨论是正常现象，也是科学事业繁荣的表现，科学只有在争论和不断被检验中才能前进。

20世纪60年代发端于大洋岩石圈的板块构造学说，多年来一直试图“登陆”来解决大陆地质问题，但却受到越来越多事实的严峻挑战。

基于这些事实，我们在《大陆层控构造导论》（地质出版社，1996年）一书中，从全球角度研究了丰富多彩的中国地质，创立了大陆层控构造学说，使许多板块构造学说无法解决的大陆地质问题迎刃而解。

大陆层控构造学说认为，岩石圈中各个层次刚硬层的构造运动，均受其下伏软弱层控制，而形成不同层次的层控构造：软流层对岩石圈的控制，形成板块构造；异常地幔对地壳的控制，形成过渡壳构造（优地槽，晚期裂谷）；中地壳塑性层对上地壳的控制，形成厚皮构造（盆-山系，冲叠造山带）；结晶基底上覆软弱层对盖层的控制，形成薄皮构造。板块构造仅仅是层控构造中一个最深层次的构造而已，而且主要集中于软流层发育的大洋及其邻区，产生于中新生代。在大陆构造演化中，中地壳塑性层起着承上启下的关键性作用。

软流层是地球内部物质在地球自转力、陨星撞击力、重力和热力长期作用下，不断进行层圈分化运动达到了高级阶段的产物。在前中生代只有分异不充分、规模较小的异常地幔没有软流层。时至今日，软流层也还不是遍及全球的圈层。没有软流层便不会有海底大规模扩张、大洋岩石圈和板块构造。前中生代裂谷作用只发展到异常地幔物质上升的优地槽阶段便终止了。所以在现今散布着许多古老陆壳残块的各大洋中，却没有一块前中生代洋壳；前中生代大陆造山带中被视为古洋壳遗迹的蛇绿岩，也仅仅是异常地幔的基性、超基性物质而已。大陆层控构造在古元古代地壳产生了上硬下软的层圈结构时已经开始，而板块构造则到中生代形成软流层之后才出现，板块构造是大陆层控构造演化到一个新的地质历史阶段的产物。因此把板块构造体制引上大陆，

---

* 本文原刊于《科技日报》1997年1月13日。略修改。

推广到前中生代是不切实际的。

大陆层控构造学说还认为，构造运动是地球自转力、陨星顺向或逆向撞击力、重力和热力综合作用的结果。地球在所处天文环境和内部物质运动作用下逐渐膨胀，自转速度逐渐变慢，地质时期历年天数逐渐减少，从寒武纪的424天，减少到现在的365天。地球自转速度逐渐变慢过程中所派生的各种水平惯性力与重力共同作用下，使其中水平惯性力最大、具有中地壳塑性层作为下伏应变空间的上地壳，产生了不同方向不同性质的正断层，形成盆-山系。该时期以缓慢的造陆运动为主。

位于中地壳塑性层之上的上地壳正断层上盘，在重力作用下的受力状态和变形情况，类似于以下伏中地壳塑性层为弹性基础、以断层面为自由端的悬臂梁，从而使该盘沉降幅度趋向断层面变大，使其断陷盆地（地堑，裂谷，地向斜）普遍呈箕状产出。盆地基底在沉降过程中，把下伏中地壳塑性物质压到下盘，促使该盘向上掀斜成断隆山（地垒，裂谷肩，地背斜），两者组成盆-山系。所以今日中国中东部的太行山、燕山、秦岭和阴山等宏伟的断隆山脉，无不与同时代深深沉降的断陷盆地毗邻，两者的中地壳塑性层厚度之差和相对升降幅度可达十几千米。上地壳正断层两盘错动及下伏中地壳塑性层物质流动过程中，往往引起地震及滑坡、地裂等地质灾害，使中国中东部新生代盆-山系成为地质灾害多发区，震源集中于上地壳底部至中地壳塑性层上部10~15km深处。不少工程地质工作者认为，上地壳断裂没有破坏整个地壳的完整性，对地壳稳定性不构成大的威胁，这种认识对人类生存环境和工程设施将造成严重后果。

断陷盆地沉降过程中促使中地壳塑性层物质他流，导致该部位重力失衡软流层上拱，故地幔隆起是断陷盆地形成的结果而不是形成的原因，流行已久的地幔隆起拉张说把本末倒置了。地幔隆起顶部张应力使下地壳和岩石圈地幔产生了自上而下发育的张性断裂，造成该部位的围压减弱、熔点下降而分熔，形成裂谷常有的酸性和基性岩浆组合。当软流层隆起很高时，被张性断裂切断的下地壳和岩石圈地幔，便沿隆起的软流层顶面的侧翼斜坡下滑，把它们彻底撕开，引起深部软流层的地幔流体大量上涌，使断陷盆地演变成洋中脊。由于全球性的拉张带主要受地球自转速度变化派生的张应力控制，故现今各大洋的洋脊方向均与地球旋转轴呈一定的关系，大西洋、太平洋和印度洋的大体为南北向，环南极洲的总体呈东西向。

地球呈不对称膨胀，南半球膨胀率大于北半球，从而造成现代南半球洋壳面积占全球的75%~80%。在地球旋转轴大体固定的情况下，这种不对称膨胀作用促使赤道不断南移，导致古赤道地区先后形成了北古特提斯和南新特提斯纬向拉张带，以及环南极洲洋脊以北各陆块，根据古地磁和古生物资料出现大幅度向北漂移的假象。

陨星逆向或顺向撞击引起地球自转速度在短时间内发生急剧变化，从而派生了不同方向的强烈的水平惯性力，促使升降幅度较大、具有侧向应变空间的断陷盆地与断隆山之间的上地壳发生冲叠运动，形成冲叠造山带。冲叠造山带与盆-山系之间呈严格的继承关系，服从于升降-冲叠律。该时期以剧烈的造山运动为主。据统计，目前世界各地24个直径在25km以上陨击坑的撞击时间，依其大小分别与构造运动强度不同的代、纪、世的交界呈良好的对应关系。

当地球自转速度急剧变化或板块碰撞所派生的强烈侧压力来自断陷盆地一侧时，其上地壳底部刚硬的结晶基底便向断隆山软弱的中地壳塑性层俯冲，成为俯冲型冲叠造山带。南秦岭中泥盆世—中三叠世断陷盆地的上地壳结晶基底，在中三叠世末和晚三叠世末先后两次向北秦岭断隆山的中地壳塑性层俯冲所形成的秦岭印支造山带，便是一个典型的例子。在俯冲过程中，断陷盆地一侧的盖层被刮削下来形变为冲褶带，其中大型背斜核部虚脱空间因减压而熔点下降，并吸入大量的岩汁和来自深部的热能，产生交代型花岗岩；而断隆山一侧的中地壳塑性物质在俯冲岩板的强烈挤压和摩擦下产生选择性重熔，形成重熔型花岗岩，成为冲叠带。由于两者的构造背景及岩浆类型不同，而出现不同的成矿专属性。近些年来，引起国内外地质界广泛关注的大别山等大陆造山带中所发现的高压超高压变质矿物，其实是这种壳内俯冲的动力学作用的结果，而不是许多人所认为的陆壳俯冲到 90km 以深的围压产物。

当主动力来自断隆山一侧时，则其侧向阻力较小的上地壳便向断陷盆地推覆，成为仰冲型冲叠造山带。如印支–燕山期雪峰山地区东南侧断隆山的板溪群—震旦系，向西北侧断陷盆地古生界—下三叠统推覆所形成的造山带。所以冲叠造山的构造层次、造山带规模及动力背景，与大洋岩石圈在洋脊侧翼下滑力和海沟处密度倒转下拽力共同作用下，不断向软流层俯冲潜没所产生的碰撞造山带完全不同。

我国幅员辽阔，既有前中生代与地球自转速度变化有关的古欧亚构造系和特提斯构造系，也有中生代以来由多个板块作用而生的各种构造形迹，构造现象丰富多彩，而成为研究大陆构造、解决种种全球性地质问题得天独厚的良好场所。所以，我们根据广大地质工作者在这片广袤沃土上长期辛勤劳动积累起来的宝贵资料，充分发挥自己东方人整体思维优势所创立的具有中国特点的大陆层控构造学说，将取代板块构造学说，成为大陆地质研究新的理论基础。

关于厄尔尼诺成因的新认识*

李扬鉴　陈延成

（化学工业部化学矿产地质研究院）

摘要　据前人统计，厄尔尼诺出现于地球自转角速度急剧变慢的第二年。造成这种现象的主因，是地球间歇性不对称膨胀和地球内部轻重物质对流，引起自转角速度几年一次的准周期性急剧变慢。在该时期南北半球岩石圈产生强烈的离开赤道的体力，使赤道地区产生东西向张性断裂活动。位于阻力较小的软流层之上的太平洋岩石圈，不仅规模大、动力强，而且存在着东太平洋海隆薄弱带，并与秘鲁海沟应变空间毗邻，故现今太平洋东部赤道地区的东西向张性断裂最为发育，形成规模宏大的卡内基断裂带和加拉帕戈斯断裂带。它们活动促使海底的岩浆和热水喷溢，导致厄尔尼诺的海水升温多从秘鲁—厄瓜多尔沿岸开始。地球自转角速度变慢过程中，赤道地区的大气和海水获得较多的向东角动量，造成该地区的信风和向西流动洋流减弱、东太平洋冷水上翻涌升流衰缓，加速赤道东太平洋海域温度变暖，助长厄尔尼诺的形成。全球大气角动量的季节性变化，也引起地球自转角速度冬季慢夏季快的周年项变化，使厄尔尼诺年增温盛期一般出现于年末前后。

关键词　厄尔尼诺；地球自转；赤道地区；东太平洋；张性断裂

关于赤道东太平洋几年发生一次海水异常增温引起的厄尔尼诺现象的研究，当前一般还局限于大气圈和水圈的范围内，很少涉及岩石圈的断裂作用及其动力背景，所以未能真正找到产生这种现象的热能来源。因而尽管科学界不断地发现厄尔尼诺造成的种种新危害，但是在了解它的起源方面却一直进展甚微，使这一影响到人类正常生产和生活活动的严重自然灾害的成因，至今仍然是个悬而未决的重大科学难题。

1　赤道纬向拉张带的成因

地球在漫长的地质历史演化过程中，受所处天文环境和内部放射性元素蜕变热积累等诸多因素的影响，体积逐渐膨胀。所以虽然地球在周期性陨星撞击下，自转角速度发生过多次不同程度的急剧变化，产生强度不一的地壳运动，造成代、纪或世等地质时代之间的交替（任振球，1994），但总体则呈缓慢减速趋势（图 1），使地质历史时期的历年天数逐渐减少：寒武纪为 424 天，志留纪为 402 天，二叠纪为 390 天，白垩纪为 377 天，现在为 365 天[1]。地球自转角速度在变慢过程中，于赤道地区产生了纬向拉张带。

---

* 本文原刊于《化工矿产地质》，1998，20（3）。

附记：地球自转角速度变化导生的经向和纬向惯性力，不仅促使地壳运动，也与气候变化相关。本文提供的一些事实和思路，为探索这个严重影响人类生产和生活的厄尔尼诺成因提供了一条合理的途径。

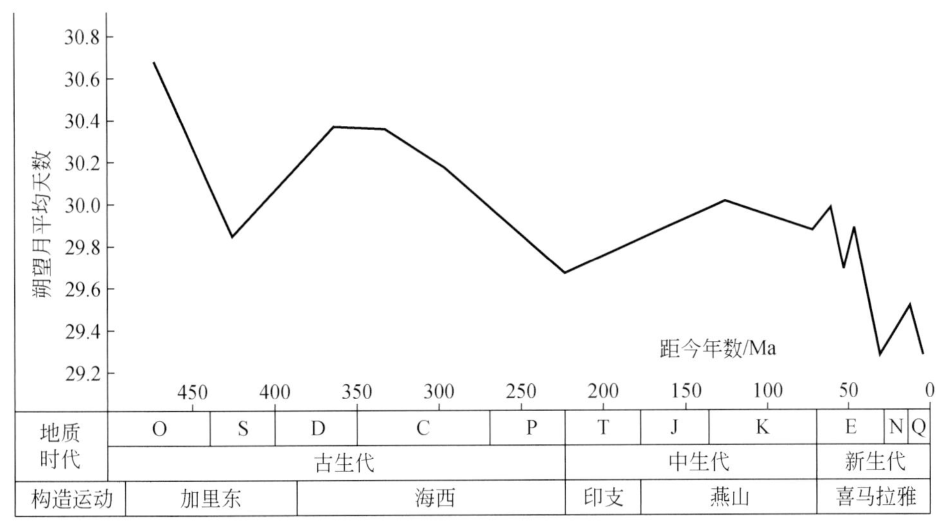

图 1 地球自转速度变化与地壳构造运动的关系（据王仁，1976，略修改）

虽然赤道上的质点经向惯性力为零，但由于地球自转角速度变慢时，南、北半球岩石圈派生了离开赤道的体力，赤道地区仍然受到强烈的南北向拉张，而产生东西向张性断裂[2]。位于阻力小的软流层之上的大洋岩石圈，背离赤道运动的趋势更加强烈，故其赤道地区的东西向张性断裂便十分发育。太平洋赤道上东西向的卡内基断裂带和加拉帕戈斯断裂带，以及大西洋赤道上形成罗曼奇深渊的东西向罗曼奇断裂带，便可能与这种南北向拉张作用有关。由于太平洋岩石圈规模大、动力强，其东部赤道地区又存在着东太平洋海隆薄弱带，并与秘鲁海沟应变空间毗邻，而东西向张性断裂更为活跃。卡内基断裂带和加拉帕戈斯断裂带集中于赤道东太平洋地区看来不是偶然的巧合。

赤道纬向拉张带也见于过去不同的地质历史时期。由于地球呈不对称膨胀，南半球膨胀速度大于北半球，使古赤道不断南移。现代南半球海洋面积占全球海洋面积的3/4，便与这种不对称膨胀作用有关。所以现在位于北半球中纬度的古赤道地区，在晚古生代和三叠纪先后产生了受东西向张性断裂控制的北古特提斯海槽和南新特提斯海槽[2]。北古特提斯海的出现，导致联合古陆解体为劳亚古陆和冈瓦纳古陆。

当地球自转角速度变快时，两极的质点惯性力虽然为零，但由于南、北半球岩石圈产生了离极运动，该地区也发生强烈拉张。所以侏罗纪以来的地球自转角速度变快时期，南极区受南半球诸板块向北运动的拉张作用，形成一个环南极洲的洋中脊；北极区在北美板块与欧亚板块相背经向运动作用下，也撕开出一条北冰洋中脊扩张带。

2 地球自转角速度变慢与厄尔尼诺事件之间的关系

根据有关资料[3]，近 2000 年来地球自转角速度减慢累积已达 2h 左右；20 世纪 50 年代以来精密的原子钟测定结果，也发现地球自转角速度存在着 3～4a 的准周期性变化。今日地球自转角速度的准周期性变慢，可能与地球的间歇性不对称膨胀作用和地球内部轻重物质对流有关。当地球自转角速度出现周期性变慢时，南、北半球岩石圈背离赤道运动的体力，便使赤道地区，尤其是赤道东太平洋地区产生东西向张性断裂活动，从而引起该地区海底热水和岩浆的强烈喷溢。据陈多福等（1997）的研究，活跃于东太平洋海隆等海域的海底热水每年喷溢量，竟相当于地表径流进入海洋总量的1/10。近百年来地球自转角速度变慢时期全球的火山活动，也主要集中于低纬度地区[3]。据丹尼尔·沃克（Walker，1995）对东太平洋的调查，海底火山释放出来的热量十分惊人，其规模可达3000座大的核反应堆。赤道东太平洋的海底热水和海底火山的强烈活动，为厄尔尼诺现象的产生提供了主要的热能来源。所以厄尔尼诺年的海水增温，大多从秘鲁—厄瓜多尔沿岸开始，尔后才向西传播到180°日界线附近。不过中太平洋赤道地区的东西向张性断裂活动，有时也使该海域首先增温，随后再向东太平洋扩展，如1982～1983年和1986～1987年这两次厄尔尼诺事件那样。

据任振球的统计，在1956～1985年所出现的7次厄尔尼诺年中，6次（1957年、1963年、1969年、1972年、1976年、1982～1983年）都发生于地球自转角速度急剧减慢的第二年，1次（1965年）也是在厄尔尼诺年之后地球自转角速度继续大幅度减慢的第二年产生，显示厄尔尼诺事件与地球自转较大减速之间存在着良好的对应关系，如图2所示[3]。

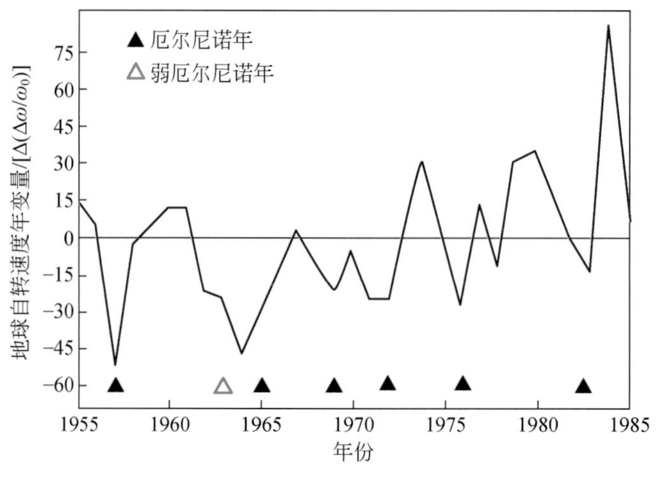

图2　地球自转速度年变量与厄尔尼诺年的关系图[3]

图2中曲线代表地球自转角速度年变量的变化，以地球自转角速度相对变化（$\Delta\omega/\omega_0$）的年平均值的相邻年之差表示，用UT_1的年均值当年减去前一年得到，单位为10^{-10}。UT_1是未扣除自转角速度季节变化的世界时系统，ω_0为1900年的地球自转角速度，$\Delta\omega$为观测时的自转角速度与1900年自转角速度的差值。实三角为产生厄尔尼诺的年份。

图3进一步表明，地球自转角速度月变量［图3（a）］与赤道东太平洋海温月变量［图3（b）］的关系也十分密切。图中地球自转角速度的月变量为相邻年相同月的UT_1月平均值的差值，海温的月变量也是相邻年相同月的月距平差值。从图3得知，历次厄尔尼诺增温时段均产生于地球自转角速度月变量的大幅度持续减慢时段，而且地

球自转角速度开始减慢时间一般超前于海温开始增温时间，超前时间平均为14d[3]。

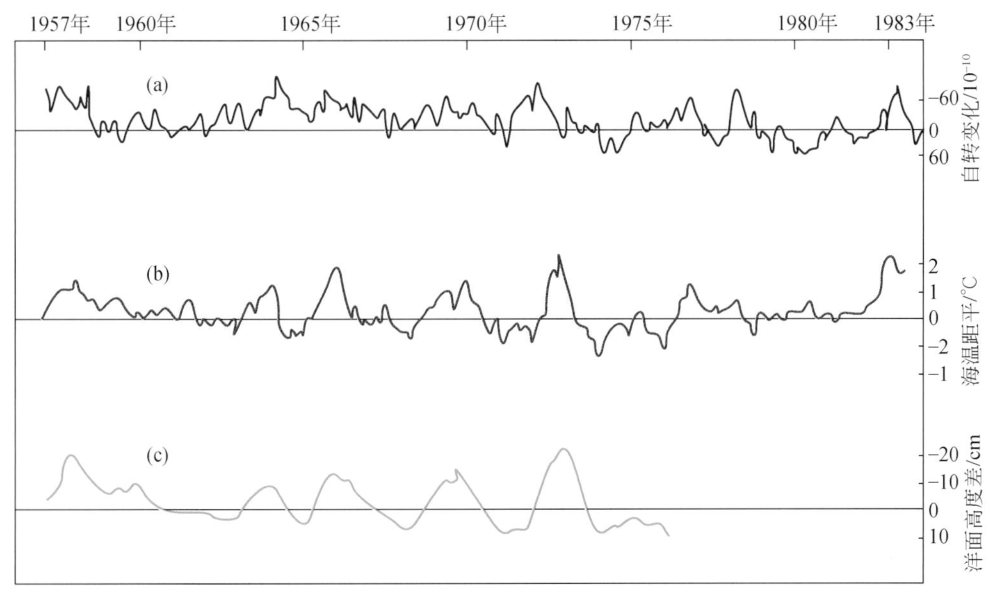

图3 地球自转速度变化与水圈异常的关系图[3]

（a）地球自转速度月变量（UT_1）曲线；（b）赤道东太平洋海温月变量（180°～80°W，5°S～5°N）曲线；（c）洋平面倾斜曲线；（a）和（b）为相邻年相同月差值的三点滑动值

赤道东太平洋水体在厄尔尼诺年因海底热水和海底火山物质的不断加入，以及受它们的加热作用而膨胀，使其洋平面可以高于赤道西太平洋的洋平面，而与非厄尔尼诺年在信风作用下，赤道太平洋洋平面的距平高度出现西高东低的现象相反，如图3（c）所示[4]。图3表明，地球自转角速度月变量、赤道东太平洋海温月变量和赤道太平洋西部与东部洋平面高度差距平变化三者之间存在着良好的对应关系，其负距平时段与地球自转减慢、赤道东太平洋海水增温相当一致。

当地球自转角速度加快时，则在离极运动作用下，于高纬度地区产生张性断裂活动，从而引起该地区的海水升温。冰岛的海冰指数和爱尔兰沿岸的浮冰周数的变化，均与地球自转角速度变化相一致。在20世纪初，地球自转角速度较慢，这些地方的海冰较多，时间较长；到20世纪20～30年代地球自转角速度较快，这些地方的海冰较少，时间较短；至60年代地球自转角速度又较慢，海冰也随之较多，时间较长。北极地区的巴伦支海水温和海冰占海域面积比率，也随地球自转角速度的变化而变化，只是30年代水温的峰值和海冰的极小值滞后于地球自转角速度的峰值而已[3]。所以，高纬度地区海温与赤道海洋温度往往呈相反的变化。在中白垩世，也出现两极高温、赤道海洋低温的现象。

地球自转角速度变慢过程中，赤道地区的大气和海水获得较多的向东角动量。计算表明[3]，地球自转角速度急剧减慢期间，在±10°的低纬度地区的大气和海水，分别可获得1m/s和0.5cm/s的向东相对速度，使该地区的信风和向西流动洋流减弱，引起东太平洋冷水上翻涌升流衰缓，加速该海域温度上升，助长厄尔尼诺现象的产生。因此在地球自转角速度急剧变慢期间，赤道大西洋东部涌升流区也有类似于厄尔尼诺的海水升温现象。

前人的研究表明，全球大气角动量的季节性变化，也会引起地球自转角速度的周年项变化。由于冬、夏半球接受太阳辐射的不同和南、北半球海陆分布面积的差异，北半球冬、夏季节的温度变化率和大气西风角动量变化大于南半球，从而导致地球自转角速度冬季慢夏季快的季节性变化。在地球自转角速度变慢的冬季，赤道地区的大气和海水也获得较大的向东角动量，促使赤道东太平洋海域每年冬季水温上升。对南美西岸这种每年出现于圣诞节前后的海水增温现象，秘鲁渔民称之为“圣婴”，即厄尔尼诺。虽然原来秘鲁渔民所称的厄尔尼诺，是指这种正常的季节性的海水温度变化，与现今科学界所说的几年一次的厄尔尼诺异常现象含义有所不同；但产生前者的因素对后者的形成无疑起着一定的促进作用，使厄尔尼诺年增温的盛期一般也出现于年末前后。

3 对各种厄尔尼诺成因假说的质疑

关于厄尔尼诺的成因虽然有种种说法，但由于一般多局限于大气圈和水圈范围内，因而迄今为止还未能真正找到产生这种影响全球气候变化的异常现象的原因。当前许多人主要强调赤道信风减弱这一因素对东太平洋海温增暖的作用。Wyrtki 认为[4]，前期西太平洋赤道东风带的持续增强，使西太平洋聚集了暖水，并造成太平洋洋平面西高东低现象。当东南信风减弱时，其向东的回复力便产生开尔文波向东传播，使赤道东太平洋海水增暖。Bjerknes 认为[5]，中、东太平洋的海温变暖是赤道信风减弱所致。陈烈庭提出类似的观点[6]，他认为东南信风和东北信风的减弱，导致赤道太平洋向西流动洋流和秘鲁冷洋流、加利福尼亚冷洋流、赤道东太平洋东部冷水上翻的衰缓，从而引起赤道东太平洋海温上升。这些认识虽然看到了赤道信风减弱这一因素对东太平洋海水变暖所起的作用，但并没有真正抓住厄尔尼诺年海水升温的主因。因为赤道信风减弱虽然大多数年份超前于厄尔尼诺年东太平洋海水升温，但有些年份前者却落后于后者，如开始于中太平洋增温的 1982 ~ 1983 年厄尔尼诺事件，增温时间便比赤道信风减弱期为早，温度在 1982 年 4 ~ 5 月已达峰值，向东传播到美洲西海岸时已是次年年中；厄尔尼诺年的海水增温，也不全是从秘鲁—厄瓜多尔沿岸开始，而是有时在赤道中太平洋升温后再向东发展；非厄尔尼诺年赤道太平洋洋平面虽然西部高于东部，但高差很小，只有 30cm 左右，向东回复力十分有限，而且在厄尔尼诺年东部还可高于西部，其高差绝对值与前者大致相等。任振球试图突破这种大气-海洋循环说的局限性，把岩石圈、水圈和大气圈的活动统一成一个整体，指出“地球自转急剧减慢是形成厄尔尼诺的一个重要因素”[3]，并根据大量的统计资料有力地证明了厄尔尼诺事件在时间上与地球自转急剧减慢之间的密切关系；但是他最终仍然未能真正摆脱大气-海洋循环说的束缚。他认为北半球变冷、大气角动量增大，引起地球自转角速度 3 ~ 4a 一次的准周期性变慢，这种变慢反过来又对大气圈和水圈产生一定的影响，使赤道地区的大气和海水获得较多的向东角动量，造成该地区的信风、向西流动洋流和东太平洋冷水上翻涌升流衰弱，导致东太平洋海水异常升温而发生厄尔尼诺事件[3]，没有涉及岩石圈张性断裂活动这一主要因素对厄尔尼诺形成所起的关键性作用。

虽然目前科学界仍然普遍认为，厄尔尼诺现象是海洋表层水增温所致，底层水温度不变，与地热作用无关。由于与海底热水和海底火山活动有关的热水上升到海洋表层后会迅速漫延开来，许多被外来暖水覆盖的海域下部存在着冷水区，但这不足以说明厄尔尼诺年促使海水增温的热能来源与断裂活动无关。这点作者相信，通过对赤道东太平洋地区控制海底热水和海底火山的断裂活动和水温分布的系统调查，可以予以彻底证实。

上述关于厄尔尼诺成因的新认识，把地球自转角速度变慢、断裂活动和水圈、大气圈作用紧密地联系在一起，组成一个有机的统一的整体，从而包容了种种成因说的合理部分，使它可以成为一个能够真正解决厄尔尼诺成因这一当今重大科学难题的新理论。

参考文献

[1] Wells J W. Goral growth and geochronometry. Nature, 1963, 197 (4871): 948-950.

[2] 李扬鉴，张星亮，陈延成．大陆层控构造导论．北京：地质出版社，1996.

[3] 任振球．全球变化——地球四大圈异常变化及其天文成因．北京：科学出版社，1990.

[4] Wyrtki K. The Southern Oscillation, ocean-atmosphere interaction and El Nino. Mar. Tech. Soc. J., 1982, 16 (1).

[5] Bjerknes J. Atmospheric teleconnections from the equatorial Pacific. Mon. Wea. Rev., 1969, 97 (3).

[6] 陈烈庭．太平洋海气相互作用的时空变化．气象学报，1983，41 (3).

解开厄尔尼诺成因之谜*

李扬鉴

（化学工业部化学矿产地质研究院）

编者按　最近，国内外有关气象机构纷纷发布预报，2002 年 4 ~ 5 月开始出现厄尔尼诺现象。厄尔尼诺是一种自然现象，目前对它的科学定义是，太平洋赤道一带的海水温度持续 6 个月比正常温度高出 0.5℃的异常增温现象。由于厄尔尼诺现象严重影响世界各地气候，并由此引发一系列自然灾害，长期以来，科学家一直在跟踪、研究厄尔尼诺，试图搞清楚发生厄尔尼诺的根本原因。目前，这项研究已取得一定进展。本版介绍的是一种新的厄尔尼诺成因说，它把地球自转速度变慢，东太平洋赤道地区东西向和南北向断裂的张性活动与热水、火山作用，及其该地区水圈、大气圈相互关系，紧密地联系在一起，对厄尔尼诺及拉尼娜（海水温度持续降低）的产生作出合理解释。

当然，这一学说与其他学说一样，还有待进一步深化和接受长时间观测数据的检验。人类真正解开厄尔尼诺之谜，以达到正确预测预报的目的，尚需要时日，需要多学科（包括地质学科）的共同努力。

大气海洋周期循环说、地球自转速度变慢说、地球内部热流说是当前解释厄尔尼诺形成的主要学说，但各有其一定的片面性。

关于厄尔尼诺形成的原因，目前科学界大致有下列三种观点。

其一是大气海洋周期循环说。这是一个长期以来为大多数学者所主张的观点。该观点强调赤道信风减弱这一因素对东太平洋海水变暖的作用，认为是东南信风和东北信风的减弱，导致了赤道太平洋向西流动洋流和秘鲁冷洋流、加利福尼亚冷洋流、赤道东太平洋东部冷水上翻的衰缓，从而引起赤道东太平洋海温上升。这种认识虽然看到了赤道信风减弱这一因素对东太平洋海水变暖所起的作用，但并没有真正抓住厄尔尼诺年海水升温的主因，因为赤道信风减弱虽然大多数年份超前于厄尔尼诺年东太平洋海水升温，但有些年份却是前者落后于后者，如 1982 ~ 1983 年发生于赤道中太平洋的厄尔尼诺事件，海水增温时间便比赤道信风减弱期为早；厄尔尼诺年的海水增温，也不都是从秘鲁—厄瓜多尔沿岸开始，有时在赤道中太平洋升温后再向东发展；厄尔尼诺年赤道太平洋洋平面，东部高于西部，与非厄尔尼诺年正相反。

其二是地球自转速度变慢说。1990 年，任振球先生试图克服大气海洋周期循环说的片面性，把岩石圈、水圈和大气圈的活动统一成一个整体，提出“地球自转急剧减慢是形成厄尔尼诺的一个重要因素”，并根据大量的统计资料，有力地证明了厄尔尼诺

---

* 本文原刊于《中国国土资源报》，2002 年 4 月 8 日，第 003 版。

事件发生在时间上与地球自转急剧减慢之间的密切关系。在 1956 ~ 1985 年所出现的 7 次厄尔尼诺事件中，6 次发生于地球转速急剧减慢的第二年，1 次是在上次厄尔尼诺年之后地球转速继续大幅度减慢的翌年产生的。可是由于他没有涉及岩石圈的断裂活动及其深源热流的参与，最终还是陷入了大气海洋周期循环说的困境。

其三是地球内部热流说。该学说指出了厄尔尼诺现象与东太平洋海底断裂活动及其火山、热水作用的密切关系。20 世纪 90 年代中期，丹尼尔 · 沃克经过长期调查研究，认为厄尔尼诺主要是由东太平洋海隆上断裂活动喷溢出来的熔岩加热了上覆水体所致。这一观点得到了美国国家海洋和大气管理局局长詹姆斯 · 贝克的支持。据该局提供部分资助的新调查表明，东太平洋海隆上火山活动产生了巨大的加热作用，其加热效果相当于 3000 座大的核反应堆。不过，该学说仅仅停留于现象描述上，没有涉及全球性构造应力场的分布和演化，因而不能解释这些海底断裂及其岩浆活动的规律性。

大陆层控构造学说认为，地球体积膨胀导致地球自转速度减缓，惯性力的作用使东太平洋赤道地区洋底的岩石圈被撕开，洋中脊扩张，导致海底热水和岩浆大量上涌，为厄尔尼诺现象的产生提供了主要热能来源

作者根据在《大陆层控构造导论》（地质出版社，1996 年）专著中所创立的大陆层控构造学说，从大地构造角度对厄尔尼诺成因提出新的认识。

地球在漫长的地质历史演化过程中，受所处天文环境和内部放射性元素蜕变热积累等诸多因素的影响，体积逐渐膨胀。据有关研究，晚古生代地球直径只有现在地球直径的 3/4。根据角动量守恒原则，地球体积一旦膨胀，其转动惯量势必加大，从而导致角速度的减慢。所以尽管地球在外部和内部因素的影响下，自转速度出现过不同周期、不同强度的时快时慢的变化，但总体上则呈逐渐减速趋势，使各地质历史时期的历年天数依次减少：寒武纪为 424 天，志留纪为 402 天，二叠纪为 390 天，白垩纪为 377 天，现在为 365 天。虽然引起地球自转速度变化的因素和变化的周期各异，产生的地壳运动强度有别，但它们所派生的全球性构造应力场性质却相同。

虽然赤道上的质点经向惯性力为零，但由于地球转速变慢时，南、北半球岩石圈派生了离开赤道的经向惯性力，使赤道地区还是受到了南北向拉张，从而产生东西向张性断裂。

地球主要膨胀部位在南半球。现代南半球洋壳面积占全球洋壳面积的 3/4，便与这种不对称膨胀作用有关。由于南半球膨胀速度大于北半球，导致赤道不断南移。故现在位于北半球中纬度的古赤道地区，在晚古生代和三叠纪先后产生了受东西向张性断裂控制的北古特提斯海和南新特提斯海。

大洋岩石圈规模大，惯性力强，又位于阻力小的软流层之上，故在地球转速急剧变慢时，其赤道地区的东西向张性断裂较为发育，该地区的东西向转换断层，也受到了强烈的南北向拉张作用。

据有关资料，近 2000 年来地球自转减慢累积达 2 小时左右。20 世纪 50 年代以来精密的原子钟测定结果也发现地球转速存在着 3 ~ 4 年的准周期变化。当今地球转速这种准周期性变慢所派生的南、北半球岩石圈背离赤道运动的惯性力，使得与中美海沟和秘鲁–智利海沟毗邻，且易于活动的东太平洋赤道地区的东西向转换断层，如加拉帕戈斯断裂等，在几年一次的南北向拉张力作用下，相应发生了张裂活动。

地球转速减慢时，距离地球自转轴最远的赤道岩石圈向东惯性力最大。由于南北向的东太平洋海隆东翼岩石圈向东倾斜，其东缘又与上述海沟应变空间相邻，这时赤道地区的海隆东翼岩石圈的向东运动速度，将大大超过其向西倾斜的西翼岩石圈，从而使赤道地区的东太平洋海隆扩张中心，发生比中纬度地区更为强烈的东西向拉张作用。

东太平洋赤道地区东西向转换断层和南北向海隆扩张中心强烈的拉张活动，引起该地区海底热水和岩浆的大量上涌，为厄尔尼诺现象的产生提供了主要热能来源。所以厄尔尼诺年的海水增温，大多从秘鲁—厄瓜多尔沿岸开始，随后才向西传播。

由于该地区海底热水和海底熔岩的大量加入，以及海水受热膨胀，其洋平面在厄尔尼诺年可以高出西太平洋赤道地区洋平面30cm。

在地球自转变慢过程中，东太平洋赤道地区的大气和海水获得了较多的向东纬向惯性力，造成该地区的信风、向西流动洋流和东太平洋冷水上翻流衰弱，从而加速赤道东太平洋海域增温，助长厄尔尼诺的形成。

不过中太平洋赤道地区的东西向张性断裂活动，有时会使该海域首先增温，然后再向东太平洋发展。例如，1982～1983年和1986～1987年这两次厄尔尼诺事件的发生。

地球转速减慢，东太平洋赤道地区的东西向和南北向断裂张性活动，海底热水、海底熔岩喷溢和气候变化需要一个发展过程，故厄尔尼诺事件总发生于地球转速急剧减慢之后。目前一些学者认为，厄尔尼诺现象是海洋表层水增温所致，底层水温度不变，与地热作用无关。其实，这是由于与海底热水和海底熔岩活动有关的暖水上升到海洋表层后会迅速漫延开来，许多被它覆盖的海域下部存在着冷水区。

作者相信，这点通过对东太平洋地区断裂活动及其水温分布情况的全面系统调查，将可以证实。

在地球转速减慢之后，如同钟摆一样，将出现一个加快时期，以恢复到正常的转速状态。当地球转速加快时，南、北半球岩石圈将派生朝向赤道的经向惯性力，使赤道地区受到南北向挤压。这时太平洋赤道地区的东西向断裂将停止张性活动，而处于休眠状态。

地球转速加快时，赤道地区岩石圈还获得了一个向西的纬向惯性力。这时南北向的东太平洋海隆由于其东翼岩石圈活动性大于西翼岩石圈，海隆中心扩张作用衰弱。因此，该时期东太平洋赤道地区的海底热水和海底火山活动将缺乏昔日的活跃景观，使来自地球内部的热能大大减少。在这期间，东太平洋赤道地区的大气和海水也获得了较多的向西纬向惯性力，加强了该地区的信风、向西流动洋流和东太平洋冷水上翻流的活动，使非厄尔尼诺年赤道太平洋洋平面，西部可以高出东部30cm左右，并造成赤道东太平洋海域温度变冷，这就造成了在厄尔尼诺之后，出现低温的拉尼娜现象。

知识链接 厄尔尼诺现象有5000年历史。2002年2月22日《科学》杂志发表的美国佐治亚大学和缅因大学科研人员的报告称，厄尔尼诺现象距今仅有5000年历史。这个结论，是对在秘鲁发现的距今5000～8000年的古鱼类化石进行系统研究后得出的，从而证实了科学界的一种观点，即气候改变从距今5000年左右开始，自那时起才有了现今的气候。

目前科学家发现，全球有3处发生厄尔尼诺现象，除了太平洋和印度洋之外，大西洋也有厄尔尼诺现象。前两个一般3～7年出现一次，而后者大西洋的厄尔尼诺现象则是在前两个发生之后12～18个月内形成。这一发现有助于了解厄尔尼诺现象产生的规律，并能准确地预报由这种现象引起的区域性大规模的干旱、洪灾、暴雨和飓风等灾害。

厄尔尼诺影响全球弊大于利。厄尔尼诺是当今科学界公认发现的最强的年际气候信号，一旦发生将给全球气候带来异常重大影响。

我国科学家对1871～1997年发生的30余次厄尔尼诺现象进行研究后认为，以造成热带东太平洋地区洪水泛滥、热带西太平洋地区荒芜干旱沙化为特征的厄尔尼诺，对全球的影响弊大于利，特别是20世纪90年代发生的4次（1991～1992年、1993年、1994～1995年、1997～1998年）厄尔尼诺，使太平洋沿岸国家遭受空前浩劫。澳大利亚发生几十年来最严重的干旱，粮食连年减产，经济作物严重受损；印度尼西亚和澳大利亚森林大火损失惨重；美国东部出现罕见的寒冬，造成能源、交通运输等经济损失达数百亿美元；东亚地区不少国家却出现了少见的冷夏，水稻作物严重减产。仅1995年全球记录到600多起因自然灾害造成的严重损失，导致1.8万人非正常死亡和约1800亿美元的经济损失。

有人说厄尔尼诺对人类社会有百害无一利。然而，人们发现它引发的暴雨为常年干旱或沙漠地区却带来好处。例如，1997～1998年，厄瓜多尔和秘鲁北部沙漠地区6个月内降雨达2500mm，使原来寸草不生的沙漠变为湖泊密布的大草原。

近年美国科学家研究发现，世界热带海洋排放的3/4二氧化碳来自于太平洋赤道海域，但是这些二氧化碳又被北太平洋所吸收，厄尔尼诺现象能够加强这种吸收过程。另外，厄尔尼诺会使海面以下深层的富含二氧化碳的冷水向上移动减少，这样海洋向大气层排放的二氧化碳也就减少。他们发现1991～1994年厄尔尼诺现象发生期间，海洋向地球大气层排放的二氧化碳减少了8%～30%。据美国国家海洋与大气管理局的研究报告，太平洋赤道海域1996年向大气层释放出9亿t二氧化碳，而在发生厄尔尼诺的1992年、1993年和1994年则分别只释放出3亿t、6亿t和7亿t。因此，美国科学家认为，厄尔尼诺现象有助于减少温室气体二氧化碳的排放，从而可延缓全球变暖。

论秦岭造山带及其立交桥式构造的动力学与流变学*

李扬鉴[1]　崔永强[2]

（1. 中化地质矿山总局地质研究院；2. 北京大学地质学系）

摘要　当前受国内外地学界广泛关注的秦岭印支造山带，其前身是地球自转速度缓慢变化过程中派生的纬向剪切力和重力共同作用下，于惯性力最大的上地壳所产生的受东西向走滑正断层控制的盆-山系，而不是洋壳俯冲形成的沟-弧-盆系；其造山机制是南秦岭断陷盆地上地壳底部刚硬的结晶基底，对北秦岭断隆山软弱的中地壳塑性层俯冲所造成的俯冲型壳内冲叠造山带，而不是整个岩石圈对软流层俯冲导生的板块碰撞造山带；其动力是发生于中三叠世与晚三叠世之间和三叠纪与侏罗纪之间两次巨大的陨星逆向撞击的陨击事件，促使地球自转角速度急剧变慢所派生的由南向北的强烈挤压作用，而不是地幔对流带动板块漂移碰撞；其高压超高压变质带是壳内俯冲动力作用所致，而不是陆壳俯冲到100km以深温压环境的产物；其立交桥式构造，是软流层响应了地壳上部新产生的不同方向的中-新生代断陷盆地引起的重力失衡作用的结果，而不是地幔柱主动隆升造成与原来东西向造山带的非耦合关系。

关键词　秦岭造山带；超高压变质带；立交桥式构造；大陆层控构造理论；盆-山系；冲叠造山带；动力学；流变学

1 引　　言

自从20世纪60年代板块构造学说问世以来，各国学者一直试图把这个发端于刚硬单一中新生代大洋岩石圈的学说引上大陆，但始终未能如愿。于是为了攻克这一世界性难题，1990年美国开始实施一个为期30年的国家级大陆动力学计划。虽然他们投入了大量人力财力，动用了各种高精尖的科技手段，可是由于继续坚持板块构造学说，认为大陆地壳运动受地幔柱、地幔对流控制。结果因指导思想不对头，处处碰壁。终于在2003年4月，美国学术界在网上以白皮书方式公布了《构造地质学与大地构造学

---

* 本文原刊于《地球物理学进展》，2005，20（4）。修改。

附记：本文根据作者创立的大陆层控构造学说，并吸收了新的有关资料和研究成果，对秦岭印支造山带的形成及演化作出了进一步论述。认为从其造山运动和高压超高压变质时间与陨击时间的同时性、造山运动作用力方向与陨星逆向撞击导生地球自转角速度急剧减慢派生的经向和纬向惯性力方向的一致性，以及造山作用产生的种种地质现象与秦岭地球物理剖面测深资料的统一性来看，该构造带为陨星逆向撞击导致南秦岭断陷盆地上地壳底部刚硬结晶基底向北秦岭断隆山中地壳塑性层顺层俯冲的动力学产物，而不是扬子板块向华北板块俯冲到100km以深围压作用的结果。

的新航程》① 的总结性文件，承认“大陆地质并不适于板块构造模式”，强调未来应以流变学为核心的理论模式去解开大陆构造之谜。

然而早在板块构造学说盛行的1996年第30届国际地质大会期间，作者在献给大会的专著《大陆层控构造导论》[1]和在大会学科讨论会上宣讲的论文《大陆层控构造论》[2]中，运用多元的新思维，从全球角度研究中国地质后便得出了结论：“板块构造学说是‘登不了陆’的”。并根据大陆岩石圈呈纵向分层的特点，从流变学的角度指出上覆刚硬层构造运动受下伏软弱层控制，把岩石圈构造分成4个不同层次不同性质的层圈构造。上地壳结晶基底顶部不整合面对盖层的控制，形成薄皮构造；中地壳塑性层对上地壳的控制，形成厚皮构造；异常地幔对地壳的控制，形成过渡壳构造（优地槽）；软流层对岩石圈的控制，形成板块构造。大陆构造主要是厚皮构造和过渡壳构造。作者还抓住了其中对大陆地壳运动起承上启下关键作用的中地壳塑性层流变学特点，并提出了多元的动力成因观，对大陆两种主要构造类型即盆-山系和冲叠造山带的成因机制及其演化作出了全面的系统的说明，从而把上述4个不同层次不同性质的层圈构造在时空四维上组成为一个有机的整体，创立了大陆层控构造学说。同时预言，大陆层控构造学说将超越板块构造学说，成为大陆地质研究新的理论基础。近些年来，这一预言已经逐渐得到了实现。的确，“研究中国地质、研究中国大地构造，必须根据中国实际，审视和运用从西方传播过来的地学理论和方法”[3]。本文从大陆层控构造学说独特角度，就当今国内外地学界广泛关注的秦岭印支造山带及其前身盆-山系的形成、演化和其他有关的若干重大问题，进一步提出作者的新认识。

2 地壳运动成因

2.1 多元动力成因观

过去各家在论述地壳运动的成因时，多持单元的动力观，尽管得到了某些事实的支持，具有合理的一面，但也产生了以偏概全的片面性。在地质科学史上拥有光辉一页的地槽-地台学说，主张垂直运动，强调重力作用。这种观点虽然能够从沉积学角度孤立地描述各个构造单元的形成和演化，对地壳运动规律的认识作出了重要贡献。但是由于它无视强烈的水平力的存在，因而无法解释受正断层控制的地槽系（盆-山系）为什么产生于它所在的地方，具有那样的形态和方向性，以及与相邻构造单元之间的关系；也难以说明地槽为什么能够褶皱回返和分布广泛的各种水平扭动现象的成因。

在垂直运动论盛行的时代，李四光力排众议，创立了独有特色的地质力学。他主张地球自转角速度变化派生的经向和纬向惯性力是造成地壳运动的主因，强调水平运动的重要性，提出了构造体系构造型式的系统观，把盖层构造研究推到一个崭新的高度。但是由于他漠视普遍的永恒的强大重力的作用，所以不能说明东西向和其他方向造山带前身受正断层控制的盆-山系的成因，导致该学说陷入了只谈“改造”不谈

① 郭安林、张国伟译，张国伟校。西北大学地质学系，2003年10月。

“建造”，只谈“形变”不谈“形成”的局限性。

20 世纪 60 年代以来，在海洋地质研究新进展基础上发展起来的号称地学革命的板块构造学说，主张洋中脊扩张、板块漂移和海沟俯冲的活动论，强调热能引起的地幔对流的作用。这种观点虽然描述了占地球总面积约三分之二的海洋地壳运动状况，把海洋地质研究带进一个空前的历史新阶段，并对全球地壳运动和演化的认识作出了突出贡献。但是在动力学上，它无视地球自转角速度变化派生的惯性力对洋中脊等构造单元的产生所起的主导作用，因而解释不了这些构造单元为什么出现于它们所在的地方，并具有与地球自转轴呈一定关系的方向性。其次，它漠视重力在洋中脊软流层隆起带侧翼斜坡上派生的下滑力和在海沟处密度倒转派生的下拽力对板块运动所起的重要作用，所以也难以说明为什么板块运动速度快于下伏地幔对流速度的原因。第三，它漠视地球膨胀对洋中脊扩张所起的显著作用，因而无法解释在大西洋中脊与印度洋中脊之间并无海沟消减带的情况下，它们仍然进行大规模扩张运动的原因。

上述各个学说及其他学说，由于受到历史条件的限制，没有论及全球性造山运动等突变事件与陨星撞击的关系，而多强调地球内部的自身演化，所以在急剧的突变事件面前只好束手无策。有鉴于此，作者根据自己长期的观察和研究，在多元思维的启示下，于前人成果的基础上，吸取了科学的新成就，提出了多元动力成因观[1]。作者认为地壳运动是地球自转力、陨星撞击力、重力和热力协调作用的产物，尽管它们在不同的构造体制和构造类型及其不同的演化阶段中所起的作用有所不同。多元动力成因观使单元动力成因观不能解释的种种地质现象得到了合理的说明。

2.2　地球自转角速度总体变慢

地球在地质历史时期，由于体积膨胀[4]和月球潮汐引力摩擦，自转角速度总体呈变慢趋势，各个地质时代历年天数依次减少，从寒武纪的 424 天，变化到现在的 365 天[5]。地球体积膨胀与万有引力常数随时间推移缓慢变小[6,7]、放射性物质衰变热积累[8,9]和地幔物质相变[10,11]等因素有关。

2.3　陨星撞击与地壳运动的关系

不过由于陨星的准周期性的逆向或顺向撞击，地质历史时期地球自转角速度在总体变慢过程中，多次发生时慢时快的急剧变化（图 1）。

Naiper[12]估算，一个直径为 4～31km 的陨星，对地球的冲击速度为 24.6km/s，所产生的能量为 $0.3\times10^{23}\sim150\times10^{23}$J，比 8.5 级大地震的能量 3.6×10^{17}J 大好几个数量级。这么巨大的动能将在地表撞出一个直径为 80～500km 的陨击坑，而且其逆向或顺向撞击派生的水平分力，还使地球自转角速度发生减慢或加快的急剧变化，产生强烈的经向和纬向惯性力。

目前世界各地震旦纪以来已知的 12 个直径在 40km 以上的陨石坑，其撞击时间依其大小分别与构造运动强度不同的代、纪、世或期的交界，呈良好的对应关系。其中，陨击坑直径在 160km 以上的 2 个，它们先后的撞击时间距今为 570Ma、65Ma，分别与新元古代（震旦纪）和古生代、中生代和新生代的交界相对应；直径在 100km 的 2 个，它们先后的撞击时间距今为212±2Ma和35±5Ma，分别与三叠纪和侏罗纪、始新世和渐新世的交界相对应或接近。直径在80～40km的8个，它们先后的撞击时间，其中有3个落在纪与纪的交界处，其中5个为期与期的交界处[13]。发生于65Ma前墨西哥尤卡坦半岛直径为180km撞击坑的陨击事件，便是一个典型的例子。该次事件导致地球自转角速度急剧变快（图1），产生了全球性的造山运动，促使印度次大陆与亚洲大陆的初始碰撞，北冰洋中脊的形成，以及广泛的火山喷发、古气候重大变化、恐龙及其他生物大规模灭绝和地球磁极的倒转，从而使中生代过渡到新生代。

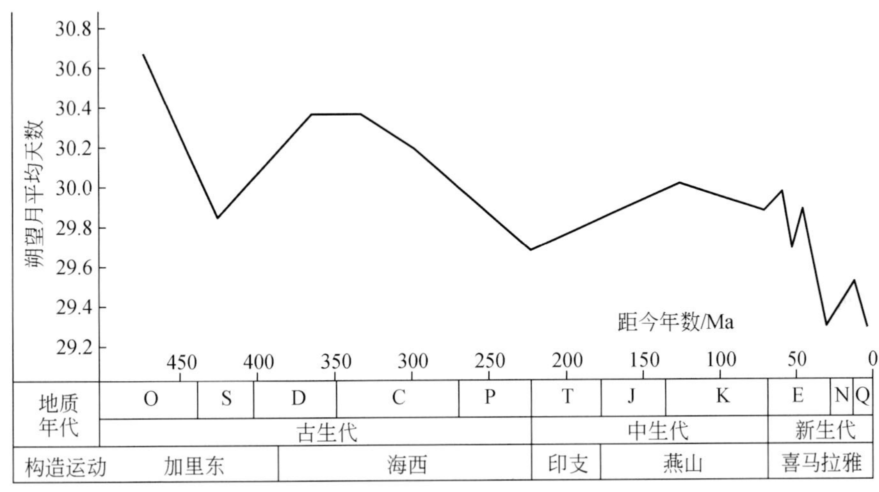

图1　地球自转速度变化与地壳构造运动的关系[14]

2.4　地球自转角速度变化派生的各种惯性力

当地球自转角速度变化时，将产生离心惯性力增量 ΔF 和纬向惯性力 F_φ。前者分解为垂直于地面的法向分力 ΔF_n 和平行于地面的经向切向分力 ΔF_τ（图2）。

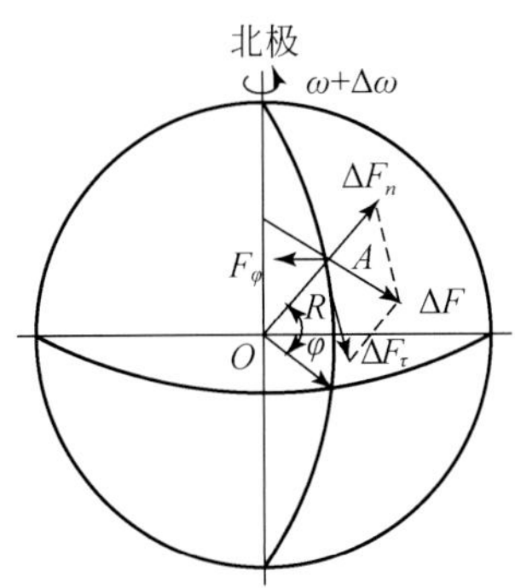

图2　地球自转角速度变化时任一点 A 的3个附加力的图解

其中 ΔF_τ 和 F_φ 与地壳运动的关系最为密切。它们的大小为

$$\Delta F_\tau = m\omega\Delta\omega R\sin 2\varphi$$

$$F_\varphi = m\varepsilon R\cos\varphi$$

式中，m 为 A 点质量；ω 为地球自转角速度；$\Delta\omega$ 为地球自转角速度 ω 的增量；ε 为地

球自转角加速度；R 为地球平均半径；φ 为 A 点地理纬度。

从上式得知，上地壳离地球自转轴最远，惯性力最强，上面又是没有什么阻力的自由空间，下伏还是中地壳塑性层，故地球自转速度变化产生的地壳运动，以该层发生最早，位移量也最大。其中 ΔF_τ 主要集中于中纬度地区，F_φ 则越向赤道越大。由于不同纬度地区的纬向惯性力强弱不同，从而使位于不同纬度的相邻地区之间产生了东西向剪切力。F_φ 的方向与加速度方向相反。

当地球自转角速度变慢时，$\Delta\omega$ 为负值，ΔF_τ 的方向由赤道指向两极，从而使赤道地区受到南北向拉张，中纬度地区产生自低纬度向高纬度的挤压；ε 为负值，F_φ 的方向由西向东，东西向剪切力的方向，北半球为左行，南半球为右行［图 3（a）］。当地球自转角速度变快时，$\Delta\omega$ 为正值，ΔF_τ 的方向由两极指向赤道，从而使两极地区受到拉张，中纬度地区产生自高纬度向低纬度的挤压；ε 为正值，F_φ 的方向由东向西，东西向剪切力的方向，北半球为右行，南半球为左行［图 3（b）］。

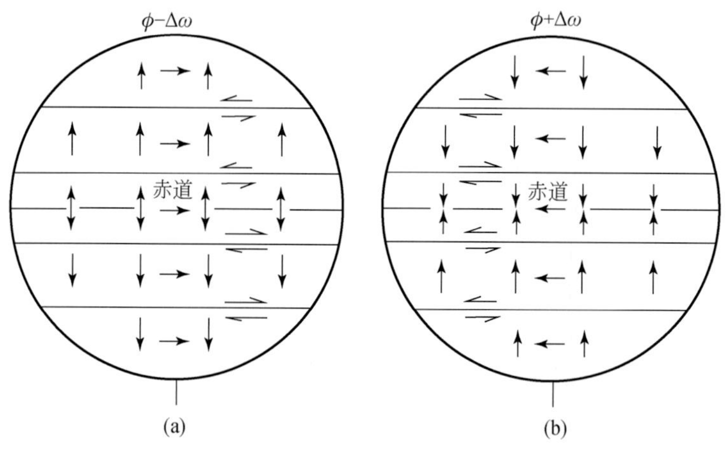

图 3　地球自转速度变化时南北半球经向惯性力与纬向惯性力及其东西向剪切力大小和方向示意图

有些学者根据上述质点力的计算结果，认为这些惯性力很小，不足以推动构造运动。其实这是一个误解。因为岩层具有一定强度，力可以传递；各个层圈、各个地块之间可以相对运动；地球自转惯性力是体力，具有较长的共同作用线，可以累加。故质点力虽小，但它是个力系，可作力系合成计算，其强度还是足够大的。

对于地球自转角速度变化所产生的应力，王仁等[15]根据古生物资料提供的地球自转变化的平均速率，用电子计算机对轴对称地球模型进行了分层计算，得出的结论是在 10^6 年量级的长时期单向变化的情况下，由离心惯性力的变化可以积累起 10^7 Pa量级的应力，足以引起岩层形变。中纬度地区的东西向造山带、中低纬度地区的南北向洋中脊、两极地区的环状和放射状断裂及全球性的剪性断裂，便与它们的作用有关。其实上述计算，还没有考虑到陨星撞击引起的地球自转速度在短时间内更加急剧的变化。

2.5 地球自转角速度变化所产生的构造运动

在地球自转角速度变慢的过程中，古赤道地区在南北向拉张力和重力共同作用下，产生了由东西向张性正断层发展而成的特提斯海槽，把联合大陆分割成北半球的劳亚古陆和南半球的冈瓦纳古陆。由于地球呈不对称膨胀，南半球膨胀率大于北半球。当今南半球海洋面积占全球海洋面积的3/4，便与这种不对称膨胀作用有关。该不对称膨胀作用导致古赤道不断南移，故今日主要位于北半球中纬度地区的基默里大陆，其北南两侧于晚古生代后期和中新生代先后产生了北古特提斯海槽和南新特提斯海槽[16-18]。古赤道大幅度南移，从而造成了环南极洲洋中脊以北诸陆块，根据古地磁等资料出现向北长距离漂移的假象。

海槽多是条带状的陆表海，属于冒地槽厚皮构造或优地槽过渡壳构造，而不是大洋或小洋。

地球自转角速度逐渐变慢时期，中纬度地区及其近邻低纬度带的上地壳，在缓慢的东西向剪切力、赤道指向极区经向挤压力和重力的共同作用下，分别产生了东西向剪性正断层和北东向、北西向X型压剪性正断层[19]，形成了盆-山系[20-22]。例如，东西向的兴蒙海西造山带、秦岭印支造山带，以及北北东—北东向的南华加里东造山带[22]，便是在陨星撞击引起地球自转角速度急剧变化所派生的南北向和东西向挤压力强烈作用下，由这些盆-山系演变而成的[1]。

所以地球自转角速度逐渐变化期间，是全球性的造盆时期，以长期的缓慢的升降运动为特征，重力起主导作用；而陨击事件所引起的地球自转角速度的急剧变化，则产生全球性的造山运动，以短暂的快速的水平运动占优势，水平力跃居支配地位。所以在地质历史时期均变与突变交替出现[3]。不少学者根据板块在洋中脊软流层隆起带侧翼斜坡下滑力和海沟处密度倒转下拽力作用下的均速运动，来否定突变事件在地壳运动演化过程中的重要性，是片面的。

过去人们往往只强调水平力的作用，对与水平力具有同等重要意义的普遍的永恒的重力，在正断层形成过程中所起的举足轻重的作用缺乏应有的认识，因而认为一切正断层都是水平拉张力的产物。其实在重力作用参与下，剪性断裂和压剪性断裂也多呈正断层产出[1,19]。由于这两种正断层都具有显著的平移现象，一般被统称为走滑正断层。

地球自转角速度变快时期的离极运动，使两极地区中新生代分别产生了横贯北冰洋和环南极洲的洋中脊，以及在中纬度地区造就了多条不同时代纬向构造带，这点前人已经有过论述[24,25]；可是更为重要的地球自转角速度变慢所形成的特提斯海槽、盆-山系和冲叠造山带，却反而被人们漠视了。

过去一些学者在论述地球自转速度变化的原因时，只强调地球内部因素的作用[24,26]。其实离开陨星撞击，仅靠地球自身的演化，无法解释地质历史时期地球自转角速度在总体变慢过程中，为什么会产生忽慢忽快急剧变化及强烈造山运动等全球性的突变事件的成因。

到了中生代板块构造开始出现之后[1]，板块运动最终导致陆-陆碰撞，从而使支配板块运动的重力转变成侧压力，形成了碰撞造山带，并在大陆内部产生了远程效应。

3　南秦岭断陷盆地与北秦岭断隆山成因

3.1　南秦岭断陷盆地成因

从震旦纪开始，在地球自转角速度逐渐变慢所派生的东西向剪切力和重力共同作用下，于商丹一带纬向惯性力最大的上地壳，产生了一条长达1000多千米、以左行为主的东西向剪性正断层，把前震旦纪华夏大陆壳上部切成扬子和华北两个陆块[27]。作为下降盘的扬子陆块北部，形成了南秦岭断陷盆地海槽，在太古宇和古元古界中深变质岩系所组成的结晶基底或中-新元古界浅变质岩系的长期剥蚀面上，沉积了震旦系；作为上升盘的华北陆块南缘，则产生了北秦岭断隆山，两者组成了盆-山系（图4），从而使南、北秦岭从晚震旦世起，便具有完全不同的沉积环境[28]。该时期的南秦岭海槽，还向西与同期产生的祁连海槽相连。

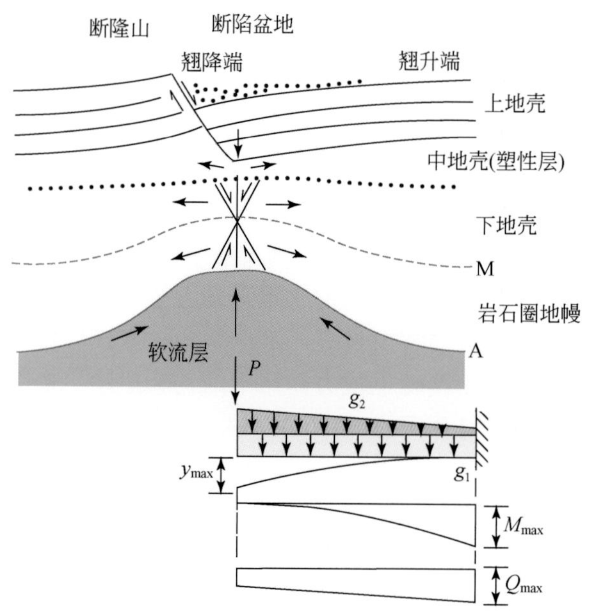

图4　盆-山系及其深部构造成因机制剖面示意图

M. 莫霍面；A. 软流层或异常地幔顶面

断陷盆地和断隆山是构造形态名称。前者包括正断层下降盘的地堑、裂谷和地槽，后者包括正断层上升盘的地垒、裂谷肩和地背斜。人们往往把地槽视为大型向斜，把地背斜视为大型背斜，是不切实际的。其实它们都是受正断层控制的盆-山系，不然的话，它们为什么能够大幅度沉降，并呈箕状产出，形成楔形沉积，其强烈的岩浆活动又是通过什么渠道上来的呢。

由于秦岭造山带位于藏滇缅马古赤道纬向拉张带特提斯海槽北面，又一直受到广泛的东西向剪切力的强烈作用，各个发展阶段普遍发育着弥散性的不同层次不同类型以左行为主的走滑剪切构造，而与特提斯海槽演变而成的阿尔卑斯造山带截然不同[28]。

这些现象表明，它们是不同动力作用的产物。因此秦岭海槽与特提斯海槽不能相提并论。

商丹上地壳剪性正断层的两盘，在其底部刚硬的结晶基底驮载下，沿着下伏软弱的中地壳顶面进行顺层走滑运动。厚达10km的上地壳重力所产生的垂向压力为2.6×10^8Pa，比地球自转角速度缓慢变化派生的水平应力10^7Pa量级大一个数量级。上地壳这么巨大的重力能，在大面积的顺层走滑运动过程中，通过上地壳与中地壳塑性层之间长距离的强烈摩擦转变成大量的热能，助长了中地壳塑性层物质选择性重熔，形成含花岗质岩浆的低速低阻层，从而使花岗岩在大陆地壳深部往往呈席状产出。根据有关方面的研究，北秦岭新元古代以来多数Ⅰ型花岗岩源区，均位于上地壳底部秦岭群结晶基底之下的中地壳[28]。当今在商丹断裂附近的中地壳，还残存着17km厚的低速层[29]。近一二十年来地质科学的重大进展之一，是通过地球物理测深手段、深钻超深钻实施和深部地质研究，发现大陆中地壳低速低阻塑性层的广泛存在。

位于中地壳塑性层之上，作为商丹剪性正断层上盘的扬子陆块北部上地壳，在自身重力均布载荷g_1和断层面上覆三棱柱体重力集力载荷P作用下，其受力状态和变形情况，类似于以下伏中地壳塑性层为弹性基础、以断层面为自由端的弹性基础悬臂梁（图4）。该盘在悬臂梁的弯矩M和剪切力Q的作用下，趋向断层面挠度y变大，成为箕状断陷盆地，进行楔状沉积[20,21]。盆地基底在沉降过程中，受充填物分布载荷g_2的叠加作用，趋向断层面沉降幅度进一步加大。由于断陷盆地宽度往往达几十千米，其悬臂梁的弯矩和剪切力异常强大，故断陷盆地多以箕状为基本构造形态，沉降幅度一般也达几千米至十几千米。规模巨大的南秦岭箕状断陷盆地北部主断陷带商丹海槽，早古生代的巨厚沉积物，在志留纪加里东运动期间，被来自北秦岭断隆山的推覆体所覆盖和混杂，现在无法直接观察到当时的沉降幅度；不过从其北侧的北秦岭断隆山的隆升幅度和基性岩的广泛分布，以及南边所派生的次一级盆-山系的规模来看，它已经发展成较深的优地槽。

3.2 北秦岭断隆山成因

商丹海槽在深深地沉降过程中，把下伏中地壳塑性层物质大规模压入北秦岭断隆山中地壳，促使其上地壳大幅度抬升（图4）。今日北秦岭南缘作为上地壳底部结晶基底的古元古代秦岭群广泛出露于地表，便与该时期的大幅度抬升有关。当今中国中东部的阴山、燕山、太行山和秦岭等宏伟山脉，便是在其毗邻的中、新生代断陷盆地强烈沉降过程中，把下伏中地壳塑性层物质大规模压入上升盘中地壳所形成的断隆山[20]。据地球物理测深资料，现在华北地区P波最低速度为5.8～6.0km/s的中地壳塑性层，其厚度在平原断陷区为8～10km，而在毗邻的山西高原和燕山中部断隆区，则分别达到20km和12～14km[30]。

关于作为大陆两种主要构造类型之一的盆-山系的成因机制，由于人们往往只强调水平力的作用，认为断陷盆地是水平拉张力的产物，而其断隆山则是水平挤压作用的结果（张文佑，1984；白文吉等，1991），没有认识到它们是属于同一个上地壳重力作用的产物，受下伏中地壳塑性层流变性控制。

一般把下伏软弱层仅仅视为上覆刚硬层的拆离、滑脱面，其实它还控制着上覆刚硬层的升降运动。没有下伏中地壳塑性层物质大规模侧向迁移，上地壳断陷盆地和断隆上便无法产生。

中地壳塑性层物质在长距离流动和大幅度上升过程中，由于强烈摩擦和急剧减压而进一步糜棱岩化和重熔，在盆-山系时期北秦岭分布着一系列震旦纪至中三叠世的I型花岗岩，其中以中奥陶世至中泥盆世最为发育。广泛分布于断隆山上的变质核杂岩，也多以盆-山系形成时所产生的中酸性岩浆岩为核心。由于断隆山的火成岩物质多来自毗邻的断陷盆地一侧，所以不能根据北秦岭断隆山丹凤一带中奥陶世至中泥盆世的I型花岗岩和基性火山岩，自南而北的地球化学与同位素成分的极性变化，表明它们的物质来自南秦岭断陷盆地深部，便断言扬子陆块从该时期起就向华北陆块俯冲[28]。这点从那时的南秦岭断陷盆地北缘，并没有出现俯冲作用所产生的褶皱逆冲等强烈挤压现象可以得到充分的说明。

3.3 异常地幔隆起及其派生的地质现象

商丹主断陷在大幅度的沉降过程中，压走了大量下伏中地壳塑性层物质，使该部位岩石圈的重力失衡。于是其下伏软流层（或异常地幔，下同）在重力均衡作用下便向上隆起，使断陷盆地的深部构造与盆地基底构造普遍呈镜像关系[20]（图4）。由于被压走的中地壳塑性层物质与盆地中新充填物之间的密度差大大地超过软流层与岩石圈地幔及下地壳之间的密度差，故软流层的隆升幅度远远大于上面断陷盆地的沉降幅度。把秦岭东段切割成东秦岭和桐柏-大别两段的南阳中新生代断陷盆地沉降幅度为9000m，而其异常地幔隆起幅度却达数十千米。冀中拗陷新生代沉积厚度为6000～8000m，其软流层隆起幅度也高达30多千米。因此软流层隆起是断陷盆地形成的结果，而不是形成的原因。把地幔柱作为产生断陷盆地的原动力，显然是本末倒置了。这点从控制这些断陷盆地的正断层都具有一定的方向性和平移规律，而不是地幔柱所形成的环状放射状断裂也可以得到有力的说明；何况软流层隆起与断陷盆地伴随，往往形成条带状，而不是柱状。

商丹主断陷的软流层在大幅度隆升过程中，由于围压急剧减小而进一步重熔，并促使上覆岩石圈地幔和下地壳上拱而产生张性破裂（图4），引起基性超基性岩浆上侵、喷溢。它带来了大量的热量和挥发分等物质，也助长了中地壳重熔。所以断陷盆地在演化过程中，往往首先出现来自中地壳的中酸性岩浆，尔后才有地幔流体上涌。根据岩石学、岩石化学和地球化学研究[31]表明，北秦岭早古生代火山岩，是一套具有双峰式特点的大陆裂谷的产物。所以控制基性超基性岩浆活动的断裂，不一定是直接切穿地壳和岩石圈的深大断裂。中国东部控制中新生代玄武岩浆活动的正断层，据测深资料显示，它们几乎都终止于中地壳塑性层中，并没有直接向下延伸。首先提出深大断裂概念的苏联大地构造学家裴伟在晚年承认，该概念是他年轻时在缺乏事实根据的情况下建立的。

软流层及其物质在断陷盆地深部隆起及上涌，引起盆地及其周围地区岩石圈普遍沉降。所以断陷盆地形成时期，毗邻地区也发生了广泛的海侵[32]。南秦岭从晚震旦纪开始，其中的地垒便由古陆演变为碳酸盐台地[33]。

3.4 蛇绿岩及其有关问题

地球在热力和重力作用下不断进行层圈分化运动，到了中生代才形成了规模巨大、分异充分的软流层。前中生代可能只有规模较小、分异不充分的异常地幔。时至今日，软流层也不是遍及全球的圈层，而只是集中于大洋及其邻区。现在大陆内部许多所谓的软流层，可能也还只是异常地幔而已，与大洋的软流层不是一回事。不过为了叙述方便，本文对大陆内部这些异常地幔，姑且一概以软流层称之。没有软流层便没有大洋岩石圈，故在当今散布着许多古陆块的各大洋中，却没有一块前侏罗纪的洋壳。没有软流层和密度大于下伏软流层的洋壳，岩石圈就不可能在密度倒转驱动力作用下，于海沟处不断俯冲、潜没，就不会有板块运动。前中生代没有软流层，只有异常地幔，故断陷盆地演化到后期，只是引起玄武质岩浆广泛活动，在断陷盆地海槽中形成蛇绿岩，上地壳断陷盆地厚皮构造由此演变成过渡壳构造，即优地槽便终止了，不可能进一步进行海底大规模扩张。这就难怪在大陆造山带，包括秦岭印支带中所发现的所谓古洋壳遗迹的蛇绿岩，无论在规模或地球化学等方面，都与现代洋壳存在着显著的差别[28]。正如国外和国内一些学者[33,34]所指出的，蛇绿岩不是洋壳残片，而主要是属于大陆裂谷型镁铁质-超镁铁质岩石组合。所以把秦岭这些断断续续的蛇绿岩称为大洋或小洋的遗迹是不妥当的。因为这是两种不同构造性质和不同构造体制的问题，不是靠板块构造微型化所可能解决的。何况根据一些学者的深入研究[35]，其中分布于北秦岭的商丹构造带的松树沟蛇绿岩形成时代不晚于1000Ma；分布于二郎坪群、丹凤群中的超镁铁质岩及镁铁质岩可能不属于典型的蛇绿岩，形成时代不晚于800Ma；分布于南秦岭勉略构造带的蛇绿岩形成于早前寒武纪，而且它们都分布于古生代的断隆山及其周边，因此与震旦纪以来的断陷盆地海槽无关。根据新近的研究[36]表明，大别山并无蛇绿岩。其中两期镁铁质-超镁铁质岩，一期为前寒武纪变质的基性-超基性侵入岩或火山岩经过构造就位的；另一期为中生代未变质的基性-超基性侵入岩。

3.5 南秦岭南部次断陷成因

南秦岭断陷盆地在自身重力作用下呈弹性基础悬臂梁受力状态，故不独在其临近商丹正断层“自由端”的南秦岭北缘沉降幅度最大，形成商丹主断陷；在其远离商丹正断层的南秦岭南缘安康—旬阳一带的悬臂梁“固定端”，由于存在着由最大弯矩M_{max}（图4）派生的强烈纵向张应力，该部位早古生代产生了张性正断层，形成了次断陷海槽，堆积了以深水细粒碳酸盐岩和硅质碎屑浊积岩体系。而在商丹主断陷与安康-旬阳次断陷之间，则成为中央断隆带，以发育浅水台地碳酸盐岩和陆棚碎屑岩沉积体系为特征，形成两堑夹一垒的构造格局。有些学者认为该次断陷是由于独立的地幔柱引起的扩张作用所致[28]，看来并不切合实际。因为独立的地幔柱作用解释不了控制该次断陷的正断层，为什么恰恰出现于南秦岭箕状断陷盆地的翘升端，并大致与商丹主断裂平行的原因。其实箕状断陷盆地在其翘升端派生次断陷，从而构成两堑夹一垒的构造格局，是受正断层控制的地槽系一种普遍的构造形式，优地槽即主断陷，冒地槽即次断陷，两者之间的冒地背斜即中央断隆山。位于优地槽外侧的优地槽背斜即与主断陷毗邻的主断隆山这种构造形式在中国东部中、新生代断陷盆地中也是屡见不鲜的[1]。

不过由于南秦岭箕状断陷盆地规模巨大，故在其中央断隆带中有的地段又派生了次一级断陷带，形成多断陷多断隆的构造景观[23]。

3.6 北秦岭北部次断陷成因

北秦岭断隆山在早古生代大幅度隆升过程中，其北侧二郎坪一带悬臂梁“固定端”也存在着最大弯矩派生的强烈纵向张应力，而产生张性正断层，形成次断陷海槽，堆积了二郎坪群沉积-火山岩系。这种由断隆山抬升所派生的山后次断陷，在当今位于渭河新生代断陷盆地南侧、自始新世以来大幅度抬升的秦岭断隆山的南缘也广泛分布。在该部位出现一系列与山系大致平行的受张性正断层控制的新生代小型断陷[28]。所以北秦岭断隆山北缘的二郎坪古生代海槽，不是扬子陆块向华北陆块俯冲所产生的弧后盆地，而是北秦岭断隆山隆升过程派生的产物。在构造形态上，主断陷、断隆山和山后次断陷，与板块构造的沟-弧-盆系有点类似，但它们的构造层次及成因机制却截然不同[37,38]。前者主要是受中地壳塑性层控制的厚皮构造，以垂向运动为主；后者则是受软流层控制的板块构造，以水平运动占优势。把中生代以来才出现的、发端于刚硬单一、密度大于下伏软流层的大洋岩石圈的板块构造模式，硬搬到岩石圈呈纵向分层、密度又小于下伏软流层的古老大陆来，是不切实际的，这无论把板块构造如何微型化都无济于事。

3.7 加里东运动成因及其对秦岭盆-山系的影响

到了志留纪末期，地球自转速度由变慢迅速转为变快（图 1)，从而派生了由极区指向赤道的强烈挤压力，激起了加里东造山运动，并使商丹断裂的走滑方向由过去的左行转变为右行。在该自北而南的挤压力作用下，北秦岭断隆山上的盖层向南侧商丹海槽临空面大规模推覆，与该海槽的下古生界相混杂。北秦岭内部也产生了一系列向南推覆、向下收敛归并于中地壳塑性层的逆冲断层，形成了以推覆构造为特征的北秦岭加里东造山带，并封闭了其中早古生代海槽，使北秦岭普遍缺失泥盆系，石炭-二叠系含煤地层不整合于老地层之上[23]。祁连海槽也在这次造山运动中封闭。

这次造山运动是北秦岭向南秦岭推覆，而不是南秦岭向北秦岭俯冲，故该次运动南秦岭下古生界并没有发生变形变质和岩浆活动等造山作用，只是造成广泛抬升。商丹主断陷深部软流层隆起带物质，在上覆巨大推覆体的重压下大规模向南流动，引起该时期南秦岭岩石圈普遍抬升，尤其是与推覆体毗邻的南侧抬升幅度更大，而露出水面遭受剥蚀，使尔后该带的中上泥盆系刘岭群，沉积在下部寒武-奥陶系白云岩的平行不整合面上。商丹主断陷软流层的隆升幅度被大大压低，造成其隆起顶部岩石圈地幔和下地壳的张性断裂部分封闭，该断陷晚古生代基性超基性岩浆活动趋于平息。

由于商丹一带出现了被视为早古生代洋壳遗迹的蛇绿岩，不少学者把这次北秦岭断隆山对南秦岭断陷盆地的推覆，认为是板块碰撞，而称之为“碰撞不造山”。

商丹主断陷在推覆体的重力强烈作用下进一步沉降，从而使其南面翘升端外移到勉县—略阳一带隆升区，在弹性基础悬臂梁固定端最大弯矩所派生的纵向张应力强烈作用下，于早泥盆世开始产生了张性正断层，形成了次断陷海槽。该海槽起初强烈断陷，在中-新元古界碧口群火山-沉积岩系不整合面上，沉积了下-中泥盆统踏坡群。到晚泥盆世—石炭纪进入缓慢沉降的断拗-拗陷阶段。所以晚古生代勉略海槽的产生，也是该时期南秦岭箕状断陷盆地弹性基础悬臂梁固定端弯矩派生的纵向张应力的产物，而不是什么地幔柱作用的结果。地幔柱产生的断裂是环状和放射状。地幔柱成因假说[28]，既无法说明勉略海槽为什么产生于南秦岭箕状断陷盆地的翘升端，并与商丹断裂大致平行，也解释不了其断陷时间为什么是尾随于志留纪加里东运动北秦岭断隆山向南秦岭断陷盆地大规模推覆之后的早泥盆世。

3.8 海西期秦岭盆-山系的演化

加里东运动之后，由于地球自转角速度变化减慢和应力能的释放，南北向挤压力趋于衰弱，所以南秦岭北部经过了志留纪后期至泥盆纪前期的隆升剥蚀之后，从中泥盆世开始，东西向剪切力和重力再次发挥了主导作用，于商丹一带的东西向剪性正断层又重新活动，使北部刘岭群沉积在新元古界变火山岩推覆体上，并含有来自北秦岭断隆山秦岭群砾石[39]。晚古生代至中三叠世，南秦岭也形成了两堑夹一垒构造格局，在商丹主断陷与勉略次断陷之间，出现了由白水江岛、佛坪岛和迷魂阵—古道岭水下高地等所组成的中央断隆带。

北秦岭断隆山随着商丹主断陷的不断沉降、中地壳塑性层物质的不断挤入而逐渐隆起，从而带动了南侧商丹主断陷北缘的抬升。到了晚泥盆世，商丹主断陷沉积层序不断变浅，沉积中心不断南移，使断陷盆地转入断拗阶段，但沉积厚度仍达3000～4000m，反映盆地继续处于沉降状态。从断陷到断拗到拗陷的演化序列，在中国东部中、新生代断陷盆地中也普遍存在[20]。这种构造现象是盆-山系下伏中地壳塑性层物质侧迁，以及随后软流层物质流向断陷区集中、上涌、喷溢，造成上覆岩石圈广泛沉降的产物[32]，与板块俯冲作用无关。一些学者据此认为南秦岭与北秦岭于晚泥盆世—中石炭世时期发生初始碰撞，是不切实际的。因为碰撞所产生的构造现象，是强烈的水平挤压而不是升降运动。

在距今3.6亿年泥盆纪与石炭纪交界附近，于瑞典和加拿大分别发生了直径为55km和54km陨击坑的逆向撞击事件[13]，使地球自转角速度又开始变慢（图1）。这次陨击事件，虽然造成包括中国南方在内的全球性生物大规模灭绝[23]、兴蒙海西造山带在“古亚洲洋”消亡的基础上崛起，但由于陨星规模不太大，在秦岭地区并没有产生重要的造山运动，只是使北秦岭二郎坪残余盆地封闭和变形，以及在强烈的东西向剪切力和一定的南北向挤压力共同作用下，于商丹带内广泛发育走滑韧性剪切现象，剪切方向也由泥盆纪的右行恢复为左行[28]。

在地球自转角速度逐渐变化过程中，南北半球不但产生了东西向剪切力，而且还派生了缓慢的南北向挤压力。它们在上地壳重力参与作用下，使秦岭地区不仅形成了受东西向剪性正断层控制的纵向盆-山系，而且也出现了一些南北向张性正断层和北北东、北北西向压剪性正断层所产生的横向盆-山系，造成东西向盆-山系与近南北向盆-山系并存的构造格局[40]，在两者叠加的断隆山高升成“孤岛”，两者叠加的断陷盆地深降为“孤盆”，如中泥盆世南秦岭的镇安“孤岛”和毗邻的柞水“孤盆”等。

4 秦岭印支冲叠造山带成因

4.1 陨星撞击与秦岭印支造山带的形成

三叠纪后期，世界先后发生了 4 次陨击坑直径在 40km 以上的重大陨击事件。它们的撞击时间和撞击地点分别为：<225Ma，陨击坑直径 45km，发生于塔吉克斯坦；220. 5±18Ma，陨击坑直径 40km，发生于加拿大曼尼托巴省；220±10Ma，陨击坑直径 80km，发生于俄罗斯伊万诺沃州；212±2Ma，陨击坑直径 100km，发生于加拿大魁北克省。该时期也产生了两幕印支运动：第一幕产生于中三叠世与晚三叠世之间，距今 235. 0Ma；第二幕产生于三叠纪与侏罗纪之间，距今 208. 0Ma。根据这两幕印支运动作用力方向判断，其中该两次与两幕印支运动同时的陨击事件，应该都是逆向撞击，促使地球自转角速度急剧减慢，从而在南北半球派生了强烈的由赤道指向两极的经向惯性力和自西向东的纬向惯性力［图 3（a）］。

该时期位于北半球的南秦岭断陷盆地上地壳底部刚硬的结晶基底，由于断落到与北秦岭断隆山软弱的中地壳塑性层直接接触，阻力较小，在强烈的由南向北经向惯性力和自西向而东的纬向惯性力共同作用下，便向北秦岭中地壳塑性层进行北偏东斜向顺层俯冲。于是北秦岭断隆山便成为具有双层结晶基底的冲叠带，而进一步抬升；南秦岭断陷盆地上地壳底部结晶基底在俯冲过程中，其上覆盖层被刮削了下来，则形成向南倒转、仰冲的冲褶带，并在其南缘与扬子地台交界处，生成前陆盆地薄皮构造（图 5）。这是一种由盆-山系演变而成、受中地壳塑性层控制的俯冲型冲叠造山带厚皮构造，而与受软流层控制、由沟-弧-盆系演变而成的碰撞造山带板块构造，无论在构造层次或成因机制都截然不同。所以称秦岭印支冲叠造山带为碰撞造山带是不合适的。秦岭印支造山带是在大陆内部形成的，与板块碰撞无关，从而解开了该造山带“造山不碰撞”这一长期之谜。

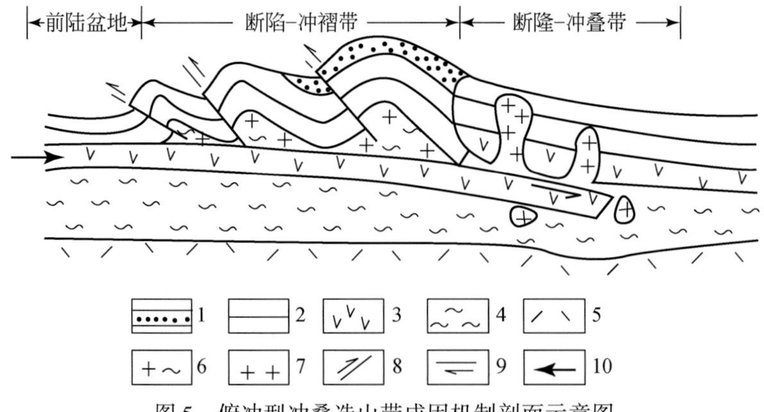

图 5 俯冲型冲叠造山带成因机制剖面示意图

1. 盆地中充填物；2. 盆地基底（盖层）；3. 上地壳结晶基底；4. 中地壳塑性层；5. 下地壳；6. 交代型花岗岩；7. 重熔型花岗岩；8. 逆冲断层；9. 俯冲方向；10. 主动力作用方向

印支运动之后，秦岭造山带发生了冲叠、褶皱、逆冲，地壳大大加厚，从而把盆-山系时期软流层隆起带物质压向四方，导致它们的岩石圈抬升，迫使海水从秦岭及其邻区全面退出，结束了该地区的海相历史，进入了陆相新时期。

根据对曹家敏等就横穿东秦岭 QB-1 地球物理剖面的地震资料进行二维射线追踪处理得到的二维速度结构图所作的新解释[1]，该结晶基底俯冲岩板沿商丹断裂向北俯冲到栾川断裂一带，俯冲距离达 50km 左右（图 6）。

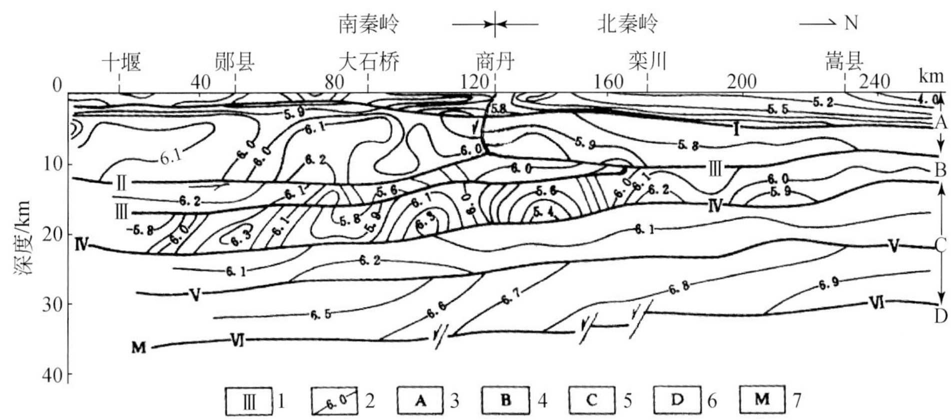

图 6　东秦岭造山带 QB-1 二维速度结构剖面图（据曹家敏等，1994，略修改）

1. 不同的地震波速层分界线编号；2. 地震波速；3. 上地壳；4. 中地壳塑性层（部分熔融）；5. 下地壳；6. 上地幔岩石圈；7. 莫霍面

从图 6 可以看出，南秦岭上地壳结晶基底在俯冲过程中，与中地壳塑性层物质发生了强烈的挤压和摩擦，使中地壳物质产生了塑性流变和选择性重熔，造成了 P 波速度的急剧变化：垂向上由上地壳的 6.0～6.2km/s 下降到 5.4～6.1km/s，出现速度倒转现象；横向上则为 5.4～6.3km/s，显示了物质性状的不均匀性。但是下地壳上部 P 波速度却保持在 6.1～6.2km/s，十分稳定，而且下地壳上部等速度线大体呈水平产出，无明显的构造活动迹象，表明南秦岭上地壳结晶基底的向北俯冲，局限于中地壳塑性层内部，并无向下穿层现象。至于该地段莫霍面的 3 处错断，则是 3～4km 厚的结晶基底，在自南而北俯冲过程中强烈的垂向压力所产生的独立阶梯状正断层，并使下地壳下部等速度线略向南倾斜，而不是一些学者[28]所认为的与上地壳断裂相连的切入地幔的叠瓦状陆壳俯冲带。邓县-南漳反射地震剖面也清楚显示，扬子陆块上地壳底面向北沿大约 20km 深处俯冲于秦岭-大别造山带之下[41]。

上述根据地球物理资料所作的壳内俯冲作用的分析，也得到了地球化学研究结果的证实：在栾川断裂与商丹断裂之间印支期花岗岩的长石 Pb 同位素组成与南秦岭印支期花岗岩的长石 Pb 同位素组成相似，以及 Nd 同位素和特征微量元素显示，两者的源岩类似于南秦岭元古宙基底岩层特征[28]。

北秦岭冲叠带中地壳重熔物质，在俯冲岩板强烈推挤下大量向上侵位，而成为秦岭花岗岩重要活动期。它们于商州以西的秦岭地区，形成了深源浅成 I 型花岗岩岩株或斑岩群，产生了斑岩型超大型钼矿床和钨、金、铜、硫、铁多金属矿[42]。

南秦岭冲褶带中与下伏结晶基底拆离的大型背斜，其核部虚脱空间由于减压和吸入作用，引起该部位的岩石熔点下降和大量岩汁流入，产生了重熔和交代现象，形成浅源深成S型花岗岩大的岩体或岩基，以及与其有关的沉积改造型金矿、铅锌矿和汞锑矿等，使印支期的南秦岭与北秦岭产生了明显不同的花岗岩类型及其成矿专属性。不过它们都与南秦岭上地壳结晶基底的俯冲、拆离有关，故其花岗岩的部分物质都共同来自该结晶基底，使它们的某些同位素和特征微量元素存在着一定的相似性[28]。秦岭造山带印支期花岗岩年龄值为197～220Ma，与该时期陨击事件时间大体一致。

综上所述，没有盆-山系的垂向错动为冲叠造山运动提供有利的侧向应变空间，那么冲叠造山带的形成便难以想象，所以俯冲型和仰冲型冲叠造山带都是在盆-山系的基础上演变而成的[1,2]。

由于大陆岩石圈密度小于下伏软流层，不能像大洋岩石圈那样可以依靠密度倒转驱动力，在海沟处作长期地不断地俯冲潜没，而只有受陨星撞击地球自转角速度发生急剧变化时派生的强大水平挤压力，才能克服中地壳塑性层的阻力进行有限的俯冲。当挤压力一旦减弱，俯冲作用也就停止。因此冲叠造山带的俯冲距离，已知的只有几千米至几十千米。与南北向和东西向挤压力斜交的北北东—北东向的南华加里东造山带，先后历经了100Ma、4次造山运动才最终完成[23]。

上述秦岭俯冲型冲叠造山带这个崭新的造山新模式，作者在《大陆层控构造导论》[1]初步提出时，是受昔日枫林矿区经常见到的这个顶板正断层下降盘底层，沿着其顶部这层只有几厘米厚的碳质页岩夹层，向其上升盘软弱的煤系进行顺层俯冲启迪的(图7)。的确，自然界许多重大科学问题的发现，着实是从细小事物观察开始的。

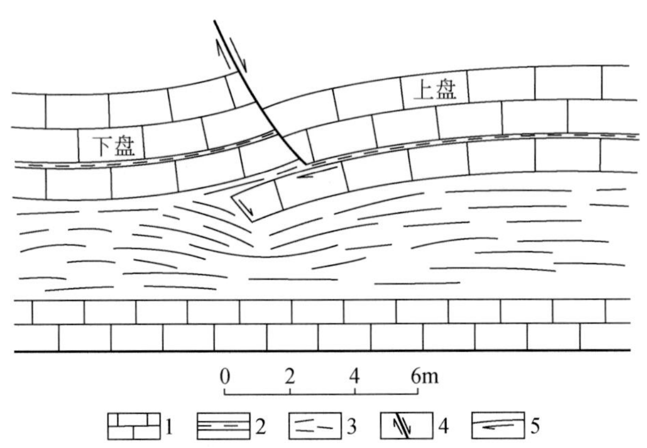

图7　湖北枫林矿区煤系顶板压剪性正断层下降盘底层演变成顺层俯冲断层剖面素描图[1]

1. 石灰岩层；2. 碳质页岩；3. 煤系；4. 正断层；5. 顺层俯冲断层

4.2　超高压变质岩的形成-折返机制

秦岭印支造山带中由表壳岩系、花岗质片麻岩和变质基性岩类三套岩石组合构成的几千米厚结晶基底，在俯冲过程中巨大的动力能，使其自身也受到了强烈的顺层挤压，形成一系列剖面X型断裂，组成了所谓的鳄鱼状构造[28]，并发生高压超高压变质作用，变质年龄距今230Ma和210Ma，与该时期产生的两幕造山运动的两次陨击事件时间大体一致。陨击事件引起的俯冲岩板强烈挤压力来去匆匆，故其中超高压变质带中易于产生退变质作用的柯石英超高压变质矿物也能保存下来。近些年来不少学者对大别山等地发现的超高压变质矿物形成的温压条件，按埋深进行推算，认为这些超高压变质矿物是陆壳俯冲到100～120km，甚至200km深度的产物，并以此作为板块俯冲、碰撞的确切证据。同时还断言，陆壳在俯冲到该深度之后又快速折返地面，使其中很不稳定的柯石英不至于发生退变质作用。于是问题也就来了，哪里来的强大力量使密度小得多的陆壳，能够这样深深地俯冲入密度大得多的地幔中？随后又是什么动力、以什么方式使它们快速折返地面？以上便成为当今国内外地学界百思不得其解的重大科学难题。

不过近年来一些学者[43]采用俯冲、断离模式，来解释大别印支造山带高压超高压变质岩的形成-折返原因。他们认为，冷的扬子陆壳被前导俯冲洋壳下拽到200km深处。在该深度的温压条件下，陆壳物质便发生了高压超高压变质作用。随后前导俯冲洋壳断离，低密度的高压超高压变质岩便浮到中地壳。俯冲洋壳断离后导致地幔上涌，形成热穹窿，使高压超高压变质岩又从中地壳进一步上升，经剥蚀后出露地表。

姑且不谈秦岭-大别印支造山带前身并非大洋小洋；即使是存在着洋壳，由于洋壳密度只比下伏软流层密度大0.1g/cm^{3}左右。区区这点微小的密度差如何能够把密度低得多的巨厚陆壳拖入地幔如此深呢？而且在扬子陆壳被下拽到该深处之后，厚达数十千米计的前导俯冲洋壳为什么又突然发生断离，让高压超高压变质岩石浮到中地壳？随后热穹窿又怎样使这些变质岩石再度上升？这个构思虽然巧妙，但却难以令人置信。

其实南秦岭断陷盆地的上地壳结晶基底俯冲岩板，只是顺层俯冲入北秦岭断隆山的中地壳塑性层中，俯冲深度才10km左右；而且俯冲后它也没有随即折返地面，只是动力作用快速减弱而已。把一个动力学问题当成一个静力学问题来处理，自然无法自圆其说。

到了晚侏罗世至新生代，大别地区先后作为北西西向晓天-磨子潭正断层和北北东向郯庐正断层南段共同的断隆盘，其上地壳才被高高地抬起。经过了长期地剥蚀，该上地壳底部结晶基底大别群俯冲岩板及其印支运动所产生的榴辉岩、柯石英和金刚石等高压超高压变质岩石矿物，以及下伏中地壳塑性层物质及其花岗岩和混合杂岩才直接露出地表，形成罗田等变质核杂岩。这种折返机制，是后来盆-山系的产物，主要受重力作用控制，而不是挤压隆升或地幔热流所致。所以在大别地区深部存在着一套从毗邻断陷盆地中地壳塑性层压过来的巨厚低阻层[28]。

印支运动自西向东的两期纬向惯性力，则使阿拉善古陆和六盘山西南古隆起连接成总体呈南北向的断隆山上地壳，先后两次向鄂尔多斯西缘的贺兰山-六盘山断陷盆地仰冲、推覆，使该盆-山系演变成仰冲型冲叠造山带厚皮构造，并在其东侧由西到东先后形成了两条长达600km的南北向压陷盆地沉降带：晚三叠世沉降带位于银川西侧；侏罗纪沉降带则东移至银川东边（汤锡元等，1992）。

综上所述，秦岭印支造山带无论从其造山运动时间和高压超高压变质时间与该时期陨击事件发生时间的同时性、造山运动作用力方向与地球自转角速度急剧减慢派生的经向和纬向惯性力方向的一致性，以及造山作用的种种地质现象与秦岭南北向地球物理剖面测深资料的统一性来看，该造山带都是陨星逆向撞击引起南秦岭断陷盆地上地壳底部刚硬的结晶基底向北秦岭断隆山中地壳塑性层顺层俯冲的产物，而不是南秦岭扬子陆块随意向北秦岭进行板块俯冲、碰撞和折返的结果。

三叠纪后期发生了 4 次陨击坑直径为 40 ~ 100km 的大型陨击事件，使该时期地球在这样密集强烈的陨击下，发生多次全球性的造山运动，而成为地壳运动史上一个重大转折点；而且还引起地球内部物质大解体、大分异，造成异常地幔演变成软流层，导致侏罗纪以来海底大规模扩张、大洋岩石圈和板块构造形成。

5　秦岭立交桥式构造成因

晚白垩世，印度板块西南侧 NW 向的卡尔斯伯格洋脊开始形成[44]。位于该洋脊软流层隆起带东北翼的印度板块，在自身重力作用下，顺着下伏软流层斜坡下滑，速度为 165mm/a，并沿雅鲁藏布海槽俯冲于欧亚大陆之下，对欧亚大陆进行强烈的推挤。印度板块东端西隆突出体对欧亚大陆北东向推挤导生的辐射状区域应力场[45]，使中国中、东部形成了一系列晚白垩世—古近纪断陷盆地。其中，中国大陆 NNE—SN 向的两个重力梯级带横跨秦岭印支造山带的部位，分别产生了南襄、汉江和徽成等断陷盆地。

南襄盆地所在地区，受近东西向挤压，使该地区刚硬的上地壳产生了一系列 NW 向左行断裂和 NE 向右行断裂所组成的平面 X 型断裂[46]。如前所述，这些位于中地壳塑性层之上的上地壳断裂，在自身重力共同作用下，均呈正断层产出，上盘形成断陷盆地。由于平面 X 型断裂交汇处的内夹角块体，受到两侧断裂的切割稳定性更差，断陷更深，而成为沉积中心，形成所谓的扇状断陷，与一般受单一断陷控制的箕状断陷盆地形态有所不同[46]。这些盆地在沉降过程中，也把下伏中地壳塑性层物质压向下盘，促使该盘上地壳向上掀斜成为断隆山（凸起），两者组成盆-山系。盆地断陷多深，被压走的中地壳塑性层物质便有多厚，于是造成该部位的重力失衡，软流层上拱。软流层上拱引起上覆岩石圈地幔和下地壳横弯隆起。它们在横弯隆起过程中，其轴部物质被大量压向两翼，使各层横弯隆起幅度自下而上迅速递减，抵达中地壳塑性层即行消失。所以南襄盆地地幔隆起高度只有 2 ~ 3km[46]，比深部软流层隆起高度小得多。各层横弯隆起轴部还产生纵向张性断裂，导致软流层中的地幔流体（包括玄武质岩浆）涌入中地壳塑性层，随后通过上地壳断裂外排。南襄盆地到了新近纪，地幔流体大量外排，引起上覆岩石圈全面沉降，使盆地从断陷阶段转向拗陷阶段[46]。江汉盆地在晚白垩纪和中始新世先后发生了玄武岩溢溢后，该盆地也分别于古新世—早始新世和晚始新世之后，由断陷阶段转入拗陷阶段[47]。

南襄盆地及其南边的江汉盆地，把秦岭-大别造山带切成东秦岭和桐柏-大别两段。于是它们总体呈近南北向的地幔隆起带，自然便与近东西向的秦岭印支造山带呈高角度相交，而形成所谓的立交桥式构造。该立交桥式构造是不同地质时代、不同区域构造应力场的产物。所以似乎不能根据该构造便得出结论，认为秦岭造山带现今三维结构层圈都呈非耦合关系和地幔是主动隆升的结论[28]。地幔主动隆升说无法解释其上面控制断陷盆地的正断层，为什么具有一定的方向性和平移规律这些重要的构造现象。其实该带地幔的隆起，是对其上面中-新生代断陷盆地造成岩石圈重力失衡的响应，它们之间是呈耦合关系的。至于它们与先存的秦岭印支造山带呈非耦合关系，则是正常现象。因为地幔（严格说是软流层）的起伏，主要是反映上覆岩石圈晚近的重力均衡状态，而不是地幔柱主动隆升的产物。

多年来，国外和国内许多学者在研究大陆地壳运动成因时，由于受到当今流行的板块构造学说的束缚，又把目光盯在地球深部捉摸不定的所谓地幔柱的作用上。结果由于着眼点不对头，大陆构造之谜长期以来悬而未决。其实，20 世纪 60 年代发端于中-新生代海洋地质的板块构造学说，是登不了陆的，也不适合于前侏罗纪尚未形成软流层和大洋岩石圈的构造体制；而且任何离开地球自转速度变化、重力作用和陨星撞击的动力学成因假说，也不可能真正找到解决大陆地壳运动动力学问题的正确途径。事实说明，对于从区域地质基础上发展起来的地质科学来说，中国地质科学的现代化，决不意味着一定是西方化。

参考文献

[1] 李扬鉴，张星亮，陈延成．大陆层控构造导论．北京：地质出版社，1996.

[2] Li Y J, Zhang X L, Chen Y C. Continental Layer-Bound Tectonics. In: Progress in Geology of China (1993-1996) ——Papers to 30th IGC. Beijing: China Ocean Press, 1996.

[3] 任纪舜．关于中国大地构造研究之思考．地质论评，1996，42（4）：290-294.

[4] Carey S W. The expanding earth. Elsevier Sci. Publ. Comp. , 1976: 366-488.

[5] Wells J W. Corol growth and geochronometry. Nature, 1963, 197: 948-950.

[6] Dicke R H. The Earth and cosmology. Science, 1962, 138: 653.

[7] Dicke R H. Possible effects on the solar system of waves if they exist. In: Gravitation and relativity, 1964: 241-257.

[8] Turcotte D L, Ozburgh E R. Mantle convection and the new global tectonics. Ann. Rev. Fluid. Mech. , 1972, 4 (4): 33-66.

[9] Lliboutry L . Tectonophysique et geodynamique. Paris: Masson, 1982.

[10] Egyed L . A new dynamic conception of the internal constitution of the Earth. Geol. , 1957, 46: 101-121.

[11] Egyed L . Dirac's. cosmology and the origin of the solar system. Nature, 1960, 186: 621-622.

[12] Naiper W M, Clube S V M. A theory of terrestrial catastrophism. Nature, 1979, 282: 455-459.

[13] 任振球．小行星会撞击地球吗？科技日报，1994-10-25.（第 2 版）.

[14] 王仁．地质力学提出的一些力学问题．力学，1976，(2)：85-93.

[15] 王仁，何国琦，王永法．地球动力学简介——现状与展望//中国地质学会构造地质专业委员会. 构造地质学进展．北京：科学出版社，1982.

[16] Sengor A M C. East Asia Tectonic Collage. Nature, 1985, 18: 16-17.

[17] Sengor A M C. The Tethyside orogenic system: An introduction. In: Sengor A M C (ed), Tectonic Evolutionof the Tethyan Regions. Istanbul Technical University Faculty of Mines, 1989: 1-22.

[18] Sengor A M C. Plate Tectonics and Orogenic Research after 25 Years: A Tethyan perspective. Earth-Science Reviews, 1990, 27: 1-201.

[19] 李扬鉴．压剪性正断层的成因机制与能量破裂理论//构造地质论丛．北京：地质出版社，1985，(4)：150-161.

[20] 李扬鉴，林梁，赵宝金．中国东部中、新生代断陷盆地成因机制新模式．石油与天然气地质，1988，9（4）：334-345.

[21] Li Y J. An alternative model of the formation of the Meso-Cenozoic down- faulted basins in eastern China. In: Progress in Geosciences of China (1985-1988) ——papers to 28th IGC, Volume Ⅱ. Beijing: Geological Publishing House, 1989: 153-156.

[22] 李扬鉴，张星亮，陈延成．中国东部中新生代盆-山系及其有关地质现象的成因机制．中国区域地质，1996，(1)：88-95.

[23] 刘宝珺，许效松，潘杏南，等．中国南方古大陆沉积地壳演化与成矿．北京：科学出版社，1993.

[24] 李四光．地质力学概论．北京：科学出版社，1973.

[25] 盖保民．地球演化．第二卷．北京：中国科学技术出版社，1991.

[26] 盖保民．地球演化．第一卷．北京：中国科学技术出版社，1991.

[27] 耿树方，严克明．论扬子地台与华北地台属同一个岩石圈板块．中国区域地质，1991，(2)：97-112.

[28] 张国伟，张本仁，袁学诚，等．秦岭造山带与大陆动力学．北京：科学出版社，2001.

[29] 袁学诚．秦岭造山带的深部构造与构造演化//叶连俊．秦岭造山带学术讨论会论文选集．西安：西北大学出版社，1991：174-184.

[30] 孙武城，祝治平，张利，等．对华北地壳上地幔的探测与研究//中国大陆深部构造的研究与进展．北京：地质出版社，1988：19-37.

[31] 姜常义，魏合明，赵太平，等．北秦岭侵入岩带与晋宁运动．北京：地质出版社，1998.

[32] 李扬鉴．略论地台区的海进、海退与相邻地槽区的造盆、造山运动伴生的原因．化工矿产地质，1999，21 (4)：193-199.

[33] 赵宗溥．蛇绿岩与大陆缝合线．地质科学，1984，(4)：359-372.

[34] 赵宗溥．试论陆内型造山作用——以秦岭-大别山造山带为例．地质科学，1995，30 (1)：19-27.

[35] 张传林，董永观，杨志华．秦岭晋宁期的两条蛇绿岩带及其对秦岭-大别构造演化的制约．地质学报，2000，74 (4)：313-324.

[36] 钱存超，路玉林，刘丽利，等．大别山两期镁铁质-超镁铁质岩特征及成因讨论．火山地质与矿产，2001，22 (4)：269-277.

[37] 李扬鉴．弧后盆地成因机制新模式//中国地质学会编．“七五”地质科技重要成果学术交流会议论文选集．北京：北京科学技术出版社，1992：36-40.

[38] Li Y J. A new model of the Formation Mechanism about Back-Arc Basin. In：Progress in Geology of China (1989-1992) ——Papers to 29th IGC. Beijing：Geological Publishing House，1992：67-69.

[39] 许志琴，牛宝贵，刘志刚．秦岭-大别“碰撞-陆内”型复合山链的构造体制及陆内板块动力学机制//叶连俊．秦岭造山带学术讨论会论文选集．西安：西北大学出版社，1991：139-147.

[40] 杨志华，郭俊锋，苏生瑞，等．秦岭造山带基础地质研究新进展．中国地质，2002，29 (3)：246-256.

[41] 袁学诚，任纪舜，徐明才，等．东秦岭邓县-南漳反射地震剖面及其构造意义．中国地质，2002，29 (1)：14-19.

[42] 卢欣祥．东秦岭花岗岩//叶连俊．秦岭造山带学术讨论会论文选集．西安：西北大学出版社，1991：250-260.

[43] 王清晨，林伟．大别山碰撞造山带的地球动力学．地学前缘，2002，9 (4)：257-265.

[44] Зоненшэйн ЛП，Сэвостин ЛА. Введение В геодинэмику. М.，Недрэ，1979.

[45] 丁国瑜．中国岩石圈动力学概论．北京：地震出版社，1991.

[46] 刘来民，王定一，车自成，等．南襄盆地构造发育特征//《中国含油气区构造特征》编委会编. 中国含油气区构造特征．北京：石油工业出版社，1989：163-174.

[47] 潘国恩，朱振东．江汉盆地构造及其对油气的控制作用//《中国含油气区构造特征》编委会编. 中国含油气区构造特征．北京：石油工业出版社，1989：175-187.

略论地台区的海进、海退与相邻地槽区的造盆、造山运动伴生的原因*

李扬鉴

（化学工业部化学矿产地质研究院）

摘要 地台区的海进、海退，分别与相邻地槽区的造盆和造山运动伴生这一普遍现象，主要是在重力均衡作用下，软流层或异常地幔物质侧向迁移所致。地槽区造盆运动，造成该区中地壳塑性层减薄，从而在重力均衡作用下，相邻地台区的软流层物质便向该区顺层流入，促使其软流层隆起。地台区软流层物质大量他流，势必引起岩石圈沉降，产生海进。华北地台中石炭世—早二叠世早期整体沉降，形成了中国重要的石炭-二叠纪聚煤区，便与其南北两侧秦岭和中亚-蒙古地槽区在该时期的造盆运动有关。地槽区的造山运动，造成该区地壳加厚，从而在重力均衡作用下，该区隆起的软流层物质，又流回相邻地台区，促使地台区地壳抬升，产生海退。华北地台区晚奥陶世—早石炭世的抬升剥蚀和从早二叠世晚期起转入陆相沉积发展阶段，便分别与南北两侧的秦岭和中亚-蒙古地槽区于加里东早期和海西晚期的造山运动相联系。

关键词 地台区；地槽区；造盆运动；造山运动；海进；海退

1 问题的提出

地台区的海进、海退，分别与相邻地槽区的造盆和造山运动伴生。关于这一普遍的地质现象的成因，人们往往强调水平力的作用。赵重远认为[1]，华北地台在加里东早期造山运动期间，受南北两侧秦岭和中亚-蒙古地槽的相向俯冲作用，而拱曲抬升，缺失上奥陶统—下石炭统沉积；海西初期，秦岭和中亚-蒙古地槽再度拉开，夹于两者之间的华北地台，因侧压力松弛和地幔物质流向两侧地槽拉张区而沉降，沉积了海相或海陆交互相中、上石炭统和下二叠统山西组；海西末期，秦岭地槽又向北俯冲消减，中亚-蒙古地槽也因西伯利亚地台与华北地台的汇聚而消亡，使华北地台受到了第二次南北对挤，而再次抬升，海水从此全面退出，进入陆相沉积发展段阶。

* 本文原刊于《化工矿产地质》，1999，21（4）。修改。

附记：本文把地壳运动与地球自转角速度变化派生的经向和纬向惯性力相联系，把漫长渐变的造盆运动与重力作用相联系，把短暂突变的造山运动与陨星逆向或顺向撞击相联系，把海平面升降运动与软流层（或异常地幔）物质流动相联系，把前中生代地槽陆表海与异常地幔相联系，把中生代以来海底扩张、大洋岩石圈和板块构造与软流层相联系，把异常地幔演化成软流层与三叠纪后期4次密集强烈的陨击事件相联系，从而把地壳运动的形成和演化绘成一幅空间分布有序、时间演化和谐的宏伟构造画卷。

其实地台区的海进和海退，分别与毗邻地槽区的造盆和造山运动伴生这一现象，主要是在重力均衡作用下，地槽区在造盆和造山运动期间，分别迫使下伏软流层（或异常地幔，下同）物质，向该区顺层流入或从该区顺层流出，从而引起相邻地台区地壳沉降或抬升，产生海进或海退。赵重远等强调水平力的作用，看来并没有抓到问题的实质。因为地槽区的造山运动，无力派生那么强大的侧压力，使刚硬的地台区全面抬升；而地槽区的造盆运动，主要是在重力作用下产生沉降，并不一定都与拉张有关，虽然拉张作用可以加剧重力失衡，扩大地幔流体侧向流入的规模。

2　地台区海进与毗邻地槽区造盆运动伴生的原因

2.1　地球不对称膨胀及其产生的各种性质正断层

地球在漫长的地质历史演化过程中，受所处天文环境和地球内部放射性元素蜕变热积累等诸多因素影响，体积逐渐膨胀，自转速度呈总体缓慢减速趋势，使地质历史时期的历年天数逐渐减少，从寒武纪的424天，变化到现在的365天；虽然其间因发生陨星的逆向或顺向准周期性撞击事件，转速出现过短时间的急剧变化。

地球膨胀是不对称的，南半球膨胀率大于北半球。现代南半球的海洋面积占全球海洋面积的75%～80%，便与这种不对称膨胀作用有关。在地球自转轴大体固定的情况下，古赤道不断南移，从而造成了环南极洲洋中脊以北各陆块，根据古地磁和古气候等资料，出现向北大幅度漂移的假象。

地球自转角速度在逐渐变慢过程中，派生了自赤道指向两极的经向惯性力、自西向东的纬向惯性力和东西向剪切力（北半球左行，南半球右行）。这些缓慢的水平力与重力一起，使离地球自转轴最远、惯性力最大的刚硬上地壳，在赤道地区产生东西向张性正断层，在中纬度地区产生东西向剪性正断层，以及北北东—北东向和北北西—北西向压剪性正断层[2]。压剪性正断层为水平挤压力和重力共同作用下，所形成的呈正断层产出的平面X型断裂[3]，而水平拉张力与重力共同作用下，所产生的呈正断层产出的平面X型断裂，则为张剪性正断层[4]。由此可知，正断层具有张性、张剪性、剪性和压剪性4种类型，把正断层一概视为拉张作用产物这一传统观点，是造成构造地质学领域长期以来出现许多不切实际认识的症结所在。

2.2　盆–山系的形成

位于中地壳塑性层之上的各种性质的上地壳正断层上盘，在自身重力均布载荷 g_1 和断层面上覆三棱柱体重力集中载荷 P 作用下，其受力状态和变形情况，类似于以中地壳塑性层为弹性基础、以断层面为自由端的弹性基础悬臂梁。该盘在悬臂梁的弯矩 M 和剪切力 Q 作用下，趋向断层面挠度 y 变大，形成箕状断陷盆地（图1）。盆地基底在充填物分布载荷 g_2 叠加作用下，趋向断层面的沉降幅度进一步加大，使断陷盆地普遍呈箕状产出。

断陷盆地是指受正断层控制的沉积盆地，它包括地堑、裂谷和地向斜（地槽）。在前中生代，其成盆过程与地球自转角速度逐渐变慢有关，故该时期世界各地的成盆运

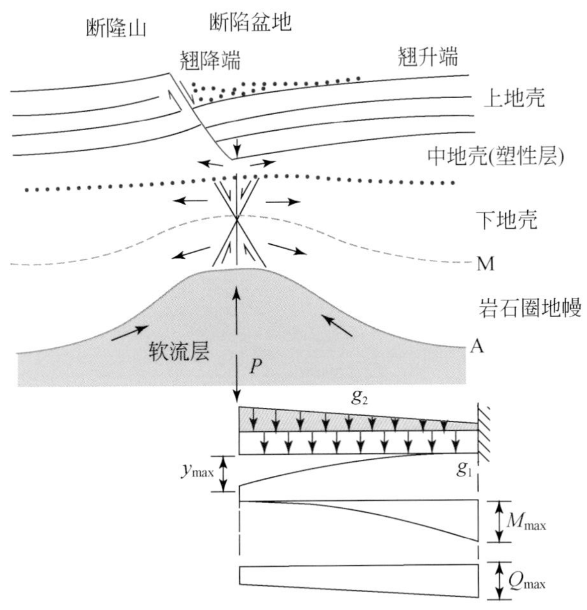

图 1　盆–山系及其深部构造成因机制剖面示意图

M. 莫霍面；A. 软流层或异常地幔顶面

动，往往具有同时性；中生代出现板块构造以来，成盆作用的动力背景产生了多样性变化。

断陷盆地基底在重力作用下的沉降过程中，把下伏中地壳塑性层物质压到下盘，促使该盘向上掀斜，成为断隆山。故断隆山的中地壳塑性层厚度，可超过相邻断陷盆地的 10 多千米[5]。断隆山包括地垒、裂谷肩和地背斜。有的断隆山因隆升幅度过高，上地壳被剥蚀殆尽，使富含各种有用元素的中地壳塑性层物质及其花岗质岩石，直接出露于地表，成为控制金、铜、铅、锌等内生矿床的变质核杂岩[2]。

断陷盆地与断隆山共同组成了盆–山系。今日中国中东部宏伟的太行山、燕山、秦岭和阴山等断隆山脉，与其毗邻的深沉降的渤海湾、渭河和河套等断陷盆地的关系，便是盆–山系的典型实例。它们在晚白垩世—新生代以来，受印度板块东端西隆突出体北东向挤压导生的辐射状应力场，与重力共同作用而生的上地壳压剪性正断层控制[2]。这些断陷盆地与断隆山之间的相对升降幅度，一般都在 10km 以上。

2.3　软流层物质的侧向迁移

断陷盆地基底在沉降过程中，把下伏中地壳塑性层物质压到他处，造成该部位的中地壳塑性层减薄，从而在重力均衡作用下，相邻地区的软流层物质便向该部位顺层流入，促使该部位的软流层隆起（图 1、图 2）。所以这种物质的侧迁运动，不一定与拉张作用有关。

软流层与岩石圈地幔、下地壳之间的密度差，远小于中地壳塑性层与盆地充填物之间的密度差，故软流层的隆起幅度，大大超过盆地的沉降幅度（图 2）。由一系列盆–山系所组成的渤海湾盆地中的渤中拗陷，新生界厚度为 12km，但该拗陷的软流层

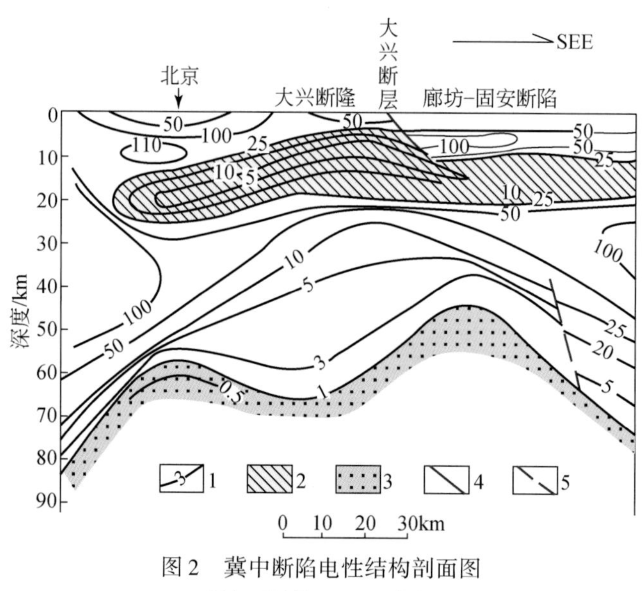

图 2　冀中断陷电性结构剖面图
（据赵国泽等，1986，简化）
1. 电阻率等值线（Ω · m）；2. 中地壳低阻层；3. 上地幔低阻层；4. 上地壳正断层；5. 推测断层

顶面隆起幅度却高达 30km[6]。由此可知，盆-山系的软流层物质的侧迁运动，规模是多么巨大。

因此软流层上拱是断陷盆地发展到一定阶段的产物，而且盆地沉降越深，中地壳塑性层物质压出越多，软流层上拱也越高，软流层隆起幅度与盆地沉降幅度呈正相关关系。渤海湾盆地中以渤中拗陷沉降最深，故该拗陷的地幔隆起也最高，地壳厚度只有 28km 左右。所以地幔隆起是断陷盆地形成的结果，而不是原因。长期以来相当流行的地幔隆起拉张说，看来是本末倒置了。

关于断陷盆地的成因，自从 20 世纪 70 年代初吉德勒（R. W. Girdler）根据东非裂谷地幔广泛隆起这一现象，提出了地幔隆起拉张学说之后，该学说便一直被国内许多学者所引用[7]。可是，这一学说却被吉德勒在 20 世纪 80 年代初对东非裂谷重新研究后所否定[8]。他发现处于裂谷发展初期阶段的南段，地幔并未隆起，向北随着裂谷的发展，地幔才逐渐上拱。其实，在中国东部北西西向北京-蓬莱断裂带北缘，一些新发育的第四纪小型断陷盆地，地幔也未明显抬升[6,9]。

软流层隆升，促使上覆岩石圈地幔和下地壳横弯隆起，使其轴部部分物质被压向两翼，并产生纵向张性断裂（图 1），引起软流层物质涌上中地壳塑性层和地表，导致玄武质岩浆活动。

中地壳塑性层对大陆构造运动起着关键性作用：它向上控制上地壳的盆-山系及其演变而成的冲叠造山带这两种大陆主要构造类型，向下引起地幔隆起和基性、超基性物质上涌，使断陷盆地发展成优地槽或洋中脊。所以今日大陆构造活动地带，均有巨厚的中地壳塑性层发育。

2.4　断陷盆地的演化

地幔隆起顶部的纵向张应力，将使该部位的下地壳和岩石圈地幔产生张裂、分离、下滑、扩张，引起地幔流体上侵、喷溢，导致上地壳断陷盆地厚皮构造，演化成优地槽过渡壳构造或洋中脊板块构造，从而加强了相邻地区软流层物质的流入。

前中生代上地幔中只有分异不充分的规模较小的异常地幔，尚未形成软流层。时至今日，软流层也还不是遍及全球的层圈。大陆内部上地幔中一些被认为是软流层的低速低阻层，可能也只是异常地幔而已。故前中生代断陷盆地发展到异常地幔物质上涌的优地槽阶段便终止了，并未产生海底大规模扩张、大洋岩石圈和板块构造。所以在现今散布着许多古老陆壳残块的各大洋中，没有一块前中生代洋壳；前中生代大陆造山带中被视为古洋壳遗迹的蛇绿岩，也仅仅是优地槽的异常地幔物质而已。现在的板块构造活动，也主要集中于软流层发育的大洋及其邻区。因此，把板块构造体制引上大陆，推广到前中生代，是不切实际的[2]。

2.5 地台区海进的成因

晚古生代在地球自转角速度逐渐变慢期间，于当时的赤道地区产生了由纬向拉张带所形成的北古特提斯地槽；而其北面东西向的秦岭和中亚-蒙古华力西地槽，则与该时期的纬向剪切作用有关。到了三叠纪，随着赤道南移，基梅里大陆南侧，由西向东先后从冈瓦纳大陆北缘分裂出来，形成南新特提斯海。

软流层物质大规模顺层流入断陷盆地区，势必引起流出区的岩石圈沉降。所以华北地台于海西期间，受南北两侧秦岭和中亚-蒙古地槽断陷活动作用，从中石炭世起再度沉降，产生了海进，在中奥陶统的剥蚀面上，沉积了海相或海陆交互相中、上石炭统和下二叠统山西组。由于这时华北地台以缓慢的整体升降运动为特色，其煤矿床呈稳定的宽广的面状分布，成为中国重要的石炭-二叠纪聚煤区，而与该时期南北两侧的秦岭和中亚-蒙古地槽，煤矿床以零星带状、透镜体产出明显不同。

由于软流层物质的侧向迁移需要有个过程，地台区从隆起剥蚀到沉降海进也要经过一段时间，所以地台区的海进比相邻地槽区的造盆运动滞后。海西时期，受商丹走滑正断层控制的南秦岭地槽，从中泥盆世起开始断陷，中亚-蒙古地槽区也于中晚泥盆世沿着南蒙微大陆南缘，经过内蒙古的贺根山、二连浩特和蒙古境内的赛音山达一带裂解[10]，可是夹于两者之间的华北地台，则到中石炭世才开始海进。渤海湾盆地在古近纪经历了断陷期和断拗期之后，也由于盆地中的软流层物质，向其中的断陷区集中、喷溢，使整个渤海湾盆地到了新近纪才转入全面沉降的拗陷阶段。其中断隆区由剥蚀转为沉积，成为所谓的古潜山。许多人认为，从断拗转变为拗陷，是深部大幅度隆升的高温物质，因丧失了大量的热能而冷缩所致。作者过去也持这种认识[11]，现在看来该认识并不全面。因为冷缩作用只能局限于地幔隆起的断陷区，不应该遍及地幔下凹的断隆区；而且它所造成的沉降极其有限，不可能产生1000～3000m的沉积。

所以地台区的海进，受相邻地槽区造盆运动引起的重力失衡控制，而不一定与拉张作用有关；不过当断陷盆地进一步发展到优地槽、洋中脊阶段时，软流层物质的侧迁运动规模更加巨大。因此中生代开始产生的板块构造，由于到了白垩纪时期洋中脊广泛发育，出现了一次全球最大的海进。

3　地台区海退与毗邻地槽区造山运动伴生的原因

3.1　陨击事件与造山运动之间的关系

当地球受到陨星逆向或顺向撞击时，自转角速度便发生急剧的减慢或加快变化，从而派生了强烈的经向和纬向惯性力，使具有侧向应变空间的断陷盆地与断隆山之间的上地壳发生俯冲或仰冲，导致盆-山系由此转变成冲叠造山带。板块运动及其碰撞造山带，则是板块在洋中脊侧翼的软流层顶面斜坡上的下滑力，与在海沟处由密度倒转产生的下拽力共同作用的产物。

据任振球等（1994）的统计，目前世界各地 24 个直径在 25km 以上陨击坑的撞击时间，依其大小分别与地壳运动强度不同的代、纪、世或期的交界，呈良好的对应关系。对有关资料进行综合分析得知，在中三叠世与晚三叠世之间和三叠纪与侏罗纪之间，地球先后受到两次大的陨星逆向撞击事件，引起了地球转速急剧减慢，从而在当时的赤道和中纬度地区，分别派生了强烈的南北向拉张力和赤道指向两极的经向惯性力。赤道地区强烈的南北向拉张力，使基梅里大陆南侧的南新特提斯海，在这个时期（晚三叠世—中侏罗世）快速张开（陈智梁，1994）；而中纬度地区强烈的由赤道指向两极的挤压力，则导致当时位于赤道北侧的基梅里大陆向北与劳亚大陆汇聚、拼合，关闭了北古特提斯海，形成了基梅里造山带，并使中国及其邻区发生了两幕印支造山运动。

3.2　冲叠造山带的形成

当主动力来自断陷盆地一侧时，则该侧强烈的侧压力，将使其上地壳底部厚达 2～4km 刚硬的结晶基底向断隆山的中地壳塑性层进行顺层俯冲。在俯冲过程中，结晶基底上覆盖层被刮削了下来，形成冲褶带；而断隆山的中地壳塑性层，在结晶基底顺层俯冲过程摩擦热作用下，产生了大量重熔型花岗岩，成为冲叠带。两者组成了俯冲型冲叠造山带（图 3）。受商丹走滑正断层控制的中泥盆世—中三叠世南秦岭断陷盆地，其上地壳结晶基底在两幕印支运动自南而北经向惯性力强烈挤压下，向北秦岭断隆山的中地壳塑性层顺层俯冲了 50km 左右，形成了俯冲型秦岭印支造山带[2]。

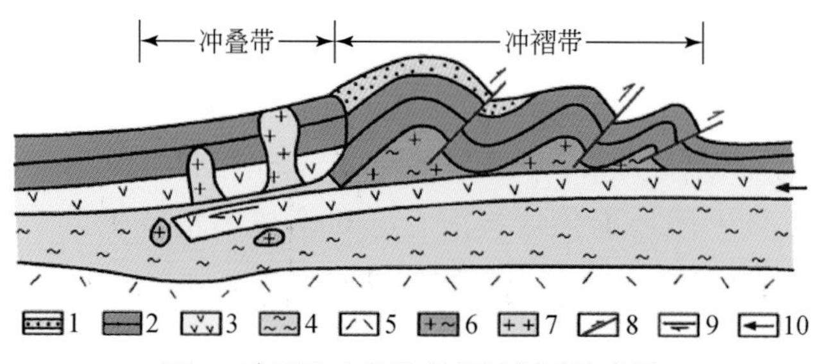

图 3　冲叠造山带形变特征剖面示意图

1. 盆地中填充物；2. 盆地基底（盖层）；3. 上地壳结晶基底；4. 中地壳塑性层；5. 下地壳；6. 交代型花岗岩；7. 重熔型花岗岩；8. 逆冲断层；9. 俯冲方向；10. 主动力作用方向

当主动力来自断隆山一侧时，则该侧阻力较小的上地壳，便向盆地充填物仰冲推覆，形成仰冲型冲叠造山带。两幕印支运动期间，在地球自转角速度减慢派生的自西向东纬向惯性力作用下，使整体呈南北向产出的阿拉善古陆和六盘山西南古隆起断隆山，先后向东侧贺兰山-六盘山断陷盆地仰冲、推覆，形成两条长达600km的南北向压陷盆地沉降带：晚三叠世沉降带位于银川西侧，侏罗纪沉降带东移到银川东边（汤锡元等，1992）。

3.3 地台区海退的成因

冲叠造山带无论是俯冲型或仰冲型，都使前身断陷盆地的地壳，由于盖层的褶皱、逆冲、推覆而增厚，从而在重力均衡作用下，促使其原来隆起的软流层物质向毗邻的地台区回流，造成该区地壳抬升，而产生海退。所以华北地台在南北两侧秦岭和中亚-蒙古地槽加里东早期造山运动作用下，于晚奥陶世—早石炭世全面抬升剥蚀；到了海西晚期，南北两侧的秦岭和中亚-蒙古地槽，在石炭纪末期发生了短时期褶皱回返，使北秦岭的二叠系与石炭系呈不整合接触[12]，中亚-蒙古地槽也缺失早二叠世的初期沉积[13]，从而造成华北地台在经历了中、晚石炭世和早二叠世山西期海进之后，于早二叠世下石盒子期起整体上升，海水从此全面退出，进入一个陆相沉积发展阶段；发生于晚三叠世的印支运动，导致中泥盆世-中三叠世南秦岭地槽转变成俯冲型冲叠造山带，中亚-蒙古地槽区也在封闭了的基础上出现了大面积隆升，从而使华北地台结束了古生代-中三叠世作为一个大型统一沉积盆地的历史，出现了西拗东隆新的构造格局。

造山运动越强烈，软流层物质侧迁规模越大，地台区的海退范围也越广。据Damon（1971）对地质历史中海水进退过程的分析，认为可用海退的百分比作为反映造山运动强烈程度的一个定量指标。当造山运动强烈时，海退百分比的值就增大。由于造山运动与陨击事件引起的地球自转速度急剧变化有关，往往具有全球的同时性，所以海退百分比曲线的峰值，不仅与北美造山运动同步，而且也和欧洲主要造山幕相对应。

由于海进多与地球长期缓慢膨胀引起转速逐渐变慢所产生的造盆运动相联系，而海退则主要和陨击事件使地球转速急剧变化所激起的造山运动有关。故一般而论，海进是长期的渐变的，而海退则呈短暂的突变性质。从Vail等（1977）的6亿年以来全球海平面相对高度变化曲线图（图4）可以看出，海平面相对高度从低变高，通常是漫长的渐变的；而从高变低，则多是短暂的急剧的，而且主要发生于纪与纪之间的造山运动时期（二级旋回）。由于三叠纪后期发生了4次陨击坑直径40km以上的大型陨击事件，陨击事件密度最大，而成为全球地壳运动史上一个重大转折点和5亿年以来全球海平面（一级旋回）最低时期。该时期陨星的密集强烈撞击，引起地球内部物质大解体大分异，使异常地幔演变成软流层，导致侏罗纪以来海底开始大规模扩张、地球不对称膨胀、大洋岩石圈和板块构造形成。于是白垩纪时期成为5亿年以来全球海平面（一级旋回）最高时期（图4）。所以海进海退的升降运动，不仅仅存在于相邻地槽地台之间的构造活动，而且具全球性意义。

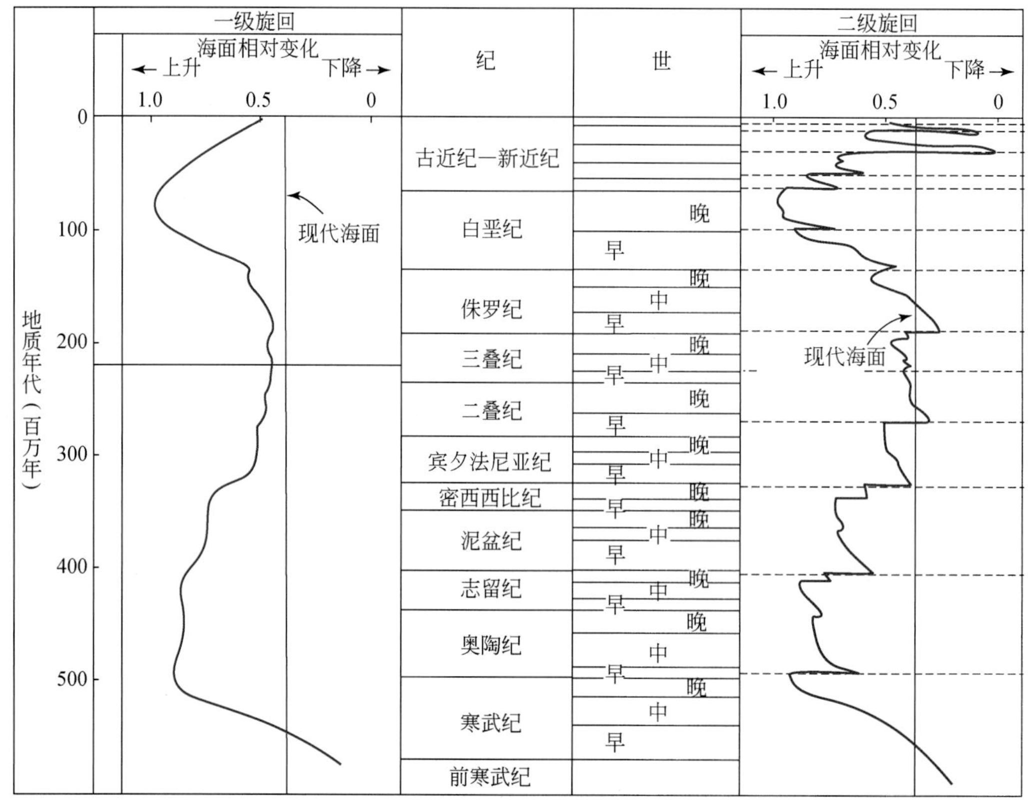

图4　显生宙海面升降的过程（据 Vail et al.，1977）

参考文献

[1] 赵重远．鄂尔多斯盆地的演化历史、形成机制和含油气有利地区//华北克拉通沉积盆地形成与演化及其油气赋存．西安：西北大学出版社，1990.

[2] 李扬鉴，张星亮，陈延成．大陆层控构造导论．北京：地质出版社，1996.

[3] 李扬鉴．压剪性正断层的成因机制与能量破裂理论//构造地质论丛，第 4 集．北京：地质出版社，1985.

[4] 李扬鉴．论纵弯褶曲构造应力场及其断裂系统的分布//地质力学文集，第 7 集．北京：地质出版社，1988.

[5] 孙武城．对华北地壳上地幔的探测与研究//中国大陆深部构造的研究与进展．北京：地质出版社，1988.

[6] 刘国栋．华北平原新生代裂谷系及其深部过程//现代地壳运动研究，第 1 集．北京：地震出版社，1985.

[7] 李德生，薛叔浩．中国东部中、新生代盆地与油气分布．地质学报，1983，57（3）.

[8] Girdler R W. 见于非洲裂谷及破裂中的行星裂谷作用．何洁生译，武汉地质学院北京研究生部编. 地质研究，1985.

[9] 徐杰．华北平原新生代裂谷盆地的演化及运动学特征//现代地壳运动研究，第 1 集．北京：地震出版社，1985.

[10] 邵志安．伸展构造与造山过程//当代地质科学前沿——我国今后值得重视的前沿研究领域．武

汉：中国地质大学出版社，1993.

[11] 李扬鉴，林梁，赵宝金．中国东部中、新生代断陷盆地成因机制新模式．石油与天然气地质，1988，9（4）：334-345.

[12] 杨巍然．造山带结构与演化的现代理论和研究方法——东秦岭造山带剖析．武汉：中国地质大学出版社，1991.

[13] 王东方．中朝陆台北缘大陆构造地质．北京：地震出版社，1992.

大陆层控构造与油气资源*

李扬鉴[1]　崔永强[2]　栾俊霞[1]　戴　想[2]

（1. 中化地质矿山总局地质研究院；2. 大庆油田有限责任公司勘探开发研究院）

摘要　按大陆层控构造观点，控制中国大陆油气资源的构造主要有三种类型：盆-山系、仰冲型冲叠造山带和上地壳纵弯隆起带。油气资源的形成与地幔流体息息相关。第一种构造类型，油气资源主要形成于地幔流体广泛外涌的断陷盆地拗陷阶段的披盖状沉积时期，如松辽盆地和渤海湾盆地等。第二种构造类型，由盆-山系演变成仰冲型冲叠造山带。当陨星对地球进行逆向或顺向撞击，地球自转速度急剧变慢或变快，派生强烈的经向和纬向惯性力。当惯性力来自断隆山一侧时，断隆山便向断陷盆地仰冲、推覆，使前者中地壳塑性层顶部产生虚脱空间，造成深部地幔流体上涌。这样形成的油气，见于中国西部的克拉玛依、中部的鄂尔多斯西部，以及东部的南海南缘等。第三种构造类型，如青藏高原上地壳。从中始新世以来，在印度板块强烈挤压下纵弯隆起，为其中、下地壳吸入作用提供了动力和空间，使岩石圈地幔向下弯曲并产生纵向张性断裂，引起地幔流体上涌。上地壳纵弯隆起过程中，其侧翼便变产生了扇型逆冲断层。于是，北缘的西昆仑山北侧和东缘的龙门山东侧向外仰冲，使塔里木盆地南缘和四川盆地西缘成为压陷盆地，为油气资源的形成提供了有利场所。

关键词　大陆层控构造；地幔流体；油气资源；盆-山系；仰冲型冲叠造山带；厚皮纵弯隆起带

1　油气资源的形成

没有地幔流体，便没有油气资源。根据杜乐天的研究[1]，来自地球深部的地幔流体，富含 HACONS 幔汁。其中 H 为氢、卤素和热，A 为碱金属族，C 为碳，O 为氧，N 为氮，S 为硫族。地幔流体中各种金属元素，则是碱性地幔流体从岩浆和岩石中浸出、萃取清扫出来的副产品。

无机成因的石油，是高温的地幔流体带来的氢、碳和起催化作用的金属元素，在中地壳塑性层适宜的温压条件下，进行费-托合成反应形成的，或进入上地壳与碳酸盐岩合成反应的产物。

根据莫斯科全俄地球物理研究院 B. M. 库多莫夫的研究，在温度为 300～400℃、压力约 200MPa 的中地壳低速低阻层中，地幔流体中的碳和氢可以合成无机成因石油，其反应式为

* 本文原刊于《化工矿产地质》，2008，30（2）。修改。应北京石油学会和有关大学的共同邀请，作者曾于 2008 年 3 月在中国石油大学（北京）、中国地质大学（北京）、中国矿业大学（北京）和北京大学举办的“幔源油气与深部构造”系列学术讲座上作过专题演讲。

$$nCO+(2n+1)H_2 \longrightarrow C_nH_{2n+2}+nH_2O$$

室内实验也证实，在这样的温度、压力和有 Fe、Cr、Co、Ni 的催化条件下，可以合成石油[2]。与碳酸盐岩合成反应的关系式为

$$HCO_3^-+4H_2 \longrightarrow CH_4+OH^-+2H_2O$$

反应条件是，温度为 200～400℃，压力为 50MPa，且有 Ni-Fe 合金作催化剂[3]。由于形成条件不苛刻，所以全世界一半的石油与碳酸盐岩有关。

“有机”成因的石油，也是地幔流体对岩层中有机质加氢、加热和催化合成的[3]。石油中氢原子数为碳原子数的 1.8 倍。然而所谓的生油母质干酪根或地层中的有机质，几乎全部是 C（C 约为 93%）。所以有机质或干酪根演变成石油，需要大大加氢[4]。费-托合成反应证明了这点，煤（C）的天然气（CH_4）的氢化也早已大规模工业生产。

“生油岩”中的有机质，也与地幔流体活动有关。演变成有机质的生物，其大量繁殖离不开地幔流体提供充足的养分；而且许多黑色页岩实际上还是内生碳交代矿床或与内生碳喷流有关[5]。

由此可知，地幔流体的聚集、上升和侧迁，是形成不同成因类型油气资源的共同前提[6]。与地幔流体侵入有关的中地壳低速低阻层，则成为地幔流体富集程度的标志。所以，研究一个地区控制地幔流体活动及其中地壳低速低阻层赋存状况的构造类型及演化，对认识该地区油气资源的远景和分布，具有决定性的意义。

在传统勘探理论的指导下，以往只注重盆地内部构造和沉积物性质及其相互关系，强调“生、储、运、盖、圈、保”油气藏形成的六大条件，对盆地下面深部构造和地幔流体对油气资源形成的作用缺乏足够的重视。多年来，深部地质和地幔流体研究所取得的大量成果，拓宽了人们的视野。把盆内构造研究与盆下、盆外构造研究相结合，把盆内沉积物性质及其组合与地幔流体活动相联系，建立起一个研究范围更加广泛、认识更加深入的理论体系，已经成为当务之急。大陆层控构造学说对深部地质的研究，将是一个有用的工具。

2 大陆层控构造论

2.1 概述

大陆层控构造论，是作者在 1996 年献给第 30 届国际地质大会《大陆层控构造导论》[7]一书中创立的新学说。经过长期的研究，作者发现地壳运动是多元的，也是有序的和谐的，从而提出了多元动力成因观、多层次构造观和多阶段演化观，创立了大陆层控构造学说。

多元动力成因观认为，地壳运动是地球自转力、陨星撞击力、重力和热力协调作用的结果；虽然它们在不同的构造体制和构造类型及其不同的演化阶段所起的作用有所不同。

多层次构造观认为，上覆刚硬层的构造运动，受下伏软弱层控制，从而从流变学角度把大陆岩石圈构造分成 4 个层次：受上地壳结晶基底顶部不整合面控制的盖层构造，为薄皮构造；受中地壳塑性层控制的上地壳构造，为厚皮构造；受异常地幔控制

的地壳构造，为过渡壳构造（优地槽）；受软流层控制的岩石圈构造，为板块构造。大陆构造主要为厚皮构造和过渡壳构造。其中，中地壳塑性层起着承上启下的关键作用：它向上控制上地壳正断层形成的盆-山系、盆-山系演变而成的冲叠造山带，以及由冲叠造山带进一步发展起来的厚皮纵弯隆起带三种大陆主要构造类型。上地壳正断层上盘产生断陷盆地（地堑，裂谷，地槽），下盘成为断隆山（地垒，裂谷肩，地背斜），两者组成盆-山系。断陷盆地向下引起异常地幔或软流层上拱，使断陷盆地厚皮构造演变成过渡壳构造或洋中脊板块构造。

多阶段演化观认为，在地质历史时期，来自地球深部具有高度挥发性的碱型地幔流体，在岩石圈的屏蔽下，对上地幔进行交代、致熔、积累，最终形成玄武岩浆[1]。前侏罗纪，这种碱交代作用，只形成规模较小、分异不充分的异常地幔。直到侏罗纪，玄武岩浆才逐渐汇集成规模巨大、熔融程度更高、分异更充分的软流层。不过时至今日，软流层也还不是遍及全球的圈层，而主要集中于大洋及其邻区，大陆内部上地幔中，一些被视为软流层的低速层，可能还只是异常地幔而已（为了叙述方便，以下把异常地幔有时也称为软流层）。没有软流层，便没有海底大规模扩张、大洋岩石圈和板块构造。故在当今散布着一些古陆块的各大洋中，没有一块前侏罗纪的洋壳。前中生代上地壳正断层上盘断陷盆地，演化到后来只是引起异常地幔物质上涌，在盆地中产生规模上和地球化学上都与洋壳明显不同的蛇绿岩[8,9]，使断陷盆地厚皮构造发展为过渡壳构造便终止了。所以，与地幔流体息息相关的油气资源，4/5 产生于软流层形成以来的中-新生代，并一半以上的油集中于地幔流体大规模上涌的古赤道纬向拉张带南新特提斯地槽。

2.2　地球自转速度变化派生的惯性力及其构造运动

地球在地质历史时期，由于体积膨胀和月球引力潮汐摩擦，自转速度总体呈变慢趋势，使各个地质时代历年天数依次减少，从寒武纪的 424 天，减少到现在的 365 天[10]。不过由于陨星的准周期性的撞击，地质历史时期地球自转速度在总体缓慢变慢过程中，多次发生急剧的变化（图 1）。

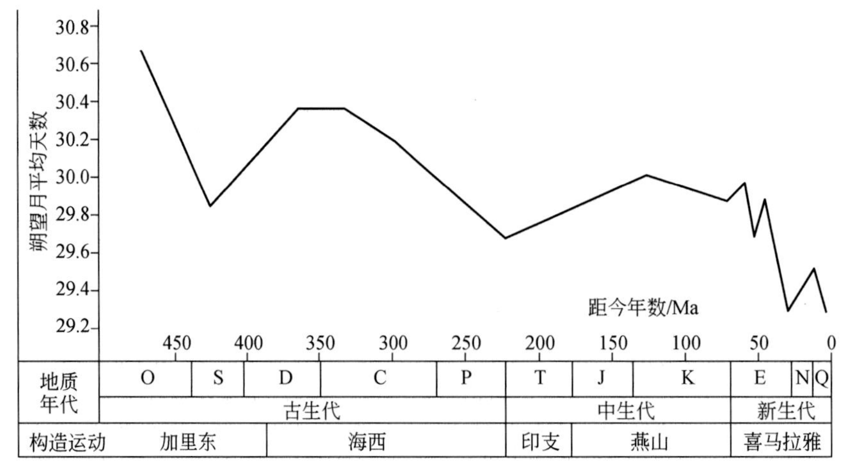

图 1　地球自转速度变化与地壳构造运动的关系

（据王仁，1976，略修改）

据 Naiper 的估算[11]，一个直径为 4 ~ 31km 的陨星，对地球的冲击速度为 24.6km/s，产生的能量为 $0.3\times10^{23}\sim150\times10^{23}$J，比 8.5 级大地震的能量 3.6×10^{17}J 大 5 ~ 8 个数量级。这么巨大的动能，将在地表撞出一个直径为 80 ~ 500km 的陨击坑，而且其顺向或逆向撞击，还使地球自转速度发生加快或减慢的急剧变化（图 1）。

当地球自转速度变化时，将产生离心惯性力增量 ΔF 和纬向惯性力 F_φ。前者分解为垂直于地面的法向分力 ΔF_n 和平行于地面的经向切向分力 ΔF_τ（图 2）。其中 ΔF_τ 和 F_φ 与地壳运动的关系最为密切。它们的大小为

$$\Delta F_\tau = m\omega\Delta\omega R\sin2\varphi$$

$$F_\varphi = m\varepsilon R\cos\varphi$$

式中，m 为 A 点质量；ω 为地球自转角速度；$\Delta\omega$ 为地球自转角速度 ω 的增量；ε 为地球自转角加速度；R 为地球平均半径；φ 为 A 点地理纬度。

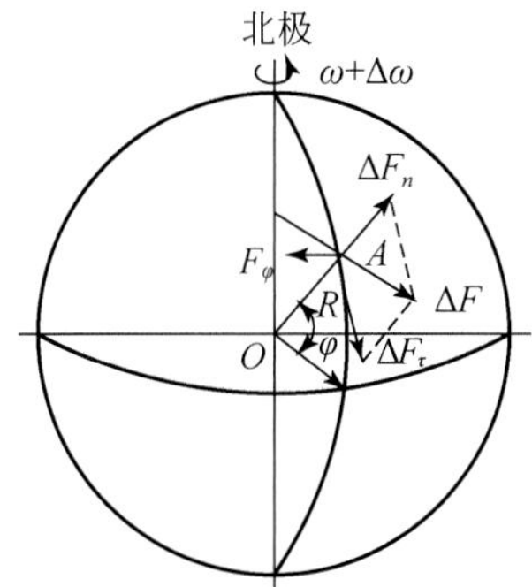

图 2　地球自转角速度变化时任一点 A 的 3 个附加力的图解

从上式得知，距离地球自转轴最远的上地壳，惯性力最强。由于该层上下又是大气层和中地壳塑性层应变空间，故地球自转速度变化产生的地壳运动，从该层开始。其中经向惯性力主要集中于中纬度地区，纬向惯性力则趋向赤道变大。于是，位于不同纬度的相邻地区之间，便产生了东西向剪切力（图 3）。这是造成地壳水平运动三个主要的水平作用力。

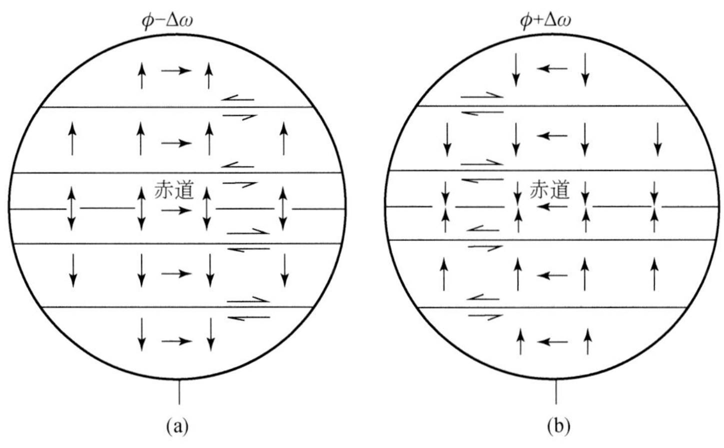

图 3　地球自转速度变化时南北半球经向惯性力与纬向惯性力及其东西向剪切力大小和方向示意图

有些学者根据上述质点力的计算结果，认为这些惯性力很小，不足以推动构造运动。其实这是一个误解。因为岩层具有一定强度，力可以传递；各个层圈、各个地块之间可以相对运动；地球自转惯性力是体力，具有较长的共同作用线，可以累加。故质点力虽小，但它是个力系，可作力系合成计算，其强度还是足够大的。

对地球自转角速度变化所产生的应力，王仁等[12]根据古生物资料提供的地球自转变化的平均速率，用电子计算机对轴对称地球模型进行了分层计算，得出的结论是在10^6年量级的长时期单向变化的情况下，由离心惯性力的变化可以积累起10^7Pa量级的应力，足以引起岩层形变，产生各种大型构造。上述计算，还没有考虑到陨星撞击引起的地球自转速度在短时间内更加急剧的变化。

当地球自转速度变慢时，经向惯性力方向由赤道指向两极，从而使古赤道地区受到南北向拉张，形成东西向特提斯地槽；中纬度地区产生自低纬度向高纬度的挤压；纬向惯性力方向由西向东；东西向剪切力方向，北半球左行，南半球右行［图3（a）］。

当地球自转速度变快时，经向惯性力方向由两极指向赤道，从而使两极地区受到拉张，北极形成北冰洋洋中脊，南极则出现环南极洲洋中脊扩张带；中纬度地区产生自高纬度向低纬度的挤压；纬向惯性力方向由东向西；东西向剪切力方向，北半球右行，南半球左行［图3（b）］。

地球自转速度缓慢变化过程派生的平缓经向惯性力、纬向惯性力和东西向剪切力，与重力一起，在中纬度地区产生呈正断层产出的平面X型断裂和东西向走滑正断层，形成盆-山系。这是全球性的造盆时期，以长期的缓慢的升降运动为特征，重力起主导作用。而陨星撞击引起地球自转速度急剧变化，所派生的强烈经向和纬向惯性力，则使具有侧向应变空间的断陷盆地与断隆山之间发生冲叠造山运动，以及经过冲叠造山而硬化了的上地壳纵弯隆起。这是全球性的造山时期，以短暂的快速的水平运动占优势，水平力跃居支配地位。65Ma前发生于墨西哥尤卡坦州陨击坑直径180km的陨击事件便是明证。该次事件导致全球性造山运动、火山爆发、古地磁倒转、古气候剧变、恐龙等大量古生物灭绝和中生代与新生代的交替。因此，在地质历史时期，均变与突变交替出现[13]。

根据目前掌握到的有限资料，陨星撞击、地球自转速度急剧变化与造山运动之间，有的已经达到了高度的耦合。例如，志留纪地球自速度由变慢突然转为变快（图1），从而产生了加里东运动。该次运动，北半球地区在自北而南的强烈经向惯性力作用下，北秦岭断隆山便向南秦岭断陷盆地仰冲、推覆[14]。又如，（220.5±18）~（212±2）Ma前发生过4次大的陨击事件（表1）。其中至少两次是逆向撞击，使该时期地球自转速度出现两次急剧变慢，从而于中三叠世末和晚三叠世末产生两期印支运动。该次运动，北半球地区在自南而北经向惯性力强烈作用下，南秦岭断陷盆地刚硬的结晶基底，便向北秦岭断隆山软弱的中地壳塑性层俯冲，形成俯冲型冲叠造山带；在自西向东纬向惯性力强烈作用下，鄂尔多斯盆地西侧总体呈南北向的断隆山，也向盆地仰冲、推覆，成为仰冲型冲叠造山带，并自西而东先后形成了晚三叠世和侏罗纪压陷沉降带。

表1 海西期以来主要陨击事件（陨击坑直径大于18km）统计表

时代	陨击坑直径/km	陨击时间/Ma	地名	经纬度	
海西期	55	368±1. 1	瑞典达拉纳省	N61°02′	E14°52′
	54	357±15	加拿大魁北克省	N47°32′	W70°18′
	30	<350	加拿大安大略省	N48°40′	W87°00′
	22	290±20	加拿大魁北克省	N56°05′	W74°07′
	32	290±20	加拿大魁北克省	N56°13′	W74°30′
	40	249±19	巴西马托格罗索州	S16°46′	W52°59′
印支期	45	<225	塔吉克斯坦戈尔诺-巴达赫尚自治州	N38°57′	E73°24′
	40	220. 5±18	加拿大马尼托巴省	N51°47′	W98°32′
	80	220±10	俄罗斯伊万诺沃州	N57°06′	E43°35′
	100	212±2	加拿大魁北克省	N51°23′	W68°42′
燕山期	23	186±8	法国上维埃纳省	N45°50′	E0°56′
	22	142. 5±0. 5	澳大利亚北部地区	S23°50′	E132°19′
	30	<130	西班牙萨拉戈萨	N41°10′	W0°55′
	39	115±10	加拿大萨斯喀彻温省	N58°27′	W109°30′
	25	95±7	加拿大艾伯塔省	N59°31′	W117°38′
	25	88±3	乌克兰亚历山德里亚	N48°45′	E32°10′
	65	73±3	俄罗斯大地苔原	N69°05′	E64°18′
	25	73±3	俄罗斯大地苔原	N69°18′	E65°18′
	35	65. 7±1. 0	美国艾奥瓦省	N42°35′	W94°31′
	25	65±2	俄罗斯齐姆良水库西	N48°20′	E40°15′
	19	<65	加拿大艾伯塔省	N49°42′	W110°30′
	220	64. 98±0. 05	墨西哥尤卡坦州	N21°18′	W89°36′
喜马拉雅期	20	50±20	俄罗斯中西伯利亚高原西部	N65°30′	E95°48′
	45	50. 5±0. 76	加拿大新不伦瑞克省	N42°53′	W64°13′
	28	38±4	加拿大纽芬兰省	N55°53′	W63°18′
	100	35±5	俄罗斯阿纳巴尔河西	N71°30′	E111°00′
	20. 5	21. 5±1. 2	加拿大德文岛	N75°22′	W89°40′
	24	14. 8±0. 7	德国拜恩州	N48°53′	E10°37′
	18	3. 5±0. 5	俄罗斯楚科奇山脉西南	N67°30′	E172°05′

注：据任振球提供的资料编录

重力可以转换成水平力。洋中脊软流层隆起带侧翼斜坡上的岩石圈，在重力作用下下滑，推动板块运动，产生板块俯冲、碰撞及远程效应。

3 大陆东部盆-山系及其油气资源

中国大陆与油气资源关系密切的中、新生代三种主要构造类型，各有其分布和演化特点。其中受上地壳正断层控制的盆-山系，主要分布于具有海洋侧向应变空间的大陆东部；冲叠造山带在大陆中部占主导地位；厚皮纵弯隆起带集中于缺乏海洋侧向应变空间的大陆西部。现对它们的形成及其油气资源，分述如下。

3.1　中国东部中、新生代应力场及其构造现象

中国大陆东部受上地壳正断层控制的中-新生代盆-山系，大体可以分为两期：第一期产生于晚侏罗世—早白垩世，以松辽盆地为代表；第二期形成于新生代，渤海湾盆地最为发育。它们都是水平挤压力与重力共同作用的产物，受平面上和垂向上均呈X型的上地壳压剪性正断层控制。

晚侏罗世—早白垩世，在太平洋伊泽奈崎板块低角度高速度NNW向斜向俯冲下[15]，东亚大陆边缘受到强烈的挤压作用，产生了一系列上地壳平面X型断裂[7]。其中左行的NNE—NE向断裂，剪切方向与斜向俯冲导生的区域性扭动方向一致，又与太平洋西缘应变空间大致平行而占主导地位，以著名的NNE向郯庐断裂为代表；右行的NW—NWW向断裂发育程度次之。这种构造现象，在松辽盆地可以清楚见到（图4）。

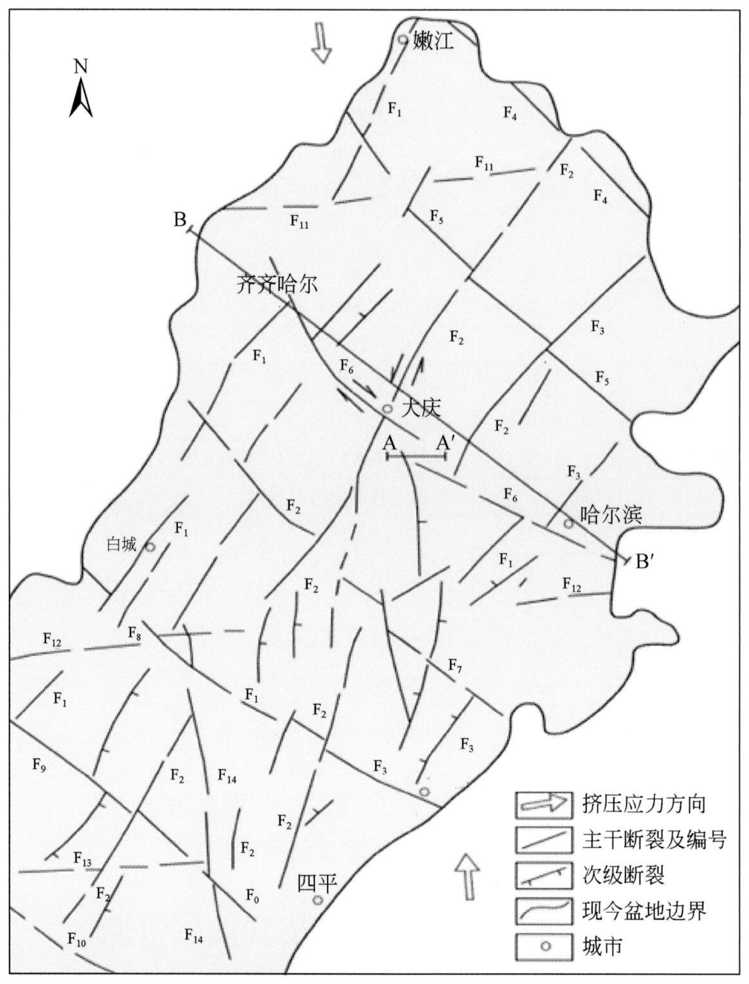

图4　松辽盆地基底断裂分布图[16]

F_1. 嫩江断裂带；F_2. 孙吴-双辽断裂带；F_3. 哈尔滨-四平断裂带；F_4. 加格达奇-鸡西断裂带；F_5. 讷河-绥化断裂带；F_6. 滨洲断裂带；F_7. 札赉特-吉林断裂带；F_8. 科右前旗-伊通断裂带；F_9. 突泉-四平断裂带；F_{10}. 扎鲁特-开源断裂带；F_{11}. 讷谟尔河断裂带；F_{12}. 哈拉木图断裂带；F_{13}. 西拉木伦断裂带；F_{14}. 康平-通榆断裂带

新生代，尤其是始新世以来，在印度次大陆东部西隆突出体推挤下，渤海湾地区受到NEE向挤压。该挤压力也产生两组在平面上组成X型的上地壳断裂：NNE—NE向右行断裂和NW—NWW向左行断裂。郯庐断裂在这时由原来的左行转变成右行。这些平面X型断裂的走向与水平挤压力斜交，断层面受到挤压和剪切，产生种种压剪性现象，并对油、气、水起遮挡作用，形成良好的储油断层封闭构造。这些上地壳断裂在重力作用下，垂向上也呈X型产出，成为压剪性正断层[17]（图5）。

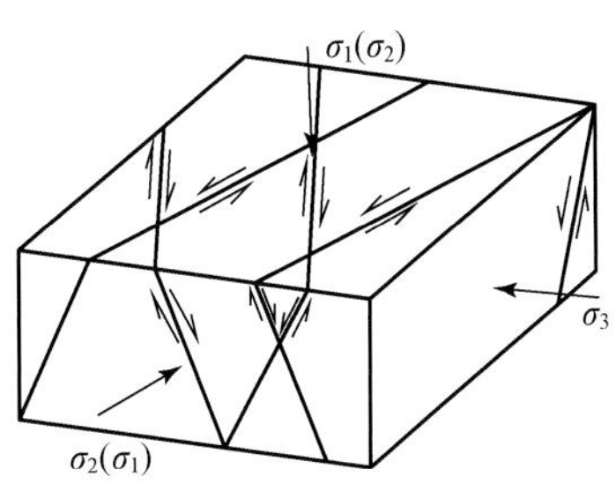

图5 水平挤压力和重力共同作用而生的平面X型断裂在三度空间上的形态及其与三个主应力关系

在当今强调水平运动的时代，人们往往漠视普通的永恒的强大的重力作用。于是认为一切正断层都是水平拉张力的产物，均属于张性、张剪性。其实在重力参与下，正断层共有四种类型：张性、张剪性、剪性和压剪性。

3.2 断陷盆地的形成

断陷盆地的形成，一般可以分为断陷、断拗和拗陷三个阶段。

位于中地壳塑性层之上、由底部刚硬结晶基底及上覆盖层所组成的上地壳，其正断层上盘在自身重力作用下的受力状态，类似于以下伏中地壳塑性层为弹性基础、以断层面为自由端的弹性基础悬臂梁。该盘在上地壳重力均布载荷 g_1 和断层面三棱柱体岩块集中载荷 P 所产生的弯矩 M 和剪切力 Q 作用下，断陷盆地沉降幅度趋向断层面变大，以箕状为基本构造形态（图6、图7）。随后在盆地中沉积物分布载荷 g_2 叠加作用下，断陷盆地沉降幅度趋向断层面进一步加大。

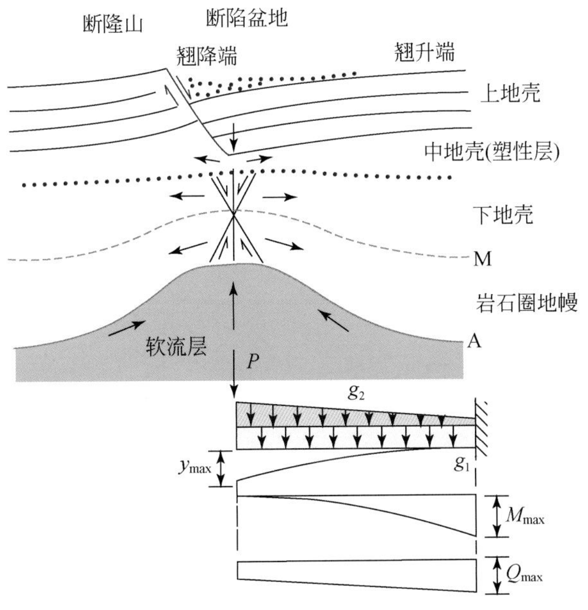

图6 箕状盆地基底受力状态、弯矩（M）和剪切力（Q）的分布及其变形情况与深部构造关系图解

M. 莫霍面；A. 软流层顶面

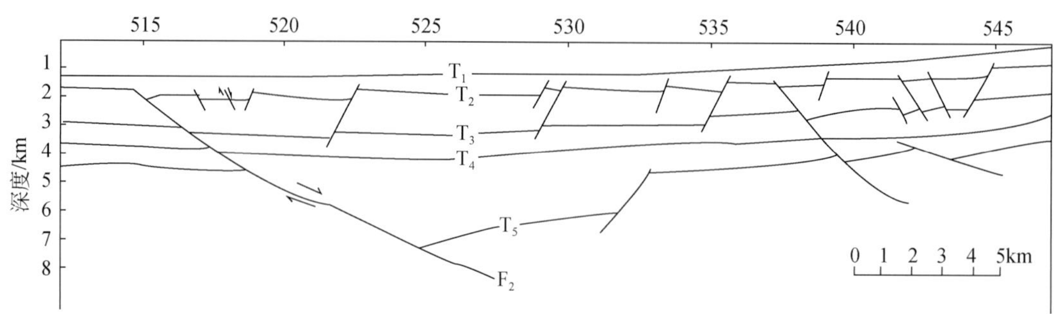

图 7　松辽盆地 55.0 线上地壳正断层上盘箕状断陷盆地及其翘升端次一级地堑剖面图[16]

（位置见图 4 中的 A–A′）

T_1. 上白垩统嫩江组底；T_2. 上白垩统青山口组底；T_3. 下白垩统泉头组底；

T_4. 下白垩统营城组顶；T_5. 上侏罗统火石岭组底

上地壳正断层上盘箕状断陷盆地，一般宽度在 20～30km 以上，梁的弯矩和剪切力异常强大，沉降幅度通常可达数千米，沉降速度也极快。渤海湾盆地断陷阶段沉积速率，为其前身地台沉积速率的 20～40 倍。在盆地基底快速沉降过程中，迫使盆地翘降端下伏中地壳塑性层物质他流（图 6）。其中部分熔融物质沿断裂面等薄弱带上侵、喷溢，成为中酸性侵入岩和火山岩。松辽盆地在晚侏罗世火石岭组至早白垩世前期营城组的断陷阶段，便发生了广泛的中酸性岩浆活动。另一部分中地壳塑性层物质，则产生侧向迁移。其中大部分流入毗邻的切去三棱柱体岩块的下盘，促使该盘向上掀斜成断隆山（图 6）；少部分流向上盘远离断层面的翘升端。所以断隆山的中地壳塑性层厚度，比断陷盆地的大得多（图 8）。当今中国中东部大兴安岭、太行山、燕山、阴山和秦岭等宏伟的断隆山脉的形成，便是毗邻的中、新生代断陷盆地沉降过程中，把下伏中地壳塑性层物质大规模压入其中地壳所致。

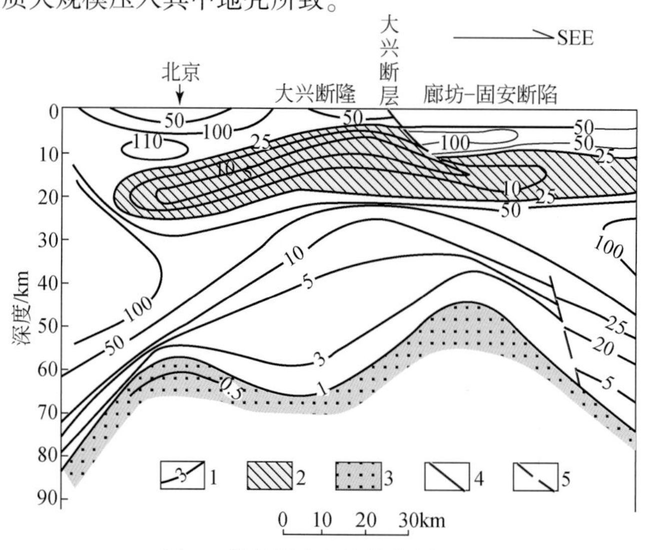

图 8　冀中断陷电性结构剖面图

（据赵国泽等，1986，简化）

1. 电阻率等值线（Ω · m）；2. 中地壳低阻层；3. 上地幔低阻层；

4. 上地壳正断层；5. 推测断层

当中地壳塑性层物质，从上地壳正断层上盘箕状断陷盆地翘降端，流向该断层下盘，促使该盘隆起时，势必带动该断层上盘翘降端抬升，导致盆地沉积中心从翘降端向盆地中部迁移，产生超覆现象；当中地壳塑性层物质，从箕状断陷盆地翘降端，流向该盘翘升端时，则使盆地沉积范围向断层面退缩，产生退覆现象。这时断陷盆地便从断陷阶段转入断拗阶段[18]，如松辽盆地早白垩世后期的登娄库组和泉头组。

上地壳正断层上盘的重力能，大量消耗于下伏巨厚的中地壳塑性层物质大规模的塑性流动过程中，而无力切入下地壳，成为终止于中地壳塑性层的上地壳断裂。所以大陆内部并无切穿地壳的深大断裂存在。这点已经得到大量地球物理测深资料所证实。

断陷盆地基底翘降端下伏中地壳塑性层物质大规模他流，厚度大大减薄，导致该部位重力失衡。于是其软流层便大幅度隆升，促使岩石圈地幔上拱，造成软流层顶面和 Moho 界面与盆地基底呈镜像关系（图 6、图 8）。

软流层物质流向断陷盆地下面聚集，引起盆地周围岩石圈大面积沉降。故松辽盆地到了断拗阶段中期的登娄库组三、四段时期，便开始出现全面沉降趋势，沉积范围超越断陷带向外扩大超覆，中央隆起带被覆盖，中部断陷带与东部断陷带连接成一个统一的沉积区。地槽形成过程，同样也引起相邻地台区的全面沉降[19]。

被压走的中地壳塑性层物质与盆地中充填物之间的密度差，远远大于软流层与岩石圈地幔和岩石圈地幔与下地壳的密度差，故软流层隆起幅度比上面断陷盆地沉降幅度大得多（图 8）。松辽盆地沉降最深的古龙凹陷基底埋深为 10050m，但其软流层隆起幅度却比盆地东西两侧的分别高出了 31km 和 26km（图 9）。

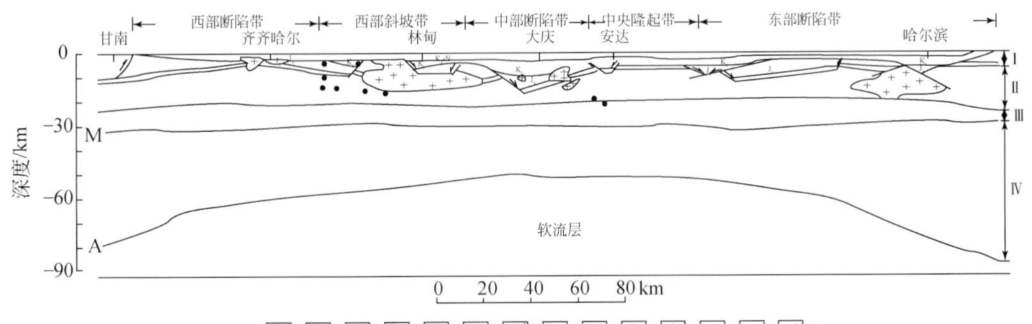

图 9 松辽盆地岩石圈构造剖面图[20]（位置见图 4 中的 B–B′）

1. 上地壳；2. 中地壳；3. 下地壳；4. 岩石圈地幔；5. Moho 过渡带顶面；6. 软流层顶面；7. 上地壳底部结晶基底；8. 上白垩统至新近系；9. 下白垩统；10. 上侏罗统；11. 中生代花岗岩；12. 天然地震震源；13. 正断层；14. 逆冲断层

软流层（地幔）隆起与上面断陷盆地的因果关系，争论已经近半个世纪，当前主动说还占主导地位。他们认为，地幔柱隆起派生的拉张力，产生上面的正断层及其断陷盆地。其实不然。第一，地幔柱隆起产生的断裂呈环状和放射状，与控制中国东部中、新生代等断陷盆地的正断层，多具有一定的方向性和平移规律，在平面上组成 X 型断裂明显不同。第二，断陷盆地产生在先，地幔隆起在后，这已经得到国内外不少事实的证明[7]。当今作为郯庐断裂北延、宽度狭窄的依兰–伊通断陷带，软流层至今便不但未上拱，反而下凹[20]。第三，软流层隆起只反映重力均衡作用，与上面的构造性质并无必然的联系。当今软流层都大幅度隆起的中国东部渤海湾盆地和中国西部塔里木盆地中央隆起带，两者的构造性质却迥然有别，前者受正断层控制，后者却产生逆冲断层。第四，大陆岩石圈中的各个层圈，都不是绝对刚体，它们在长期的地应力作用下都具有一定的流变性。软流层在隆起过程中，促使上覆岩石圈地幔和下地壳物质向两侧塑性流动，隆起幅度逐渐减小，到中地壳塑性层便完全被吸收了（图 8、图 9），上地壳并没有受到软流层隆起派生的张应力作用。

地幔流体（包括玄武岩浆）沿着上覆各层圈横弯隆起产生的张性断裂涌入中地壳塑性层时，便使该层进一步重熔和基性化。尔后这些玄武岩浆再通过上地壳断裂上侵和喷溢。显然这些控制玄武岩浆活动的断裂，并非是什么直接切穿地壳或岩石圈的深大断裂。提出大陆深大断裂概念的苏联地质学家裴伟在晚年也承认，该概念是他早年在缺乏事实根据的情况下提出的。

基性火山岩是在断陷盆地发展到一定阶段，软流层物质大量涌入中地壳塑性层之后的产物，故松辽盆地一直到了断拗阶段末期的泉头组二段末和拗陷阶段初期的青山口组一段末，才在上地壳断裂活动诱发下，开始玄武岩喷溢[16]，形成了中国东部中、新生代盆-山系常见的“先酸后基”的岩浆演化特点。渤海湾新生代断陷盆地之所以一开始就有玄武岩浆活动，是由于该地区在晚侏罗世—早白垩世断陷盆地形成期间，早已把中壳塑性层基性化了，而不是在新生代断陷盆地产生之前，软流层便主动上拱所致。

玄武岩浆的上侵和喷溢，造成软流层物质的普遍亏损和热能的大量丧失，导致上覆岩石圈整体快速沉降，湖面相对抬升，从而使松辽盆地在早白垩世末开始玄武岩浆活动之后，晚白垩世便转入拗陷阶段。即从主要受中地壳塑性层控制的断陷-断拗阶段，转入受软流层控制的拗陷阶段。盆地沉积速率也由早白垩世泉头组的小于 100m/Ma，到晚白垩世青山口组突增至 230m/Ma。在 35Ma 内沉积了一套厚达 3000m 的砂、泥岩互层的河湖三角洲相“含油建造”[16]。

到了青山口组沉积末期，松辽盆地下面被基性化、进一步重熔的中地壳塑性层，在普遍增加了数千米沉积物，而大大加厚了的上地壳重力作用下，其物质便大规模向盆地外侧顺层流动，迫使盆地周边地区上地壳抬升成为山区。所以大兴安岭等周边山区，伴随于松辽盆地晚白垩世整体沉降的拗陷阶段开始之后出现，绝不是偶然的巧合。

松辽盆地的中地壳塑性层物质，大规模顺层涌入大兴安岭，使后者中地壳厚度比前者大 7km 左右，其过渡带成为我国东部著名的大兴安岭—太行山—武陵山重力梯级带的北段。

3.3　盆-山系油气资源的形成

从前述得知，无论是经过费-托合成反应的油气，或由有机质生成及转变成烃，都离不开地幔流体的作用。因此，盆-山系暗色泥岩“生油层”，多与玄武岩浆活动伴随。松辽盆地的“生油气岩系”，主要形成于地幔流体（包括玄武岩浆岩）大规模广泛上涌的断陷盆地拗陷阶段的披盖状沉积，如松辽盆地和渤海湾盆地等所见。

地幔流体活动受上地壳正断层控制，并在断隆山和箕状断陷盆地翘升端的中地壳塑性层变厚、上拱部位活动较强烈，而多形成油气藏（图10）。其中断隆山由于中地壳塑性层最厚、上拱最高，而油气资源也较丰富。所以松辽盆地油气资源，在中央古隆起带也较集中。在渤海湾盆地，断隆山上的古潜山和块断隆起披覆背斜，是该盆地三种主要油气藏类型的两种。以往人们对油气藏集中于这些隆起带的原因，只强调盆地内部的侧迁作用。诚然，这种侧迁作用是个重要因素，但中地壳塑性层物质在该部位的聚集、隆升，可能具有更大的意义。在大庆长垣西侧南北向上地壳断裂附近，由于地幔流体至今仍在大量上涌，该部位的油气层压力加大，油水界面下降，而比长垣东侧的低30m[2]。

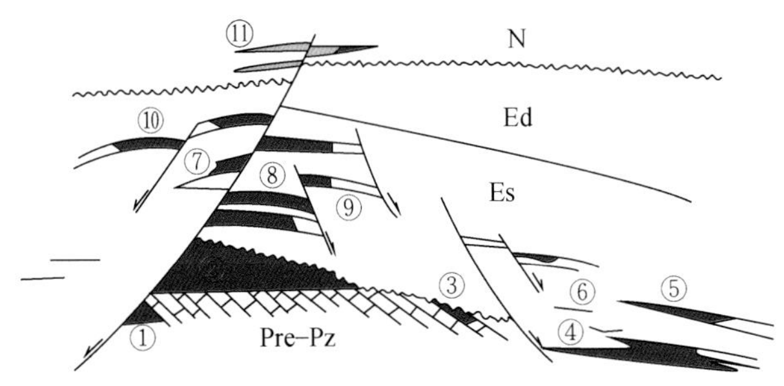

图10 断隆山为主体的油气聚集带模式[21]

①潜山油气藏（内幕）；②潜山油气藏（风化体）；③不整合油气藏；④地层超覆油气藏；⑤岩性尖灭油气藏；⑥粒屑灰岩岩性油气藏；⑦砂砾岩锥体油气藏；⑧背斜油气藏；⑨断块油气藏；⑩滚动背斜油气藏；⑪浅层次生油气藏

在松辽盆地东侧的郯庐断裂北延依兰-伊通断陷带方正地区，发现可能为幔源的油气和含同源油的玄武岩。当今该断陷带的软流层还未隆起[20]，断陷带与软流层并无直接沟通渠道。所以这些基性岩和油气，只能在松辽盆地的拗陷阶段，随中地壳塑性层物质向盆外侧迁时一起流来的。该地区的中地壳塑性层中，聚集着一系列小型地震震源，这也反映了该层物质至今的流动性。

说到这里，可以做个大胆地预测。如上所述，松辽盆地晚白垩世拗陷时期，在上地壳重力作用下，被基性化的中地壳塑性层物质大量侧迁入大兴安岭，促使其中地壳变厚，上地壳抬升。新生代以来，大兴安岭玄武岩的大面积喷溢便是证明。所以该地区的中地壳也应该充满了地幔流体。只要有了切入中地壳的上地壳断裂，盖层中又具有良好的储、盖条件，油气资源是颇有希望的。油、气并不全在盆地里。

4 大陆中部冲叠造山带的形成及其压陷盆地油气资源

由盆-山系演变而成的冲叠造山带，有仰冲型和俯冲型两种类型[7]。当主动力来自断隆山一侧时，便产生仰冲型冲叠造山带（图11），以鄂尔多斯盆地西缘为代表；当主动力来自断陷盆地一侧时，则形成俯冲型冲叠造山带（图12），秦岭印支造山带最为典型。后者对油气不起控制作用。

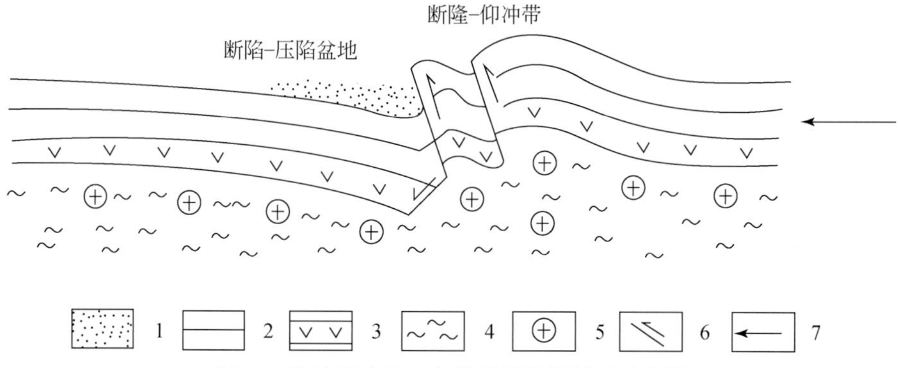

图 11　仰冲型冲叠造山带成因机制剖面示意图

1. 盆地中充填物；2. 盆地沉积基地（盖层）；3. 上地壳结晶基底；4. 中地壳塑性层；5. 岩浆；6. 仰冲断层；7. 主动力作用方向

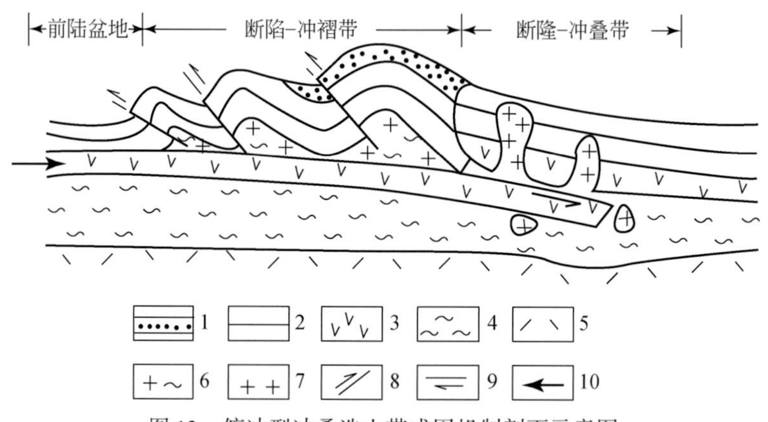

图 12　俯冲型冲叠造山带成因机制剖面示意图

1. 盆地中充填物；2. 盆地基底（盖层）；3. 上地壳结晶基底；4. 中地壳塑性层；5. 下地壳；6. 交代型花岗岩；7. 重熔型花岗岩；8. 逆冲断层；9. 俯冲方向；10. 主动力作用方向

4.1　鄂尔多斯盆地西缘仰冲型冲叠造山带的形成及其压陷盆地油气资源

4.1.1　盆–山系的形成

从中元古代开始，在地球自转速度逐渐变慢过程中，所派生的平缓南北向挤压力，与重力一起，使鄂尔多斯盆地西缘的上地壳，以中宁—同心一带为中心，产生两组呈正断层产出的断裂，组成不完全的平面 X 型断裂。其中东南支为六盘裂谷，东北支为贺兰裂谷。这两支裂谷组成南北向断陷带，其西侧为断隆山。断隆山北段为阿拉善古陆，南段为古六盘断隆山。该断陷带断断续续历经了早古生代和晚古生代至中三叠世。在南、北支裂谷交汇处，断距达 10km 以上，沉积了巨厚的中、新元古界、下古生界和上古生界至中三叠统。该断陷带也呈箕状产出，鄂尔多斯盆地西部和中部分别成为其斜坡带和翘升端，形成西厚东薄的沉积体系。斜坡带向西倾斜 1°左右。

4.1.2 鄂尔多斯盆地西缘仰冲型冲叠造山带的形成及其压陷盆地油气资源

在印支、燕山和喜马拉雅运动作用下，鄂尔多斯盆地西侧阿拉善—六盘古断隆山，一次次向鄂尔多斯盆地应变空间仰冲、推覆，先后形成两条长达600km、近南北向的压陷沉降带[22]（图13）。在仰冲过程中，断隆山的上地壳便一次次抬升，从而在其下面出现一次次潜在的虚脱空间，引起该部位围压大幅度下降，产生强烈的吸入作用，促使软流层中的地幔流体，沿着上覆层圈前身盆-山系时期产生的张性断裂，涌入中地壳塑性层，引起中地壳塑性层物质选择性重熔。

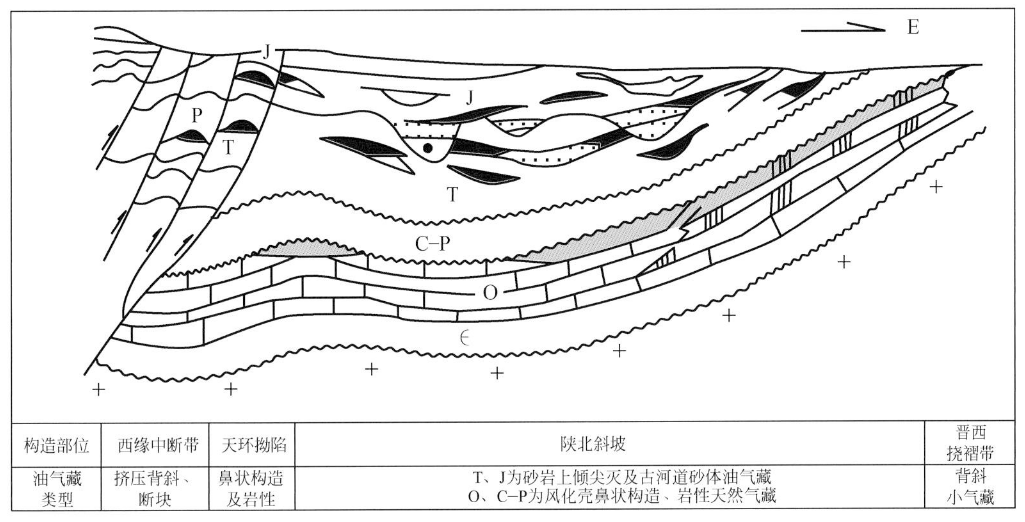

构造部位	西缘中断带	天环拗陷	陕北斜坡	晋西挠褶带
油气藏类型	挤压背斜、断块	鼻状构造及岩性	T、J为砂岩上倾尖灭及古河道砂体油气藏 O、C–P为风化壳鼻状构造、岩性天然气藏	背斜小气藏

图13 鄂尔多斯盆地油气藏分布模式图（引自翟光明，1997）

这些熔融物质和地幔流体，沿着切入该层的逆冲断层进入上地壳。其中黏度大、活动性弱的岩浆，就近在逆冲断裂带形成一系列从酸性到基性的各种火成岩体及其内生矿床。而黏度小、活动性强的地幔流体，则沿着遍布整个鄂尔多斯盆地的J/T、C/O不整合面流向古中央隆起带，并在盆地中西部形成了分布广泛的金属矿床（化），其类型包括黄铁矿、黄铜矿、方铅矿、闪锌矿等[23]。

高温地幔流体沿着上述两个不整合面向中央隆起带流动过程中，使它们的古地温急剧增高。增幅高达50℃，垂向的突变范围可达600m以上[23]。

由于这两个不整合面的上下岩系，是三大套富含有机质和碳酸盐的所谓烃源岩，即中生界陆相暗色泥质岩及煤系，上古生界海陆交互相煤系和下古生界海相碳酸盐岩。所以，地幔流体与奥陶系碳酸盐岩发生合成反应，是生成C/O不整合及其上下岩系中气田（藏）的主要原因。同理，地幔流体对中生界陆相暗色泥质岩及煤系和上古生界海陆交互相煤系的有机质加氢、加热和催化，则是形成J/T不整合面及其上下岩系中油田（藏）的基本条件（图13）。

4.2 秦岭俯冲型冲叠造山带的形成及其前陆盆地油气资源

4.2.1 盆-山系的形成

震旦纪—志留纪和中泥盆世—中三叠世，地球自转速度逐渐变慢过程中，派生平缓的纬向剪切力和重力一起，在商丹一带纬向惯性力最大的上地壳，产生了一条长达1000多千米、以左行为主的东西向走滑正断层，把前震旦纪中国大陆切成扬子和华北两个陆块。作为下降盘的扬子陆块北部，形成南秦岭箕状断陷盆地（地槽）；而作为上升盘的华北陆块南缘，则成为北秦岭断隆山[14]。

4.2.2　秦岭俯冲型冲叠造山带的形成及其前陆盆地油气资源

印支期，在陨星逆向撞击导致地球自转速度急剧变慢，所派生的自南而北的经向惯性力作用下，南秦岭断陷盆地刚硬的结晶基底，便向北秦岭断隆山软弱的中地壳塑性层进行强烈的顺层俯冲。根据地球物理测深资料，3～4km厚的南秦岭结晶基底俯冲岩板，沿商丹断裂向北俯冲到栾川断裂一带，俯冲距离达50km左右，如图14所示[24]。这时南秦岭断陷盆地俯冲岩板上覆盖层被刮削下来，形成向南强烈褶皱倒转、仰冲的冲褶带，北秦岭断隆山则成为具有双层结晶基底的冲叠带，两者组成俯冲型冲叠造山带（图12）。

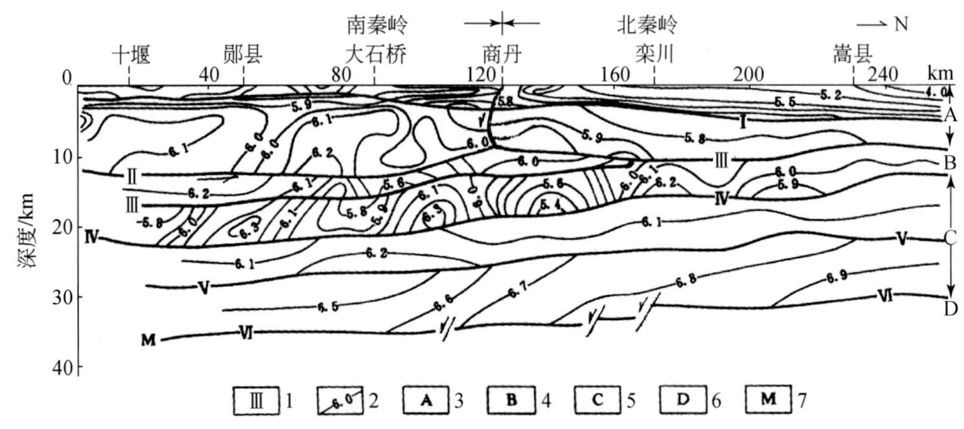

图14　东秦岭造山带QB-1二维速度结构剖面图（略修改）[24]

1. 不同的地震波速层分界线编号；2. 地震波速；3. 上地壳；4. 中地壳塑性层（部分熔融）；5. 下地壳；6. 岩石圈上地幔；7. 莫霍面

北秦岭中地壳塑性层物质，在俯冲岩板强烈的挤压和摩擦下部分重熔，产生大量花岗岩及其丰富的金属矿产。俯冲岩板自身在强烈挤压下，则发生高压超高压变质作用，形成榴辉岩、柯石英、金刚石等高压超高压变质岩石矿物，变质时间与陨击时间一致。20世纪80年代在秦岭东段大别山地区，发现这些轰动一时的岩石矿物，被当成陆–陆碰撞的确凿证据。许多学者根据这些矿物形成的温、压条件，按埋深推算，认为这是陆壳俯冲到100～200km深的产物；而且陆壳俯冲到该深度之后，又迅速折返，使其中很不稳定的柯石英，不至于产生退变质作用。其实这是个动力学问题，而不是个静力学问题[7,14]。俯冲岩板只是俯冲入断隆山的中地壳塑性层，俯冲深度只有10km左右而已。俯冲后也没有立即返回，只是由于陨击事件引起的俯冲动力，来去匆匆而已。它们折返地表，是到了晚侏罗世至新生代，大别山地区先后作为北部NWW向晓天–磨子潭正断层和东部NNE向郯庐正断层南段的断隆盘，被高高抬起和经过长期剥蚀所致。由动力作用产生的这种高压超高压变质矿物，在世界各地陨击坑中也时有所见，这已经早为人们熟知的事实。近些年来，大别山高压超高压变质岩的同位素研究，也证明这些含柯石英和金刚石的榴辉岩，从未俯冲入地幔。

由于俯冲型冲叠造山带的前陆盆地，是薄皮构造，缺乏与中地壳塑性层沟通的渠道（图12）；又没有仰冲型冲叠造山带那种抬升、吸入作用，使地幔流体难以升入盖层。故俯冲型冲叠造山带前陆盆地的油气资源，无法与仰冲型冲叠造山带的压陷盆地相比拟。故南秦岭的前陆盆地，虽然绵延数百千米，但油气资源并无重要发现。不过有些俯冲型冲叠造山带的前陆盆地，其前缘隆起带侧翼产生上地壳逆冲断层，沟通前陆盆地与中地壳塑性层的联系，为前陆盆地提供一些地幔流体，也可形成少量的油气藏，如四川盆地北缘的米仓山前陆盆地[25]。

5 大陆西部厚皮纵弯隆起带的形成及其顶部和周边压陷盆地油气资源

5.1 青藏高原厚皮纵弯隆起带的形成

海西中晚期地球自转速度变慢（图1），于是该时期位于基梅里大陆北侧的古赤道，在南北向拉张力和重力共同作用下，产生了由东西向张性正断层发展而成的北古特提斯地槽，把联合大陆分割成北半球的劳亚古陆和南半球的冈瓦纳古陆。

由于地球呈不对称膨胀，南半球膨胀率大于北半球。当今南半球海洋面积占全球海洋面积的3/4，便与这种不对称膨胀作用有关。该不对称膨胀作用，导致古赤道不断南移，从而造成环南极洲洋中脊以北诸陆块，根据古地磁等资料出现向北长距离漂移的假象。

到了三叠纪，随着古赤道南迁，基梅里大陆南侧从冈瓦纳古陆北缘分裂出来，形成南新特提斯地槽。印支运动期间，由于陨星的逆向撞击，地球自转速度急剧变慢派生的强烈经向惯性力，南新特提斯地槽在晚三叠世快速张开，并促使北侧狭长的基梅里大陆向北与古欧亚大陆汇聚、拼贴，关闭了北古特提斯地槽，形成基梅里造山带[26-28]。

位于特提斯构造带中段的青藏高原，根据黄汲清等的研究[29]，特提斯地槽具有北、中、南三带。北带位于拉竹龙-金沙江一带，开始出现于石炭-二叠纪。晚古生代末至三叠纪中期强烈拉张，发展成优地槽，产生断断续续的蛇绿岩。中带沿班公湖-怒江一带分布。在印支运动经向惯性力强烈作用下，于晚三叠世—早侏罗世也发展成优地槽，出现类似的蛇绿岩，并促使北侧的羌塘地块北移，导致拉竹龙-金沙江地槽演变成印支褶皱造山带。南带以印度河-雅鲁藏布江断裂为代表。该带主要产生于地球自转速度急剧变慢的中侏罗世—早白垩世。该时期的强烈经向惯性力，也造成北侧的拉萨地块北移封闭了班公湖-怒江地槽。

由于在短短13Ma的印支期连续发生了4次重大的陨击事件（表1），地球内部物质进行了大解体、大组合，异常地幔快速、广泛演变成软流层。于是南新特提斯便发展到海底扩张阶段，形成一条代表大洋岩石圈的完整、连续的蛇绿岩带。

到了晚白垩世—新生代，古赤道进一步南移和印度洋扩张。该时期地球自转速度变慢派生的经向惯性力和北西向的卡尔斯伯格洋中脊软流层隆起带东北翼岩石圈下滑力共同作用下，印度板块向北偏东方向运移、推挤，导致印度次大陆于 65Ma 前开始与古欧亚大陆碰撞拼贴，到始新世中期拼贴全部完成，海水从青藏高原全面退出。

青藏高原北、中特提斯这些由优地槽演变而成的褶皱造山带，是冲叠造山带厚皮构造，而不是碰撞造山带板块构造。青藏高原上地壳经过了这两次冲叠造山运动的拼贴之后，便成为一个统一的刚硬的整体。新近纪以来，在陨星撞击引起地球自转速度急剧变化派生的南北向强烈挤压力，以及位于卡尔斯伯格洋中脊东北翼的印度板块的下滑力共同作用下，由于周围缺乏海洋侧向应变空间，便与下伏的中地壳塑性层拆离，作为一个独立的层件快速大幅度纵弯隆起，成为厚皮纵弯隆起带。

近 21.5±1.2Ma 以来，地球发生过三次大的陨击事件（表 1）。于是青藏高原的大幅度隆升，也出现于该时期[30,31]。据有关学者的研究[31]，青藏高原的隆升由慢变快，在 20Ma 前，青藏高原的海拔高度一般不超过 600m。根据各个时期的隆升速率粗略推算，青藏高原上地壳近 20Ma 来，隆升幅度不下 10km[32]，从而在周边地区沉积了巨厚的磨拉石建造。

青藏高原上地壳大幅度纵弯隆起，使它成为一个巨型的纵弯背斜，从而在其边缘横向剪应力作用下，产生了向外仰冲的扇型逆冲断层[33,34]，于周边地区形成压陷盆地（图 15）。

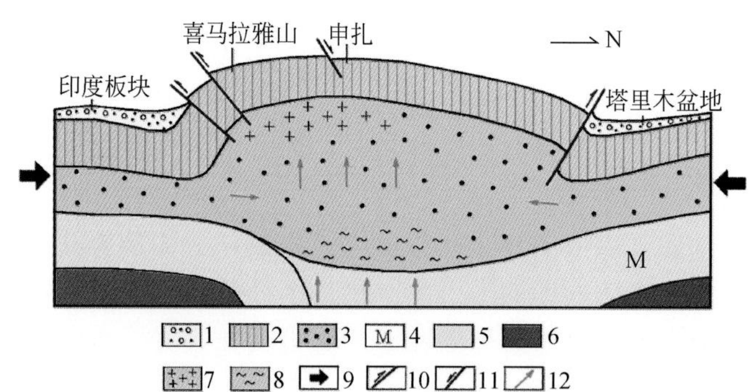

图 15　青藏高原上地壳纵弯隆起及其产生的地质现象剖面示意图

1. N–Q 磨拉石建造；2. 上地壳；3. 中下地壳；4. 莫霍面；5. 岩石圈地幔；6. 软流层；7. 岩浆；8. 壳幔混合熔融层；9. 水平挤压力；10. 逆冲断层；11. 正断层；12. 物质流动方向

上地壳这么大幅度的纵弯隆升，自然在其下面便出现了相应的巨大潜在虚脱空间。在该空间中围压急剧减小，从而产生强烈的吸入作用[7]。于是，塔里木、四川等周边盆地的中、下地壳塑性物质，便大规模顺层涌入，使青藏高原地壳厚达 65～78km，为大陆地壳平均厚度的两倍，成为一个腹地厚、四周薄的双凸透镜状，并在高原与周边盆地之间接壤处，中、下地壳厚度发生了急剧变化。

塔里木盆地西南缘到青藏高原西北缘的西昆仑山，中地壳增厚了 17～18km，下地壳增厚了 13～14km（图 16）[35]。四川盆地到龙门山–锦屏山断裂西侧，中、下地壳分别增厚了 9km 和 10km（图 17）[36]。

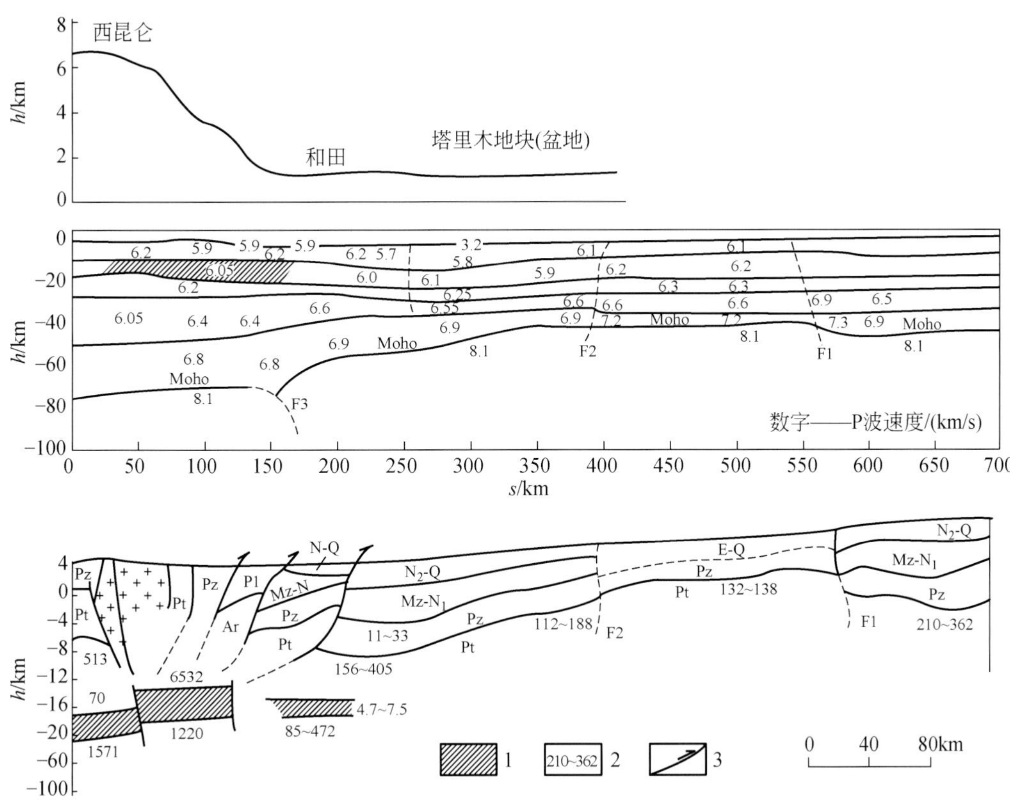

图 16 横穿西昆仑–塔里木南缘广角折射，反射 P 波速度剖面（上）和大地电磁侧深剖面（下）[35]

1. 低速低阻层（Ω · m）；2. 数字代表电阻率（Ω · m）；3. 逆冲断层

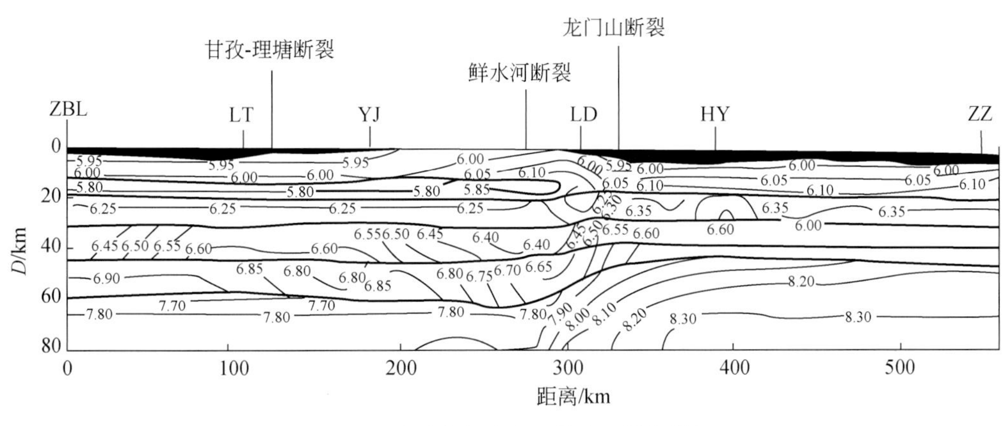

图 17 沿测线的地壳二维速度结构[36]

青藏高原地壳厚度大增，势必迫使下伏岩石圈地幔向下弯曲成为山根。岩石圈地幔在向下横弯过程中，其轴部外侧便产生自下而上发育的张性断裂，为软流层的地幔流体大规模涌入地壳打开了通道，从而在下地壳形成了壳幔混合熔融层。这些进入地壳的地幔流体，在上面低压空间的吸引下，还上升到中地壳顶部，促使该部位物质也部分熔融，产生不同性质的岩浆。于是，在班公湖–怒江断裂带两侧的青藏高原厚皮纵弯隆起带轴部的地壳中，存在着两个低速低阻层。上部低速低阻层位于中地壳塑性层顶部，埋深为20～25km，层厚10～13km，P波速度为5.6～5.8km/s，电阻率为1～5Ω·m[37,38]。下低速层，位于埋深50～56km以深的下地壳，平均P波速度为7.4km/s，厚度为10～30km[38]。

上部低速低阻层分布广泛，可能遍及整个高原。从塔里木盆地西南缘一进入西昆仑山，中地壳塑性层顶部便出现一层埋深为15～20km、厚5～10km的低速低阻层。层速为5.9～6.0km/s，电阻率为4.47～9.7Ω·m（图16）[39]。从四川盆地西缘，一越过龙门山-锦屏山断裂进入川西高原，中地壳塑性层顶部埋深13km处，也立即产生了一层厚8～10km的低速层，层速为5.80～5.85km/s（图17）[36]。

5.2　青藏高原厚皮纵弯隆起带顶部和压陷盆地油气资源

如上所述，青藏高原的中、下地壳充满了地幔流体。所以青藏高原的大幅度隆升，不但没有破坏油气的聚集，反而为其腹地和周边压陷盆地油气资源的形成，提供了丰富的物质和热能来源。

在地幔流体强烈作用下，青藏高原中新世火山岩，主要分布于厚皮纵弯隆起带轴部的班公湖-怒江断裂带两侧，上新世到第四纪火山岩才北移至羌塘地区[40]。同样的作用，也于中更新世初，开始以班公湖-丁青为中轴的盐湖发育史[40]。盐类矿产与油气资源关系密切，多为地幔流体作用的产物。所以世界上大多数含盐盆地都是油气区。统计表明，约90%的油气与含盐盆地有关[3]。由此可以认为，青藏高原厚皮纵弯隆起带轴部，是个地幔流体异常丰富的地区，又广布着古生代和中生代的“生油层”，具有良好的“生”、储、盖条件。

作为青藏高原北侧压陷盆地的塔里木盆地南缘，以及作为青藏高原东侧压陷盆地的四川盆地西缘，它们油气资源的形成，也与青藏高原的地幔流体，通过其中地壳顶部低速低阻层的输入有关。因此，这些压陷盆地的油气资源潜力巨大。

参考文献

[1] 杜乐天．烃碱流体地球化学原理——重论热液作用和岩浆作用．北京：科学出版社，1996.
[2] 李庆忠．打破思想禁锢，重新审视生油理论——关于生油理论的争鸣．新疆石油地质，2003，24（1）：75-83.
[3] 张景廉．论石油的无机成因．北京：石油工业出版社，2001.
[4] 杜乐天．盆地矿套．国外铀金地质，2002，19（3）：140-146.
[5] 杜乐天．地球排气作用的重大意义及研究进展．地质论评，2005，51（2）：174-180.
[6] 门广田，崔永强，周玥．异常高压油气藏概论．化工矿产地质，2006，28（4）：193-201.
[7] 李扬鉴，张星亮，陈延成．大陆层控构造导论．北京：地质出版社，1996.
[8] 赵宗溥．蛇绿岩与大陆缝合线．地质科学，1984，（4）：359-372.
[9] 赵宗溥．试论陆内型造山作用——以秦岭—大别山造山带为例．地质科学，1995，30（1）：19-27.
[10] Wells J W. Corol growth and geochronometry. Nature，1963，197：948-950.
[11] Naiper W M，Clube S V M. A theory of terrestrial catastrophism. Nature，1979，282：455-459.
[12] 王仁，何国琦，王永法．地球动力学简介——现状与展望//中国地质学会构造地质专业委员会．构造地质学进展．北京：科学出版社，1982：166-173.

[13] 任纪舜．关于中国大地构造之思考．地质论评，1996，42（4）：290-294.
[14] 李扬鉴，崔永强．论秦岭造山带及其立交桥式构造的流变学与动力学．地球物理学进展，2005，20（4）：925-938.
[15] Engebretson D C，Cox A，Gordon R G. Relative motions between oceanic and continental plates in the Pacific basin. In：Geol Soc Am，Spec Paper 206. 1985：1-59.
[16] 高瑞琪，蔡希源．松辽盆地油气田形成条件与分布规律．北京：石油工业出版社，1997.
[17] 李扬鉴．压剪性正断层的成因机制与能量破裂理论．构造地质论丛，1985，（4）：150-161.
[18] 李扬鉴，林梁，赵宝金．中国东部中、新生代断陷盆地成因机制新模式．石油与天然气地质，1988，9（4）：334-345.
[19] 李扬鉴．略论地台区的海进、海退与相邻地槽区的造盆、造山运动伴生的原因．化工矿产地质，1999，21（4）：193-199.
[20] 张贻侠，孙运生，张兴洲，等．中国满洲里—绥芬河地学断面图（1：1000000）及其说明书．北京：地质出版社，1998.
[21] 王同和，王双喜，韩宇春，等．华北克拉通构造演化与油气聚集．北京：石油工业出版社，1999.
[22] 汤锡元，郭忠铭．陕甘宁盆地西缘逆冲推覆构造及油气勘探．西安：西北大学出版社，1992.
[23] 万丛礼，周瑶琪，陈勇，等．鄂尔多斯盆地中西部深部流体活动及其对奥陶系天然气形成的热作用．地学前缘，2006，13（3）：122-128.
[24] 曹家敏，朱介寿，吴德超．东秦岭地区的地壳速度结构．成都理工学院学报，1994，21（1）：11-17.
[25] 吴世祥，汤良杰，马永生，等．四川盆地米仓山前陆冲断带成藏条件分析．地质学报，2006，80（3）：337-343.
[26] Sengor A M C. East Asia Tectonic Collage. Nature，1985，18：16-17.
[27] Sengor A M C. The Tethyside Orogenic system：An introduction. In：Sengor A M C（ed）. Tectonic Evolution of the Tethyan Regions. Istanbul Technical University Faculty of Mines，1989：1-22.
[28] Sengor A M C. Plate Tectonics and Orogenic Research after 25 Years：A Tethyan perspective. Earth-Science Reviews，1990，27：1-201.
[29] 黄汲清，陈炳蔚．中国及邻区特提斯海的演化．北京：地质出版社，1987.
[30] Harrnison T M，Copeland P，Kidd W S F，*et al.*. Raising Tibet. Science，1992，225：1663-1670.
[31] 肖序常，王军．青藏高原构造演化及隆升的简要评述．地质论评，1998，44（4）：372-381.
[32] 李德威．青藏高原隆升机制新模式．地球科学，2003，28（6）：593-600.
[33] 李扬鉴．论纵弯褶曲构造应力场及其断裂系统的分布．地质力学文集，1988，（7）：145-155.
[34] Li Y J，Chen Y C. On the structural stress field of the longitudinal bend fold and its distribution with respect to the fault system. Jaurnal of Geophysical Research，1991，96（B13）：21659-21665.
[35] 丁道桂，王道轩，刘伟心，等．西昆仑造山带及盆地．北京：地质出版社，1996.
[36] 王椿镛，吴建平，楼海，等．川西藏东地区的地壳 P 波速结构．中国科学（D 辑），2003，33（增刊）：181-189.
[37] 肖序常，李廷栋，李光岑，等．喜马拉雅岩石圈构造演化——总论．北京：地质出版社，1988.
[38] 黄立言，李光岑，高恩源，等．西藏高原地壳结构与速度分布特征．北京：地质出版社，1992.
[39] 肖序常，刘训，高锐，等．西昆仑及邻区岩石圈结构构造演化——塔里木南—西昆仑多学科地学断面简要报道．地质通报，2002，21（2）：63-68.
[40] 刘增乾，徐宪，潘桂棠，等．青藏高原大地构造与形成演化．北京：地质出版社，1990.

大陆层控构造学说的内容、由来及意义*

李钟模

（中化地质矿山总局地质研究院）

摘要 李扬鉴教授在枫林煤系黄铁矿工作期间，对矿区顶板中厚层石灰岩刚硬层与下伏煤系软弱层之间软硬相间结构产生的构造变动，进行了长期地深入地研究，发现了许多前人没有发现过的构造现象，萌生了大陆层控构造学说若干基本观点的雏形。之后，他将自己的研究成果与国内外有关的研究成果相结合，经过不断的充实和完善，将这些观点雏形升华为具有普遍意义的理性认识，成为解决呈上硬下软层圈结构特点的大陆岩石圈中种种构造热点问题的钥匙，并创立了一系列新概念新模式。在这些丰硕成果的基础上，吸取了有关科学领域的新成就，充分发挥东方人整体思维的优势，从多元角度创立了大陆层控构造学说。该学说主要意义在于：①提出了多元动力成因观，把地球自转力、陨星撞击力、重力和热力对地壳运动所起的作用，作出了统一的说明，发现了陨击事件与全球性造山运动的耦合关系；②创立了盆-山系整体观；③创立了秦岭印支造山带成因机制新模式；④初步建立了大陆层控构造与油气资源关系新的理论模型。

关键词 大陆层控构造；多元动力成因观；秦岭印支造山带；油气资源

1 引　　言

中化地质矿山总局地质研究院李扬鉴教授等的《大陆层控构造导论》[1]这部“闪烁着创新精神光辉的重要著作”（许靖华语），1996 年在作为国际地学界“奥林匹克”盛会的第 30 届国际地质大会于北京举行前夕出版，旋即惊动了大会组织者。他们迅速作出了新的安排，让《大陆层控构造论》[2,3]论文在学科讨论会上宣讲。该文以观点新颖、说服力强、图件简洁明了，引起在座中外地质学家的强烈反响。会议主持人集中了这些反映，向记者发表了动情的谈话，指出：“大陆层控构造学说抓住了大陆地质的实质，代表了中国地质界的最新成就和最高水平，完全可以与西方板块构造学说相抗衡”。该专著出版十多年来，获得了越来越多的事实印证，也得到了国内外学术界越来越多的赞同和支持[4,5]。

2 大陆层控构造学说概述

20 世纪 90 年代中期，李扬鉴教授根据他多年来的精心研究成果并融会当代科学的新成就，充分发挥东方人整体思维的优势，从多元角度研究软硬相间的中国大陆及其

---

* 本文原刊于《化工矿产地质》，2008，30（3）。

他地区岩石圈的层圈结构及其形变，以流变学为指针，创立了与当时风靡全球的板块构造学说截然不同的大陆层控构造学说。该学说提出了多元动力成因观、多层次构造观、多阶段演化观、不对称膨胀观、自上而下发展观，以及盆-山系整体观、降升-冲叠造山观和上地壳整体纵弯隆起观等一系列新观点，对大陆地壳运动作出了全面系统合理的说明。

多元动力成因观认为，地壳运动是地球自转力、陨星撞击力、重力和热力协调作用的产物；虽然它们对不同的构造体制、构造类型及其不同的发展阶段所起的作用有所不同。

多层次构造观认为，不同层次的软弱层对上覆刚硬层的构造运动起控制作用，从而把岩石圈构造分成4个层次：受上地壳结晶基底顶部不整合面控制的盖层构造，为薄皮构造；受中地壳塑性层控制的上地壳构造，为厚皮构造；受异常地幔控制的地壳构造，为过渡壳构造（优地槽）；受软流层控制的岩石圈构造，为板块构造。其中，具有强烈流变性的巨厚中地壳塑性层，在大陆地壳运动中起着承上启下的关键性作用：它向上控制上地壳正断层上盘断陷盆地（地堑，裂谷，地槽）和下盘断隆山（地垒，裂谷肩，地背斜）所组成的盆-山系，以及由盆-山系演变而成的冲叠造山带和进一步发展起来的上地壳纵弯隆起带等厚皮构造，向下引起断陷盆地深部异常地幔或软流层隆起，使断陷盆地厚皮构造演变成优地槽过渡壳构造、洋中脊板块构造。大陆构造主要为厚皮构造和过渡壳构造。

多阶段演化观认为，在地质历史时期，来自地球深部具有高度挥发性的高温碱型地幔流体，在岩石圈的屏蔽下，对上地幔进行交代、致熔、积累，最终形成玄武质岩浆。前中生代，这种碱交代作用只形成规模较小、分异不充分的异常地幔。到了侏罗纪，玄武质岩浆才逐渐汇集成规模巨大、分异充分的软流层。不过时至今日，软流层也还不是遍及全球的圈层，而主要集中于大洋及其邻区，大陆内部上地幔中一些被视为软流层的低速层，可能还只是异常地幔而已（不过为了叙述方便，下面把异常地幔往往也称为软流层）。没有软流层，便没有海底大规模扩张、大洋岩石圈和板块构造。故当今在散布着一些古陆块的各大洋中，没有一块前侏罗纪的洋壳。前中生代断陷盆地厚皮构造，演化到后来只是引起异常地幔物质上涌，在盆地中产生一些规模上和地球化学上都与洋壳明显不同的蛇绿岩，当其发展成为过渡壳构造便终止了。

不对称膨胀观认为，地球在地质历史时期，由于体积膨胀和月球引力潮汐摩擦，自转速度总体呈变慢趋势，各个地质时代历年天数依次减少，从寒武纪的424天，减少到现在的365天。南半球膨胀率大于北半球，当今南半球海洋面积占全球海洋面积的3/4，便与这种不对称膨胀作用有关。

自上而下发展观认为，上地壳离地球自转轴最远，惯性力最大；而且该层圈底部为刚硬的结晶基底，便于应力的积累和传递，又拥有上覆大气层和下伏中地壳塑性层应变空间，故在地球自转速度变化派生的惯性力，或在板块碰撞、汇聚力作用下，该层圈首先发生形变，然后才引起下面层圈的构造运动。

盆-山系整体观认为，上地壳正断层上盘在自身重力作用下形成断陷盆地。该盆地在沉降过程中把下伏中地壳塑性层物质压入下盘，促使该盘向上掀斜成断隆山，两者组成盆-山系。上地壳正断层两盘的降升运动是一个整体，受同一个重力作用控制，下伏中地壳塑性层物质的侧迁运动，则是它们重力作用的传送带。

在中国大陆，中、新生代盆-山系主要分布于具有海洋侧向应变空间的中东部，如松辽盆地和渤海湾盆地等。断陷盆地沉降过程中，把下伏中地壳塑性层物质压向他处，造成该部位重力失衡，软流层上拱，从而导致岩石圈地幔和下地壳横弯隆起并产生张性断裂。地幔流体（包括玄武质岩浆）沿着这些张性断裂涌入中地壳塑性层，使该层基性化和形成低速低阻层。该层物质随后通过上地壳断裂上侵、喷溢。所以这些控制玄武质岩浆活动的断裂，也不是直接切穿地壳切穿岩石圈的深大断裂。软流层丧失了大量物质和热量之后，引起上覆岩石圈整体沉降。于是上地壳正断层上盘断陷盆地，由早、中期受中地壳塑性层控制的断陷和断拗阶段，到晚期便转入受软流层控制的拗陷阶段。

降升-冲叠造山观认为，在陨星顺向或逆向撞击下，地球自转速度便出现变快或变慢的急剧变化，从而派生了强烈的经向和纬向惯性力，使具有侧向应变空间的断陷盆地与断隆山之间发生仰冲或俯冲冲叠造山运动，盆-山系由此便演变成冲叠造山带。例如，中国大陆中西部印支期以来的鄂尔多斯盆地西缘、海西后期以来的准噶尔盆地西北缘和秦岭印支造山带等所见。

上地壳整体纵弯隆起观认为，上地壳经历了盆-山系和冲叠造山之后，已经“焊接”成一个刚硬的整体，所以在陨击事件引起地球自转速度急剧变化派生的强烈惯性力、板块碰撞-汇聚力作用下，整个上地壳便与下伏中地壳塑性层拆离，作为一个独立的层块纵弯隆起，形成厚皮纵弯隆起带。在中国大陆，它们集中于缺乏侧向应变空间的西部，如新近纪以来的青藏高原。

《大陆层控构造导论》专著经过了上述分析研究之后，在前言中明确指出：发端于年轻刚硬单一的“大洋岩石圈构造的板块学说，既无力解决古老的具有多层次特点的大陆构造问题，也不能说明各个层次构造的特点及其演化，所以板块构造学说是‘登不了陆’的”。时隔 7 年之后的 2003 年 4 月，美国学术界在网上以白皮书方式公布了总结性文件“构造地质学和大地构造学的新航程”，终于承认流行已达近半个世纪之久的板块构造学说不适用于大陆地质，也开始意识到流变学对解开大陆构造之谜的重要性。

3　大陆层控构造学说的由来

大陆层控构造这个惊世骇俗的大地构造学说，竟然萌生于荒山僻壤的矿井里，真是匪夷所思。然而，在科学发展史上，许多重大自然现象的发现，也往往是从细小事物的粗略认识开始的。

1958～1980 年，李扬鉴在湖北阳新枫林煤系黄铁矿从事矿山地质、矿山开采和矿山测量。该矿区软弱的煤系厚度为 1.5～3.0m，倾角为 10°～28°，由含结核状黄铁矿黏土页岩或含星散状黄铁矿泥岩和碳质页岩、无烟煤所组成。煤系顶、底板则是刚硬的中厚层、厚层石灰岩。位于软弱煤系上面的石灰岩刚硬层顶板，在水平力和重力共同作用下的受力状态和形变情况，可以说是大陆内部位于软弱中地壳塑性层之上的上地壳刚硬层的缩影。所以他在该矿区长期利用采矿工程三度空间广泛揭露的有利观测条件，所进行的全面深入的地质构造研究，为他日后从事大陆地壳运动研究奠定了坚实的基础，并开始萌生了作为大陆层控构造学说若干基本观点的雏形：多元动力成因观、多层次构造观、弹性基础悬臂梁形变观、降升运动整体观和降升–冲叠造山观等。

3.1 多元动力成因观

矿区煤系顶板在水平挤压力和重力共同作用下，其平面 X 型断裂在垂向上也呈 X 型产出，而成为压剪性正断层[6]。断层两盘接触紧密，断层面平整如镜，并产生与断层线平行、垂直、斜交的多组擦痕。断层的水平断距与垂直断距大致相等，表明水平挤压力与重力强度相当。过去人们在谈论构造运动时，有的只强调水平力，有的又只谈重力。在这里他发现了水平力和重力同等重要，并同时发挥了作用。1980 年，他调来前化工部化学矿产地质研究院（以下简称为地研院）之后，根据自己过去在枫林矿区多年的研究，结合中国东部控制含油气盆地断裂的赋存特征，引入基于韧性破坏的能量强度理论，撰写了《压剪性正断层的成因机制与能量破裂理论》[7]一文，创立了压剪性正断层新概念。20 世纪 90 年代中期，他吸取了有关科学领域的成就，把该观点进一步发展成为地球自转力、陨星撞击力、重力和热力的多元动力成因观。

3.2 多层次构造观

枫林矿区软弱的煤系是顶板重力能集中释放及其形变的有利空间，顶板正断层极其发育，断层平均间距为 10m 左右。该矿区煤系普遍倒转，黄铁矿层与顶板直接接触，顶板正断层发育程度受下伏黄铁矿层强度严格控制：在较软的含结核状黄铁矿黏土页岩地段，其顶板正断层发育程度，为较硬的含星散状黄铁矿泥岩地段的 10.5 倍[6]。由于顶板正断层上盘在下降过程中，引起下伏软弱的煤系物质侧迁运动，消耗了大量的重力能，该盘一般无力切穿煤系，造成矿区 97.7% 的顶板正断层终止于煤系中，成为受煤系控制的小型层控构造。20 世纪 80 ~ 90 年代，他又研究了受中地壳塑性层控制的上地壳正断层两盘盆–山系厚皮构造，以及受软流层控制的沟–弧–盆系板块构造，先后撰写了《中国东部中、新生代断陷盆地成因机制新模式》[8,9]和《弧后盆地成因机制新模式》[10,11]等文章，创立了断陷盆地和弧后盆地成因机制两个新模式，把小型层控构造观发展成岩石圈多层次构造观。

以流变学为核心的多层次构造观，认为下伏软弱层决定上覆刚硬层断裂的产生、演变，以及其正断层两盘的受力状态和形变，又是传递应力、吸收应力的场所。所以它比 20 世纪 80 年代法国马托埃教授只是孤立地静止地描述不同层次地层，因温压条件不同而出现不同构造样式的构造层次概念，以及苏联学者把下伏软弱层仅仅看作上覆刚硬层的拆离面、滑脱面的岩石圈构造分层说这些层状构造观远胜一筹。

3.3 弹性基础悬臂梁形变观

3.3.1 正断层上盘逆牵引构造

枫林矿区顶板正断层上盘，在重力作用下的下降过程中，不但没有受到断层面摩擦力的影响向上翘起，反而越趋近断层面下降幅度越大，成为向断层面倾斜的逆牵引构造。当时他对这种司空见惯的构造现象并不介意，认为断层面是自由面，上盘岩层在自身重力作用下，趋向断层面稳定性便越差，下降幅度也越大。这是正常不过的现象，没有什么值得关注的。到了地研院之后，接触了中国东部一些含油气盆地资料，才知道这种构造的翘升端，是主要的储油气构造之一，对油气勘探开发具有重要意义。接着又看到美国著名地质学家汉布林一篇研究科罗拉多高原西部地区沉积岩系中，正断层上盘逆牵引构造成因的权威性文章《正断层下降盘“逆牵引”的成因》[12]。该文认为，正断层上盘之所以产生逆牵引构造，是由于这些正断层的断层面呈上陡下缓的弧形，这些断层上盘在下降过程中，为了弥合潜在的空间向下弯曲而成。可是，枫林矿区那些断层面平整的顶板小型正断层，为什么也产生逆牵引构造呢？到了这时他才意识到这种“平淡无奇”的构造现象，在实际上和理论上有进行深入研究的必要。

20 世纪 80 年代中期，他与大港油田一位工程师合作，根据枫林矿区和大港油田的实际资料开展研究。结果发现这种构造现象的产生，受上硬下软的岩性组合、该盘重力强度和断层面有效下滑力三个因素的共同控制，与弧形断层面无关。位于下伏软弱层之上的刚硬层正断层上盘，在自身重力作用下的受力状态，类似于材料力学以下伏软弱层为弹性基础、以断层面为自由端的弹性基础悬臂梁。在悬臂梁的弯矩和剪切力作用下，该盘岩层便趋向断层面下降幅度越大，呈逆牵引现象产出。该盘下降过程绕着翘升端水平轴旋扭，并且断层自下而上发育，从而把断层面歪曲成上陡下缓的弧形。故弧形断层面是逆牵引作用的结果，而不是逆牵引构造产生的原因。于是他引入弹性基础悬臂梁概念，撰写了《论正断层上盘逆牵引构造的成因机制》[13]一文，对这种构造现象的成因作出了全面的确切的解释，创立了正断层上盘逆牵引构造成因机制新模式。

3.3.2　箕状断陷盆地

随后他发现中国东部及其他地区，位于中地壳塑性层之上的上地壳正断层上盘断陷盆地基底，也普遍产生逆牵引现象，而成为趋向断层面沉降幅度越大的箕状。虽然，箕状断陷盆地规模比沉积岩系中正断层上盘逆牵引构造大得多，但它们的受力状态和变形情况却如出一辙。于是，他在《中国东部中、新生代断陷盆地成因机制新模式》[8]一文中，又引入弹性基础悬臂梁概念，对箕状断陷盆地成因机制作出了独特的说明。随后国内外一些地质学家也运用悬臂梁变形理论，模拟盆-山系的铲状正断层形成过程和研究东非裂谷、渭河盆地等箕状断陷盆地的成因。

3.3.3　沟-弧-盆系

接着他又思考起沟-弧-盆系成因这个板块构造热点问题。为什么西太平洋边缘产生了沟-弧-盆系，而东太平洋边缘则只有海沟而没有弧后盆地呢？有人认为这是由于太平洋西缘 B 型俯冲带倾角陡、东缘 B 型俯冲带倾角缓所致。又有人提出，这是由于太平洋西缘的海沟为离散型，而东缘的海沟为汇聚型的缘故。这些描述性的认识虽然符合一些事实，但却缺乏理论的深入分析。其实位于软流层之上的上驮板块，在自身重力作用下的受力状态，也类似于以下伏软流层为弹性基础，以海沟为自由端的弹性基础悬臂梁，从而在悬臂梁固定端最大弯矩派生的纵向张应力作用下，产生了裂谷，发展成为弧后盆地。所以弧后盆地一般产生于 B 型俯冲作用开始之后 20Ma 以上，并离海沟数百千米。当 B 型俯冲带倾角较大，或海沟两侧板块相背运动时，则上驮板块前缘便较自由，使该板块的受力状态更接近于悬臂梁。于是，该梁的固定端便产生了弧后盆地，如马里亚纳海沟及其西面的马里亚纳海槽等。当 B 型俯冲带倾角较小，或海沟两侧板块汇聚时，则悬臂梁的自由端便不自由，上驮板块也就丧失了弹性基础悬臂梁受力状态，弧后盆地便无法产生，如东太平洋边缘所见。

上新世—早更新世，印度次大陆对亚洲大陆又一次强烈推挤所产生的第三次喜马拉雅运动，促使青藏高原急剧大幅度隆起和东亚大陆重新向太平洋应变空间快速滑移，造成日本列岛褶皱抬升和岛弧前缘以低角度逆掩于俯冲洋壳之上，从而结束了日本海沟上驮板块的悬臂梁受力状态。故尽管现代的太平洋板块继续沿日本海沟俯冲，但日本海的扩张却早已停止。

根据上述的研究结果，他在《弧后盆地成因机制新模式》[10,11]一文中，对弧后盆地成因这个“长期之谜”作出了提纲挈领的回答。一个出自于沉积岩系小型构造研究形成的弹性基础悬臂梁受力状态及形变概念，竟然逐步发展成解决了断陷盆地厚皮构造和沟-弧-盆系板块构造的成因机制问题。从这里可以看出，理论研究可以发挥统帅性作用。

3.4 盆-山系整体观

枫林矿区顶板正断层上盘在下降过程中，促使下伏软弱的煤系物质流向下盘，造成上盘煤系变薄、尖灭，下盘煤系变厚和顶板向上掀斜[6]。煤系物质强烈的流变性，把重力作用产生的上下盘降升运动联成一个整体。当年他在矿井下天天见到的这种不起眼的构造现象，若干年后，竟然成为解决中国东部及世界各地盆-山系成因机制的钥匙。

区域地质和地球物理测深资料表明，广泛分布于中国中东部受上地壳正断层控制的新生代盆-山系，如渤海湾盆地与西侧北侧的太行山、燕山，河套盆地与北侧的阴山，渭河盆地与南侧的秦岭，它们下盘断隆山的抬升幅度与上盘断陷盆地的沉降幅度相近，下伏中地壳塑性层厚度之差，也与两者相对降升运动幅度一致，可达几千米至十多千米。这种构造现象，与枫林矿区顶板正断层两盘降升运动及其下伏煤系厚度变化情况无异。显然，下盘断隆山的形成，也是上盘断陷盆地在悬臂梁变形过程中，把下伏中地壳塑性层物质压入下盘，造成上盘中地壳塑性层变薄、下盘的变厚及其上地壳向上掀斜所致。不过在当今强调水平运动的时代，人们往往漠视永恒的强大的重力的存在；而且把下伏软弱层仅仅理解为滑脱面拆离面，构造地质学家又很难有机会观察到矿井下这种典型的生动的构造现象，所以便没有意识到这些正断层上盘，居然会受到强烈的重力作用，并呈弹性基础悬臂梁受力状态和变形，更不会想到它还能产生如此惊人的动力，促使下伏软弱层物质大规模侧迁和下盘大幅度隆升。而只能认为，断陷盆地是水平拉张力的产物，断隆山是水平挤压作用的结果。有人甚至还说，下盘的挤压是上盘的扩张派生的。如果上盘能够派生出一个强度与它相当的侧压力，它还能扩张吗？姑且不说这个扩张力是否存在。有人则干脆把断隆山的成因推入不可知论的泥沼，说断隆山是“热对流、地球自转或地外事件所产生的水平作用力，把地球深部岩片向地壳的表层、自由空间抽拉-逆冲”的产物，把这种简单的构造现象，弄得神秘莫测。其实断隆山与褶皱造山带根本不同，它的地层在造山过程没有褶皱、逆冲，与水平挤压作用无关。它只是在下伏中地壳塑性层物质上拱下向上掀斜，使地层向外倾斜几度至十几度而已。20 世纪 90 年代中期，他在枫林矿区顶板正断层两盘及其下伏煤系构造现象启迪下，结合中国东部盆-山系实际资料，撰写了《中国东部中新生代盆-山系及其有关地质现象的成因机制》[14]，创立了盆-山系成因机制新模式。

不少工程地质专家认为，只有切穿地壳、切穿岩石圈的深大断裂，才对地壳的稳定性构成威胁，上地壳断裂没有破坏整个地壳的完整性，其地壳是稳定的。这种认识可能会使一些重大工程产生灾难性后果。其实大陆地壳是分层的，上地壳位于中地壳塑性层之上，上地壳正断层两盘的降升运动可达数千米至十多千米，是破坏地壳稳定性的主要因素，并控制地震活动，使震源集中于地下 10～20km 的中地壳塑性层中，如中国大陆东部所见。大陆内部也无切穿地壳的深大断裂存在。

3.5　降升-冲叠造山观

枫林矿区顶板底部有一层数十厘米厚的石灰岩，与上覆石灰岩之间夹着一层 3～4cm 厚的碳质页岩，成为底层进行顺层滑动的拆离面。当顶板正断层上盘这个底层完全断落入煤系时，该层的断层面一侧便全部与软弱的煤系直接接触。这时该盘如果受到较强的朝断层面的挤压时，那么该层便向煤系一侧进行顺层俯冲。俯冲距离从几十厘米至两三米不等。这种构造现象与俯冲型冲叠造山带中，断陷盆地上地壳刚硬的结晶基底，向断隆山的中地壳塑性层进行顺层俯冲无异。

在枫林矿区期间，他把这种俯冲现象，只是看成这些正断层是受到水平挤压作用的压剪性正断层的佐证之一，没有想到它还隐藏着其他重要的构造意义。到了 20 世纪 90 年代中期，他在研究秦岭印支造山带成因，弄不明白该造山带是如何形成的，是哪一层对哪一层的俯冲而苦恼不已时，忽然在扬子地台下扬子盆地陈沪生等的 HQ-13 线地球物理-地质综合解释剖面图上，发现其中的孟河正断层上盘断陷盆地的上地壳底部结晶基底，向其下盘中地壳塑性层顺层俯冲了几千米，并使盆地中生代沉积物和盆地基底古生界发生中等程度的褶皱和逆冲，才产生了他乡遇故知之感。这两种距离遥远、规模相差悬殊的构造现象，共同昭示一个规律：上覆刚硬层的正断层上盘底层，一旦断落入下伏软弱层时，由于该底层的断层面一侧与软弱层直接接触，而变得很不稳定。当该底层受到来自外侧的推挤，便会向软弱层进行顺层俯冲。这应该是一种相当普遍的造山模式。于是他作出了大胆推断，秦岭印支造山带也应该由这种壳内俯冲作用形成。

他重新打开横切东秦岭的曹家敏等的 QB-1 二维速度结构剖面图进行仔细研究。发现前人由于缺乏顺层俯冲概念，把南秦岭断陷盆地的结晶基底俯冲岩板顶面的地震波速层分界线，当成中地壳塑性层的顶面，从而把结晶基底俯冲岩板，划入中地壳塑性层，抹杀了它的俯冲作用。如果把该分界线改正了，则该剖面便与孟河正断层上盘结晶基底和枫林矿区一些顶板正断层上盘底层的俯冲现象完全一致了。从改正后的剖面图和有关的地质资料得知，南秦岭断陷盆地刚硬的结晶基底，在印支运动期间，受到自南而北的推挤，向北秦岭断隆山中地壳塑性层俯冲。从商丹断裂俯冲到栾川断裂一带，俯冲距离为 50km 左右。在俯冲过程中，南秦岭结晶基底俯冲岩板上覆盖层被刮削了下来，形成向南褶皱倒转和仰冲的冲褶带，而北秦岭则成为具有双层结晶基底的冲叠带，两者组成了俯冲型冲叠造山带。

4 大陆层控构造学说的意义

4.1 创立了多元动力成因观

地球动力学是大地构造学的“哥德巴赫猜想”，至今依然是地球科学一个突出的重大难题。在地球科学发展史上，先后出现过地球体积变化说、地外天文因素说、垂直动力作用说、地球内热作用说、地球自转及其变化说、地球重力作用说和地幔对流说等多种学说。其中许多学说都有一些事实依据，具有一定的合理性；但由于这些学说均从单元动力成因观出发，都存在以偏概全的片面性。大陆层控构造学说面对种种地质事实，吸取前人各种合理的认识和科学的新成就，发挥东方人整体思维的优势，创立了多元动力成因观。

地球在地质历史时期，由于体积膨胀和月球引力潮汐摩擦，自转速度总体呈变慢趋势。不过由于陨星准周期性的撞击，使地球自转速度在总体缓慢变慢过程中，多次发生急剧的变化。这点已经得到了古生物“化石钟”资料的有力支持。

据奈帕尔估算，一个直径为4～31km的陨星，对地球的冲击速度为24.6km/s，产生的能量为$0.3\times10^{23}\sim150\times10^{23}$J，比8.5级大地震的能量$3.6\times10^{17}$J大十万至几千万倍。这么巨大的动能，将在地表撞出一个直径为80～500km的陨击坑，而且其顺向或逆向撞击，还使地球自转速度发生加快或减慢的急剧变化。逆向撞击速度比顺向撞击相对速度更大，故前者对地球自转速度变化影响更为强烈。

当地球自转速度变化时，将派生经向和纬向惯性力。计算表明，距离地球自转轴最远的上地壳，惯性力最强。该层上下又是大气层和中地壳塑性层应变空间，故地球自转速度变化产生的构造运动，首先从该层开始。其中经向惯性力在中纬度地区最强，纬向惯性力则趋向赤道变大。于是，位于不同纬度的相邻地区之间，便产生了东西向剪切力。经向惯性力、纬向惯性力和东西向剪切力，是造成地壳水平运动三个主要的水平作用力。

有些人根据上述质点力的计算结果，认为这些惯性力很小，不足以推动构造运动。其实这是一个误解。因为岩石具有一定强度，力可以传递；各个层圈、各个地块之间可以相对运动；地球自转惯性力是体力，具有较长的共同作用线，可以累加。故质点力虽小，但它是个力系，可作力系合成计算，其强度还是足够大的。

对地球自转角速度变化所产生的应力，王仁根据古生物资料提供的地球自转变化的平均速率，用电子计算机对轴对称地球模型进行了分层计算，得出的结论是在10^6年量级的长时期单向变化的情况下，由离心惯性力的变化可以积累起10^7Pa量级的应力，足以引起岩层形变，产生各种大型构造。上述计算，还没有考虑到陨星撞击引起的地球自转速度在短时间内更加急剧的变化。

当地球自转速度变慢时，经向惯性力方向由赤道指向两极，从而使古赤道地区受到南北向拉张，形成东西向特提斯地槽；中纬度地区产生自低纬度向高纬度的挤压；纬向惯性力方向由西向东；东西向剪切力方向，北半球左行，南半球右行。

当地球自转速度变快时，经向惯性力方向由两极指向赤道，从而使两极地区受到拉张，北极形成北冰洋洋中脊，南极则出现环南极洲洋中脊扩张带；中纬度地区产生自高纬度向低纬度的挤压；纬向惯性力方向由东向西；东西向剪切力方向，北半球右行，南半球左行。

地球自转速度变慢或变快派生的纬向惯性力，将产生经向拉张带或经向挤压带。在现今大陆，南北向拉张带或挤压带，有震旦纪、早古生代乌拉尔地槽及其晚古生代褶皱造山带、东非裂谷和晚二叠世—三叠纪攀西裂谷，以及侏罗纪—早白垩世仰冲型冲叠造山带等。在今日大洋，南北向拉张带有太平洋、大西洋、印度洋和塔斯曼海（已停止扩张）洋中脊。赤道地区纬向惯性力最强，故它们在赤道地区扩张也最强烈。地球自转速度变慢占主导地位，纬向惯性力方向多为自西向东，所以东太平洋洋脊以赤道为中轴呈向东凸出的弧形，大西洋洋中脊赤道北侧的东西向转换断层，也一律左行。上述 4 条南北向洋中脊彼此经度间距为 90°左右，这种等距性现象，还隐示纬向惯性力的分布，可能受经向协和函数控制。

洋中脊的产生，受地球自转速度变化派生的经向或纬向惯性力控制，但其板块运动和洋中脊扩张，却与重力作用和地球膨胀有关。位于洋中脊软流层隆起带侧翼的岩石圈，在自身重力作用下下滑，并在海沟处密度倒转下拽力作用下俯冲、潜没，导致板块漂移和洋中脊扩张。重力作用引起板块漂移、碰撞，也造成重力转换成侧压力，并产生远程效应。

地球自转速度逐渐变慢过程中，派生的平缓经向惯性力、纬向惯性力和东西向剪切力，与重力一起，在中纬度及其两侧地区产生呈正断层产出的平面 X 型断裂和东西向走滑正断层，形成盆-山系。这是全球性的造盆时期，以长期的缓慢的降升运动为特征，重力起主导作用。

从新元古代至晚古生代，在西伯利亚古陆以南，卡拉库姆-塔里木-中朝古陆以北的广大地区，在一系列东西向走滑正断层作用下，时断时续地产生了众多的盆-山系，形成所谓的古亚洲洋。该时期，东西向剪切力和重力也在商丹一带的上地壳，产生一条长达 1000 多千米的东西向走滑正断层，把前震旦纪中国大陆切成扬子和华北两个陆块。作为下降盘的扬子陆块北部，形成南秦岭断陷盆地；而作为上升盘的华北陆块南缘，则成为北秦岭断隆山。

在太平洋和大西洋，东西向走滑正断层起初把南北向洋中脊切成一节节，随后在洋中脊大规模扩张过程中，这些走滑正断层两盘才随所在“板条”滑移而演变成转换断层。

在平缓的南北向挤压力和重力共同作用下，鄂尔多斯盆地西缘从中元古代至中三叠世，也断断续续发展起北北东向贺兰裂谷和北北西向六盘裂谷，组成不完全的平面 X 型断裂。这两支裂谷组成近南北向断陷带，其西侧为阿拉善古陆和古六盘断隆山，两者组成了盆-山系。

陨星撞击引起地球自转速度急剧变化，所派生的强烈经向和纬向惯性力，使具有侧向应变空间的断陷盆地与断隆山之间发生冲叠造山运动，以及经过冲叠造山“焊接”在一起硬化了的上地壳整体纵弯隆起。这是全球性的造山时期，以短暂的快速的水平运动占优势，水平力跃居支配地位。65Ma 前发生于墨西哥尤卡坦州陨击坑直径 180km

的陨击事件便是明证。该次事件导致全球性造山运动、火山爆发、古地磁倒转、古气候剧变、恐龙等大量古生物灭绝和中生代与新生代交替。

印支期地球先后发生了两次巨大的陨击事件。它们分别为220±10Ma前，发生于俄罗斯57°06′N、43°35′E地区，陨击坑直径为80km的陨击事件；212±2Ma前，发生于加拿大51°23′N、68°42′W地区，陨击坑直径为100km的陨击事件。它们都是逆向撞击，使该时期地球自转速度出现两次急剧变慢，从而于中三叠世末235Ma和晚三叠世末208Ma产生两幕印支运动。该运动在北半球地区，于自南而北经向惯性力强烈作用下，南秦岭断陷盆地上地壳刚硬的结晶基底，便向北秦岭断隆山软弱的中地壳塑性层顺层俯冲，形成俯冲型冲叠造山带，并先后发生高压和超高压变质作用。

该时期地球自转速度急剧变慢派生的自西向东纬向惯性力，则使总体呈南北向的阿拉善-古六盘断隆山，向东仰冲、推覆于贺兰-六盘断陷盆地之上，形成仰冲型冲叠造山带，并自西向东先后产生了晚三叠世和侏罗纪南北向沉降带。印支期造山时间、高压超高压变质时间和构造运动方向，与该时期两次陨星逆向撞击时间及导致地球自转速度急剧变慢派生的经向和纬向惯性力方向，具有良好的耦合关系[15,16]。于是在地质历史时期，长期的缓慢的降升运动与短暂的急剧的水平运动交替出现。

4.2 解开了特提斯地槽动力学之谜

北古特提斯地槽是晚石炭世开始产生于劳亚古陆与冈瓦纳古陆之间的古赤道地区，略呈东西走向。该地槽位于劳亚古陆南缘，向东延伸到印度尼西亚弧。特提斯地槽西段由北古特提斯地槽（基梅里造山带）和南新特提斯地槽（阿尔卑斯-喜马拉雅造山带）所组成，两者之间为基梅里大陆。自从1888年徐士创建特提斯地槽术语以来的一百多年间，虽然研究特提斯的论著浩如烟海，但它们并不清楚该地槽打开的动力背景是什么。地球自转速度加快产生的构造现象，前人已经有过许多论述；至于地球自转速度减慢对地壳运动的影响，似乎还没有引起关注。

海西后期地球自转速度变慢，于是该时期位于基梅里大陆北侧的古赤道，在南北向拉张力和重力共同作用下，产生了由东西向张性正断层发展而成的北古特提斯地槽，把联合大陆分割成北半球的劳亚古陆和南半球的冈瓦纳古陆。

二叠纪晚期，在地球自转速度逐渐变慢派生的东西向剪切力和重力共同作用下，使这时位于南半球的基梅里大陆南侧，产生了东西向走滑正断层，形成南新特提斯地槽，导致基梅里大陆从冈瓦纳古陆北缘分裂出来。

由于地球呈不对称膨胀，南半球膨胀率大于北半球，古赤道不断南移。印支运动期间，在陨星逆向撞击引起地球自转速度急剧变慢派生的从赤道指向两极的经向惯性力强烈作用下，这时已经位于古赤道的南新特提斯地槽便快速张开，演变成优地槽，并促使北侧狭长的基梅里大陆向北与劳亚古陆会聚、拼贴，关闭了北古特提斯地槽，形成基梅里造山带。

位于特提斯构造带中段的青藏高原，根据黄汲清教授等的研究，特提斯地槽具有北、中、南三带。北带位于拉竹龙、金沙江一带，开始出现于石炭-二叠纪。晚古生代末至三叠纪早期强烈拉张，产生蛇绿岩，形成优地槽。中带沿班公湖至怒江一带分布。在印支运动经向惯性力强烈作用下，于晚三叠世—早侏罗世也发展成优地槽，并促使北侧的羌塘地块北移，导致拉竹龙-金沙江地槽演变成印支褶皱造山带。南带以印度河-雅鲁藏布江断裂为代表。该带南新特提斯地槽的蛇绿岩，形成于经过了印支期 4 次强大的陨击事件，异常地幔演变成软流层的侏罗-白垩纪时期。于是该海槽的蛇绿岩带才是一条代表大洋岩石圈的完整、连续的蛇绿岩带。该时期的强烈经向惯性力，也造成北侧的拉萨地块北移封闭了班公湖-怒江地槽。

到了晚白垩世—新生代，古赤道进一步南移和印度洋扩张。在该时期地球自转速度变慢派生的经向惯性力，以及北西向卡尔斯伯格洋中脊软流层隆起带东北翼印度板块下滑力共同作用下，印度次大陆向北偏东方向运移，导致印度次大陆于 65Ma 前开始与欧亚大陆拼贴，到始新世拼贴全部完成，海水从青藏高原全面退出。

由于古赤道不断南移，上述东西向拉张带存在时间短暂；而且在前侏罗纪，异常地幔也未演变成软流层，还未发育到洋中脊扩张阶段，便一一封闭了，与南极、北极到侏罗纪以来才先后产生，并长期处于拉张状态的洋中脊不同。所以青藏高原这些由地槽演变而成的褶皱造山带，除了雅鲁藏布海槽外，其他北、中两条地槽都是冲叠造山带厚皮构造，而不是碰撞造山带板块构造。

4.3 赋予地槽系新涵义

自从 1857 年美国地质学者霍尔提出地槽概念以来的一百多年间，人们一直把其中的沉降带当成大向斜（地向斜），隆升带当成大背斜（地背斜），从而使这些沉降带和隆升带的构造形态、分布规律、相互关系、沉积作用和岩浆活动等特点的成因，得不到合理说明。由于这些地槽系已经褶皱成造山带，原来的构造面目难以辨认，问题一直悬而未决。根据《大陆层控构造导论》[1]和《论秦岭造山带及其立交桥式构造的流变学与动力学》[15]、《大陆层控构造与油气资源》[16]等的研究，其实地槽系也是受位于中地壳塑性层之上的上地壳正断层控制的盆-山系，为地球自转速度缓慢变化派生的经向惯性力、纬向惯性力或东西向剪切力与重力共同作用的产物。其中地槽是断陷盆地，地背斜是断隆山。地槽在自身重力作用下，也呈弹性基础悬臂梁受力状态，而呈箕状产出。在箕状断陷盆地翘升端，即悬臂梁固定端的最大弯矩派生的纵向张应力作用下，产生自上而下发育的次一级张性正断层，形成次一级地堑，组成一般大型断陷盆地常见的两堑夹一垒构造。其中主断陷发展成优地槽，次断陷成为冒地槽，两者之间的中央断隆山是冒地背斜，主断陷外侧的主断隆山则成为优地背斜[1,15]。

陨击事件导致地球自转速度急剧变化派生的强烈经向和纬向惯性力，使中纬度、古赤道地区的盆-山系演变成冲叠造山带。其中主动力来自断陷盆地一侧时，形成俯冲型冲叠造山带；主动力来自断隆山一侧时，则形成仰冲型冲叠造山带。

把过去存在着几分神秘色彩的地槽系，理解为受上地壳正断层控制的盆-山系，它们的成因机制便可以得到简单明了的合理解释。于是，地槽系的研究就从以往的描述性阶段，提升到解释性阶段。

4.4 创立了秦岭印支造山带成因机制新模式

秦岭印支造山带以其重要的地理位置和丰富的矿产资源，历来是中国地学界研究的重心。20 世纪 80 年代末期，在其东段大别山发现了轰动一时的榴辉岩、柯石英、金刚石等超高压变质岩石矿物，更引起国内外学术界的强烈兴趣。不少专家学者根据这些矿物形成的温压条件，按埋深进行推算，认为这是所在陆壳俯冲到100km以深的产物，并作为秦岭造山带是陆-陆碰撞的确凿证据；而且陆壳俯冲到该深度之后，又得快速返回地面，使其中很不稳定的柯石英不至于产生退变质作用。于是，密度小的陆壳为什么能够俯冲入密度大得多的地幔这么深？俯冲后又是什么动力、通过什么机制折返地面，便成为大家竞相研究的热点课题。甚至不惜投入巨资，从2001年6月至2005年3月，中国地质科学院在秦岭印支造山带东端苏北东海县打了一个5158m深的科学钻，以“揭示板块会聚边缘碰撞造山带的深部物质组成与结构构造，重塑超高压变质带形成与折返机制”。该钻完成后，除了见到俯冲岩板中更多的高压超高压变质岩石矿物外，并没有发现板块俯冲和折返的证据。正如在该钻开钻不久后的2001年9月14日，李扬鉴在给中央领导的信中所预料的，“除了将获得中地壳物质和揭示壳内俯冲作用之外，不会有什么与板块俯冲有关的成果。”

其实这是个动力学问题，而不是个静力学问题。他们的设备是先进的，测出来的超高压变质矿物形成的温压数据也是可靠的，但思路不对头。他们运用西方人的分析思维方法，认为超高压变质矿物的产生，只有埋深才行，没有从多元角度进行综合思维。许多科学问题仅凭先进技术、先进手段是解决不了的，必须还要拥有正确的思维方法才行。南秦岭断陷盆地上地壳底部，由表壳岩系、花岗质片麻岩和变质基性岩类三套岩石组合构成的3~4km厚的刚硬结晶基底，在印支运动期间陨星逆向撞击引起地球自转速度急剧变慢派生的经向惯性力强烈作用下，便向北秦岭断隆山软弱的中地壳塑性层俯冲。在俯冲过程中，北秦岭中地壳塑性物质，在俯冲岩板强烈挤压和摩擦下选择性重熔，产生大量花岗岩及丰富金属矿产（部分花岗岩及金属矿产被后来的燕山运动所改造）。俯冲岩板也在强烈挤压下，产生榴辉岩、柯石英、金刚石等高压超高压变质岩石矿物。俯冲岩板在俯冲后，也没有随即折返地面，而是由于陨击事件引起的强烈经向惯性力来去匆匆而已，从而俯冲入北秦岭断隆山中地壳塑性层、埋深只有10km左右的俯冲岩板中很不稳定的柯石英，不至于发生退变质作用。尔后到了晚侏罗世—新生代，大别山地区先后作为北部北西西向晓天-磨子潭正断层和东部北北东向郯庐正断层南段的断隆盘，其上地壳才被高高地抬起。经过了长期地剥蚀，该上地壳底部大别群俯冲岩板及其超高压变质岩石矿物，以及下伏中地壳塑性层物质及其花岗岩，才露出地面，成为变质核杂岩。其折返机制，是后来这些盆-山系的产物，受重力作用控制。其实直接由动力作用产生的这种超高压变质矿物，在世界各地的陨击坑中也时有发现。近些年来，大别山超高压变质岩的同位素研究，也证明这些含柯石英和金刚石的榴辉岩，从未俯冲入地幔[17]。换一个观察问题的角度，这个被弄得神秘莫测的科学难题便这样迎刃而解了，从而创立了俯冲型冲叠造山带新的造山类型。

4.5 初步建立了大陆层控构造与油气资源关系新的理论模型

根据杜乐天研究员等的研究，没有地幔流体（包括玄武质岩浆），便没有油气资源。来自地球深部的高温地幔流体，富含氢、卤素、碱金属、碳、氧、氮、硫族和金属元素[18]。无机成因的石油，是地幔流体带来的氢、碳和起催化作用的金属元素，在中地壳塑性层适宜的温压条件下，进行费-托合成反应形成的，或进入上地壳与碳酸盐岩合成反应的产物。“有机”成因的石油，也是地幔流体对岩层中有机质加氢、加热和催化合成的。“生油岩”中的有机质和碳酸盐，也与地幔流体活动有关。演变成有机质和碳酸盐的生物，其大量繁殖离不开地幔流体提供充足的养分；而且许多黑色页岩实际上还是内生碳交代矿床或与内生碳喷流有关。

由此可知，地幔流体的聚集、上升和侧迁，是形成不同成因类型油气资源的共同前提。与地幔流体侵入有关的中地壳低速低阻层，则成为地幔流体富集程度的标志。所以，研究一个地区控制地幔流体活动及其中地壳低速低阻层赋存状况的构造类型及演化，对认识该地区油气资源的远景和分布，具有决定性的意义。所以，与地幔流体息息相关的油气资源，4/5 产生于软流层形成以来的中-新生代，其中一半以上的油集中于地幔流体大规模上涌的古赤道纬向拉张带南新特提斯地槽。

以往在有机说影响下，只注重盆地内部构造和沉积物性质及其相互关系，强调“生、储、运、盖、圈、保”油气藏形成的六大条件，对控制地幔流体上升、侧迁、聚集等活动的深部构造缺乏应有的重视，从而使油气勘探工作存在着一定的局限性和盲目性。为了拓宽油气勘探的视野，提高油气勘探的科学性，李扬鉴等在《大陆层控构造与油气资源》[16]一文中，初步建立起中国东部盆-山系、中西部仰冲型冲叠造山带和厚皮纵弯隆起三种主要构造类型与油气资源关系的新模式，为了避免重复，这里不再赘述。

当今在国内地学界重事实轻理论、重手段轻思维、重仿造轻创新的氛围中，李扬鉴却力排众议，坚持走一条充分发挥自己优势的自主创新的理论探索的艰难之路。他早年在矿山工作期间，利用采矿工程揭露出来的丰富多彩的构造现象，对矿区地质构造进行了长期深入的研究，发现了许多前人没有发现过的构造现象，产生了不少与传统观点不同的新思路。1980 年来到地研院之后，他把自己过去的研究成果，与国内外科学成果“杂交”后，升华为具有普遍意义的理性认识，然后运用演绎法，使这些认识成为解决种种构造热点问题的钥匙。他在一篇篇学术论文中，创立了压剪性正断层、扇型逆冲断层两个新概念和盆-山系、冲叠造山带、弧后盆地、正断层上盘逆牵引构造、纵弯褶曲构造应力应变场成因机制五个新模式。20 世纪 80 年代晚期，他在辽东—吉南地区从事硼矿控矿构造研究过程中，运用自己纵弯褶曲构造应力应变场研究成果[19,20]，推翻了前人认为该地区硼矿分布于花岗岩底辟两侧、底辟内部无矿的“权威”观点。指出该地区硼矿受吕梁运动东西向复背斜倒转翼陡翼控制[21]，从而于20 世纪 90 年代前期在营口后仙峪附近一个所谓的花岗岩底辟无矿区，找到了一个隐伏的中型富矿，打开了该地区硼矿找矿新局面。他的科研成果先后获部级一、二、三等奖各一项，并享受国务院政府特殊津贴。20 世纪 90 年代中期，他在这些丰硕成果的基础上，运用东方人整体思维的优势，吸取科学的新成就，创立了与当时流行的板块构造学说截然不同的多元有序和谐的大陆层控构造学说。一个萌生于矿井深处的大地构造学说，由于不断得到理论思维的滋养，终于茁壮成长，绿叶成荫。理论是智慧，是统帅，它的神力大矣。

参考文献

[1] 李扬鉴，张星亮，陈延成．大陆层控构造导论．北京：地质出版社，1996.

[2] 李扬鉴，张星亮，陈延成．大陆层控构造论——盆-山系与造山带成因及演化新模式//中国地质学会．“八五”地质科技重要成果学术交流会议论文选集．北京：冶金工业出版社，1996：592-596.

[3] Li Y J, Zhang X L, Chen Y C. CONTINENTAL lAYER- bOUND tECTONICS—a new model for the origin and evolution of basin- mountain system and orogen. In: Progress in Geology of China (1993-1996) —Papers to 30th IGC. Beijing: China Ocean press, 1996: 248-251.

[4] 刘海龄，郭令智，孙岩，等．南沙地块断裂构造系统与岩石圈动力学研究．北京：科学出版社，2002.

[5] 邹和平．南海北部陆源地震带的深部结构和孕震机制．华南地震，1998，18（3）：18-19.

[6] 李扬鉴．湖北枫林矿区褶曲构造中断裂系统力学成因研究．化工地质，1980，（3）.

[7] 李扬鉴．压剪性正断层的成因机制与能量破裂理论．构造地质论丛，1985，（4）：150-161.

[8] 李扬鉴，林梁，赵宝金．中国东部中、新生代断陷盆地成因机制新模式．石油与天然气地质，1988，9（4）：334-345.

[9] Li Y J. An alternative model of the formation of the Meso–Cenozoic down–faulted basins in eastern China. In: Progress in Geosciences of China (1985- 1988) ——Papers to 28th IGC, Volume Ⅱ. Beijing: Geological Publishing House, 1989: 153-156.

[10] 李扬鉴．弧后盆地成因机制新模式//中国地质学会编．“七五”地质科技重要成果学术交流会议论文选集．北京：北京科学技术出版社，1992：36-40.

[11] Li Y J. A new model of the Formation Mechanism about Back- Arc Basin. In: Progress in Geology of China (1989-1992) ——Papers to 29th IGC. Beijing: Geological Publishing House, 1992: 67-69.

[12] Hamblin W K. Origin of “Reverse Drag” on the Downthrown side of Normal Faults. Bull. Geol. Soc. Amer., 1965, 76 (10): 1145-1164.

[13] 李扬鉴，张树国．论正断层上盘逆牵引构造的成因机制．构造地质论丛，1987，（7）：79-89.

[14] 李扬鉴，张星亮，陈延成．中国东部中新生代盆-山系及其有关地质现象的成因机制．中国区域地质，1996，（1）：88-95.

[15] 李扬鉴，崔永强．论秦岭造山带及其立交桥式构造的流变学与动力学. 地球物理学进展，2005，20（4）：925-938.

[16] 李扬鉴，崔永强，栾俊霞，等．大陆层控构造与油气资源．化工矿产地质，2008，30（2）：1-20.

[17] 丁悌平．大别山超高压变质岩形成深度的同位素限制．地质力学学报，2000，6（3）：39-44.

[18] 杜乐天．烃碱流体地球化学原理——重论热液作用和岩浆作用．北京：科学出版社，1996.

[19] 李扬鉴．论纵弯褶曲构造应力场及其断裂系统的分布//中国地质科学院力学研究所．地质力学文集．北京：地质出版社，1988：145-155.

[20] Li Y J, Chen Y C. On the structural stress field of the longitudinal bend fold and its distribution with respect to the fault system. Journal of Geophysical Research. 1991, 96 (B13): 21659-21665.

[21] 李扬鉴，王培君．论辽东—吉南地区硼矿床控矿构造及找矿方向．化工地质，1993，15（2）：69-79.

沿着玄武岩找油
——访李扬鉴高级工程师*

记者：李寻　闻迟

本刊记者（以下简称“记”）：您对石油成因的争论如何看？

李扬鉴先生（以下简称“李”）：石油有机说、无机说争论了一百多年，虽然观点不同，但是他们双方都各有长短。我认为石油的成因是多元的。在地质学的早期阶段，存在各种各样的学说，虽然每种学说都有它的学术根据，但也有它的局限性和片面性，争论到最后大家走到了一起，都是一家人。比如说，最早的火成论和水成论、灾变论和均变论，等等。所以，有机说、无机说双方争论了那么多年，都有些固执已见。

我们再讲具体一点。比如说，有机说认为油气都是由干酪根有机质演变而来的。但是现在根据地球化学的研究，有机说有很多致命的弱点，无机说就抓住这些东西攻击它。它主要有下列三大弱点。

第一，干酪根里面的氢很稀少，而烃类的主要成分是氢，严重缺氢的干酪根演变成氢含量非常丰富的烃，氢从何而来？

第二，就是温度。实验室里一般温度在240℃以上的条件下，才能让烃源岩中的干酪根裂解出烃类物质来。而实际上，盆地中埋藏于地下的烃源岩地温一般只有几十至一百多摄氏度，相差很多，那么使干酪根演变成烃所需的热能又从哪里来？有机说为了自圆其说，又搞了个时间补偿理论，用长时间来补偿温度的不足。结果无机说又提出，打个比方，鸡蛋在100℃能够煮熟，但把它放到20℃的环境里1000年也没法熟。

第三，有机质加氢合成烃的实验表明，在反应过程中除了需要较高的温度和较强的压力之外，还得有铁族元素的催化，但是这些元素是沉积岩里所缺少的。在新疆原油中有33种元素，超过中国岩石圈陆壳平均含量1～3个数量级，含有18种生物中未发现的元素，也有较丰富的热液成矿的亲铁元素铁、钴、镍、锰，这些元素从哪里来？

记：有机说者是如何反驳的呢？

李：有机说呢也有反驳的理由，说你们主张无机说，既然是无机油气应该到处都有，为何还要到盆地来？盆地是沉积环境，就说明油气跟沉积是有密切关系的，沉积物里就有很多有机质。这样一来无机说者有点难回答。实际上，两者之间恰恰在这里找到了共同点，因为谁都离不开构造的控制。

---

* 本文原刊于《天下》，2013，(4)。

我是搞构造的，杜乐天先生是搞地球化学的，根据他的研究，这些来自软流层的地幔流体里有氢、碱金属、碳、氧、氮、硫和各种金属元素，而且是高温的，包括玄武质岩浆。当这些东西上涌到中地壳塑性层时，由于该层的温度、压力与实验室中的条件大体相当，它们可以在其中进行费-托合成反应，形成烃类。实际上，油田里头也不断有这种无机的天然气发现。现在天然气的无机证据是越来越多了，也得到了大家的承认。后来有机说者就退了一步，说无机成因油气是有的，但不是主要的。

在这个问题上，我把杜乐天先生的地幔流体的研究成果和目前已知的地质事实结合在一起，再用我的大陆层控构造理论将它们统一起来。因为不管是有机还是无机，都跟地幔流体有关，都受一定的地质构造控制。把这些问题说清楚，对油气资源的预测会有重大的意义。

记：杜乐天教授提出了碱性的地幔汁，那玄武质岩浆跟碱性地幔汁是不是一个东西呢？

李：它们都包含在地幔流体里。比如说我们单位搞的钾盐，这是典型的沉积矿产，但是它离开深部地幔流体成矿物质的供应，根本就形成不了。说来说去，不管是油气也好还是其他矿产也好，即使是典型的沉积矿产，它们一般都离不开深部物质和热能的供应，离不开来自深部地幔流体的作用。

记：就是杜教授所说的“热液成矿”？

李：对。对原来搞矿产的学者来说，热液这种观点好接受，把这个问题抓住了以后，许多问题都可以迎刃而解。回过头来还要谈，地幔流体是怎么分布的？它是怎么上来的？实际上，地幔流体赋存于软流层中，至于它是怎么上来的，则不同的构造有不同的控制方式。就拿当今中国东部控制含油气盆地的上地壳正断层来说吧。这些控制来自软流层的玄武质岩浆活动的上地壳正断层，至今仍然被人误认为是切穿岩石圈的深大断裂。然而地球物理测深资料表明，这些断裂一般都终止于中地壳塑性层。

记：这些只下切到中地壳塑性层的上地壳正断层及其断陷盆地，怎么会引起深部软流层中的玄武质岩浆喷溢呢？

李：这里有个演化过程。位于中地壳塑性层之上的上地壳正断层上盘，在自身重力作用下的受力状态，类似于以下伏中地壳塑性层为弹性基础、以断层面为自由端的弹性基础悬臂梁。该盘在梁的强大弯矩和剪切力作用下，趋向断层面沉降幅度变大，盆地呈箕状产出，进行楔状沉积，盆地处于断陷阶段。箕状盆地沉降幅度往往达数千米。断陷盆地基底在沉降过程中，势必要排走下伏中地壳塑性层物质。其中部分熔融物质在上地壳压力作用下，沿上地壳正断层上侵和喷溢，成为中酸性侵入岩火山岩，其他的则随中地壳塑性层其他物质，侧迁到毗邻的重力作用较弱的下盘，促使该盘上地壳向上掀斜成断隆山，造成断隆山与断陷盆地如影随形，两者组成了盆-山系。断隆山的中地壳塑性层增厚，重力作用加强，阻慢了中地壳塑性层物质侧迁，降低了断陷盆地沉降速率。这时断隆山在隆升过程中，也带动了断层上盘沉积物抬升，使沉积中心向盆地中央方向迁移，从而结束了楔状沉积，转为向斜状沉积，盆地从断陷阶段演变到断拗阶段。

断陷多深，便排走下伏层多厚的物质，从而引起该部位地壳重力失衡、软流层上拱和上覆岩石圈地幔及下地壳横弯隆起。隆起轴部物质被压向两翼，并产生纵向张性断裂，导致地幔流体涌入中地壳塑性层，促使该层局部乃至全部基性化。随后地幔流体又从中地壳塑性层沿上地壳正断层上升，所以控制玄武质岩浆活动的断裂，不一定是切穿岩石圈的深大断裂。这个时期，地幔流体既可以在中地壳塑性层适宜的温压条件下合成无机的油气，也可以涌上盆地与其中的烃源岩进行反应生成“有机”的石油。所以在松辽盆地的同一区域，既有“有机”的石油，也有无机二氧化碳气田。这种现象在东海陆架盆地也可见到。在该盆地的同一地区，无机的二氧化碳和甲烷气田与“有机”的油田“和平共处”。

记：盆地基底在沉降过程中，虽然排走了下伏中地壳塑性层物质，但其上面盆地也会有充填物不断流入补充吧？怎么该部位地壳会造成重力失衡呢？

李：不错，下面排走物质上面补充物质，地壳厚度并无多大变化。但是被排走的中地壳塑性层物质平均密度为 $2.8g/cm^3$，新补充的沉积物平均密度只有 $2.3g/cm^3$，两者差别较大，所以还是引起该部位重力失衡，软流层大幅度上拱。盆地演化到最后，地幔流体广泛大规模上涌，玄武岩发育，油气资源也主要在这个时期形成，从而引起上覆岩石圈全面大幅度沉降，形成披盖状沉积，使断陷盆地又从断拗阶段转入拗陷阶段。许多专家学者称这个阶段的沉降为热沉降，认为是地壳散热引起的冷缩。但是根据松辽盆地的研究资料，这个阶段由于高温的地幔流体大量上涌，地壳不是变冷而是变热。

综上所述，地幔流体中黏度较大、活动性较差的玄武质岩浆，其活动强度可以作为该地区地幔流体活动强度和油气资源丰富程度的标志。渤海湾盆地玄武岩厚逾1000m，其油气资源储量便为我国各油田之冠。而与其毗邻的同时形成的南华北盆地，由于基本无玄武岩活动，油气资源便十分贫乏。海拉尔盆地与松辽盆地为同一动力背景同一时期的产物，也是由于前者缺乏玄武岩，又无拗陷阶段的披盖沉积，因而其油气储量无法与玄武岩活动频繁、拗陷阶段沉积最大厚度达3000多米的后者相比拟。东海陆架盆地油气资源的分布更为典型。在同一个拗陷中，其中一个凹陷一口钻井钻遇了基性火山岩，便成为该拗陷中迄今为止唯一发现了油气田的凹陷。在另一个拗陷的一个凹陷南部，由于有三口钻井钻遇拉斑玄武岩，该区便成为当今东海陆架盆地油气资源最富集的场所。

记：您对过去根据有机说总结出来的“生、储、运、盖、圈、保”油气藏形成的六大条件作何评价？

李：过去总结出来的这些条件，除了“生”需要结合地幔流体这一关键性因素作出新的思考之外，其他条件都是从生产实践总结出来的行之有效的宝贵经验，值得珍惜。

记：您举了这个盆-山系的例子，来证明玄武岩与油气资源的关系，但是，除了盆-山系之外，还有其他构造类型以不同的方式对地幔流体上涌进行控制吗？

李：有。就我目前的研究，在中国大陆至少还有两种构造类型以不同的方式促使地幔流体上涌：一种是由盆-山系演变而成的仰冲型冲叠造山带及其压陷盆地；另一种就是青藏高原这样的巨型纵弯隆起厚皮构造带。

先谈第一种。这种构造类型对油气资源的控制，是我近些年才发现的。鄂尔多斯盆地油气资源比较丰富，起初我想用盆-山系观点来解释，但又觉得该盆地内部并无上地壳正断层及其断陷盆地存在，久久不得其解。后来我发现该盆地西缘从前寒武纪开始，一直存在着一条近南北向的贺兰裂谷（断陷盆地），其西边为阿拉善古陆（断隆山）。三叠纪时期，由于中三叠世与晚三叠世之间和三叠纪与侏罗纪之间，先后于俄罗斯和加拿大两地发生两起巨大的陨星逆向撞击事件，使地球自转角速度急剧变慢，从而派生了强烈的自赤道指向两极的经向惯性力和自西向东的纬向惯性力，造成全球性的两期造山运动。它们在印支半岛和我国称为印支运动。在北半球自南而北的经向惯性力，使受东西向商丹上地壳走滑正断层控制的南秦岭地槽（断陷盆地）基底底部刚性的结晶基底，先后两次向其北侧秦岭地轴（断隆山）中地壳塑性层进行顺序俯冲，俯冲距离达50km左右。在俯冲过程中，结晶基底俯冲岩板上覆盖层被刮削下来，形成向南褶皱倒转仰冲推覆的南秦岭冲褶带。俯冲岩板则在俯冲过程强烈的挤压力和摩擦力作用下，分别发生超高压、高压变质作用，并使北秦岭中地壳塑性层物质产生选择性重熔，形成花岗质岩浆岩及其各种丰富的金属和非金属矿床。自西向东的两期纬向惯性力，则使阿拉善断隆山上地壳先后两次向东侧贺兰断陷盆地应变空间仰冲推覆，由西而东形成两条南北向长达600km的压陷盆地。断隆山上地壳在向断陷盆地仰冲推覆过程中，其下伏中地壳塑性层顶部便出现了虚脱空间，引起该部位围压急剧下降，产生强烈的吸入作用；同时推覆体的重力也对断陷盆地深部上拱的软流层施行强烈的挤压，促使其中地幔流体大规模涌向断隆山。随后沿鄂尔多斯盆地各个大的不整合面进入盆地中部隆起带，形成多层次油气资源。中国石油勘探开发研究院西北分院的张景廉研究员赞成我这种观点，并邀请我合作。根据该观点，有关地质事实得到了合理的解释，在盆地下侏罗统包尔汉图群中也发现了玄武岩、安山岩、凝灰岩。于是，2009年我们共同完成了《鄂尔多斯盆地深部地壳构造特征与油气成藏》一文，发表于《新疆石油地质》第30卷第2期。我想这种构造类型的油气资源，在中国西部不会少见。对于中国东部海域几个油气田，我原来只对渤海湾盆地有所了解，其他几个盆地并不熟悉。近两三年，中国地质科学研究院邀请我参加他们的东海和南海课题。起初我只阅读了一些有关的构造资料，发现东海陆架盆地东部拗陷的新竹凹陷和南海南部的曾母、文莱-沙巴和巴拉望等盆地也属于压陷盆地类型，它们也有玄武岩或蛇绿岩，便根据我既有的理论进行分析，得出这些盆地应该有油气的结论。他们告诉我，新竹凹陷台湾已经开采了三十来年，南海南部这些盆地国外也正在大力开采，这些事实使上述观点得到了印证。

当前国内学术界往往把压陷盆地称为前陆盆地，其实两者的构造背景、构造层次不同。压陷盆地的前身是盆-山系，是断隆山整个上地壳向断陷盆地仰冲推覆的产物，属于厚皮构造。前陆盆地是徐士1883年提出的概念，它的前身是陆缘斜坡，相当于上述南秦岭印支冲褶带南侧扬子地台上的凹陷，局限于盖层的薄皮构造。它与深部并无直接联系，对油气不起什么控制作用。

记：还有另一种构造类型吧？

李：现在再谈第二种构造类型。青藏高原上地壳经过了印支运动以来历次的造山运动，已经“焊接”成一个刚硬的整体。因而中始新世以来在印支板块一再推挤下，便作为一个整体一次次纵弯隆起。在上地壳纵弯隆起过程中，其轴部便产生虚脱空间和强烈吸入作用，导致青藏高原周围地区的中、下壳物质大规模顺层涌入，使高原地壳厚度大增。顺便说一下，龙门山地震带 2008 年发生的汶川大地震，便可能是四川盆地中地壳塑性层物质大规模涌入青藏高原所致。青藏高原地壳厚度增加后，势必迫使下伏岩石圈地幔向下弯曲成山根。岩石圈地幔在向下横弯过程中，其轴部外侧便产生自下而上发育的张性断裂，为软流层的地幔流体大规模涌入地壳打开了通道，从而在下地壳形成了巨厚的壳幔混合熔融层。这些进入地壳的地幔流体，在上面虚脱空间的吸引下，还上升到中地壳顶部，促使该部位物质也部分熔融，产生不同性质的岩浆。于是，在班公湖–怒江断裂带两侧的青藏高原厚皮纵弯隆起带轴部的地壳中，存在着两个低速低阻层。上部低速低阻层位于中地壳塑性层顶部，埋深为 20 ~ 25km，层厚为 10 ~ 13km。下部低速层则位于埋深为 50 ~ 56km 以深的下地壳，厚度为 10 ~ 30km。

如上所述，青藏高原的中、下地壳充满了地幔流体。所以青藏高原的大幅度隆升，不但没有破坏油气的聚集，反而为其腹地和周边压陷盆地油气资源的形成，提供了丰富的物质和热能来源。青藏高原的基性岩浆及其有关矿产很丰富，但其自身丰富的油气资源现在还未得到证实。不过据我判断，塔里木盆地南部和四川盆地西部的油气资源，包括广元大气田，它们的地幔流体都来源于青藏高原中下地壳。

记：我们之前拜访了肖序常院士，他认为蛇绿岩跟油气之间有关联，您认为玄武岩与油气有关系，都是“幔源说”，原理上是一样吗？

李：原理是一样的。根据一些学者的研究，事实上蛇绿岩是镁铁质–超镁铁质岩石变质而成，它们都是来自软流层（前中生代为异常地幔），与玄武岩浆来源相同。

记：多年来的学术生涯，让您最感动的是什么？

李：我是个喜欢理论思维的人，也常常享受到理论思维的乐趣。当我的思路对头，抓到了问题的实质时，便产生了顿悟，一通百通。这时我感到自然界是多么有序多么和谐啊。天人合一，从而获得了无与伦比的美的享受。我想这是对一个探索者最高的奖赏吧。

后记：对李扬鉴先生的采访是在河北涿州他的家中进行的，因为是崔永强博士的临时推荐我们才知道李先生的，所以，事先的准备不够充分，没来得及读先生的主要作品，只是从网上的资料得知，先生曾被错划为右派，在劳改队里待了 22 年。采访中，我们也谈到了他当年的坎坷，但先生的语气一直那么平和沉静，毫无怨怼之气。回来后读先生的书，才了解他当年经历过多么漫长深重的痛苦。李先生写的文章是极有锋芒的，在科学观点上毫不含糊，但对个人际遇，却极富包容性。他的回忆录里有批判、有思考，但没有抱怨，更没有仇恨，他把一切苦难都注入自己的心底，释放出的只是对真理、对祖国的爱，这是和祖国同在、和祖国一体的那种人，看到他，就看见我们的祖国了。

2013年11月，作者在家中向来访的《天下》杂志李寻主编讲解其论著

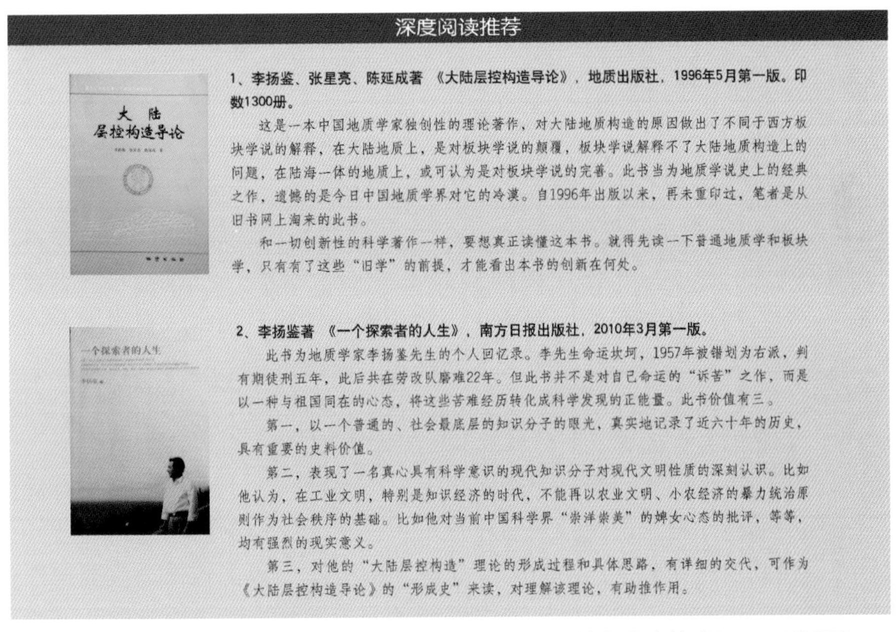

深度阅读推荐

1、李扬鉴、张星亮、陈延成著 《大陆层控构造导论》，地质出版社，1996年5月第一版。印数1300册。

这是一本中国地质学家独创性的理论著作，对大陆地质构造的原因做出了不同于西方板块学说的解释，在大陆地质上，是对板块学说的颠覆，板块学说解释不了大陆地质构造上的问题，在陆海一体的地质上，或可认为是对板块学说的完善。此书当为地质学说史上的经典之作，遗憾的是今日中国地质学界对它的冷漠。自1996年出版以来，再未重印过，笔者是从旧书网上淘来的此书。

和一切创新性的科学著作一样，要想真正读懂这本书。就得先读一下普通地质学和板块学，只有有了这些“旧学”的前提，才能看出本书的创新在何处。

2、李扬鉴著 《一个探索者的人生》，南方日报出版社，2010年3月第一版。

此书为地质学家李扬鉴先生的个人回忆录。李先生命运坎坷，1957年被错划为右派，判有期徒刑五年，此后共在劳改队磨难22年。但此书并不是对自己命运的“诉苦”之作，而是以一种与祖国同在的心态，将这些苦难经历转化成科学发现的正能量。此书价值有三。

第一，以一个普通的、社会最底层的知识分子的眼光，真实地记录了近六十年的历史，具有重要的史料价值。

第二，表现了一名真心具有科学意识的现代知识分子对现代文明性质的深刻认识。比如他认为，在工业文明，特别是知识经济的时代，不能再以农业文明、小农经济的暴力统治原则作为社会秩序的基础。比如他对当前中国科学界“崇洋崇美”的婢女心态的批评，等等，均有强烈的现实意义。

第三，对他的“大陆层控构造”理论的形成过程和具体思路，有详细的交代，可作为《大陆层控构造导论》的“形成史”来读，对理解该理论，有助推作用。

《天下》杂志2013年第四辑《李扬鉴采访录——沿着玄武岩找油》174页插图

论陨击事件与全球性造山运动和板块构造诞生的关系——大地构造动力学的重大新进展*

李扬鉴[1,4]　祝有海[2]　张海启[3]　吴必豪[4]

（1. 中化地质矿山总局地质研究院；2. 中国地质调查局油气资源调查中心；
3. 中国地质调查局；4. 中国地质科学院矿产资源研究所）

摘要　就地球论地质的思维定势，使许多大地构造动力学问题至今依然悬而未决。本文研究发现，来自太空的大型陨星对地球逆向或顺向撞击，引起地球自转速度急剧变化派生的强烈经向和纬向惯性力，是造成全球性造山运动的原动力。特别是三叠纪后期密集的4次重大陨击事件，还导致地球内部物质发生重大的物理化学变化，使原来规模较小、分异不充分的异常地幔，快速广泛地演变成规模巨大、分异充分的软流层。随后侏罗-白垩纪时期各大洋板块构造便取代了原来的陆表海，进入一个地质历史新时代。

关键词　陨击事件；全球性造山运动；板块构造；陆表海

1 引　　言

作者在献给第30届国际地质大会的专著《大陆层控构造导论》[1]中，发挥了东方人综合思维的优势，创立了大陆层控构造学说。认为大陆地壳运动，是地球自转力、陨星撞击力、重力和热力协调作用的产物。并从流变学观点出发，指出上覆刚硬层构造受下伏软弱层控制，把大陆岩石圈构造分成4个层次：受上地壳底部结晶基底顶界不整合面控制的盖层构造为薄皮构造；受中地壳塑性层控制的上地壳构造为厚皮构造；受规模较小、分异不充分的异常地幔控制的地壳构造为过渡壳构造（优地槽）；受软流层控制的岩石圈构造为板块构造。随后抓住中地壳塑性层在大陆构造演化过程中所起的承上启下的关键性作用，认为在重力作用下，该层向上控制断陷盆地厚皮构造，向下引起异常地幔或软流层上拱，使断陷盆地厚皮构造演变成优地槽过渡壳构造或海底扩张板块构造。指出发端于中生代以来刚硬单一大洋岩石圈的“板块构造学说是‘登不了陆’的”。时隔7年之后的2003年4月，美国学术界在网上以白皮书方式公布了“构造地质学和大地构造学的新航程”总结性文件，终于承认“大陆地质并不适合于板块构造模式”，也开始认识到未来应以流变学为核心的理论模式去解开大陆构造之谜。

近些年来，作者在已有成果的基础上开展了进一步的研究，发现陨星的逆向或顺

* 本文原刊于《前沿科学》，2014，8（4），略修改。

向撞击，与地球自转速度急剧变化、全球性造山运动、板块构造诞生息息相关。这是大地构造动力学的重大新进展。的确，不摆脱就地球论地质的局限性，不从天文学角度来研究地质学，则对全球性造山运动，以及世界各大洋为什么到了侏罗-白垩纪才一起取代原来的陆表海，登上了地质历史舞台这些大地构造动力学问题将束手无策。

2 陨星撞击与地球自转速度变化

地球在漫长的地质历史演化过程中，受所处天文环境诸多因素的影响，自转速度总体呈逐渐变慢趋势，使各个地质时代历年天数依次减少，从寒武纪的424天，变化到现在的365天[2]。然而地球自转速度在总体逐渐减慢过程中，又多次发生变快变慢的急剧变化，如图1所示[3]。这种现象与地质历史长河中，漫长的渐变的造陆（升降）运动和短暂的突变的造山（水平）运动交替出现[4]不谋而合，从而造成全球性的造山运动、地层不整合和地质时代交替。

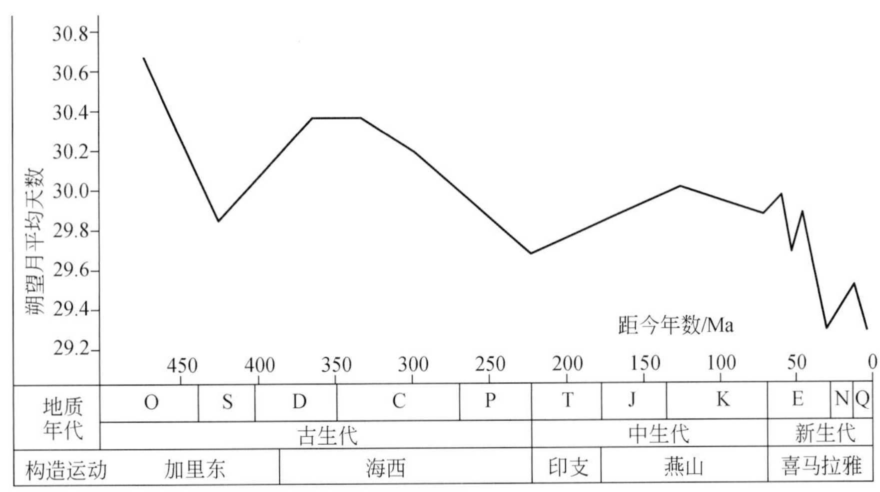

图1 地球自转速度变化与地壳构造运动的关系（略修改）[3]

造山带大体有三种成因类型：受上地壳正断层控制的盆-山系；板块碰撞造山带；与陨星撞击有关的褶皱-冲叠造山带。

2.1 盆-山系的形成

自然界广泛分布的水平挤压力和水平剪切力，与重力共同作用下所产生的上地壳正断层[1,5]，其上盘底部刚硬的结晶基底，在重力作用下的受力状态，类似于以下伏中地壳塑性层为弹性基础、以断层面为自由端的弹性基础悬臂梁（图2）[1,6,7]。该盘在上地壳重力均布载荷 g_1 和断层面上覆三棱柱岩体集中载荷 P 所产生的弯矩 M 和剪切力 Q 作用下，沉降幅度 y 趋向断层面变大，成为单断式断陷盆地，进行楔状沉积。随后在盆地中沉积物分布载荷 g_2 叠加作用下，盆地沉降幅度趋向断层面进一步加大。由于受上地壳正断层控制的断陷盆地宽度一般为数十千米，上地壳厚度也在10km左右，中地壳塑性层厚度为8～15km，故其弯矩和剪切力十分强大，盆地沉降幅度达数千米。

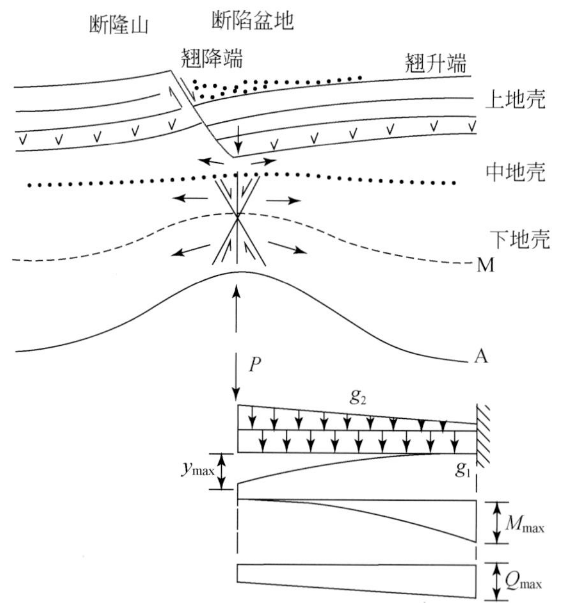

图 2　盆-山系及其深部构造成因机制剖面示意图[1]

M. 莫霍面；A. 软流层顶面

断陷盆地在沉降过程中，把下伏软弱的中地壳塑性层物质压向重力作用较弱的下盘，迫使该盘上地壳向上掀斜成为断隆山（图 2），如当今受东侧华北平原断陷盆地作用下仍在抬升的太行山。断陷盆地和断隆山所组成的盆-山系，在中国东部中、新生代含油气盆地中分布相当广泛，两者之间断距一般在 10km 左右。它们是重力作用下降升造陆运动的产物，延续时间很长，与陨星撞击有关的褶皱-冲叠造山运动截然不同。

2.2　板块碰撞造山带的形成

位于洋脊软流层隆起带侧翼斜坡上的板块构造，在自身重力作用下下滑，导致被动大陆边缘与安第斯型大陆边缘碰撞形成造山带。例如，当今的喜马拉雅山，便是位于北西向的卡尔斯伯格洋脊软流层隆起带东北翼的印度板块下滑，造成印度次大陆与欧亚大陆碰撞的产物。这种碰撞造山带也受重力作用控制，造山运动延续时间同样很长。喜马拉雅山已经产生了 40Ma，至今仍在隆升。它也局限于某一区域，缺乏全球的同时性。

2.3　与陨星撞击有关的褶皱-冲叠造山带的形成

这种造山类型，是大型陨星对地球进行逆向或顺向撞击，引起其自转速度急剧变化派生的强烈经向纬向惯性力作用的产物。它们分布广泛，作用时间短暂，具有全球的同时性。这是本文所要讨论的大陆地壳最为普遍的一种造山类型。如距今 249 ± 19Ma，在巴西马托格罗索州发生了陨击坑直径为 40km 的顺向陨击事件[8]，使该时期的二叠纪与三叠纪之间（距今 250.0Ma），地球自转速度从原来的逐渐变慢立即转变为加快（图 1），导致天山地区产生了最后一幕的天山运动（距今 250.0Ma），并造成古生代与中生代的交替。

3 陨星撞击与全球性造山运动

褶皱-冲叠造山带及其动力学，是固体地球科学的研究重心，但长期以来由于人们只强调地球自身的作用，从而使该问题一直悬而未决。根据作者近些年来的研究，发现来自太空大型陨星的逆向或顺向撞击，引起地球自转速度急剧变慢或变快所派生的强烈经向和纬向惯性力，是造成全球性造山运动独一无二的动力。

3.1 陨击事件造成全球性造山运动的同时性

发生于65Ma前墨西哥尤卡坦半岛陨击坑直径为180km的巨大陨击事件[8]，造成该时期产生全球性的强烈造山运动（距今65Ma）。该次运动几乎遍及全中国，被称为燕山运动最后一幕。在欧洲、西亚和北美，则称为拉拉米运动或比利牛斯运动，见于阿尔卑斯山、比利牛斯山、高加索、落基山及其他地区的不整合现象。它还导致古地磁倒转、古火山广泛爆发、古气候剧变、恐龙等大量古生物灭绝和中生代与新生代交替（距今65Ma）。

3.2 陨击事件造成全球性造山运动作用力方向与地球自转速度急剧变化派生的经向或纬向惯性力方向的一致性

作者研究表明，地球自转速度变化派生了3个主要作用力[1,9]：经向惯性力、纬向惯性力和纬向剪切力（图3）。当地球自转速度变慢时，派生的经向惯性力从赤道指向两级，赤道受到南北向拉张，古赤道地区产生特提斯海槽拉张带。纬向惯性力方向自西向东。由于它趋向赤道渐大，从而使位于不同纬度的相邻地块之间产生纬向剪切力。该剪切力方向在北半球为左行，南半球为右行［图3（a）］。

当地球自转速度变快时，上述3个作用力便发生反向变化［图3（b）］，从而使极区产生离极运动。于是北极形成北冰洋洋脊，南极地区则产生环南极洲洋脊扩张带。

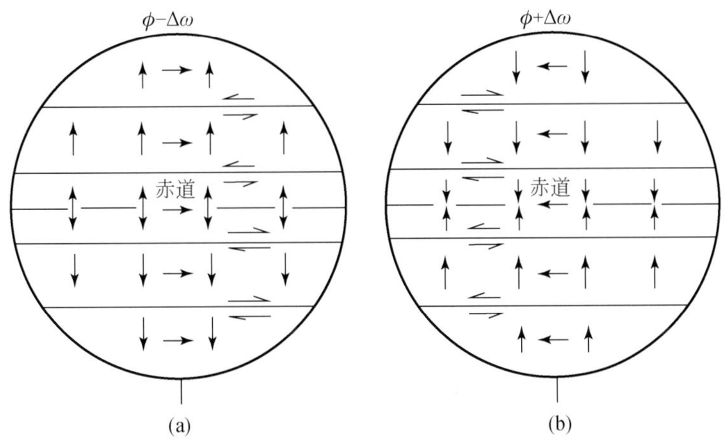

图3 地球自转角速度变化时南北半球经向惯性力与纬向惯性力及其东西向剪切力大小和方向示意图[9]

（a）地球自转速度变慢；（b）地球自转速度变快

三叠纪后期，地球先后发生了 4 次陨击坑直径在 40 ~ 100km 的重大陨击事件[8]。其中距今 220±10Ma、陨击坑直径为 80km 发生于俄罗斯伊万诺沃州和距今 212±2Ma、陨击坑直径为 100km 发生于加拿大魁北克省的两次陨击事件，不仅发生时间跟中三叠世与晚三叠世之间（距今 235.0Ma）和三叠纪与侏罗纪之间（距今 208.0Ma）的两幕印支运动同步，而且它们逆向撞击促使地球自转速度急剧变慢所派生的自南向北经向惯性力和由西到东纬向惯性力方向，也分别与该时期位于北半球的东西向秦岭俯冲型冲叠造山带和南北向鄂尔多斯西缘仰冲型冲叠造山带作用力方向一致。

3.3 冲叠造山带形成机制

冲叠造山带往往是由具有上地壳侧向应变空间的盆-山系演变而成的（图 2）。当主动力来自断陷盆地一侧时，该侧上地壳底部刚硬的结晶基底，便利用断隆山软弱的中地壳塑性层作为侧向应变空间进行顺层俯冲，形成俯冲型冲叠造山带（图 4）。当主动力来自断隆山一侧时，则该侧的上地壳便利用断陷盆地作为侧向应变空间进行仰冲推覆，成为仰冲型冲叠造山带（图 5）。缺乏上地壳侧向应变空间的地区，则只使盖层形成褶皱逆冲断层，甚至呈连续沉积。

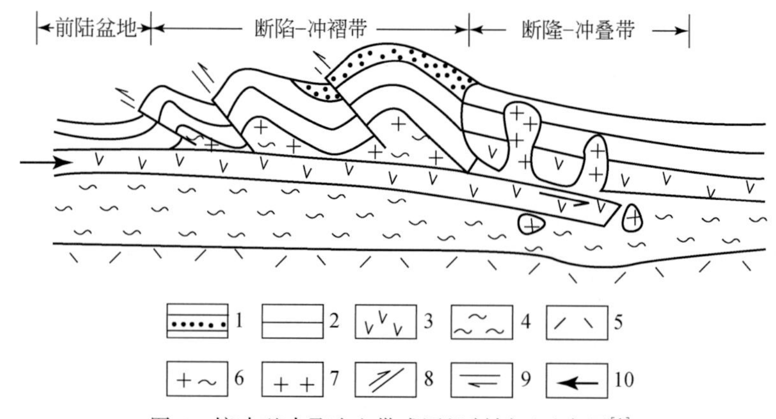

图 4　俯冲型冲叠造山带成因机制剖面示意图[1]

1. 盆地中充填物；2. 盆地沉积基底（盖层）；3. 上地壳结晶基底；4. 中地壳塑性层；5. 下地壳；6. 交代型花岗岩；7. 重熔型花岗岩；8. 逆冲断层；9. 俯冲方向；10. 主动力作用方向

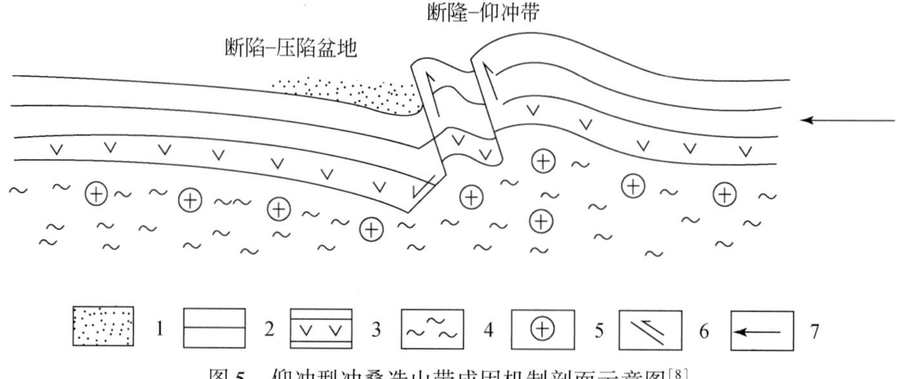

图 5　仰冲型冲叠造山带成因机制剖面示意图[8]

1. 盆地中充填物；2. 盆地沉积基底（盖层）；3. 上地壳结晶基底；4. 中地壳塑性层；5. 岩浆；6. 仰冲断层；7. 主动力方向

3.3.1 东西向秦岭印支俯冲型冲叠造山带形成机制

前印支期，在地球自转速度逐渐变慢过程派生的纬向剪切力和上地壳重力共同作用下，于秦岭地区上地壳产生了长达1000多千米、水平剪切作用强烈的东西向商丹左行走滑正断层[9,10]。该断层上盘为南秦岭断陷盆地，下盘则是北秦岭断隆山。印支运动期间，在由南向北经向惯性力强烈推挤下，这时已断落到与北秦岭断隆山中地壳塑性层全面接触的南秦岭上地壳底部刚硬的结晶基底，便向北秦岭中地壳塑性层快速顺层俯冲。俯冲过程中，南秦岭结晶基底上覆盖层被刮削了下来，形成向南褶皱倒转仰冲的冲褶带，而北秦岭则成为具有双层结晶基底的冲叠带，两者组成了俯冲型冲叠造山带（图4）。

根据横穿东秦岭QB-1地球物理剖面所作的新解释[1,11]，南秦岭结晶基底沿商丹断裂向北俯冲到栾川断裂一带，俯冲距离为50km左右（图6）。图中Ⅱ—Ⅲ部分，为南秦岭断陷盆地结晶基底俯冲岩板。从该剖面图可以清楚看出，结晶基底在俯冲过程中，与中地壳塑性层物质发生强烈的摩擦和挤压，使后者产生塑性流变和选择性重熔；但这种流变和重熔局限于中地壳塑性层，没有波及下地壳（图6）。

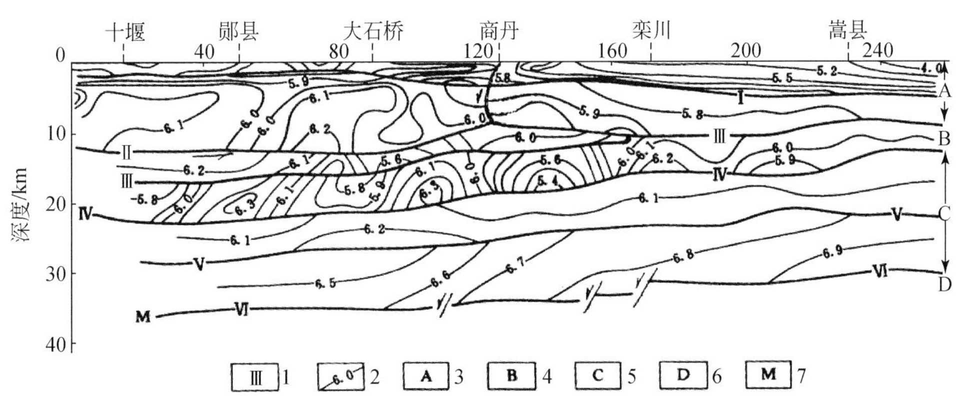

图6 东秦岭造山带QB-1二维速度结构剖面图（略修改）[11]

1. 不同的地震波速层分界线编号；2. 地震波速；3. 上地壳；4. 中地壳塑性层（部分熔融）；5. 下地壳；6. 上地幔岩石圈；7. 莫霍面

南秦岭2~4km厚的结晶基底在顺层俯冲过程中，巨大的动力能使其中的变质基性岩类发生高压、超高压变质作用，形成榴辉岩、柯石英和金刚石等岩石矿物。其中高压变质时间距今230Ma，超高压变质时间距今210Ma，与上述两次陨击事件大体同期。由于陨击作用来去匆匆，埋深只有10~15km的结晶基底中很不稳定的柯石英也不至于产生退变质作用。作为秦岭印支造山带东段的大别山地块，到了晚侏罗世—早白垩世和晚白垩世—古新世，在北部北西西向晓天-磨子潭正断层、东部北北东向郯庐正断层南段的断隆山先后作用下，其上地壳才被高高抬起。经过了长期的剥蚀，该结晶基底及其高压、超高压变质岩石矿物和下伏中地壳塑性层及其花岗质岩石才露出了地面。

3.3.2 南北向鄂尔多斯西缘印支仰冲型冲叠造山带形成机制

印支期两幕造山运动自西向东的纬向惯性力，则使总体呈南北向的鄂尔多斯西缘断裂带西盘阿拉善-古六盘山断隆山，先后两次向东侧贺兰-六盘断陷盆地仰冲推覆，形成两条长达600km的南北向沉降带。其中晚三叠世沉降带中心位于银川西侧，侏罗纪沉降中心则东移至银川东边[12]。

三叠纪后期密集的强烈的陨击事件，造成多次的全球性造山运动，使地壳普遍加厚，并把下伏异常地幔物质压向四方，导致该时期地壳全面抬升，产生了近5亿年来全球最大的一次海退[13]。

3.4 秦岭印支造山带成因讨论

秦岭印支造山带以其独特的地理位置、丰富的矿产资源和重要的学术价值，历来是中国地学界的主攻对象。作者在上面从这一造山带的产生时间、作用力方向、地球物理剖面和高压、超高压变质时间等诸多方面，共同证明了该造山带是上述两次陨星逆向撞击引起的地球自转速度急剧变慢，所派生的强烈经向惯性力壳内俯冲作用的产物。这种造山带无论从几何学、运动学或动力学哪个方面，都是前人从未发现过的崭新的重要造山类型。

多年来国内外不少专家学者根据大别山所发现的超高压变质矿物形成的温压条件，按埋深进行推算，断定这是该陆壳俯冲到100km以深的结果，并以此作为秦岭印支造山带发生过板块俯冲的铁证；同时断言该板块俯冲到上述深度之后又快速折返地表，使其中不稳定的柯石英不至于产生退变质作用。然而我们不禁要问，是什么力量把这个低密度的巨大陆块带入到高密度的地幔中这么深？随后又是什么力量、以什么方式让它井然不紊地快速折返地面？把一个简洁明了的动力学问题，当成个静力学问题来研究，结果由于思路不对头，便把它弄成个复杂无比、谁也说不清道不明的重大科学难题。

中纬度地区纬向剪切力较强，因而在上地壳重力共同作用下，这些地区东西向上地壳走滑正断层控制的盆-山系及其演变而成的冲叠造山带相当发育。在中国及其邻区，北有天山造山带，中有中央造山带（包括秦岭），南有华南-滇越造山带。

4 陨星撞击与板块构造诞生

三叠纪后期在短短的13Ma时间内，竟连续发生了4次重大的陨击事件[8]，从而不仅在地壳运动史上树立了一块新的里程碑，而且还促成地球内部物质发生重大的物理化学变化，引起分异不充分、规模较小的异常地幔，快速广泛地演变成分异充分、规模巨大的软流层[14]。有了软流层才有了海底扩张、大洋岩石圈和板块构造。这就是迄今为止全球还没有发现过一块前侏罗纪洋壳，以及到了侏罗-白垩纪时期太平洋、大西洋和印度洋等大洋骤然登场取代了原来海水较浅、属于厚皮构造或过渡壳构造的陆表海的原因。

地球呈不对称膨胀，南半球膨胀率大于北半球[15]，从而造成古赤道节节南移。产生于地球自转速度变慢时期的古赤道纬向拉张带特提斯海槽，北老南新。东昆仑南缘产生于晚古生代的古特提斯海槽，为典型的被动陆缘构造环境，其蛇绿岩也断断续续，并不是成熟大洋地壳残片[16]，而只是优地槽过渡壳构造产物而已；沿班公错-怒江断裂带分布、产生于晚古生代—早中生代中特提斯海槽的蛇绿岩，呈上述同样特征。唯独形成于有了软流层的侏罗-白垩纪时期的雅鲁藏布新特提斯海槽蛇绿岩，才是一条代表大洋岩石圈的完整、连续的蛇绿岩带[17]。过去人们一见到蛇绿岩，便一概认定是洋壳的残块。其实异常地幔和软流层产生的是两种蛇绿岩，并不全是洋壳遗迹，它们所代表的大地构造环境并不相同。

白垩纪时期软流层物质在重力作用下，普遍侧迁到岩石圈较薄的海洋汇聚，从而引起陆壳大幅度沉降，产生了近5亿年来全球最大的一次海进[13]。

5 结 论

本文从天文学角度研究发现，大型陨星的逆向或顺向撞击引起地球自转速度急剧变化派生的强烈经向和纬向惯性力，是造成全球性造山运动唯一的动力；同时揭示，三叠纪后期密集的大型陨击事件，其连续的强大的振动力，还促使地球内部物质发生物理化学的大变化，导致规模较小、分异不充分的异常地幔，快速广泛地演变成规模巨大、分异充分的软流层，造成随后的侏罗-白垩纪时期各大洋板块构造一起登场，取代了原来的陆表海，进入地质历史一个新时代。这是大地构造动力学的一次重大突破。

近些年来，参加本课题研究的还有中国地质科学院矿产资源研究所吴必豪、中国地质调查局油气资源调查中心祝有海和中国地质调查局张海启等研究人员。

参考文献

[1] 李扬鉴，张星亮，陈延成．大陆层控构造导论．北京：地质出版社，1996.

[2] Wells J W. Coral growth and geochronometry. Nature，1963，197：948-950.

[3] 王仁．地质力学提出的一些力学问题．力学，1976，(2)：85-93.

[4] 任纪舜．关于中国大地构造之思考．地质论评，1996，42 (4)：290-294.

[5] 李扬鉴．压剪性正断层的成因机制与能量破裂理论．构造地质论丛，1985，(4)：150-161.

[6] Li Y J. An alternative model of the formation of the Meso－Cenozoic down－faulted basins in eastern China. In：Progress in Geosciences of China (1985-1988) —Papers to 28th IGC，Volume Ⅱ. Beijing：Geological Publishing House，1989：153-156.

[7] 李扬鉴，张星亮，陈延成．中国东部中新生代盆-山系及有关地质现象的成因机制．中国区域地质，1996，56 (1)：88-95.

[8] 李扬鉴，崔永强，栾俊霞，等．大陆层控构造与油气资源．化工矿产地质，2008，30 (2)：65-84.

[9] 李扬鉴，崔永强．论秦岭造山带及其立交桥式构造的流变学与动力学．地球物理学进展，2005，20 (4)：925-938.

[10] 张国伟，张本仁，袁学诚，等．秦岭造山带与大陆动力学．北京：科学出版社，2001.

[11] 曹家敏，朱介寿，吴德超．东秦岭地区的地壳速度结构．成都理工学院学报，1994，21 (1)：11-17.

[12] 汤锡元，郭忠铭，吴紫电，等．陕甘宁盆地西缘逆冲推覆构造及油气勘探．西安，西北大学出版社，1992.

[13] Vail P R，*et al*. Seismic stratigraphy and global changes of sea level，pt. 4：Global cycles of relative changes of sea level，Am. Assoc. Petroleum. Geol.，Mem.，1977，vol. 26. 83-97.

[14] 杜乐天．烃碱流体地球化学原理——重论热液作用和岩浆作用．北京：科学出版社，1996.
[15] Carey S W. The expanding earth. Elsevier Sci. Publ. Comp. , 1976.
[16] 王敏，刘爱民，戴传固，等．东昆仑南缘晚古生代地层组合、大地构造相及大地构造意义．地质学报，2009，83（11）：1601-1611.
[17] 肖序常．青藏高原的碰撞造山作用及效应．北京：地质出版社，2010.

陨星撞击事件与全球性造山运动和板块构造诞生关系的思考*

李扬鉴

（中化地质矿山总局地质研究院）

当今世界已经进入了一个大科学的新时代，东方人综合思维的优势，在21世纪将可以大放异彩。新近，在2014年第4期《前沿科学》上发表了一篇题为《论陨击事件与全球性造山运动和板块构造诞生的关系——大地构造动力学的重大新进展》的论文，把天、地、生等表面上看来互不相关的种种现象，组成了一个有机的整体，合理地解析了若干大地构造动力学问题。

1996年，作者在献给第30届国际地质大会的专著《大陆层控构造导论》中，发挥了东方人综合思维的优势，创立了大陆层控构造学说。认为大陆地壳运动，是地球自转力、陨星撞击力、重力和热力综合作用的产物。并从流变学观点出发，指出上覆刚硬层构造受下伏软弱层控制，把大陆岩石圈构造分成4个层次：受上地壳底部结晶基底顶界不整合面控制的盖层构造为薄皮构造；受中地壳塑性层控制的上地壳构造为厚皮构造；受规模较小、分异不充分的异常地幔控制的地壳构造为渡壳构造（优地幔）；受软流层控制的岩石圈构造为板块构造。随后抓住中地壳塑性层在大陆构造演化过程中所起的承上启下的关键性作用，认为在重力作用下，该层向上控制盆-山系厚皮构造，向下引起异常地幔或软流层上拱，使其中断陷盆地厚皮构造演变成优地槽过渡壳构造或海底扩张板块构造。指出发端于中生代以来刚硬单一大洋岩石圈的“板块构造学说是‘登不了陆’的”。时隔7年之后的2003年4月，美国学术界在网上以白皮书方式公布了“构造地质学和大地构造学的新航程”总结性文件，终于承认“大陆地质并不适合于板块构造模式”，也开始认识到未来应以流变学为核心理论模式去解开大陆构造之谜。

构造地质学研究分三个层次：几何学、运动力和动力学。动力学是构造地质学研究的顶峰。本文主要介绍我们在大陆层控构造学说基础上发展起来的前述新发表的论文观点，是如何运用东方人综合思维方式，研究秦岭印支造山带、全球性造山带和板块构造诞生的动力学问题的。

1 秦岭印支造山带成因机制

秦岭印支造山带以其独特的地理位置、丰富的矿产资源和重要的学术价值，历来

* 本文原刊于《科技日报》2015年1月21日第8版新闻，并入选为《前沿科学》2014年第4期重点论文推介稿。

是中国地学界的主攻对象。可是过去囿于就地球论地质的局限性，其成因机制一直悬而未决。

20 世纪 80 年代末期，在其东段大别山发现了轰动一时的榴辉岩、柯石英、金刚石等高压超高压变质岩石矿物，更引起国内外学术界的强烈兴趣。不少专家学者就事论事，运用西方人分析思维方式，根据这些矿物形成的温压条件，按埋深进行推算，认定这是所在陆壳俯冲到 100km 以深的产物，并作为秦岭印支造山带是板块俯冲造成陆-陆碰撞的确凿证据；而且陆壳俯冲到该深度之后，又快速返回地表，使其中很不稳定的柯石英不至于产生退变质作用。于是，密度小的陆壳为什么能够俯冲入密度大得多的地幔这么深，俯冲后又是什么动力通过什么机制让这个巨大的陆块井然有序地折返地表，便成为大家竞相研究的热点课题。甚至为了“揭示板块汇聚边缘碰撞造山带的深部物质组成与结构构造，重塑超高压变质带形成与折返机制”，国家不惜投入十亿元的巨资，从 2001 年 6 月 25 日到 2005 年 4 月 18 日，在秦岭印支造山带东段江苏东海县打了一个 5158m 深的科学钻。该钻完成后，除了在俯冲岩板中见到更多的高压超高压变质矿物外，并没有发现板块俯冲和折返的任何证据。正如作者在开钻不久后的 2001 年 9 月 14 日，给中央领导人员的信中所预料的：“除了将获得中地壳物质和揭示壳内俯冲作用之外，不会有什么与板块俯冲有关的成果”。由于他们的思路不对头，把这个简洁明了的构造问题，弄成个复杂无比、谁也说不清道不明的重大科学难题。

其实这是个动力学问题，而不是个静力学问题，是陨星逆向撞击，造成地球自转速度急剧变慢派生的自南而北强烈经向惯性力作用的产物（后面再作论述）。根据地球物理剖面及其他地质资料得知，南秦岭断陷盆地（地槽）上地壳底部，由表壳岩系、花岗质片麻岩和变质基性岩类三套岩石组合构成的 3～4km 厚的刚硬结晶基底，在印支运动期间，已经断落到与北秦岭断隆山软弱的中地壳塑性层直接接触，因而在该经向惯性力作用下，前者便向后者快速顺层俯冲。在俯冲过程中，北秦岭中地壳塑性物质，在俯冲岩板强烈挤压和摩擦下选择性重熔，产生大量花岗岩及其丰富的金属和非金属矿产。俯冲岩板也在强烈挤压力作用下，产生榴辉岩、柯石英、金刚石等超高压变质岩石矿物。俯冲岩板在俯冲后，也没有随即折返地表，而是陨星撞击力来去匆匆，从而使俯冲入北秦岭断隆山中地壳塑性层、埋深只有十来千米的俯冲岩板中很不稳定的柯石英，不至于发生退变质作用。尔后到了晚侏罗世—早白垩世和晚白垩世—古近纪，大别山地区先后作为北部北西西向晓天-磨子潭上地壳走滑正断层、东部北北东向郯庐上地壳走滑正断层南段共同的断隆山，其上地壳才被高高地抬起。经过长期的剥蚀，该上地壳底部大别群俯冲岩板及其超高压变质岩石矿物，以及下伏中地壳塑性层物质及其花岗岩，才露出地面，成为变质核杂岩。

三叠纪后期，地球先后发生了 4 次陨击坑直径为 40～100km 的重大陨击事件。其中距今 220±10Ma、陨击坑直径为 80km 发生于俄罗斯伊万诺沃州和距今 212±2Ma、陨击坑直径为 100km 发生于加拿大魁北克省的两次陨击事件，不仅发生时间跟中三叠世与晚三叠世之间（距今 235.0Ma）和三叠纪与侏罗纪之间（距今 208.0Ma）的两幕印支运动同步，而且它们逆向撞击促使地球自转速度急剧变慢所派生的自南向北经向惯性力和由西到东纬向惯性力方向，也分别与该时期位于北半球的东西向秦岭向北俯冲的冲叠造山带和近南北向鄂尔多斯西缘向东仰冲的冲叠造山带作用力方向一致。

对秦岭印支造山带成因机制两种截然相反的认识，反映了东方人综合思维与西方人分析思维的差异。

2 全球性造山运动成因机制

发生于65Ma前墨西哥尤卡坦半岛陨击坑直径为180km的巨大陨击事件，造成该时期发生了全球性的强烈造山运动（距今65Ma）。该次运动几乎遍及全中国，被称为燕山运动最后一幕。在欧洲、西亚和北美，则称为拉拉米运动或比利牛斯运动，见于阿尔卑斯山 、比利牛斯山、高加索、落基山及其他地区的不整合现象。它还导致古地磁倒转、古火山广泛爆发、古气候剧变、恐龙等大量古生物灭绝和中生代与新生代交替(距今65Ma)。

许多西方学者运用分析思维方式研究该时期古生物大灭绝原因时，有人强调古气候变化，有人强调古火山广泛爆发，有人强调古地磁倒转，等等，其实这一切都是巨大陨星顺向或逆向撞击派生的产物。

3 板块构造诞生成因机制

三叠纪后期在短短的13Ma时间内，竟然连续发生了5次重大的陨击事件，从而不仅在地壳运动史上树立起一座新的里程碑，而且还促使地球内部物质发生了重大的物理化学变化，引起三叠纪以前分异不充分、规模较小的异常地幔，快速广泛地演变成分异充分、规模巨大的软流层。有了软流层才有了海底扩张、大洋岩石圈和板块构造。这就是迄今为止全球没有发现过一块前侏罗纪洋壳，以及到了侏罗-白垩纪时期世界各大洋才骤然一起登场取代了原来海水较浅、属于厚皮构造或过渡壳构造的陆表海的原因。

西方一些学者通过计算，认为地球平时自转速度变化派生的经向和纬向惯性力微不足道。这是片面的见解，因为他们算出来的是质点力，而质点力是可以叠加的，叠加起来的体力是足够强大的。何况陨击事件导生的地球自转速度变化是急剧的，其惯性力更为惊人。上述事实可以为证。

论松辽盆地形成及演化的动力学和流变学

李扬鉴[1]　陈树民[2]　崔永强[2]

（1. 中化地质矿山总局地质研究院；2. 大庆油田有限责任公司勘探开发研究院）

摘要　松辽盆地在J_3–K_1时期，受伊泽奈崎板块NNW向挤压力和重力共同作用产生的呈压剪性正断层产出的上地壳平面X型断裂控制。上地壳正断层上盘断陷盆地，在沉降过程中把下伏中地壳塑性层物质压向下盘，促使该盘向上掀斜成断隆山，两者组成盆–山系，并产生中酸性岩浆活动，所以它们的形成与拉张无关。中地壳塑性层压薄部位重力失衡，引起软流层隆起。故软流层隆起是断陷盆地形成的结果而不是原因。软流层在隆起过程中促使岩石圈地幔和下地壳横弯隆起，产生纵向张性断裂，导致软流层物质涌入中地壳塑性层使其基性化，随后玄武岩浆沿上地壳断裂上侵、喷溢。因此，这些控制玄武岩浆活动的断裂并不是深大断裂。软流层物质侧迁、喷溢，造成岩石圈整体沉降，使松辽盆地到K_2时期转入拗陷阶段。这时被基性化的中地壳塑性层物质，在增加几千米沉积物而变厚的上地壳重力作用下，从盆地内部顺层流向周边，促使大兴安岭等周边地区上地壳抬升成山地，并发生玄武岩浆活动。所以松辽盆地的形成及演化，主要是在上地壳重力作用下，不同层次软弱层物质侧迁和上涌的产物。

关键词　松辽盆地；盆–山系；中地壳塑性层；软流层；动力学；流变学

水平运动论占主导地位以来的半个世纪里，人们多局限于从平面应力场来分析构造的性质和成因，漠视上地壳重力和中地壳塑性层流变性的作用，认为正断层均为水平拉张力的产物，正断层上盘断陷盆地都是张性盆地。在这种传统观念影响下，许多学者对受正断层控制的松辽盆地成因，提出种种拉张假说[1-4]。本文则从水平挤压力和重力共同作用的多元动力成因观，以及中地壳塑性层和软流层的流变性角度，对松辽盆地的形成及演化提出新的认识。

1　区域应力场及其断裂系统

中侏罗世末期，中亚和东亚受到西伯利亚地台南移的强烈推挤，发生早燕山运动。在该地台向南突出的南缘弧形边界挤压下，形成由东南侧北东向构造、正前缘东西向构造和西南侧北西向构造组成的弧形构造带。同时促使东亚大陆向古太平洋推覆，把古太平洋洋壳压入软流层，导致该被动大陆边缘转变成主动大陆边缘[5,6]。

晚侏罗世—早白垩世[7]，在太平洋伊泽奈崎板块低角度高速度NNW斜向俯冲下[8,9]，东亚大陆边缘受到强烈的挤压作用，产生一系列平面X型断裂[6]。其中左行的NNE—NE向断裂，剪切方向与斜向俯冲导生的区域性扭动方向一致而占主导地位，以著名的NNE向郯庐断裂为代表；右行的NW—NWW向断裂发育程度次之。这种平面X型断裂，在松辽盆地最为典型（图1）。

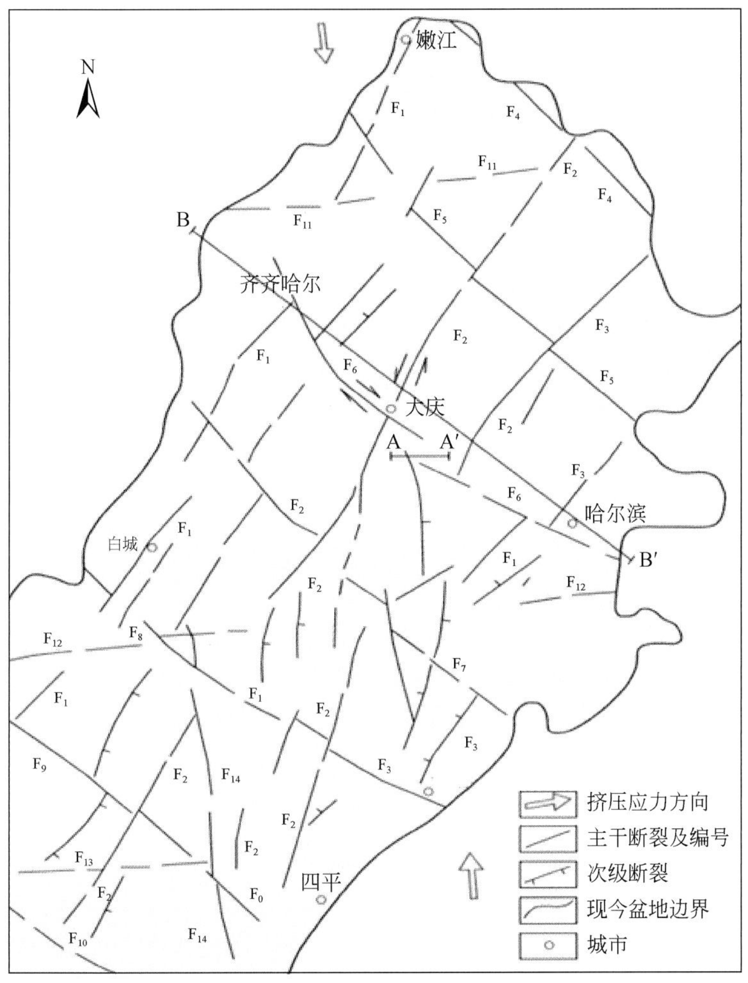

图 1 松辽盆地基底断裂分布图（略修改）[2]

F_1. 嫩江断裂带；F_2. 孙吴-双辽断裂带；F_3. 哈尔滨-四平断裂带；F_4. 加格达奇-鸡西断裂带；F_5. 讷河-绥化断裂带；F_6. 滨洲断裂带；F_7. 扎赉特-吉林断裂带；F_8. 科右前旗-伊通断裂带；F_9. 突泉-四平断裂带；F_{10}. 扎鲁特-开源断裂带；F_{11}. 讷谟尔河断裂带；F_{12}. 哈拉木图断裂带；F_{13}. 西拉木伦断裂带；F_{14}. 康平-通榆断裂带

从图 1 得知，松辽盆地基底断裂主要有 4 组：NNE—NE 向、NW 向、NNW 向和近 EW 向。其中，NNE—NE 向断裂最发育，NW 向断裂次之。它们相互交切、扭错，在平面上组成 X 型，使盆地呈东西分带、南北分块的构造格局。自西而东形成 5 条 NNE 向构造带：西部断陷带、西部斜坡带、中部断陷带、中央隆起带和东部断陷带。NNE 向的嫩江断裂和依兰-伊通断裂分别控制盆地的西界和东界，孙吴-双辽断裂带控制盆地沉降中心中部断陷带和一级构造单元分区。NW 向断裂呈近等间距平行展布，间距为 120km 左右，控制盆地一、二级构造单元南北分界。零星分布的 NNW 向断裂，是与水平挤压力平行的张性断裂，近 EW 向断裂为前断陷期 SN 向挤压力所产生的逆冲断层[10]。

这些平面 X 型断裂在重力作用下，垂向上也呈 X 型产出，成为正断层（图 2）[11]。由于它们的断层面与水平挤压力和重力都斜交，断层面受到两者派生的法向分力和切向分力的共同作用，而呈压剪性，以走滑正断层形式出现。其中，NNE—NE 向大型断裂压剪作用最强，岩石发生强烈的构造变形变质，甚至出现糜棱岩化现象，如孙吴-双辽断裂带和嫩江断裂带等。钻井揭示，孙吴-双辽断裂带是一条左行走滑韧性剪切带[12]，嫩江断裂带左行走滑位移约 50km[13]。NW 向断裂也有压剪性现象出现。后者右行并改造或错断前者，如滨洲断裂带、科右前旗-伊通断裂带等[10,14]。松辽盆地和渤海湾盆地等中国东部中、新生代断陷盆地油气藏的构造圈闭，也多与这种呈封闭性正断层断层面的遮挡作用有关[2,15]。

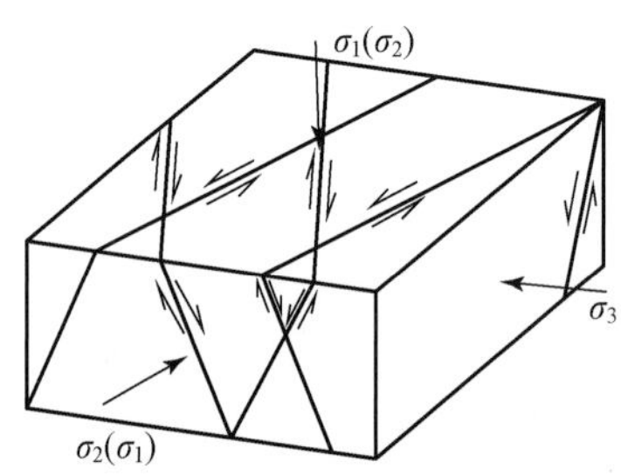

图 2　水平挤压力和重力共同作用而生的平面 X 型断裂在三度空间上的形态及其与三个主应力关系图

重力作用在地壳运动中的重要性，需得到应有的重视。世界各地大量地应力绝对值测量资料表明，大陆地壳遍布着水平压力和相当于上覆岩层重量的垂向压应力，很少发现张应力的踪迹。在 600～1000m 以浅的地壳顶部，水平压应力一般大于垂向压应力；超过这个深度，垂向压应力跃居主导地位[16]。在当今正断层仍具有一定活动性的中国东部地区，大量的地应力绝对值测量资料显示，也无张应力存在，三个方向的主应力都是压应力。

一些研究者把这些平面 X 型断裂形成的正断层控制的断陷盆地，一概称为拉分盆地[2]。其实拉分盆地是局部现象，许多走滑断裂呈正断层产出与拉分无关。从图 3 得知，拉分作用局限于 a、b 走滑断层之间的 c 断层至 c' 断层，a、b 断层本身并无拉分作用，可是它们也呈正断层产出，并控制断陷盆地的形成。

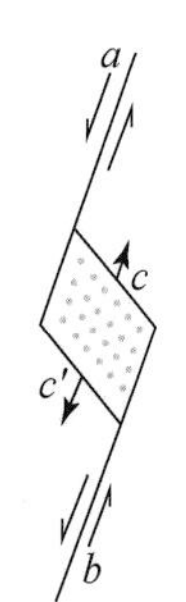

图 3　拉分盆地成因模式平面图

岩石圈中岩石在长期的地应力作用下，弹塑性形变异常强烈。它们的破裂现象往往不符合建立在短期强度实验基础上呈脆性破坏的莫尔-库仑强度理论，断裂面与中等主应力 σ_2 不平行，而是与基于韧性破坏的能量强度理论一致，断裂面与三个主应力轴均斜交[11]，如图 2 所示。中国东部中、新生代断陷盆地，主要受这种正断层控制[6]。

松辽盆地作为刚硬层的岩石圈地幔和下地壳，在长期的软流层上拱的推挤下，也自下而上横弯隆起，其物质则从隆起顶部流向两翼，使各层厚度在隆起顶部减薄，在两翼增厚，横弯隆起幅度自下而上递减。

据有关资料[17,18]统计，松辽盆地沉降最深、幅度达10.05km的古龙凹陷，其软流层隆起也最高。它的隆起幅度较东侧张广才岭高出50km，较西侧大兴安岭高出28km。由于上覆各层物质从隆起顶部流向两侧，松辽盆地软流层隆起中心的岩石圈地幔和下地壳厚度，较东侧张广才岭的岩石圈地幔和下地壳厚度，分别薄41km和9km，较西侧大兴安岭的岩石圈地幔和下地壳厚度，分别薄17km和6km。因而其Moho顶面和下地壳顶面的隆起幅度，较东侧张广才岭的Moho顶面和下地壳顶面，分别高出9km和0km，较西侧大兴安岭的Moho顶面和下地壳顶面，分别高出11km和5km（表1）。表中的上、中地壳分界和中、下地壳分界，参照中国东部其他地震测深剖面资料并考虑到中地壳塑性层的流变性，分别定在P波速度为6.2km/s等值线和下速度界面上。

表1　松辽盆地及其东西两侧山区岩石圈各分层层面相对高度统计表

各分层层面相对高度/km	大兴安岭	松辽盆地沉降中心	张广才岭
上地壳顶面	111	110	111
中地壳塑性层顶面	105	97	103
下地壳顶面	86	91	91
Moho 顶面	70	81	72
岩石圈地幔底面	22	50	0

2　中地壳塑性层的形成

由相当于花岗闪长岩类物质所组成的中地壳，由于受到较高的温压作用，而呈一定的塑性性质[6]。

在水平挤压力和重力共同作用下所产生的上地壳走滑正断层，其上地壳底部刚硬的结晶基底，驮着整个上地壳沿中地壳塑性层进行顺层滑动和垂向错动。厚度为10km的上地壳底面的垂直压力达2.6×10^8 Pa。上地壳走滑正断层的走滑距离往往为10多千米至数十千米，甚至像郯庐断裂那样达400多千米，其走滑所产生的能量是十分惊人的。在顺层走滑过程中，通过上地壳与中地壳塑性层之间大面积长距离的强烈摩擦转变成大量的热能，产生高温环境并造成岩石糜棱岩化，使其中云母等含水矿物释放出水，导致中地壳塑性层物质选择性重熔，形成含有花岗岩浆的低速层、高导层和低密度层[19]。所以中国东部地区晚侏罗世—早白垩世来自中地壳塑性层的中酸性岩浆活动十分强烈[20-22]。

3　断陷盆地的形成

晚侏罗世—早白垩世时期，松辽地区在NNW向挤压力和上地壳重力共同作用下，于海西—印支褶皱逆冲带的准平原化夷平面上，所产生的NNE—NE向和NW向两组上地壳走滑正断层，共同控制盆地基底地层的分布。它们的上升盘可以露出结晶基底[23]，下降盘则保存着早古生代浅变质岩系，以及部分晚古生代和三叠纪沉积。

松辽地区位于中地壳塑性层之上、由底部刚硬结晶基底及上覆盖层所组成的上地壳，其正断层上盘在重力作用下的受力状态，类似于以下伏中地壳塑性层为弹性基础、以断层面为自由端的弹性基础悬臂梁。该盘在上地壳重力均布载荷 g_1 和断层面三棱柱体岩块集中载荷 P 所产生的弯矩 M 和剪切力 Q 作用下，使断陷盆地沉降幅度趋向断层面变大，以箕状为基本构造形态（图 4、图 5）。随后在盆地中沉积物分布载荷 g_2 叠加作用下，断陷盆地沉降幅度趋向断层面进一步加大。松辽盆地中单个断陷盆地的宽度往往达 20～40km，其弹性基础悬臂梁的弯矩和剪切力十分强大，故这些陆相分割性断陷盆地，在晚侏罗世火石岭组和早白垩世沙河子组、营城组的断陷期，沉积速率达 200～300m/Ma，沉积物以粗碎屑沉积为主，沉积厚度为 1000～3500m，具有快速沉降、快速充填的超补偿沉积的特点[2]。

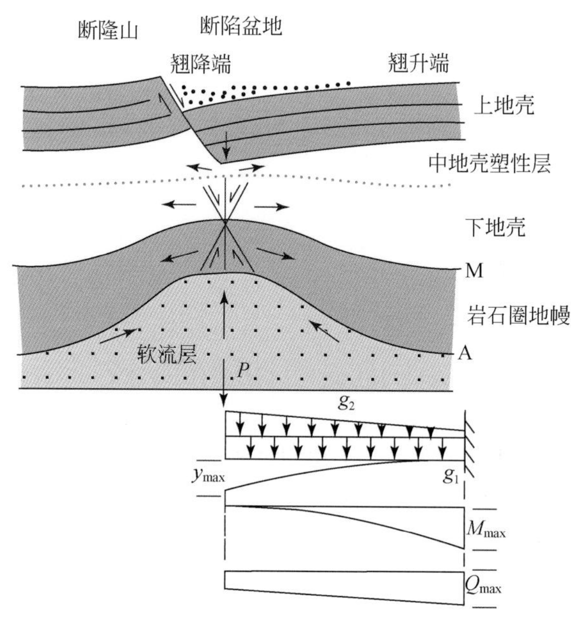

图 4　盆-山系及其深部构造成因机制剖面示意图

M. Moho 过渡带；A. 软流层顶面

松辽地区受同一区域构造应力场控制，所产生的众多独立的断陷，尽管规模、构造样式有所不同，却具有相似的构造发展史。断陷内充填序列自下而上普遍存在着从湖侵到湖退的沉积旋回性，湖侵高峰期也都出现于沙河子组沉积中晚期。

上地壳底部结晶基底所受的重力作用较强，又与下伏中地壳塑性层毗邻便于应变，故上地壳压剪性正断层自下而上发育，断距下大上小，这与所谓地幔隆起派生的自上而下发育、断距上大下小的纵向张性正断层截然不同。

箕状断陷盆地的垂向运动，大体上是各层绕着翘升端水平轴旋扭，由于断层的断距下大上小，断层面呈上陡下缓的弧形（图 5）。至于有些断层面上部倾角也变缓的原因，根据有关文献的研究[24]，则与下盘断隆山的剥蚀作用有关。传统观点把正断层的水平断距与该断层的伸展量等量齐观，又把伸展与拉张混为一谈，这是长期以来对松辽盆地等中国东部中、新生代断陷盆地成因及其区域构造应力场不切实际认识的症结

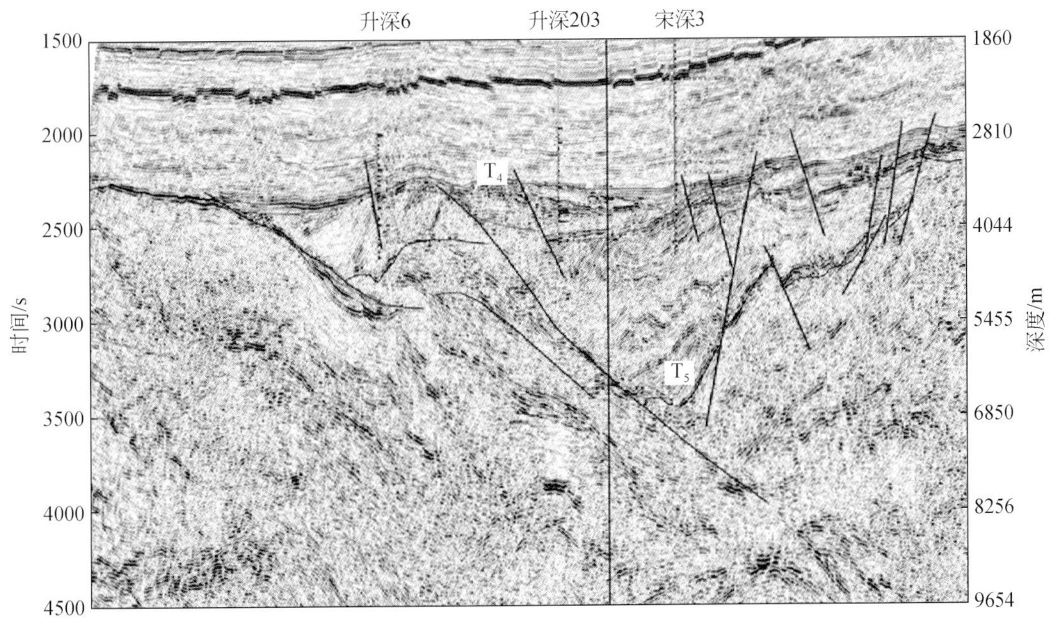

图 5　松辽盆地上地壳正断层上盘箕状断陷盆地及其翘升端次一级地堑剖面图

T_5. 上侏罗统火山岭组底；T_4. 下白垩统营城组顶；过升深 6 井至宋深 3 井三维地震剖面，位置见图 1 中的 A—A′

所在。其实伸展是应变，拉张是应力，两者并无必然的联系。

在 NNE、NE 向断裂与 NW 向断裂交汇处的共同下降盘，该盘受到两边断裂的切割，在重力作用下稳定性更差，沉降幅度更大，而成为深断陷。例如，中部断陷带在 NNE 向孙吴－双辽断裂带和 NW 向扎赉特－吉林断裂带交汇部位的古龙凹陷，埋深达 10.05km。

4　中地壳塑性层的流变性与断隆山的形成

上地壳正断层上盘箕状断陷盆地，在强大的弹性基础悬臂梁弯矩和剪切力作用下的沉降过程中，迫使翘降端下伏中地壳塑性层物质他流。其中部分熔融物质沿断裂面等薄弱带上侵、喷溢，成为中酸性侵入岩和火山岩。松辽盆地在晚侏罗世火石岭组至早白垩世营城组的断陷阶段，发生了广泛的中酸性岩浆活动。上地壳压剪性正断层自下而上发育，故其断陷盆地中的火山活动，总的说来超前于沉积作用，形成“先火后沉”的沉积层序，地层沉积体积也与火山活动频率呈正相关关系[3]。另一部分中地壳塑性层物质，顺层流入该断层被断层面切去部分三棱柱体岩块、重力作用较弱的下盘，促使该盘向上掀斜成断隆山（图 4）。故断隆山的中地壳塑性层厚度，比其上盘断陷盆地的中地壳塑性层厚度大得多（图 4、图 6）。

在 NNE 向孙吴－双辽断裂带西支控制下，形成中部断陷带，断陷阶段沉积厚度为 1000～3000m；其西侧则成为断隆山（潜山）（图 6）。该断隆山的白垩系总厚度只有 1000～1500m，基底埋深小于 2000m；而且随着断隆山的不断掀起，上覆白垩系自东而西逐层超覆，并缺失晚侏罗世火石岭组和早白垩世登娄库组，泉头组一、二段地层。但其中地壳塑性层厚度，却比其断陷盆地翘降端的大得多（图 6）。当今中国中东部太行山、燕山、阴山和秦岭等宏伟的断隆山脉的形成，也与毗邻的新生代上地壳正断层上盘断陷盆地沉降过程中，把下伏中地壳塑性层物质大规模压入其中地壳有关。它们的上地壳正断层两盘升降运动相对幅度往往达 10km 以上。

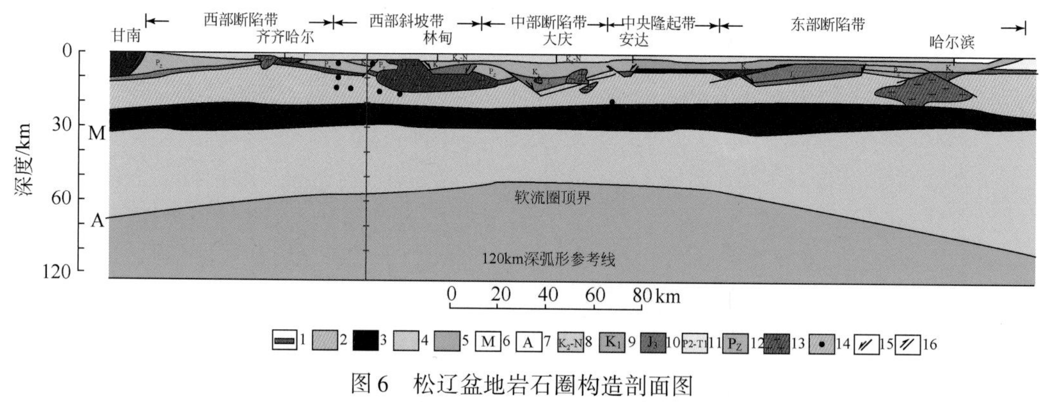

图 6　松辽盆地岩石圈构造剖面图

（参考张贻侠等 1998 年资料编制，位置见图 1 中的 B—B′）

1. 上地壳底部结晶基底；2. 中地壳塑性层；3. 下地壳；4. 岩石圈地幔；5. 软流层；6. Moho 过渡带顶面；7. 软流层顶面；8. 上白垩统至新近系；9. 下白垩统；10. 上侏罗统；11. 上二叠统至下三叠统；12. 古生界；13. 中生代花岗岩；14. 天然地震震源；15. 正断层；16. 逆冲断层

中地壳塑性层物质在大规模长距离的侧向流动和大幅度的上升过程中，强烈的摩擦和减压作用，促使岩石升温、含水矿物脱水、熔点下降和糜棱岩化而进一步重熔。故在断隆山上一些被高高抬起的上地壳，经过长期的剥蚀，往往露出以中地壳花岗质岩石为核心，外围绕结晶基底的穹窿构造，即富含各种金属矿产的变质核杂岩[25]。松辽盆地北部在控制徐家围子断陷盆地的上地壳正断层下盘（西盘）断隆山（中央隆起带）上，也发现一些隐伏的变质核杂岩。它们被登娄库组二段地层直接覆盖。经钻孔揭露，变质核杂岩顶部为上地壳底部结晶基底中、深变质的片麻岩、云母片岩，之下为晚期花岗岩，上拱时代 145. 7±6. 2Ma，属晚侏罗世晚期至早白垩世早期的断陷阶段产物[26]。

中地壳塑性层物质在侧迁过程中往往触发地震。所以松辽盆地及其邻区的浅源地震震源，与中国东部和世界其他盆-山系分布区一样，集中于上地壳底部至中地壳塑性层上部，埋深为 10 ~ 20km[27]，并主要汇集于上地壳正断层两盘中地壳塑性层厚度急剧变化地段（图 6）。尤其是断层交汇、上地壳稳定性较差的部位地震更为集中。1975 年海城 7. 3 级地震发生于中地壳塑性层。由于中地壳塑性层物质从下辽河断陷盆地向东侧千山断隆山侧迁[28]，前者下陷 260mm，后者上升 25mm，重力值也增加 50m/s[29]。

随着火山活动和中地壳塑性层物质他流，松辽盆地早期一些分割性断陷的沉降幅度和沉积范围不断加深和扩大，到沙河子组沉积中晚期，沿中央隆起带两侧，它们各自连接成两个较大的断陷湖盆，沉积了巨厚的黑色泥岩层段。

5 断拗阶段

当中地壳塑性层物质从上地壳正断层上盘箕状断陷盆地翘降端，流向该断层下盘，促使该盘隆起时，势必也带动该断层上盘翘降端抬升，导致盆地沉积中心从翘降端向盆地中部迁移，产生超覆现象；当中地壳塑性层物质从箕状断陷盆地翘降端流向该盘翘升端时，则使盆地沉积范围向断层面退缩，产生退覆现象。这时断陷盆地从断陷阶段进入断拗阶段[30]。

松辽盆地经历了断陷阶段之后，中地壳塑性层的中酸性岩浆已经大体排尽，剩下的只是进行顺层流动的塑性物质。所以到早白垩世的登娄库组和泉头组沉积时期的断拗阶段，火山活动停息，赋存单一的沉积建造，沉降速度逐渐减慢，沉积物由补偿型粗碎屑向非补偿型细碎屑转化。

箕状断陷盆地翘降端的沉降及其导生的断隆山和盆地翘升端的抬升，是一种间歇性交替进行的振荡运动，从而使盆地边缘沉积物性质发生周期性变化，不同岩性的岩层在剖面上呈交错接触[2]。区域性水平挤压力也时强时弱。当水平挤压力增强，重力作用退居次要地位时，盆地停止沉降甚至抬升剥蚀，形成区域性的平行不整合面或角度不整合面。随后水平挤压力减弱，重力重新恢复主导地位，盆地又开始沉降。故在上下两个不整合面之间，沉积一套从水进到水退超层序沉积旋回。根据高瑞祺等的研究[2]，松辽盆地从上侏罗统到上白垩统分为 8 个超层序沉积旋回，每个超层序所经历的时间一般为 10Ma 左右。

基底正断层，其上盘重力能大量消耗于下伏巨厚中地壳塑性层物质大规模的塑性流动过程，而无力切入下地壳，成为终止于中地壳塑性层的上地壳断裂。这点已经得到大量地球物理测深资料的证实[31,32]。

6 软流层的流变性及隆升

在断陷盆地大幅度沉降过程的强烈挤压下，下伏中地壳塑性层物质大规模侧迁，厚度大幅度减薄，盆地两侧的中地壳厚度剧增，从而导致重力失衡。于是软流层在重力均衡作用下，从中地壳塑性层被压得最薄的箕状断陷盆地翘降端下面大幅度隆升，促使岩石圈地幔上拱，造成软流层顶面与盆地基底呈镜像关系。

软流层隆起与断陷盆地的对应关系，借用新生代冀中拗陷廊坊–固安断陷可以得到清楚的说明（图 7）。该箕状断陷盆地与其断隆山之间的下伏中地壳塑性层厚度发生急剧变化，盆地沉降中心下伏中地壳塑性层最薄，软流层隆起也最高。

中生代的松辽盆地，由于形成较早，各断陷软流层突出体的碱性地幔流体，不断对周边岩石圈地幔进行交代、致熔作用[33]，这些断陷孤立的软流层突出体，最终连接成一个统一的整体，成为对应整个松辽盆地的巨大穹窿（图 6）。这时松辽地区的岩石圈厚度，从中侏罗世末早燕山运动时期的变厚转变为普遍大幅度减薄。

盆地下伏中地壳塑性层与盆地沉积物之间的密度差，远大于岩石圈地幔和下地壳与软流层之间的密度差，故软流层隆起幅度比上面断陷盆地沉降幅度大得多[34]。廊坊-固安断陷沉降幅度为 6km，其软流层隆起幅度较西侧大兴断隆高出 22km（图 7）。松辽盆地沉降中心古龙凹陷沉降幅度为 10. 05km，其软流层隆起幅度较东侧张广才岭高出 50km，较西侧大兴安岭高出 28km。由此可知，软流层物质从周边地区向盆地侧迁的规模，远大于中地壳塑性层物质从盆地向周边地区侧迁的规模。所以，松辽盆地演化到断拗阶段中期的登娄库组三、四段沉积时期，由于周边地区软流层物质大规模向盆地沉降中心汇聚，岩石圈广泛大幅度沉降，盆地的沉积范围超越断陷带向外扩大超覆，中央隆起带被覆盖，中部断陷带与东部断陷带连接成一个统一的沉积区。于是，中央隆起带的上地壳局部小幅度抬升区，成为顶薄翼厚、顶粗翼细的同沉积生长背斜，如扶余三号构造和肇州背斜等[14]。

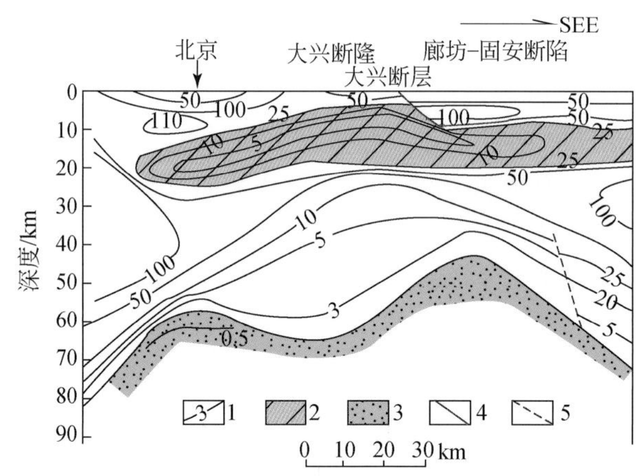

图 7　冀中拗陷电性结构剖面图[35]

1. 电阻率等值线，其上数字单位：Ω · m；2. 中地壳低阻层；3. 软流层（或异常地幔）；4. 上地壳正断层；5. 岩石圈下部正断层

软流层上拱导致上覆岩石圈地幔和下地壳横弯隆起，其隆起轴部产生纵向张性断裂，引起软流层的地幔流体和玄武岩浆，通过这些断裂涌入中地壳塑性层，使该层进一步熔融和基性化。尔后玄武岩浆再通过上地壳断裂喷溢出地面。所以，这些控制玄武岩浆活动的断裂，并非直接切穿地壳和岩石圈的深大断裂。松辽盆地 1300km 双程反射时间为 15s 的深反射地震研究表明，该地区的上地壳断裂均终止于中地壳塑性层①。

基性火山岩是在断陷盆地发展到一定阶段，软流层物质进入中地壳塑性层之后的产物，故松辽盆地一直到断拗阶段末期的泉头组二段末和拗陷阶段初期的青山口组一段末，才在断裂活动诱发下开始产生玄武岩浆活动[2]，形成了中国东部中、新生代盆-山系常见的“先酸后基”的岩浆演化特点。渤海湾新生代断陷盆地之所以一开始就有玄武岩浆活动，是由于该地区在晚侏罗世—早白垩世断陷盆地形成时，其中地壳塑性层已经被基性化，而不是在新生代断陷盆地产生之前软流层主动上拱所致。

① 朱德丰等，《松辽盆地构造演化对油气运聚及成藏的控制作用》，1999 年 11 月 8 日，大庆石油管理局勘探开发研究院内部报告。

7 拗陷阶段

早白垩世末发生中燕山运动，水平挤压力加大，作用力方向也由原来的NNW转为NWW，从而使松辽盆地早白垩世末期的泉头组三、四段与晚白垩世初期的青山口组构成的第六个超层序，与下伏地层呈不整合接触[2]。同时盆地生长断层活动也增强。在该作用力强烈推挤下，盆地深部软流层物质大规模涌入中地壳塑性层，使该层进一步基性化，并继续产生玄武岩浆活动。所以上述的玄武岩浆喷溢，与盆地演化和中燕山运动有关。在中部断陷带的青山口组二、三段曾钻遇玄武岩夹层，总厚达209m[36]。由于软流层物质的普遍亏损和热能的大量丧失，上覆岩石圈整体快速沉降，湖面相对抬升，从而使松辽盆地到泉头组三、四段至青山口组、嫩江组转入拗陷阶段。即从断陷-断拗阶段主要受中地层塑性层控制，到拗陷阶段转为受软流层控制。盆地沉积速率也由泉头组的小于100m/Ma，到青山口组突增至230m/Ma，在35Ma内沉积了一套厚达3000m的砂、泥岩互层的河湖三角洲相含油建造[2]。嫩江组二段时期沉积范围达到最大，东西边界均超出现今盆地。所以中地壳塑性层物质的流变及其中酸性岩浆活动带来的是补偿型沉积，而软流层物质的流变及其基性岩浆活动带来的是广水域、深水相沉积。这时盆地内部的盆-山系活动趋于停息，中央隆起带除南北两端外，中段几乎消失，同生褶皱作用基本结束。有的学者[2]把从登娄库组沉积后期至嫩江组沉积时期软流层物质活动所引起的盆地整体沉降，认为是岩石圈冷缩的结果，并没有得到事实的支持。因为这时岩石圈受到来自软流层大量热流的作用，不是变冷而是变热[3]。

这时松辽盆地岩石圈沉降幅度最大的，是软流层隆起最高、物质及热能丧失最多的中部断陷带，因而该部位成为沉降速率大于沉积速率的非补偿沉积区，产生了大面积深湖相沉积。中部断陷带西侧断隆山，经过长期剥蚀并受到中部断陷带岩石圈大幅度沉降的影响，演变成向东倾斜1°左右的西部斜坡带。

松辽盆地演化到最后阶段，由于中地壳塑性层已经被基性化和进一步重熔，在盆地普遍增加几千米沉积物、上地壳加厚而重力作用增强的情况下，又受到下面软流层上拱导生的岩石圈地幔和下地壳横弯隆起的挤压，盆地的中地壳塑性层和岩石圈地幔、下地壳物质大规模向盆外顺层迁移，造成盆地周边山区的中地壳塑性层、地壳和岩石圈厚度较盆地厚得多：大兴安岭的中地壳塑性层、地壳和岩石圈厚度，分别为19km、41km和89km，松辽盆地沉降中心的中地壳塑性层、地壳和岩石圈厚度，分别为6km、29km和60km（表1），从而使大兴安岭东侧的重力梯级带成为我国著名的大兴安岭—太行山—武陵山重力梯级带的一部分[17]。

松辽盆地的中地壳塑性层物质向大兴安岭大规模顺层涌入，迫使后者上地壳大幅度抬升成为山区。从大兴安岭分布着晚侏罗世和早白垩世地层，而缺失晚白垩世沉积[17]，以及松辽盆地西缘地层、生物带和沉积相的缺失情况来看，大兴安岭的隆升始于晚白垩世青山口组沉积末期[2]。所以大兴安岭等周边山区的出现，伴随于松辽盆地整体沉降的拗陷阶段开始之后，不是偶然的巧合。新构造时期，盆地周边山区还在快速抬升，玄武岩浆喷溢也相当强烈。在此期间，大兴安岭和张广才岭分别上升700~1000m和500~700m[17]，火山活动也广布于五大连池等盆地边缘及周边山区。

综上所述，在上地壳重力作用下，中地壳塑性层物质的喷发和侧迁，导致断陷盆地的产生和从断陷阶段转入断拗阶段；而软流层物质的侧迁和喷发，则造成断陷盆地从断拗阶段进一步演化到拗陷阶段，使松辽盆地形成下断上拗的双重结构（图6）。所以松辽盆地从断陷→断拗→拗陷的演化规律及其周边山区的形成，主要是在上地壳重力作用下，深部不同层次软弱层物质的流变作用所致。如果漠视重力作用和深部软弱层物质的流动，仅凭平面应力场则无法解开盆-山系形成及演化之谜。

有的学者认为，上地壳厚度太薄，其重力能不足以推动地球深部物质运动，主张地幔柱上拱才是产生中国东部中、新生代断陷盆地的原因。诚然，地球内部的能量非常巨大，是上地壳的能量所无法比拟的，但是地球内部能量（如软流层能量）在一般情况下处于平衡状态。打破平衡，引起地球深部物质运动的，往往是能量小得多的上地壳重力起着关键性作用（陨星顺向和逆向撞击，导致地球自转速度急剧变快变慢派生的强大经向和纬向惯性力，造成全球性造山运动，在笔者其他论著中已做过讨论，本文仅涉及盆-山系造陆运动）。再者，地幔柱隆起产生的断裂呈环状和放射状，也不会出现重要的走滑，这些与松辽盆地和中国东部其他地区控制中、新生代断陷盆地的正断层，均具有一定的方向性和走滑规律，在平面上组成X型，走滑距离也截然不同。第三，断陷盆地产生在先，软流层隆起在后，也早已被国内外大量地质事实所证明。当今作为郯庐断裂北延、产生于K_1-E时期宽度狭窄的依兰-伊通断陷带，其软流层至今也还未隆起[16]。第四，岩石圈地幔和下地壳在软流层上拱推挤下，其物质产生强烈的侧向迁移，横弯隆起幅度自下而上递减，最终被中地壳塑性层所吸收（表1），上地壳并没有受到来自软流层上拱的作用（图6、图7）。所以，不是软流层隆起产生上地壳正断层及其断陷盆地，而是上地壳正断层及其断陷盆地引起软流层隆起。因此，尽管地球内部能量巨大，但它对松辽盆地等中国东部中、新生代断陷盆地的形成并不起主导作用。

晚白垩世的嫩江组末和明水组末，松辽盆地先后受到来自太平洋NW向的强烈挤压，东部抬升，沉降中心西移，沉积范围缩小，沉降速度减慢，并产生一系列NE—NNE向正反转构造，导致盆地进入萎缩阶段。

参考文献

[1] 张恺．中国大陆板块构造与含油气盆地评价．北京：石油工业出版社，1995.

[2] 高瑞祺，蔡希源．松辽盆地油气田形成条件与分布规律．北京：石油工业出版社，1997.

[3] 郭占谦．火山活动与沉积盆地的形成和演化．地球科学，1998，23（1）：60-61.

[4] 张帆，迟元林，王东坡，等．东北地区中新生代盆地及其动力学——地幔柱及其调整作用：盆地形成的原动力．世界地质，1999，18（1）：13-17.

[5] 李扬鉴．弧后盆地成因新模式//“七五”地质科技重要成果学术交流会议论文集．北京：北京科学技术出版社，1992：36-40

[6] 李扬鉴，张星亮，陈延成．大陆层控构造导论．北京：地质出版社，1996.

[7] 高福红，许文良，杨德彬，等．松辽盆地南部基底花岗质岩石锆石LA-ICP-MSU-Pb定年：对盆地基底形成时代的制约．中国科学（D辑），2007，37（3）：331-335.

[8] Engebretson D C，Cox A，Gordon R G. Relative motions between oceanic and continental plates in the Pacific basin. In：Geol Soc Am，Spec Paper 206. 1985：1-59.

[9] Maruyama S, Isozaki Y, Kimura G, *et al.* Palegeographic maps of the Iapanese Islands: plate tectonic systhesis from 750Ma to the present. Island Arc, 1997, 6: 121-142.
[10] 葛荣峰，张庆龙，王良书，等．松辽盆地构造演化与中国东部构造体制转换．地质论评，2010，(2)：180-195.
[11] 李扬鉴．压剪性正断屋的成因机制与能量破裂理论．构造地质论丛，1985，(4)：150-161.
[12] 汪筱林，刘立，刘招君．满洲里—绥芬河地学断面域中新生代盆地基底结构及构造演化//中国满洲里—绥芬河地学断面域内岩石圈及其演化的地质研究．北京：地质出版社，1994：27-37.
[13] 韩国卿，刘永江，金巍，等．西拉木伦河断裂在松辽盆地下部的延伸．中国地质，2009，(5)：1010-1020.
[14] 胡望水，吕炳全，张文军，等．松辽盆地构造演化及成盆动力学探讨．地质科学，2005，40（1）：16-31.
[15] 胡见义，徐树宝，童晓光，等．渤海湾盆地地质基础与油气富集//朱夏．中国中新生代沉积盆地．北京：石油工业出版社，1990：24-46.
[16] 丁健民，高莉青．地壳水平应力与垂直应力随深度的变化．地震，1981，(2)：16-18.
[17] 张贻侠，孙运生，张兴洲，等．中国满洲里—绥芬河地学断面图（1∶1000000）及其说明书．北京：地质出版社，1998.
[18] 郭占谦，萧德铭，李安峰．松辽盆地的演化与石油地质模式//郭占谦．郭占谦石油天然气地质论文集．北京：石油工业出版社，2003：192-205.
[19] 李扬鉴，崔永强．论秦岭造山带及其立交桥式构造的流变学与动力学．地球物理进展，2005，20（4）：925-938.
[20] 张德全，孙桂英．中国东部花岗岩．武汉：中国地质大学出版社，1988.
[21] 陈国能．原地重熔——中国东南地洼区中生代花岗岩的重要形成途径．大地构造与成矿学，1989，13（2）：136-149.
[22] 陈国能．中国东南地洼区中生代陆壳重熔的构造过程和地质效应．大地构造与成矿学，1991，15（1）：31-40.
[23] 郭占谦．松辽盆地的构造样式//郭占谦．郭占谦石油天然气地质论文集．北京：石油工业出版社，2003：125-136.
[24] 刘池洋．渤海湾盆地基底正断层缓断面的形成原因及其地质意义．西北大学学报，1987，17（1）：34-42.
[25] 傅昭仁，李德威，李先福，等．变质核杂岩及剥离断层的控矿构造解析．武汉：中国地质大学出版社，1992.
[26] 张晓东，余青，陈发景，等．松辽盆地变质核杂岩和伸展断陷的构造特征及成因．地学前缘，2000，7（4）：411-419.
[27] 杨宝俊．在地学断面域内用地震学方法研究大陆地壳——以中国满洲里—绥芬河地学断面为例. 北京：地质出版社，1999.
[28] 王振中．试论地壳深部物质的侧向迁移——以松辽盆地、下辽河洼陷及其两侧的隆起区为例．西安地质学院学报，1987，9（2）：32-45.
[29] 卢造勋，方昌流，石作亭，等．重力变化与海城地震．地球物理学报，1978，21（1）：1-8.
[30] 李扬鉴，林梁，赵宝金．中国东部中、新生代断陷盆地成因机制新模式．石油与天然气地质，1988，9（4）：334-345.
[31] 卢造勋，夏怀宽．内蒙古东乌珠穆沁旗至辽宁东沟地学断面图（1∶1000000）及其说明书．北京：地震出版社，1992.
[32] 马杏垣，刘吕铃，刘国栋．江苏响水至内蒙古满都拉地学断面图（1∶1000000）及其说明书．

北京：地质出版社，1991.
[33] 杜乐天．烃碱流体地球化学原理——重论热液作用和岩浆作用．北京：科学出版社，1996.
[34] 崔永强，李扬鉴，等．软流层、中地壳与盆-山系．地球物理学进展，2004，19（3）：554-559.
[35] 赵国泽，赵永贵．华北平原盆地演化中深部热、重力作用初探．地质学报，1986，（1）：102-113.
[36] 张景廉．论石油的无机成因．北京：石油工业出版社，2001.

东海陆架盆地形成演化的动力学与流变学

赵金海[1]　李扬鉴[2]　张海启[3]　祝有海[4]　吴必豪[5]

(1. 上海海洋石油局；2. 中化地质矿山总局地质研究院；3. 中国地质调查局；4. 中国地质调查局油气资源调查中心；5. 中国地质科学院矿产资源研究所)

摘要　晚白垩世—新生代，在印度板块西隆突出体 NE 向推挤导生的辐射状区域应力场作用下，东海陆架受到近 EW 向挤压，产生了一系列 NNE—NE 向右行断裂和 NW 向左行断裂所组成的平面 X 型断裂。这些断裂在上地壳重力作用下，以下伏中地壳塑性层为应变空间，形成上地壳走滑正断层。这种压剪性正断层在自然界分布相当广泛。这是我们发现的新断裂类型，把正断层均视为拉张力产物的传统观点是片面的。上地壳走滑正断层两盘在中地壳塑性层上进行大面积长距离的顺层滑动过程中，强大的重力能转变成热能，产生高温环境，导致部分中地壳塑性层物质选择性重熔，形成中、酸性岩浆。运用弹性基础悬臂梁和流变学观点，确切地解释了这些正断层上盘断陷盆地呈箕状，及其与下盘上地壳向上掀斜成断隆山的有机联系，从而把它们组成统一的盆-山系。断陷盆地把下伏中地壳塑性层物质大规模压向下盘断隆山，引起该盆地重力严重失衡，软流层大幅度隆升，上覆岩石圈地幔和下地壳横弯隆起，轴部产生纵向张性断裂，地幔流体涌入中地壳塑性层将其基性化。随后玄武质岩浆沿上地壳断裂上侵和喷溢，使东海陆架盆地等断陷盆地的岩浆活动，普遍存在着先中、酸性后基性的特点，以及先出现上地壳局部沉降的断陷阶段，后依次转变为岩石圈全面沉降的拗陷阶段。从东海陆架盆地和世界其他地区造山运动与陨击事件的同时性，及其造山运动的作用力方向与陨星顺向或逆向撞击导生的惯性力方向的一致性来看，可以解开全球性造山运动的动力学问题这一长期不解之谜。

关键词　压剪性正断层；盆-山系；重力作用；流变学；弹性基础悬臂梁；中地壳塑性层；陨击事件

在地质历史长河中，地壳运动以漫长的渐变的造陆（垂直）运动与短暂的突变的造山（水平）运动交替出现为基本形式[1]。前者重力超过水平力，产生上地壳正断层，形成盆-山系；后者则是陨星对地球逆向或顺向撞击导致地球自转角速度急剧变化派生的强烈经向和纬向惯性力占主导地位，发生造山运动[2]。

东海地区造陆运动时期，产生两种动力背景截然不同的断陷盆地：东海陆架盆地和冲绳海槽弧后盆地。前者主要受印度板块持续推挤派生的近 EW 向挤压力和重力共同作用而生的上地壳压剪性正断层控制，呈单断式箕状断陷盆地产出，自下而上发育，断距下大上小，断层面倾角上陡下缓（图 1）；后者则是菲律宾海板块沿琉球海沟持续俯冲引起的弧后拉张力和重力共同作用所形成的纵向张性正断层产物，成为自上而下发育的双断式高倾角对称地堑（图 2）[3]。

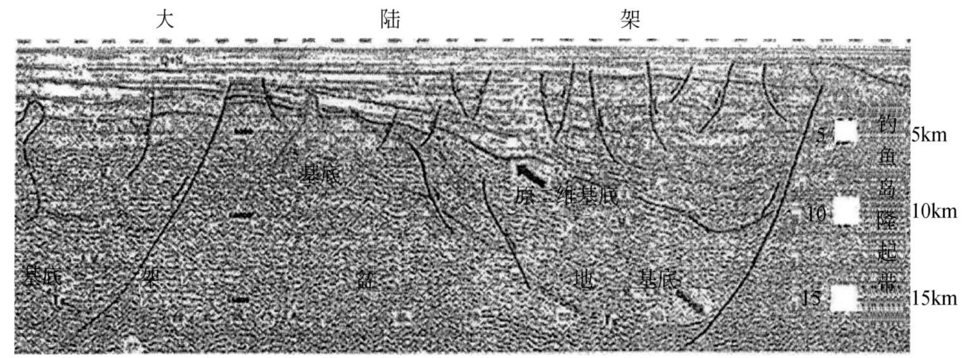

图 1　东海陆架盆地东部拗陷基隆凹陷深反射地震剖面图

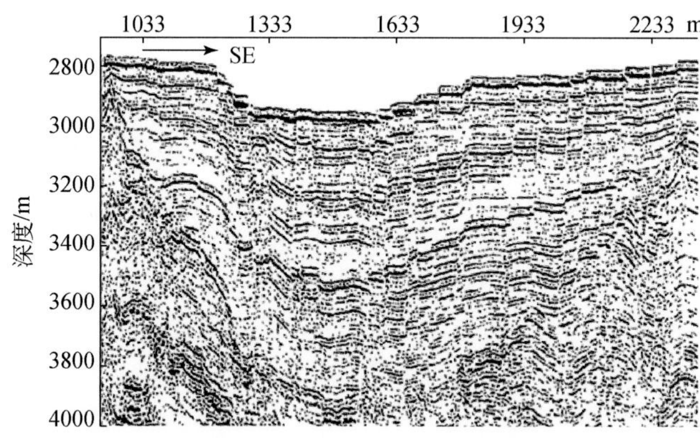

图 2　冲绳海槽盆地南部的现代地堑构造（D126-5 测线）[3]

1　东海陆架盆地造陆运动的动力学背景和深部条件

地球在地质历史时期，由于体积膨胀[4]和日月引力潮汐摩擦等作用，自转角速度总体呈变慢趋势，各个地质时代历年天数依次减少，从寒武纪一年 424 天，变化到现在一年 365 天[5]。由于地球呈不对称膨胀，南半球膨胀速率大于北半球[4]，从而造成古赤道节节南移，产生于古赤道纬向拉张带的特提斯地槽北老南新。现代南半球的洋壳面积占全球洋壳面积的 75% ~80%，便与这种不对称膨胀作用有关。不过由于陨星对地球的准周期性的顺向或逆向撞击，地质历史时期地球自转角速度在总体缓慢变慢过程中，多次发生变快变慢的急剧变化[6]。

1.1　地球自转角速度变化派生的三个主要作用力

研究得知，地球自转角速度发生变化时，将派生三个主要作用力：经向惯性力、纬向惯性力和东西向剪切力（图 3）[2,7]。它们在距离地球自转轴最远的上地壳最强。

当地球自转角速度变慢时，经向惯性力方向由赤道指向两极，使古赤道地区受到南北向拉张，形成东西向特提斯地槽；中纬度地区则产生自低纬度向高纬度的南北向

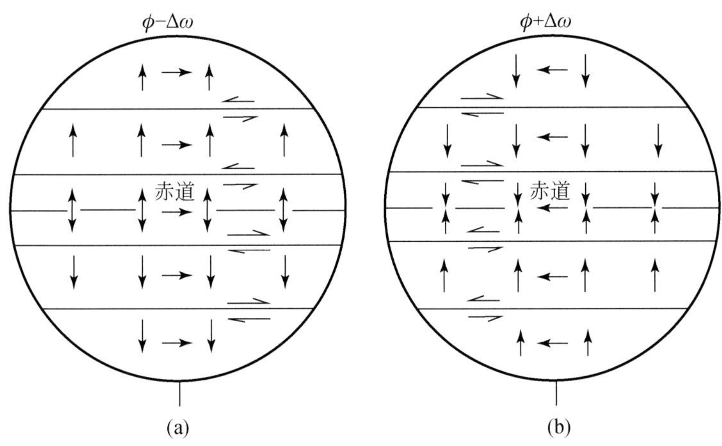

图 3 地球自转角速度变化时南北半球经向惯性力与纬向惯性力及其东西向剪切力大小和方向示意图[2]

挤压；纬向惯性力方向由西向东；东西向剪切力方向，北半球左行，南半球右行［图 3（a）］。当地球自转角速度变快时，经向惯性力方向由两极指向赤道，使两极地区受到南北向拉张，北极形成北冰洋洋脊，南极则出现环南极洲洋脊扩张带；中纬度地区产生自高纬度向低纬度的南北向挤压；纬向惯性力方向由东向西；东西向剪切力方向，北半球右行，南半球左行［图 3（b）］。研究表明，在地球自转角速度缓慢变化的造陆运动时期，派生的水平惯性力相对较弱，重力起着主导作用[8]。

1.2 重力的分布及其断裂系统

世界各大陆大量的地应力绝对值测量资料表明，陆壳中遍布着水平压应力和相当于上覆岩层重量的垂向压应力，而极少发现张应力的踪迹。据澳大利亚、加拿大、美国、南非、斯堪的纳维亚等地区的统计[8]，在 600 ~ 1000m 以浅，平均水平压应力大于垂向压应力；在 600 ~ 1000m 以深，垂向压应力则大于平均水平压应力。对于控制断陷盆地的上地壳正断层来说，上地壳一般厚达 10km 左右，故其重力导生的垂向压应力更是处于绝对优势的地位。所以在地球自转角速度缓慢变化漫长的造陆运动时期，在重力作用下不同构造单元、不同方向、不同性质的断裂一般均呈正断层产出；即使是水平挤压力和重力共同作用下所产生的压剪性平面 X 型断裂也不例外[9]。这就说明了自然界中为什么正断层随处可见，而水平拉张力却寥若晨星。

人们常常称走滑正断层为张剪性断裂，是由于传统观点片面地认为一切正断层全是张性断裂所致。其实水平拉张力所产生的张剪性断裂（张剪性平面 X 型断裂），在断裂面形成后不能继续传递水平拉张力的作用，一般并无重要的走滑；水平挤压力所产生的压剪性断裂（压剪性平面 X 型断裂），在断裂面形成后还能继续传递水平挤压力的作用，而进行长距离的走滑。

一些学者往往还用拉分作用来解释走滑断裂呈正断层产出的原因。其实拉分现象只出现于两条平行走滑断裂之间的端部，而压剪性正断层则形成于单一走滑断裂的全长，两者的构造形态和成因机制都截然不同。

1.3 板块下滑运动及其作用

重力不仅产生垂向压力，使造陆运动时期的种种断裂呈正断层产出，而且还促使板块沿下伏软流层顶面斜坡下滑，派生强大的水平挤压力。有人计算，位于洋脊软流层隆起带侧翼的板块，只要下伏软流层顶面具有 1/3000 的坡度板块就能下滑，下滑速度可达 40mm/a 左右。位于北西向卡尔斯伯格洋脊软流层隆起带东北翼的印度板块，其下伏软流层顶面坡度，比上述的坡度大一个数量级，故该板块下滑速度起初为 165 mm/a，至今还以 45mm/a 速度朝雅鲁藏布断裂带俯冲，促使喜马拉雅以及整个青藏地块大幅度隆升，对东亚大陆也产生了远程效应。由于板块的下滑力是体力而不是面力，其聚集起来的作用力十分强大，并发挥了长期的作用，所以是重力而不是地幔对流驱使板块运动。

板块下滑力所产生的地壳运动局限于某一地区，而且延续时间较长，与陨击事件引起的全球性短促的造山运动迥然不同。

1.4 中地壳塑性层的形成

中地壳塑性层由相当于花岗闪长岩类的物质所组成，平均厚度为 14km 左右。该层埋深一般为 10 ~ 15km，在通常的地热增温率条件下，其温度为 300 ~ 450℃，围压为 270 ~ 405MPa，相当于石英由脆性变形转变为塑性变形的绿片岩相变质环境。由于该层岩石的变形主体受石英的塑性变形控制，放射性元素又最集中，而呈一定的塑性。当上地壳走滑正断层两盘驮着整个上地壳沿着中地壳塑性层进行大面积长距离顺层滑动时，巨大的重力能便转变成大量的热能机械能，产生高温环境，中地壳塑性层上部物质也被部分糜棱岩化，其中的云母等含水矿物释放出水，产生选择性重熔，形成中、酸性岩浆。所以中、酸性岩浆活动，常常与上地壳走滑正断层伴随，也使中地壳塑性层更为塑性，成为上地壳刚硬层良好的应变空间。东海陆架盆地这些控制断陷盆地的上地壳走滑正断层的中、酸性岩浆活动也很活跃，形成一系列燕山末期和喜马拉雅早期岩浆岩。中地壳塑性层中的重熔现象，在地球物理学上往往呈低速低阻反应。

2 东海陆架盆地断裂系统的形成及其动力学

2.1 印度板块挤压力产生的构造现象

到了晚白垩世，太平洋板块俯冲带倾角从原来的 10°左右增加到 80°[10]，俯冲带处于准引张状态；俯冲方向也由 NNW 演变成 NWW，俯冲速度从早先的 207mm/a，减少为 136mm/a[11]，太平洋板块对东亚大陆的推挤作用大大减弱。而这时印度洋的卡尔斯伯格洋脊形成[12]，位于该洋脊软流层隆起带东北翼的印度板块开始下滑，并沿雅鲁藏布江断裂带俯冲于欧亚大陆之下，导致印度次大陆与欧亚大陆于距今 65Ma 发生局部碰撞，并于距今 44Ma 的始新世中期完成正面碰撞，青藏地块全面隆升，海水完全退出，对亚欧大陆的挤压进一步增强。所以中国东部中生代后期以来的造陆运动，其区域应力场在晚侏罗世—早白垩世受太平洋伊泽奈崎板块 NNW 向俯冲控制，从晚白垩世开始，则转变为印度板块 NE 向推挤占主导地位。

印度板块东端西隆突出体对欧亚大陆 NE 向推挤所导生的辐射状区域应力场[13]，使中国东部产生了一系列晚白垩世—古近纪断陷盆地，如南襄盆地（K_2-E）、郯庐断裂带的潜山盆地（K_2-E_1）、苏北盆地（K_2-E）和华南地区众多的晚白垩世断陷红盆等。但这些陆区盆地一般规模较小，而濒临西太平洋应变空间的东海地区，则形成面积达 $26.7\times10^4km^2$、产生于晚白垩纪—古近纪的东海陆架盆地。始新世以来，位于西隆突出体 NE 向正前方的鄂尔多斯地块，在该突出体强烈推挤下，先后在其西南缘六盘山一带，产生了一系列 NW 向逆冲断裂带，并在该地块南北侧和西北、东侧，分别产生了呈共轭关系的 EW 向左行上地壳压剪性正断层控制的渭河及河套断陷盆地带和 NNE 向右行上地壳压剪性正断层控制的银川-吉兰泰及山西断陷盆地带[14]。东海陆架盆地中首当其冲的西部拗陷，也从中始新世—早中新世长达 30Ma 左右之久，一直处于隆升、剥蚀状态。根据现代 GPS 资料[15]，在印度板块长期的推挤下，中国东部陆壳至今还在自西向东运动，速度为 10mm/a 左右。当今琉球海沟俯冲带、琉球隆起带、冲绳海槽盆地、钓鱼岛隆起带和东海陆架盆地西南段走向，之所以越往西南越向西偏转，成为一个个向东南突出的弧形，而且各个构造带的弯度从西北向东南越来越大（图 4）[3]，也与中国东部陆壳在西隆突出体推挤下，向西太平洋应变空间滑移、蠕散有关。

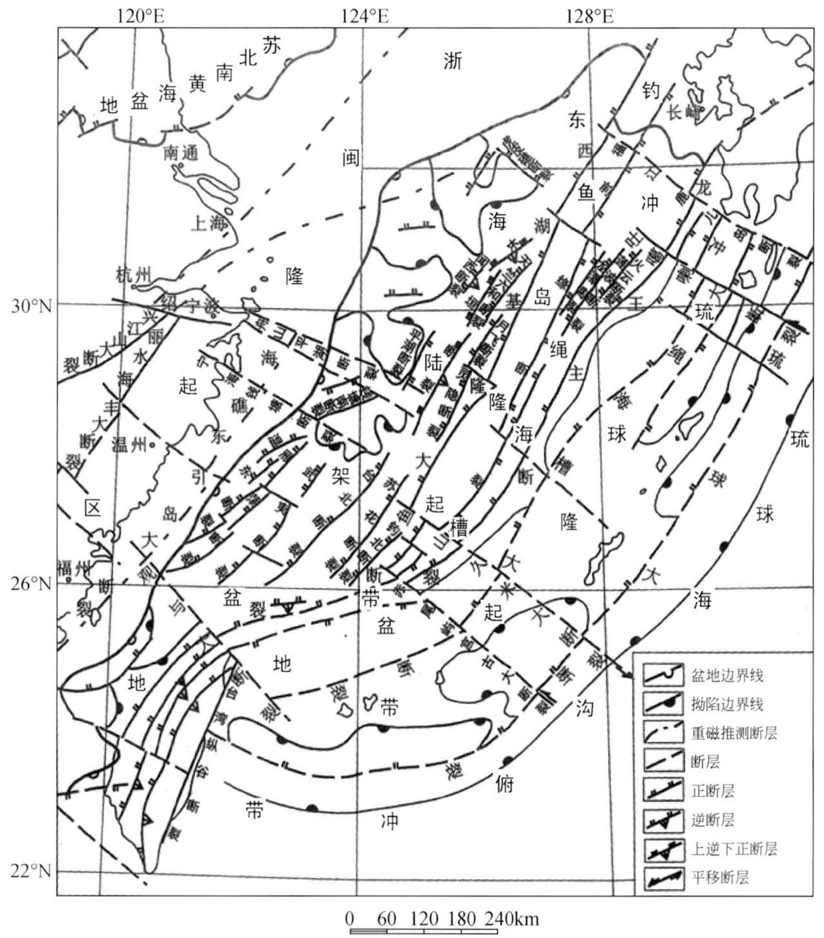

图 4 东海断裂分布图[3]

2.2　东海陆架盆地断裂系统的分布及其成因

晚白垩世—新生代东海陆架在西隆突出体派生的辐射状区域应力场作用下，受到近 EW 向挤压[13]，在晚侏罗世—早白垩世地质背景基础上，产生了三组断裂：NNE—NE 向断裂、NW 向断裂和近 EW 向断裂。其中 NNE—NE 向断裂呈右斜列式雁行排列，为右行，NW 向断裂为左行，两者组成压剪性平面 X 型断裂；近 EW 向断裂与区域性水平挤压力方向平行，属横向张性。这些断裂在重力作用下，往往呈上地壳正断层产出，控制盆-山系的形成。

前两组断裂规模较大，遍及东海陆架盆地全区。不过由于 NNE—NE 向断裂走向与西太平洋应变空间平行而更为发育。其中 NNE 向断裂以大、中型规模居多，长者达数百千米，成为控制东海陆架Ⅰ级构造的大断裂。

NNE 向大断裂为海礁-东引大断裂和西湖-基隆大断裂（图 4）。前者位于浙闽隆起区与东海陆架分界线附近，长度超过 700km，控制晚侏罗世地层和燕山期岩浆岩的分布，结束于古新世；但南段在第四纪晚期仍有新的活动，并有基性超基性岩体出现。后者位于东海陆架盆地与钓鱼岛隆起带之间，长度在 700km 以上，最大断距达 8800m。该大断裂西侧断陷盆地沉积了厚度逾万米的白垩纪—中新世地层，东侧断隆山则是钓鱼岛隆起带。其火成岩一般形成于喜马拉雅早中期，而隆起的时代与东海陆架盆地沉降的时代相随，可能始于晚白垩世。在东海陆架盆地断陷阶段至断拗阶段，隆起带总体处于不断隆升状态，直到拗陷阶段结束。

上述两条大断裂，控制着东海陆架 3 个 NNE 向正负相间的Ⅰ级大型构造单元。它们自西向东分别为浙闽隆起区-东海陆架盆地-钓鱼岛隆起带（图 4、图 5）。东海陆架盆地内的Ⅱ级构造单元称为拗陷与低隆起，呈 NNE—NE 方向分布，由西向东依次为西部拗陷、中部低隆起、东部拗陷。

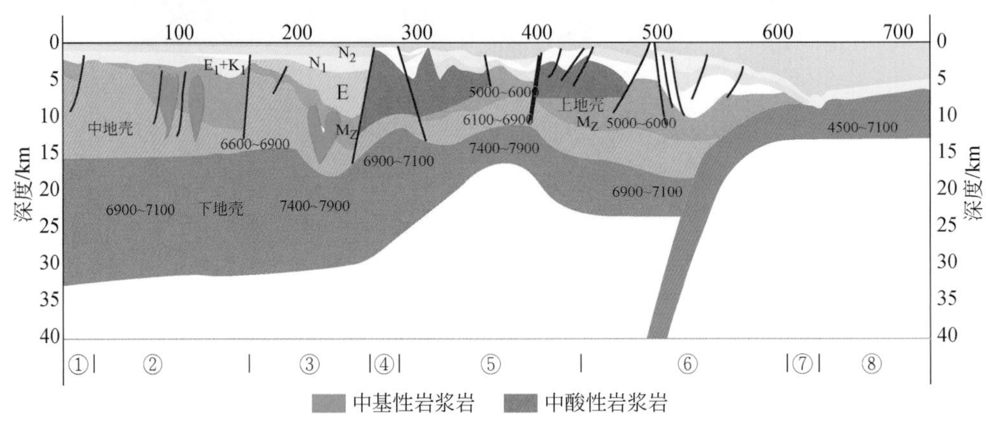

图 5　东海反射层速度剖面图[16]

①瓯江凹陷；②闽江凹陷；③基隆凹陷；④钓鱼岛隆起带；⑤冲绳海槽盆地；⑥琉球隆起带；⑦琉球海沟；⑧菲律宾海盆

NW 向断裂发育程度次之，其活动有三期：第一期产生于晚侏罗纪—早白垩世，如舟山-平湖断裂、宁海-钱塘断裂，为太平洋伊泽奈崎板块 NNW 向斜向俯冲产物，呈右行扭动[6,11,17]；第二期产生于晚白垩世—始新世，如火山主断裂、礁北主断裂、云山主断裂等；第三期产生于中新世—更新世，如鱼山-久米大断裂、赤尾-宫古大断裂、观音与那国岛大断裂和吐噶喇大断裂等。后两期断裂，受印度板块作用导生的近 EW 向挤压力控制，左行走滑。由于 NW 向断裂发育程度较低，活动时间又有早有晚，而穿插于 NNE—NE 向断裂之间，并对后者起切割、平移、阻隔作用，把Ⅱ级构造单元分割成Ⅲ级构造单元，成为凹陷和凸起，使东海陆架盆地呈东西分带、南北分块的构造格局。其中北西向 305°的鱼山-久米大断裂最具代表性（图 4）。该断裂位于东海西南部，由数条断层组成，延伸总长度超过 400km。该断裂为左行走滑正断层，断层面倾向西南，以走滑为主，最大走滑断距为 36km。

NNE—NE 向断裂比 NW 向断裂发育得多，其走滑距离理当比 NW 向断裂更大，不过由于前者一般形成较早，难以从不同方向断裂之间的切错关系判定其走滑距离，只能从该方向断裂的雁行排列得知其右行扭动。例如，位于西部拗陷瓯江凹陷与中部低隆起雁荡构造带之间总长 220km 的 NNE 向雁荡主断裂，便是由数条走向 40° ~ 50°、倾向 NW 呈右斜列式雁行排列的正断层所组成，表明该主断裂为右行走滑[3]。

压剪性正断层是李扬鉴早年从事矿山地质工作期间发现的一种分布广泛的新断裂类型[9]。传统上人们之所以把一切正断层都视为水平拉张力产生的张性断裂，是受基于均质脆性材料在短时间内的强度实验建立起来的莫尔-库仑强度理论影响所致。该理论认为，在三向应力作用下，断裂面均与中等主应力平行，其中正断层的走向互相平行，并与最小主应力垂直；最大主应力垂直于水平面，与断层面夹角等于或小于 45°，两组断层面在垂向上组成 X 型，上盘沿断层面倾向下滑，断层面呈张性。然而地壳中的岩石在长期的三向应力作用下呈弹塑性形变，与基于脆性破坏的莫尔-库仑强度理论不符，而与基于韧性破坏的能量强度理论一致，断裂面与三个主应力均呈等夹角斜交。所以地壳中的岩石在长期的水平挤压力和重力共同作用下，所产生的平面 X 型断裂也呈正断层产出。其断层面受到它们的法向分力和切力分力的共同作用而呈压剪性，成为压剪性正断层。

上述两组断裂的压剪性，是从成因机制角度得出的结论。事实上，由于自然界中这些断裂的产状在走向上和倾角上都会有所变化，断裂面不是一个统一的平面。故当断裂两盘发生相对运动时，其中一些部位便会出现虚脱空间，呈开启性，成为油气藏之间的通道；当断裂处于休眠状态时，断裂面在水平挤压力和重力共同作用下虚脱空间就会闭合，呈封堵性，成为油气藏的封闭构造，从而使油气藏在三度空间上既沿断裂面分布，又组成一个大的油气田，如位于东部拗陷西湖凹陷西部保俶斜坡总体呈 NNE 向全长达 180km 以上的平湖主断裂所见[3]。

近 EW 向横向张性断裂发育程度最低。它分布于东海陆架盆地西部拗陷的长江凹陷、钱塘凹陷、晋江凹陷、九龙江凹陷，中部低隆起的虎皮礁凸起、海礁凸起及武夷低凸起，东部拗陷的基隆凹陷及冲绳海槽的南部。断裂规模小至中等，一般长度为几千米至数十千米，很少超过 40km。其形成和活动时期大体上可分为两期，第一期为白垩纪至古近纪早期，第二期为第四纪。

在凹陷中，往往又被一些次级断裂分割成深凹和低凸Ⅳ级构造。不过这些构造尽管规模不一，级别不同，但它们的负向构造都是上地壳正断层上盘的断陷盆地，正向构造均为上地壳正断层下盘的断隆山。

3　东海陆架盆地盆-山系的形成及演化

3.1　箕状断陷盆地的形成

位于中地壳塑性层之上的上地壳正断层上盘底部刚硬的结晶基底，在该盘重力作用下的受力状态，类似于以下伏中地壳塑性层为弹性基础、以断层面为自由端的弹性基础悬臂梁（图6）。该盘在上地壳重力均布载荷 g_1 和断层面上三棱柱岩体集中载荷 P 所产生的弯矩 M 和剪切力 Q 作用下，沉降幅度 y 趋向断层面变大，成为单断式箕状断陷盆地，进行楔状沉积（图1）[7,18,19]。随后在盆地中沉积物分布载荷 g_2 叠加作用下，盆地沉降幅度趋向断层面进一步加大（图6）。受上地壳正断层控制的断陷盆地宽度一般在数十千米以上，上地壳厚度也在10km左右，故其弯矩和剪切力十分强大，沉积速率可比地台沉积快20～40倍[20]。

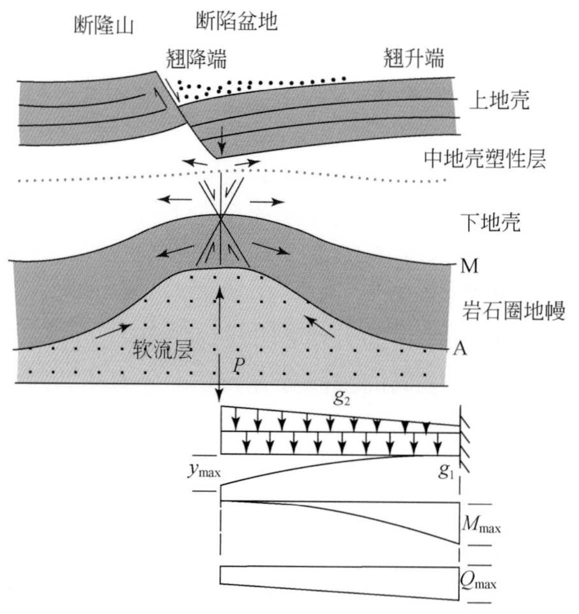

图6　盆-山系及其深部构造成因机制剖面示意图[7]

M. 莫霍面；A. 软流层顶面

断陷盆地的断陷阶段下伏中地壳塑性层中含有大量中、酸性岩浆，强度较低；断隆山一时也还未聚集到较厚的中地壳塑性层物质，来阻缓中地壳塑性层物质的快速涌入，故这个阶段的断陷盆地沉积速率比其随后的断拗、拗陷阶段也快得多。根据东海陆架盆地的初步统计，断陷阶段沉积速率为0.6～1.4 mm/a，分别是断拗阶段的8.3倍和拗陷阶段的14.3倍。所以西部拗陷瓯江凹陷瓯西深凹的次一级构造明西沉积中心古新统楔状沉积体最大厚度竟达11500m；东部拗陷西湖凹陷白堤深凹南部古新统—始新统楔状沉积体最大厚度也达9000m。由于这些控制箕状断陷盆地的上地壳正断层，是从重力作用最强，又与下伏中地壳塑性层应变空间毗邻的上地壳底部首先产生，然后自下而上发展，所以这些正断层的断距下大上小。例如，西部拗陷位于瓯江凹陷中央、控制西侧瓯西深凹和东侧温东构造带总长逾200km的NNE向温东主断裂，白垩系断距为2000～6000m，古新统断距为500～1530m，始新统断距为100～200m。

控制箕状断陷盆地的上地壳正断层上盘各层在沉降过程中，实质上是绕着该盆地翘升端的水平轴旋扭，故断距大的下部地层断层面倾角因旋扭角度较大便变得较平缓，而使整个断层面成为下缓上陡的犁形（图1）。

由于中地壳塑性层、上硬下软层圈结构和重力作用的普遍性，上地壳正断层上盘的弹性基础悬臂梁受力状态和形变，是该盘应力应变的基本特征，从而使箕状断陷盆地在不同大地构造单元和不同地质历史阶段的造陆运动时期都广泛出现[2,18]。

3.2 断隆山的形成

上地壳正断层上盘在沉降过程中，迫使下伏中地壳塑性层物质他流。盆地断陷多深，必然要排走下伏中地壳塑性层多厚的物质。其中部分熔融物质沿断层面上涌，成为中、酸性侵入岩和火山岩；其余熔融物质，则主要随中地壳塑性层的其他物质侧迁到重力作用较弱的下盘，使该盘成为中、酸性岩体集中的场所。侧迁过去的物质，也得占据同等体积的空间，使该盘上地壳隆升成断隆山。所以断隆山与断陷盆地形影相随，规模也大致相等，两者组成了盆-山系（图6）[21-23]。由此可知，箕状断陷盆地的沉降并不意味着拉张，其断隆山的抬升也不是挤压，而是属于同一个上地壳重力作用的产物，受下伏中地壳塑性层流变性控制。所以东海陆架盆地在古新世—始新世所产生的喜马拉雅早期的岩浆岩，集中于NNE—NE向和NW向等上地壳走滑正断层下盘所形成的虎皮礁凸起、海礁凸起、鱼山凸起、温东构造带、雁荡构造带、武夷构造带、钓鱼岛隆起带等断隆山和凹陷斜坡地带所形成的底辟构造[3]。其中与大幅度沉降的东部拗陷毗邻的钓鱼岛隆起带岩浆岩最为发育，被称为岩浆岩带。它的中地壳塑性层（包括其中岩浆岩）厚度比西侧基隆凹陷大10km左右，而成为东海地区Ⅰ级正向构造带（图5）。所以其中断隆山不是早已存在在那里的“古隆起带”、“古潜山”，而是随着断陷盆地的沉降、下伏中地壳塑性层物质的侧迁才逐渐隆升、剥蚀的“新构造”。温东主断裂上盘瓯西深凹断陷这么深，其下盘温东构造带也才这样大幅度隆升，而使其上覆巨厚的盖层均被剥蚀，露出了上地壳底部的结晶基底。其中灵峰断隆山（灵峰一井）（图7）黑云角闪斜长片麻岩同位素年龄为1680～1832Ma，属于古、中元古代。

上地壳正断层重力能大量消耗于下伏中地壳塑性物质的大规模流变过程中，而无力切入下地壳，成为终止于中地壳塑性层的层控断裂（图5）。

3.3 软流层的隆起

断陷盆地把下伏中地壳塑性层物质大规模压往他处，使其厚度大大减薄。虽然断陷中充填了沉积物，地壳总厚度并无明显变化，但由于中地壳塑性层平均密度为2.8g/cm³，而沉积物平均密度只有2.3g/cm³，两者差别较大，造成地壳重力严重失衡，软流层上拱，其顶面与断陷基底的底面呈镜像关系（图8）。据不完全统计，软流层隆起幅度一般为盆地断陷幅度的3.5～6.2倍。从图8可以清楚看出，软流层上拱被上覆岩石圈地

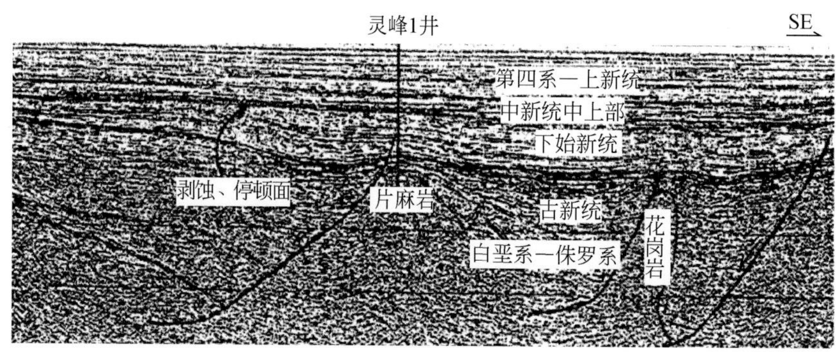

图 7　瓯江凹陷地震剖面[3]

幔和下地壳的强烈弹塑性形变所快速吸收，未及中地壳塑性层便被吸收殆尽。由此可知，是断陷盆地引起软流层隆起，而不是软流层隆起产生断陷盆地；隆起的软流层伴随断陷盆地而行，呈条带状，并非深部有什么地幔柱在抬升[6]。

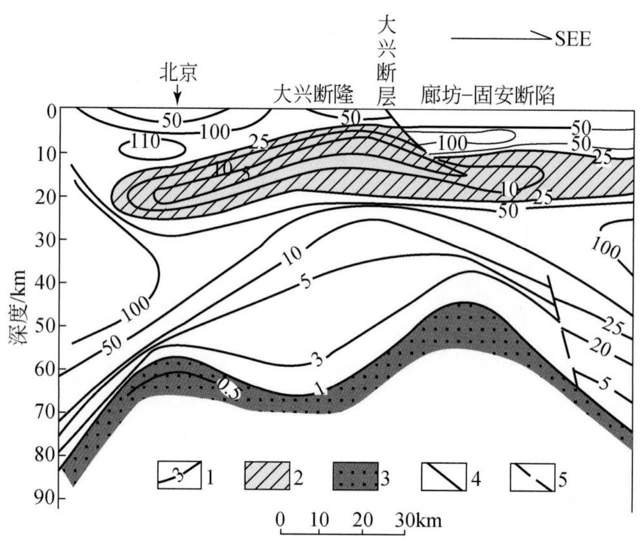

图 8　冀中拗陷电性结构剖面图[24]

1. 电阻率等值线（Ω · m）；2. 中地壳低阻层；3. 软流层；4. 上地壳正断层；5. 岩石圈下部正断层

在软流层上拱促使上覆岩石圈地幔和下地壳横弯隆起过程中，其轴部派生纵向张应力，产生了纵向张性断裂（图 6），引起软流层中的玄武质岩浆沿着张性断裂涌入中地壳塑性层，使其部分或全部基性化[6]。随后通过上地壳断裂上侵和喷溢。所以东海陆架盆地和中国东部其他中、新生代断陷盆地的岩浆活动，普遍存在先中酸性后基性的特点；只有渤海湾盆地是个例外。该盆地的前身晚侏罗世—早白垩世盆-山系形成时期，中地壳塑性层已经被基性化了，故新生代断陷盆地一开始便产生玄武质岩浆活动，玄武岩最大厚度竟超过 1000m。

东海陆架盆地东部拗陷到了断拗阶段的渐新世中期，开始出现玄武质岩浆活动（孤山一井 31.7Ma），至中新世进入拗陷阶段，玄武质岩浆活动更加广泛。如西湖凹陷南部的孤山一井，在中新统中部玉泉组底部钻遇两层橄榄拉斑玄武岩；在海礁一井中新统下部龙井组上部钻遇86m的拉斑玄武岩[3]。这些现象表明，从上地壳正断层活动强烈的断陷阶段至其活动衰弱、停息的断拗、拗陷阶段，岩浆岩性质的转变，并不是由于断裂下切的加深，而是由于经过断陷阶段之后地壳重力严重失衡，引起软流层上拱所致；何况整个东海陆架盆地至今也没有发现过一条切穿地壳或岩石圈的深大断裂（图5）。

3.4 断陷盆地的演化

断陷阶段末期，断陷盆地下伏中地壳塑性层物质已经大规模涌入了毗邻的断隆山，使该层的重力作用趋于平衡；而且其中流变性大的中、酸性岩浆也已大体排尽，强度大增，于是中地壳塑性层物质侧迁速率下降，箕状断陷盆地沉降速率也随之减慢。这时滞后的还在隆升的断隆山便带动盆地临近断层面部位的沉积层抬升成挠曲，导致盆地沉积中心从盆地翘降端移向盆地中部，从而结束了楔状沉积，转为向斜状沉积，盆地也从断陷阶段转入断拗阶段，如基隆凹陷二维基底上覆地层所见（图1）。

断陷阶段晚期，断隆山上地壳的抬升速率远远小于其深部软流层物质大规模向断陷盆地深部侧迁引起的岩石圈沉降速率，于是断隆山便从原来的抬升、剥蚀，转为下降、沉积（图7）。在岩石圈快速沉降、上地壳缓慢抬升的背景下，断隆山上便形成了横弯同沉积生长背斜。上述温东构造带灵峰断隆山，在其西侧瓯西深凹断陷阶段末尾的古新世晚期，所沉积的顶薄翼厚的横弯同沉积生长背斜厚达519m（图7）。处于断拗阶段的下始新统，因下面中地壳塑性层物质侧迁运动逐渐停止，构造也向上趋于消失（图7）。所以这些断隆山既不是早已存在的地貌上的古潜山，其上覆地层所形成的背斜，也不是差异压实作用所产生的披覆背斜。这点还可以从这些断隆山广泛存在着与毗邻断陷盆地同期的中、酸性岩浆岩得到证明。

到了中新世，东海陆架盆地随着玄武质岩浆等地幔流体的广泛上涌，引起整个盆地岩石圈的全面沉降，形成披盖状沉积。于是，断陷盆地又从断拗阶段转入拗陷阶段。在该阶段，西部拗陷的瓯江凹陷中中新世玉泉组至第四系，沉积厚度约1000m；东部拗陷的西湖凹陷中新统至第四系，沉积厚度3000～4500m。许多学者称这个阶段的沉降为热沉降，认为是地壳释放了热引起的收缩。其实这个阶段由于高温的地幔流体大规模上涌，地壳是变热而不是变冷，这点已经得到了松辽盆地研究资料的证实[25]。

4 东海陆架盆地造山运动及其动力学

4.1 陨击事件与造山（构造）运动的同时性

据统计，目前世界各地古生代以来已知的12个直径在40km以上陨击坑的撞击时间，依其大小分别与构造运动强度不同的代、纪、世或期的交界呈良好的对应关系。其中陨击坑直径在160km以上的2个，它们先后的撞击时间距今为570Ma和65Ma，分别与新元古代（震旦纪）和古生代、中生代和新生代的交界相对应。陨击坑直径约100km的2个，它们先后的撞击时间距今为212±2Ma和35±5Ma，分别与三叠纪和侏罗纪、始新世和渐新世的交界相对应或接近。陨击坑直径为 80～40km 的 8 个，它们先后的撞击时间，其中 3 个落在纪与纪的交界处，其余 5 个与期和期的交界相对应[6]。其中距今较近、研究最清楚的发生于65Ma 前墨西哥尤卡坦半岛陨击坑直径为 180km 的陨击事件，便造成了全球性强烈的造山运动。该次运动，引起火山广泛爆发、古地磁倒转、古气候剧变、恐龙等大量古生物灭绝和中生代与新生代交替。该次运动几乎遍及全中国，被称为燕山运动（最后一幕）。在欧洲和美国，则称为拉拉米运动或比利牛斯运动，见于阿尔卑斯山、比利牛斯山、高加索、落基山及其他地区的不整合现象。

东海陆架盆地发生于中生代晚期以来的 7 次重要构造运动，除了最早的基隆运动地层界线还未查清外，其余 6 次与陨击坑直径大于 10km 的陨击事件在时间上也具有良好的对应关系（表 1）。在这 6 次陨击事件中，有 3 次陨击时间与地质界线的差距在误差范围之内，有 3 次则超过误差范围，但其中 2 次超过误差范围分别只有 0. 14Ma 和 0. 6Ma，仅龙井运动超过误差范围达 1. 2Ma。

表 1　东海陆架盆地构造运动与世界已知主要陨击事件（陨击坑直径大于 10km）关系对比表

地层		构造运动名称	地质年代/Ma	陨击时间/Ma	陨击坑直径/km	地名	经纬度
中更新世（Q_2）							
早更新世（Q_1）							
	T_1^0	冲绳海槽运动(Ⅰ)	1. 64	1. 3±0. 2	10. 5	加纳	6°32′N，1°25′W
上新世（N_2）							
	T_2^0	龙井运动	5. 2	3. 5±0. 5	18	俄罗斯	67°30′N，172°5′E
晚中新世（N_1^2）							
早中新世（N_1^1）							
	T_2^4	紫云运动（Ⅰ）	23. 3	21. 5±1. 2	20. 5	加拿大	75°22′N，89°40′W
渐新世（E_3）							
	T_3^0	玉泉运动	35. 4	35±5	100	俄罗斯	71°30′N，111°0′E
始新世（E_2）							
	T_4^0	瓯江运动	56. 5	58±2	15	美国	31°17′N，96°18′W
古新世（E_1）							
	T_5^0	雁荡运动	65	65	180	墨西哥	21°18′N，89°36′W
晚白垩世（K_2）							
侏罗纪—早白垩世（$J\text{-}K_1$）							
	T_6^0	基隆运动	>145. 6	142. 5±0. 5	22	澳大利亚	23°50′S，132°19′E
AnMz							

如上所述，大的陨星对地球的顺向或逆向撞击，引起地球自转角速度变快或变慢的急剧变化所派生的强烈经向和纬向惯性力（图 3），在离地球自转轴最远、惯性力最强的上地壳，尤其是上地壳的表层，其派生的水平挤压力便超过了重力产生的垂向压

力，成为造山运动时期的主要作用力。所以无论从全球范围或东海陆架盆地来看，陨击事件与造山运动之间均具有鲜明的同时性。

4.2 陨击事件派生的惯性力方向与造山（构造）运动的作用力方向的一致性

巨大的陨击事件，不仅可以使地壳表层产生褶皱、逆冲断层和不整合，而且还能促使具有侧向应变空间的盆–山系演变成冲叠造山带。在华北地台的南侧和西侧，发生于中三叠世与晚三叠世之间和晚三叠世与侏罗纪之间的两幕印支运动，导致该时期东西向秦岭俯冲型冲叠造山带和鄂尔多斯西缘总体呈南北向仰冲型冲叠造山带的形成，便是一个生动的实例[6]。其中自南而北的挤压力，使秦岭造山带的南秦岭断陷盆地（地槽）上地壳底部刚硬的结晶基底，先后两次向北秦岭断隆山中地壳塑性层进行顺层俯冲，其总距离达50km左右，分别产生高压和超高压变质作用，形成了俯冲型冲叠造山带[2,6,7]；由西向东的挤压力，则使鄂尔多斯西侧阿拉善–古六盘断隆山，先后两次向鄂尔多斯西缘贺兰–六盘断陷盆地仰冲、推覆，形成了两条长达600km的南北向沉降带[26]。

上述自南而北和由西向东同时产生的这两个挤压力，一致反映了地球自转角速度急剧变慢北半球的经向和纬向惯性力方向［图3（a）］，从而可以确定这两幕印支运动全是陨星逆向撞击的产物。陨击方向的厘定，难以赴现场考察，可是通过陨击事件所产生的构造运动方向，便能大体上确定陨击是逆向或顺向。

在东海陆架盆地中，陨击事件导生的经向纬向惯性力，虽然没有强烈到使盆–山系演变成冲叠造山带这样的程度，但也造成地壳表层发生褶皱、逆冲和区域不整合，并对断陷盆地的演化产生深刻的影响。诚然，断陷盆地的演化主要是在重力作用下，上地壳正断层两盘垂向运动，以及中地壳塑性层和软流层物质流变的结果，但是陨击事件对它们的演化无疑起着重要的促进作用。所以，盆地从断陷阶段转入断拗阶段，断拗阶段转入拗陷阶段，都发生于陨击事件之后（表1），每次构造运动期间（区域不整合面上下）岩浆活动也很强烈。

例如，古新世末至始新世初的瓯江运动，可能是陨星的逆向撞击所致，所以其纬向惯性力自西而东，西部拗陷构造运动强度大于东部拗陷，使前者在古新世末期便结束了断陷阶段，转入断拗阶段；而后者受该运动影响较小，到了始新世末的玉泉运动，才结束了断陷阶段转入断拗阶段。

又如，中新世末陨星顺向撞击事件产生的龙井运动（表1），所派生的自东而西纬向惯性力［图3（b）］，使太平洋板块对东亚大陆进行强烈推挤。这是东海陆架盆地所发生的最强烈的一次构造运动。在重力作用较弱、纬向惯性力较强的地壳表层，形成了东海陆架盆地最显著的褶皱构造和广泛的区域不整合。这次运动东强西弱，在东海陆架盆地东部拗陷的西湖凹陷中表现最为强烈，产生了以浙东中央背斜带的龙井、玉泉、天外天等背斜为代表的一大批NNE—NE向褶皱构造，以及与之伴生的大量断层面东倾的高角度逆冲断层。这些构造产生于中新世和渐新世地层中。逆冲断层长几千米至十几千米，少数为几十千米乃至上百千米。其中有的逆冲断层产生于正断层之上，组成“上逆下正”的构造景观。同时由于抬升、剥蚀形成了广泛的区域角度不整合。

西湖凹陷北部上升剥蚀幅度大，在浙东中央背斜带以东的大部分地区，中新统柳浪组地层几乎剥蚀殆尽，玉泉背斜上中新统被剥蚀，甚至部分古近系也遭到剥蚀。据粗略计算，这次抬升剥蚀的地层厚度从七八百米至两三千米不等。此外，伴随构造运动也发生了大量的岩浆侵入。它们在东海陆架盆地的东缘，近钓鱼岛隆起带附近特别明显，那里断裂发育，为岩浆活动提供了通道，形成了大量以中酸性岩体为主的岩浆侵入活动[3]。由于该作用力方向自东向西，于是一些学者认为这是太平洋板块与欧亚板块汇聚的产物。诚然，它与太平洋板块推挤有关，但其动力却来源于陨星对地球的顺向撞击派生的纬向惯性力。因为位于洋脊软流层隆起带侧翼斜坡上的板块，由自身重力作用下下滑产生的汇聚，挤压持续时间很长，如印度板块与亚欧大陆汇聚产生的挤压便从晚白垩世持续至今，与陨击事件导生的构造运动瞬息即逝迥然不同；而且陨击事件产生的构造运动往往具有全球性意义，而板块汇聚影响范围却局限于某一区域。

由于菲律宾海板块自东向西纬向惯性力，在弧形的琉球海沟发生分解，NNE 向的北段侧压力较大，NE 向和 NEE 向的中、南段侧压力依次减弱，于是西湖凹陷北部挤压现象最强烈，向西南逐渐减弱，到基隆凹陷该时期的压性构造消失。

厘定了造山运动与陨击事件的关系，便打开了一条解决全球性造山运动动力学问题的合理途径。

5　结　　论

本文从缓慢的重力起主导作用的造陆运动和陨星撞击引起地球自转角速度急剧变化派生的强烈惯性力产生的造山运动出发，并结合流变学观点，来研究东海陆架盆地的形成演化。

晚白垩世，NW 向的卡尔斯伯格洋脊开始形成。位于该洋脊软流层隆起带东北翼的印度板块，在自身重力作用下顺着下伏软流层斜坡下滑，俯冲于欧亚大陆之下。其西隆突出体辐射状区域应力场，使东海陆架受到近 EW 向挤压，产生了 NNE—NE 向右行走滑断裂和 NW 向左行走滑断裂所组成的压剪性平面 X 型断裂，以及与水平挤压力平行的近 EW 向横向张性断裂。这些断裂在上地壳重力作用下，成为以下伏中地壳塑性层为应变空间的上地壳正断层。它们自下而上发育，断距下大上小，断层面倾角下缓上陡。其中的平面 X 型断裂为压剪性正断层。这是一种新的断裂类型，与基于韧性破坏的能量强度理论一致。

上地壳走滑正断层两盘底部刚硬的结晶基底，驮着厚达 10km 左右的上地壳沿着中地壳塑性层进行大面积长距离走滑。巨大的重力能转变成大量的热能，产生高温环境，造成选择性重熔，形成中、酸性岩浆，使东海大陆架这些走滑断裂的喜马拉雅早期花岗质岩浆岩广布。

上地壳正断层上盘在自身重力作用下的受力状态，类似于以下伏中地壳塑性层为弹性基础、以断层面为自由端的弹性基础悬臂梁，从而在梁强大的弯矩和剪切力作用下，该盘趋向断层面沉降幅度迅速增大，形成箕状断陷盆地，进行巨厚的楔状沉积。这是断陷阶段的基本特征。盆地基底在沉降过程中，把下伏中地壳塑性层物质压向下盘，促使该盘上地壳向上掀斜成断隆山。所以断隆山与断陷盆地如影随形，规模相仿，两者组成了盆-山系。

断隆山中地壳塑性层加厚，重力作用增强，阻缓中地壳塑性层物质继续快速涌入，引起盆地沉降速率减慢；同时，断隆山在隆起过程中又带动盆地临近断层面的沉积物抬升，使沉积物由楔状演变成向斜状，断陷盆地也从断陷阶段转入断拗阶段。

断陷盆地下伏中地壳塑性层物质被大量压往他处，造成该部位地壳重力严重失衡，软流层大幅度隆升，上覆岩石圈地幔和下地壳横弯隆起及其轴部纵向张性断裂产生，玄武质岩浆等地幔流体涌入中地壳塑性层，把该层基性化，然后通过上地壳断裂上侵和喷溢。所以东海陆架盆地东部拗陷西湖凹陷在断拗阶段渐新世中期开始出现拉斑玄武岩活动，随后中新世基性岩浆等地幔流体广泛排出，引起整个东海陆架盆地岩石圈全面沉降，形成披盖状沉积。于是盆地又从断拗阶段迈入拗陷阶段。

自从活动论盛行以来，地学界关于造陆运动普遍漠视永恒的强大的重力作用，只强调水平力的重要性，认为一切正断层全是水平拉张力的产物，又缺乏流变学概念，从而把上地壳正断层及其上下盘断陷盆地和断隆山，当成互不相干的静态的孤立体，既看不到它们彼此之间的有机联系，也不清楚它们是如何形成演化的，从而把这幅空间分布有序、时间演化和谐的宏伟构造画卷，撕成一块块杂乱无章的小纸片。

根据我们的研究和所掌握的资料来看，东海陆架盆地及世界其他地区的造山运动，与较大的陨击事件具有鲜明的同时性；其中造山运动的作用力方向也与陨击事件导生的经向纬向惯性力方向一致。从而可以有把握地断言，是大的陨星逆向或顺向撞击，导致地球自转角速度的急剧变化，派生强烈的惯性力造成全球性的造山运动。这一判断为解决全球性造山运动动力学问题提供了一条合理的途径。

感谢刘光鼎、李廷栋、肖序常、任纪舜、秦蕴珊等老师多年来对东海石油地质勘查的指导、关怀和对本项研究的支持；谢锡林、杨慧宁、沈桂梅等先生、女士也为本文搜集资料、编图、修改稿做了大量工作，在此一并致以深切的谢意。

参 考 文 献

[1] 任纪舜．关于中国大地构造之思考．地质论评，1996，42（4）：290-294.

[2] 李扬鉴，崔永强．论秦岭造山带及其立交桥式构造的流变学与动力学．地球物理学进展，2005，20（4）：925-938.

[3] 杨文达，崔征科，张异彪．东海地质与矿产．北京：海洋出版社，2010.

[4] Carey S W. The expanding earth. Elsevier Sci. Publ. Comp.，1976.

[5] Wells J W. Coral growth and geochronometry. Nature，1963，197：948-950.

[6] 李扬鉴，崔永强，栾俊霞，等．大陆层控构造与油气资源．化工矿产地质，2008，30（2）：65-84.

[7] 李扬鉴，张星亮，陈延成．大陆层控构造导论．北京：地质出版社，1996.

[8] 丁健民，高莉青．地壳水平应力与垂直应力随深度的变化．地震，1981，（2）：16-18.

[9] 李扬鉴．压剪性正断层的成因机制与能量破裂理论．构造地质论丛，1985，（4）：150-161.

[10] Zhou X M，Li X W. Origin of late Mesozoic igneous rocks in Southeastern China：implications for lithosphere subduction and underplating of mafic magmas. Tectonophysics，2000，326：269-287.

[11] Maruyama S，Isozaki Y，Kimura G，et al. Paleogeographic maps of the Japanese Islands：plate tectonic systhesis from 750 Ma to the present. Island Arc，1997，6：121-142.

[12] Зоненшайн Л П, Савостин Л А. Введение в геодинамику. М. , Недра, 1979.
[13] 丁国瑜．中国岩石圈动力学概论．北京：地震出版社，1991.
[14] 邓起东，尤惠川．鄂尔多斯周缘断陷盆地带的构造活动特征及其形成机制//现代地壳运动研究，第1集．北京：地震出版社，1985：58-78.
[15] Shen Z K, Zhao C, Yin A. Contemporary crustal deformation in east Asia constrained by Global Positioning System measurements. Jour. Geophys. Res. , 2000, 105 (B3): 5721-5734.
[16] 高德章，赵金海，薄玉玲，等．东海重磁地震综合探测剖面研究．地球物理学报，2004，47（5）：853-861.
[17] Engebretson D C, Cox A, Gordon R G. Relative motions between oceanic and continental plates in the Pacific basin. The Geological Society of America, Special Paper 1985, 206: 1-59.
[18] 李扬鉴，林梁，赵宝金．中国东部中、新生代断陷盆地成因机制新模式．石油与天然气地质，1988，9（4）：334-345.
[19] Li Yangjian. An alternative model of the formation of the Meso-Cenozoic down-faulted basins in eastern China. In: Progress in Geosciences of China (1985-1988) ——papers to 28th IGC, Volume Ⅱ. Beijing: Geological Publishing House, 1989: 153-156.
[20] 胡见义，徐树宝，童晓光，等．渤海湾盆地地质基础与油气富集//朱夏．中国中新生代沉积盆地．北京：石油工业出版社，1990：24-26.
[21] 李扬鉴，张星亮，陈延成．中国东部中新生代盆-山系及有关地质现象的成因机制．中国区域地质，1996，56（1）：88-95.
[22] 李扬鉴，张星亮，陈延成．大陆层控构造论——盆-山系与造山带成因及演化新模式//中国地质学会．“八五”地质科技重要成果学术交流会议论文选集．北京：冶金工业出版社，1996：592-596.
[23] Li Y J, Zhang X L, Chen Y C. Continental Layer-Bound Tectonics—a new model for the origin and evolution of basin-mountain system and orogen. In: Progress in Geology of China (1993-1996) —— Papers to 30th IGC. Beijing: China Ocean Press, 1996: 248-251.
[24] 赵国泽，赵永贵．华北平原盆地演化中深部热、重力作用初探．地质学报，1986（1）：102-113.
[25] 郭占谦．火山活动与沉积盆地的形成和演化．地球科学，1998，23（1）：60-64.
[26] 汤锡元，郭忠铭．陕甘宁盆地西缘逆冲推覆构造及油气勘探．西安：西北大学出版社，1992.

冲绳海槽弧后盆地成因机制新认识

张海启[1]　李扬鉴[2]　祝有海[3]　赵金海[4]　吴必豪[5]

（1. 中国地质调查局；2. 中化地质矿山总局地质研究院；3. 中国地质调查局油气资源调查中心；4. 上海海洋石油局；5. 中国地质科学院矿产资源研究所）

摘要　紫云运动和龙井运动使东海大陆与菲律宾海板块先后沿向东南突出的琉球弧形海沟相向运动，导致北部和南部的菲律宾海板块分别俯冲于前者之下。东海东部大陆岩石圈在自身重力作用下的受力状态，以俯冲带为自由端、以下伏软流层为弹性基础的悬臂梁。于是在该梁固定端（陆架前缘）最大弯矩派生的纵向张应力作用下，先后产生了一系列与琉球海沟大致平行的纵向张性正断层，形成了冲绳海槽北部和南部的弧后盆地，分别沉积了中晚中新世和晚上新世以来地层，代表着冲绳海槽曾受到两期重要的拉张。由于悬臂梁长度与其厚度呈正相关关系，东部大陆岩石圈在自身重力和弧后拉张力作用下，不断向菲律宾海蠕散、变薄，悬臂梁固定端不断由西向东迁移。冲绳海槽北部中中新世的固定端在海槽西侧，形成陆架前缘拗陷。晚中新世固定端东移，使海槽东侧产生吐噶喇拗陷。更新世末至现代在吐噶喇拗陷东边又出现吐噶喇火山带，可能是悬臂梁的最新固定端拉张作用的产物。由于冲绳海槽北部的南端先后受到两期拉张作用，地壳最薄，岩浆上涌最多，从而成为整个海槽热流量最大地区。

关键词　冲绳海槽；弧后盆地；弹性基础悬臂梁；琉球海沟；俯冲带

关于至今仍在活动的冲绳海槽弧后盆地成因机制的研究，对解决弧后盆地成因这一大地构造难题具有重要意义。于是自1960年以来，中外学者对冲绳海槽进行了大量的地球物理调查，积累了丰富的资料，获得了众多的认识，为解开这个长期不解之谜奠定了坚实的基础。我们在该基础上引入材料力学弹性基础悬臂梁概念，对这一悬而未决的重大构造问题提出了新的认识。

1　冲绳海槽弧后盆地地质概况

1.1　东海陆缘地区弧形构造带及其横向张剪性断裂的形成

中国大陆自从晚白垩世，尤其是始新世中期印度板块与欧亚板块全面碰撞以来，在印度板块挤压力和大陆自身重力共同作用下，不断向太平洋应变空间滑移、蠕散。根据GPS资料[1]，现今中国东部这种自西向东运动的速率达10mm/a左右。东海地区新近纪以来，由于琉球海沟俯冲带的形成和冲绳海槽弧后盆地拉张力的作用，使该地区的地壳、岩石圈进一步向海洋伸展、减薄。由陆向海的300余千米范围内，地壳减薄了16km左右。

东海陆缘岩石圈在向太平洋滑移、蠕散过程中，由于受到南部台湾岛的阻挡，其中的琉球海沟、琉球岛弧和冲绳海槽等构造带，形成一系列向东南突出的弧形，北段走向 NNE，中段走向 NE，南段走向 NEE—EW，各个弧形构造带也越临近太平洋弯度越大（图 1）。

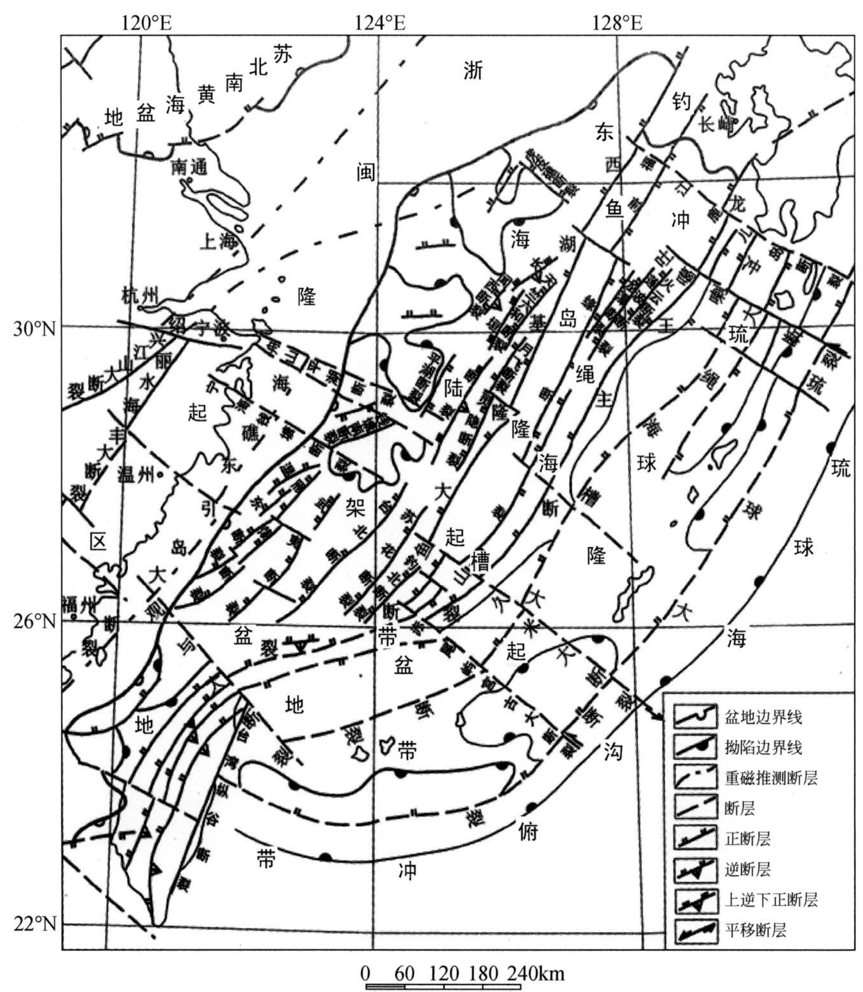

图 1　东海断裂分布图[2]

弧形构造带在弯曲过程中，派生了一系列与构造带大体垂直的横向张剪性断裂。其中位于弧形构造带东北翼的呈 NW 向，左行；位于弧形构造带西翼的主要呈 NNW—SN 向，右行（图 2 ）。

横向张剪性断裂是弧形构造带弯曲变形过程的产物，所以该断裂系统切穿冲绳海槽中几乎所有与弧形构造带平行的纵向张性断裂，在弧后盆地还在拉张的第四纪时期活动也很强烈，并一直延续到近代（图 2）[3]。

1.2　冲绳海槽弧后盆地的分布及构造环境

冲绳海槽弧后盆地北起天草海盆，南至台湾岛东北部，长 1100km，与琉球海沟大致平行。宽 72 ~ 200km，南北宽中间窄。盆地内沉积具有北老南新特点和自西向东变

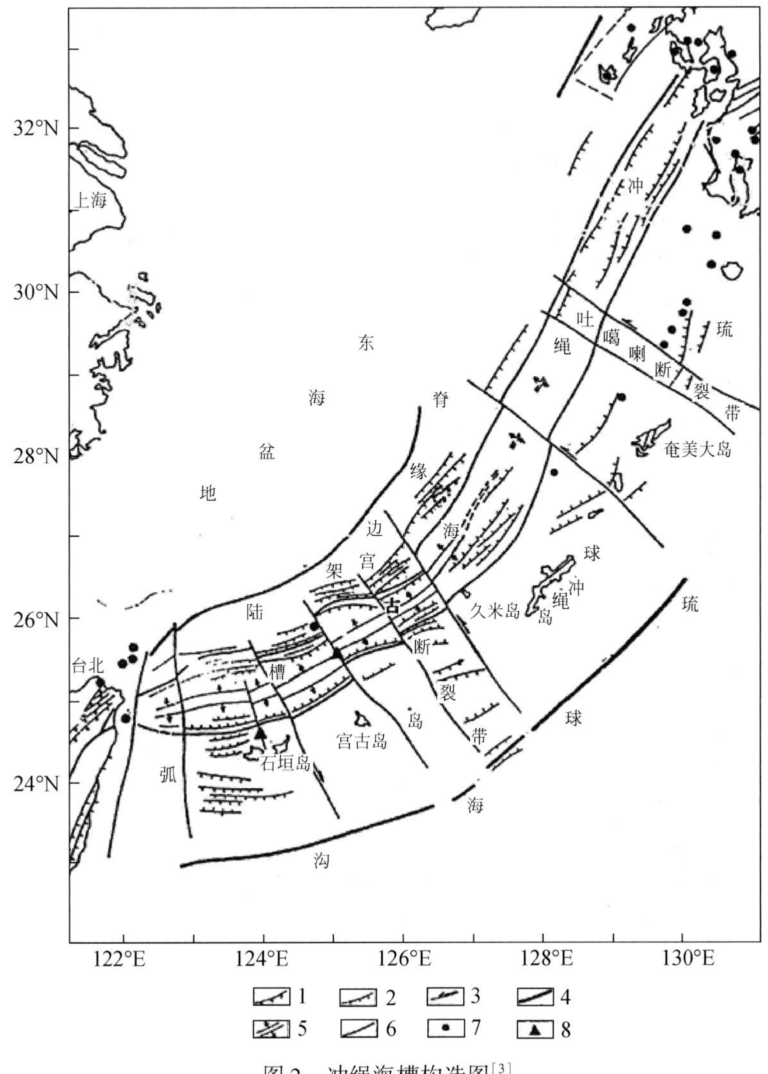

图 2　冲绳海槽构造图[3]

1. 冲断层；2. 正断层；3. 平移断层；4. 海沟；5. 扩张轴；6. 构造单元界线；7. 火山；8. 海底火山

新趋势。该盆地以 NW 向鱼山–久米大断裂为界，分为南北两部分。北部（包括北段和中段）中、上中新统发育，走向 NNE—NE；南部缺失中、上中新统，沉积上新世晚期以来地层，走向 NEE—EW[2]。

冲绳海槽弧后盆地自北向南发育，沉积物北厚南薄。北部出现二拗一隆的带状构造，自西向东依次为陆架前缘拗陷、龙王隆起和吐噶喇拗陷 3 个次级构造单元（图 3）。南部构造相对较为简单。除陆架前缘拗陷和龙王隆起尾部向南延伸外，基本上只存在海槽拗陷一个次级构造单元[2]。

陆架前缘拗陷位于冲绳海槽西缘钓鱼岛隆起带与龙王隆起带之间。该拗陷呈 NNE—NE 走向，北宽南窄，长约 850km，宽 40 ~ 110km，是冲绳海槽盆地中最大的拗陷。拗陷内存在 3 个沉积中心[2]，最大沉积厚度在 10000m 左右，中、北部沉积较南部厚，前者存在有中、上中新统地层，而后者则缺失中新世的沉积。

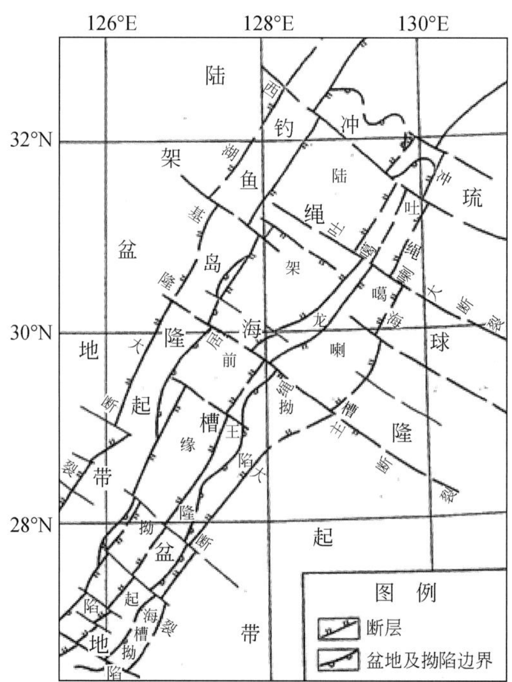

图 3　冲绳海槽盆地构造分区[2]

陆架前缘拗陷基底为向东倾斜的大陆坡地形，坡度大。中部坡度一般达到 4°左右。拗陷北部构造比较发育，以 NNE 向断裂为主。该组断裂的断层面除少数近钓鱼岛隆起带的边界断裂向东倾斜外，大部分断层面为向西倾斜，形成一系列东断西超的箕状凹陷。这是冲绳海槽最早的一次拉张过程，总体拉张方向为 NW—SE，地壳厚度由陆架 30km 左右向海槽迅速减薄至 20～24km。中新统主要分布在陆架前缘拗陷的北部，最大沉积厚度为 5000～6000m，属中新世早期的海相沉积；上新统自北向南可分为几个沉降中心，厚度为 1000～5500m，属浅海相夹浊流层沉积；第四系最大沉积厚度达 1800m，为海相沉积[4]。根据中新统分布特征，拉张过程由北向南推进。

龙王隆起位于冲绳海槽的中央，介于陆架前缘拗陷与吐噶喇拗陷之间，是一个 NNE 走向的带状隆起。该隆起向南过鱼山-久米断裂后转向 SW 方向延伸，与钓鱼岛隆起带渐趋靠拢、合并。隆起在冲绳海槽盆地内全长约 890km，宽 5～140km。该隆起总体上是一个受正断层控制的单断式断隆山，具有西陡东缓的特征。但在部分地段东西两侧均以正断层为边界，构成双断式地垒。

吐噶喇拗陷介于龙王隆起与琉球隆起区，东界为冲绳海槽大断裂。拗陷的走向为 NNE 向，南北长 485km，东西宽 25～85km，呈两头窄中间宽的形态。拗陷沉积厚度较大，自北而南出现了 3 个沉积中心，北部沉积厚度大于 6000m，中部和南部 2 个沉积中心的厚度也都大于 4000m。拗陷中主要为晚中新世以来地层。最底部沉积层由晚中新世火山碎屑岩和火山熔岩组成，钾氩法测定其年代为 6Ma[2]。

琉球岛弧及其周边海域有两条火山和岩浆岩带，主要分布在冲绳海槽的北部。其中一条为海槽东坡的吐噶喇火山带，由一系列活动的或休眠的火山构成（图 2），其活动期自更新世末至现代；另一条沿海槽中央张裂轴分布，主要由独立的海底火山构成，其活动期为上新世末—更新世初[3]。海槽底部火山岩以中、酸性为主，基性玄武岩仅局部性分布，岩石类型有安山岩、流纹岩、英安岩、玄武岩等弱碱性岩石系列和拉斑玄武岩。

海槽拗陷位于冲绳海槽盆地的南部，钓鱼岛隆起带与琉球隆起区之间，北端始于NW向的久米断裂附近，西南端止于台湾东北的宜兰平原，主体走向为NEE，东北部转为NE向，西南部走向近EW，全长570km，宽60～95km。拗陷内主要沉积了上新世晚期以来的新生代地层，地层总厚度可达5000m，其中第四纪沉积厚度最厚可达2300m。拗陷的轴心部位发育有现代裂谷构造，裂谷呈地堑式向下凹陷。裂谷中断层极其发育，均为正断层，常常自中心向两侧呈对称状分布（图4），且切穿海底，在裂谷中心海底下较浅部位有岩浆侵入。这些现象表明海槽拗陷自上新世晚期以来直到现代仍处在拉张活动状态之中。

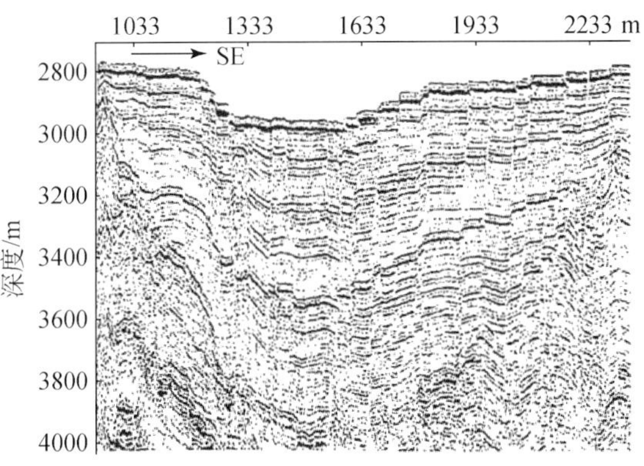

图4 冲绳海槽盆地南部的现代地堑构造（D126-5侧线）[2]

海槽拗陷中喜马拉雅期岩浆岩也比较发育。大量的地球物理资料及海底拖网取样和柱状取样资料均表明，在海槽拗陷中存在有众多的岩浆岩，它们大多分布于拗陷的两侧及槽坡地带，东部较西部更为发育。据采集到的样品分析，主要为浮岩，其次为英安岩、安山岩及玄武岩等，基本上都属于喜马拉雅晚期岩浆活动的产物。

1.3 构造运动及其成因

地壳运动是地球自转力、陨星陨击力、重力和热力协调作用的产物，但它们在不同的构造体制、不同的构造类型及其不同的演化阶段所起的作用有所不同[5,6]。造陆运动（垂直运动）重力起主导作用，造山运动（水平运动）则是陨星对地球顺向或逆向撞击的产物。陨星对地球的顺向或逆向撞击使地球自转角速度发生加快或减慢的急剧变化，从而派生了强烈的经向和纬向惯性力，导致地球发生造山运动。所以地质历史时期，漫长的渐变的造陆运动与短暂的突变的造山运动交替出现。

当陨星逆向撞击时，地球自转角速度减慢，其派生的经向惯性力自赤道指向两极，纬向惯性力自西向东［图5（a）］；陨星顺向撞击时，地球自转角速度加快，其派生的经向惯性力自两极指向赤道，纬向惯性力自东向西［图5（b）］。

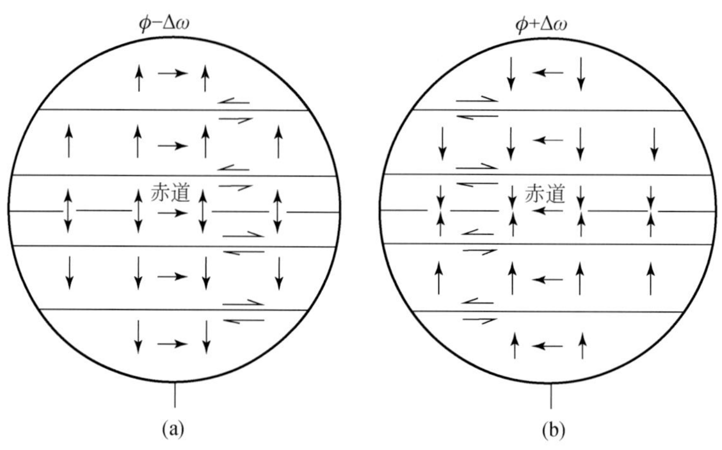

图 5　地球自转角速度变化时南北半球经向惯性力与纬向惯性力及其东西向剪切力大小和方向示意图[6]

渐新世与中新世之间、发生于加拿大陨击坑直径为 20. 5km 的顺向撞击事件，在东海地区产生了紫云运动。该次运动对冲绳海槽弧后盆地的形成具有决定性的意义。紫云运动的陨星顺向撞击事件导致地球自转角速度急剧变快，从而派生了两极指向赤道的经向惯性力和自东向西的纬向惯性力［图 5（b）］。经向惯性力促使弧顶朝南的西伯利亚地块向南滑移。在滑移过程中，对东亚大陆施行 SN 向左行扭动，从而派生由 NW 往 SE 向挤压，造成东海大陆岩石圈沿着琉球海沟弧形构造带呈 NNE—NE 向的北段和中段滑移、推覆于菲律宾海洋壳之上，把洋壳压入软流层中。于是其陆壳东缘经过了抬升、侵蚀，形成一个区域性的晚中新世侵蚀面[7]，并在东海陆架盆地东部拗陷西湖凹陷的紫云、灵隐等 NNE—NE 向构造带上，产生了西北翼缓、东南翼陡的不对称背斜和西北盘向东南盘仰冲的逆冲断层（图 6 右）。自东向西的纬向惯性力则推动菲律宾海洋壳沿琉球海沟与纬向惯性力夹角较大的 NNE—NE 向北部地段俯冲于东海大陆岩石圈之下，使该地段中新世由渐新世的被动大陆边缘演变成主动大陆边缘。据有关资料报道，该时期（23Ma）太平洋板块与亚洲板块在其他地区也发生了碰橦作用，并导致日本地区产生高千穗运动。

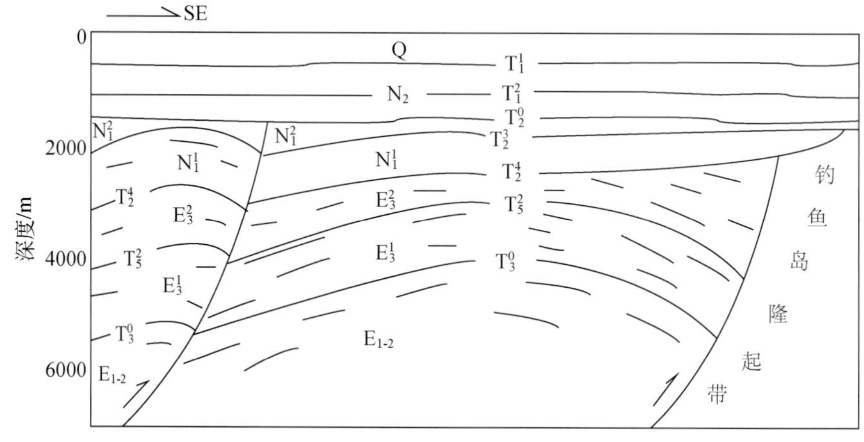

图 6　紫云运动形成的不整合与褶皱现象（紫云构造带）[2]

中新世与上新世之间的龙井运动，则是发生于俄罗斯、陨击坑直径为18km的顺向撞击产物。该时期在自北向南经向惯性力作用下，使已经演变成主动大陆边缘而更活动的东海大陆东缘北部岩石圈，向南部NEE—EW向的琉球海沟南段的菲律宾海洋壳仰冲推覆，也导致该地段被动大陆边缘于上新世演变成向北俯冲的和达-毕乌夫带。根据震源剖面，冲绳海槽北段东南面的和达-毕乌夫带倾角多达70°，而海槽中段东南面和南段南面的和达-毕乌夫带倾角则在27° ~ 55°[4]。

龙井运动的SN向左行扭动所派生的由NW往SE向的挤压力，使东海陆架盆地东部拗陷西湖凹陷的紫云、灵隐等NNE—NE向构造带，也产生西北翼缓、东南翼陡的不对称背斜和西北盘向东南盘仰冲的逆冲断层（图6左）。自东向西的纬向惯性力，在NNE—NE向的琉球海沟北部分解出一个强大的NWW—NW向挤压力。由于作用力东强西弱，所以该时期东海陆架盆地中的构造运动，以东部拗陷的西湖凹陷最为强烈。于是在西湖凹陷中部的浙东中央断隆山上便产生了以龙井、玉泉、天外天等背斜为代表的一大批NNE—NE向褶皱构造，以及与之伴生的大量断层面东倾的高角度逆冲断层。由于这种惯性力在远离地球自转轴最远的地壳表层最强，这些构造均形成于地壳表层的中新世至渐新世地层中。其中有的逆冲断层出现于先存正断层之上，组成“上逆下正”的构造景观。伴随构造运动，也发生了广泛的岩浆活动。

自东向西的纬向惯性力与琉球海沟NNE向的北段夹角较大，分解出来的挤压力较强，与琉球海沟NE向和NEE—EW向的中段和南段夹角较小，分解出来的挤压力较弱，所以龙井运动在NNE向浙东中央断隆山上所产生的这些压性构造，呈北强南弱的趋势，向南进入基隆凹陷，它们便行消失。

地球自转角速度变快所产生的这些构造运动，其中经向惯性力所导生的自西北向东南的挤压力，与自东向西的纬向惯性力在琉球海沟上分解出来的自东南向西北的挤压力，在方向上大致平行，但作用力方向相反。于是它们所产生的逆冲断层走向相同，而仰冲方向相背：受前者控制的紫云、灵隐等NNE—NE向构造带，逆冲断层仰冲方向自西北往东南（图6），受后者控制的NNE向浙东中央断隆山上的逆冲断层，则是自东南往西北仰冲。

东海陆架盆地发生于中新世与上新世之间的最强烈的龙井运动，由于其作用力方向自东向西，于是一些学者认为这是太平洋板块与欧亚板块汇聚的产物。诚然，这次运动与太平洋板块推挤有关，但其动力却来源于陨星对地球的顺向撞击派生的纬向惯性力。因为位于洋脊软流层隆起带侧翼斜坡上的板块构造，在自身重力作用下向下滑动所产生的板块之间汇聚力持续时间很长，如印度板块与欧亚板块汇聚产生的挤压作用便从晚白垩世持续至今，与构造运动的瞬息即逝迥然不同；而且陨击事件产生的构造运动往往具有全球性意义，而板块汇聚影响范围却局限于某一区域。

2　东海东部大陆岩石圈受力状态及形变

位于软流层之上的东海东部大陆岩石圈，在自身重力g作用下的受力状态，便成为以下伏软流层为弹性基础、以琉球海沟的菲律宾海板块高倾角俯冲带为自由端的弹性基础悬臂梁（图7）[8,9]。悬臂梁在弯矩M和剪切力Q作用下，沉降幅度Y趋向自由端变大，从而在琉球海沟西侧的琉球弧前区，于菲律宾海板块俯冲之后开始沉降，成为弧前盆地。所以该时期的侵蚀面现已沉降到海平面下 4km[7]，形成了奄美东拗陷-岛尻拗陷-八重山拗陷等弧前拗陷带，沉积了中新世、上新世和第四纪地层。

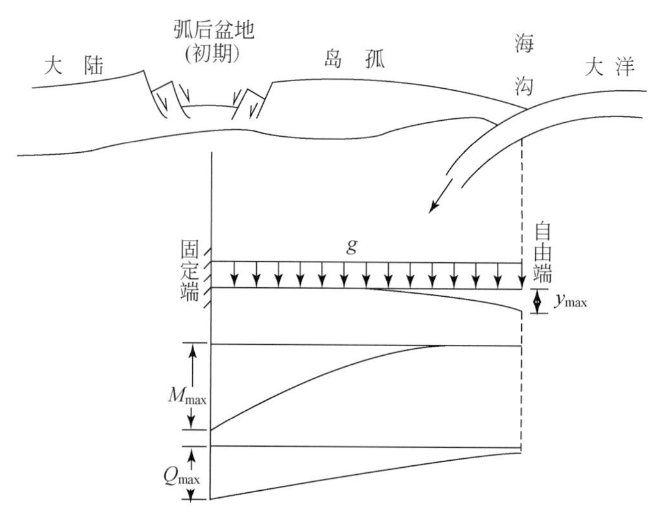

图 7　东海东部大陆岩石圈的受力状态及其冲绳海槽弧后盆地成因机制示意图[8]

弧前盆地与弧后盆地是同一悬臂梁形变过程的产物，故它们的形成大致具有同时性。悬臂梁长度与其厚度呈正相关关系。在中新世冲绳海槽盆地产生之前，东海东部大陆岩石圈还相对较厚，悬臂梁较长。于是那时的悬臂梁固定端便远在陆架前缘地带，距离琉球海沟 355～374km。到了中中新世，该地带在悬臂梁固定端最大弯矩所派生的与该地段相对应的琉球海沟方向垂直的上强下弱的纵向张应力作用下，产生一系列与琉球海沟大致平行的自上而下发育的纵向张性正断层控制的断陷盆地，形成陆架前缘拗陷，沉积了很厚的中、上中新世海相地层，以及上新世和第四纪沉积。这是冲绳海槽盆地的第一次拉张过程。由于该拗陷位于向东倾斜的坡度较大的大陆坡上，在纵向张应力作用下所产生的纵向张性正断层的断层面多向西倾斜。

琉球海沟俯冲带倾角北陡南缓，北段悬臂梁的自由端较自由，弯矩较强，所以纵向张应力产生的断陷盆地由北向南发展，沉积物厚度北厚南薄。北段沉积总厚度达 10000m 左右。

随着东海东部岩石圈厚度逐渐伸展（包括被拉长）、变薄，到了晚中新世末期，悬臂梁长度缩短，固定端东移到距离琉球海沟 259～278km 的后来吐噶喇拗陷中央，沉积了晚中新世末期以来地层，沉积物也是北厚南薄。

吐噶喇拗陷出现之后，陆架前缘拗陷的弧后盆地地位便被它所取代而趋向衰落。于是原来断陷盆地时期高高隆起的软流层，经过了长期的地幔流体大规模外排而萎缩，上覆岩石圈也大幅度沉降，使其今日盆地基底埋深竟达 10～12km，比后生的吐噶喇拗陷深得多。

琉球海沟南段中新世末发生俯冲之后，冲绳海槽地区南段的岩石圈也呈弹性基础悬臂梁受力状态，从而在距离琉球海沟约 264km 处的现今海槽中央，成为悬臂梁固定端。于是该部位上新世在该梁固定端最大弯矩派生的上强下弱的纵向张应力作用下，自上而下产生高角度纵向张性正断层，形成双断式对称地堑（图4），成为弧后盆地，沉积了上新世晚期以来5000m厚地层。由于琉球海沟的俯冲作用北早南晚，故作为其弧后盆地的冲绳海槽的产生也是北先南后，沉积物厚度也是北厚南薄。

由于弧后盆地的纵向张性正断层与所在地段的海沟方向大致平行，故冲绳海槽弧后盆地方向自北而南也呈NNE—NE—NEE—EW向的弧形。

与琉球海沟弧顶偏南部位相对应的冲绳海槽中段南部，在冲绳海槽南段东端的NNW—SSE向拉张力作用下，该部位海槽轴部被进一步拉薄和拉裂，产生数段NEE向中央裂谷带[4]。这是该地段第二期拉张的产物。

所以如果没有紫云运动和龙井运动把菲律宾海洋壳压入软流层中，和达-毕乌夫带便难以产生，东海东部大陆岩石圈的悬臂梁受力状态及其弧后盆地也就无法形成。

悬臂梁长度与梁的厚度呈一定的比例关系，不能任意延长。一些学者把中国大陆东部中新生代断陷盆地，也视为太平洋板块俯冲引起的弧后拉张作用的产物，并称之为弧后裂谷盆地。把悬臂梁固定端弯矩派生的纵向张应力作用范围无限扩大，是不切实际的。何况这些断陷盆地多呈箕状产出，与冲绳海槽弧后盆地的对称地堑截然不同；地应力绝对值测量表明，中国大陆东部受水平压力控制，并无拉张力的踪迹[5]。

3　冲绳海槽弧后盆地的演化

3.1　纵向张性正断层的演变

悬臂梁固定端上强下弱的纵向张应力所产生的自上而下发育的纵向张性正断层，由于断裂面产生后，该部分不能再承受纵向张应力的作用，而实际上它已经从梁的外侧分离出去。于是梁的中性面便随之下降，纵向张应力作用范围也向下延深，纵向张性正断层随之不断向下发展，直到切入中地壳塑性层为止。不过从现今海槽拗陷的中央地堑热流值还较低，以及这些纵向张性正断层的落差还很小来看（图4），它们一般还未下切到中地壳塑性层。

巨厚的中地壳塑性层，是各种小型正断层发展成上地壳正断层不可或缺的应变空间，而且该层埋深较大，重力较强，故其中那些先切入到中地壳塑性层的小型纵向张性正断层，便充分利用该层作为下伏应变空间，在重力作用下，迅速自下而上发展成控制断陷盆地的断裂，即断距下大上小、断层面倾角下缓上陡的上地壳正断层，而附近其他小型纵向张性正断层因丧失了动力而夭折，如冲绳海槽盆地北部控制吐噶喇拗陷和琉球隆褶区的冲绳海槽大断裂，便是一个典型的实例。该断裂北段NNE向，往西南走向偏转成NE向、NEE向至EW向，全长1100km，最大断距2000m以上。其中各层断距为，基底1300m、$N_1$1000m、$N_2$500m、Q350m。该大断裂上部产状与周围小型纵向张性正断层一样，为倾向NW的高角度正断层，向下倾角逐渐变缓，呈犁状特征。

3.2　中酸性岩浆岩和高热流的形成及分布

当纵向张性正断层切入中地壳塑性层后，该层也受到悬臂梁固定端最大弯矩派生的纵向张应力作用。这时处于高温状态的中地壳塑性层物质，在强烈的纵向张应力作用下，围压大幅度减弱，熔点显著下降，并产生有力的吸入作用，把周围岩石在高温高压条件下，去气、去水、去硅、去碱等作用排放出来的助熔物质大量吸入，造成该部位岩石选择性重熔，形成中酸性岩浆。这些岩浆和高温热液沿着弧后盆地上地壳纵向张性断裂上侵和喷溢，成为侵入岩、火山岩和高热流异常带。所以冲绳海槽地区，晚中新世以来一直是花岗岩浆活动的重要场所。地球物理调查及海底拖网和柱状取样调查表明，冲绳海槽岩浆岩分布相当广泛，火山喷发极其发育，尤其是第四纪的火山喷发作用更强，从北到南广为分布。由于海槽北部形成较早，许多断裂已经切入中地壳塑性层，东部又有冲绳海槽大断裂，故海槽的岩浆岩分布，北部多于南部，东部多于西部。

在冲绳海槽北部的火山和侵入岩分布的两带，其中一带由一系列活动或休眠的火山构成、主要集中于北段海槽东坡的吐噶喇火山带，另一带则沿海槽中央张裂轴分布（图 2）[3]。海槽底部火山岩以中酸性为主，基性玄武岩仅局部性分布，如冲绳海槽大断裂附近分布的基性岩体。岩浆活动有从酸性向基性演化的趋势[10,11]。

吐噶喇火山带可能是东海东部岩石圈厚度进一步减薄、悬臂梁长度进一步缩短所产生新的梁的固定端，从而该部位形成了纵向张性断裂，引起岩浆喷溢。

海槽中央裂谷带在悬臂梁固定端最大弯矩派生的纵向张应力作用下，纵向张性断裂发育，上地壳乃至中地壳塑性层被大大拉薄，从而引起地壳重力严重失衡和软流层大幅度上拱。据重力测量，冲绳海槽中央地壳被拉得最薄，向两侧逐渐变厚，所以海槽中央的软流层隆起也最高。

软流层上拱，促使上覆岩石圈地幔和下地壳横弯隆起，并把上覆各层部分物质压向两侧。由于冲绳海槽中段南部先后受到两期拉张作用，其地壳被拉得最薄，故该段南部的软流层也隆起最高。于是该部位的中地壳塑性层在“上拉下压”作用下完全尖灭，地壳也变得最薄，只有 13km（图 8）[12]，而热流值最大。

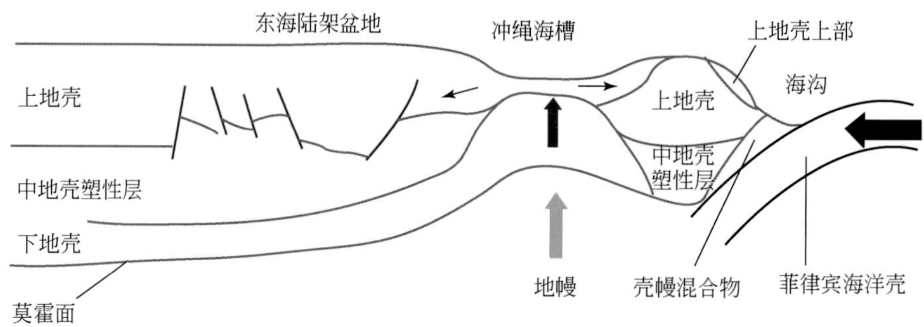

图 8　东海地壳结构及应力作用模式示意图[12]

冲绳海槽北段的地壳只受到一期拉张，被拉薄相对较少，其软流层隆起幅度较低，故其东部中地壳塑性层还有残留；而且现在该段的弧后盆地地位已经被新生的吐噶喇火山带所取代，开始走向衰落，软流层昔日大幅度隆升时期释放出大量地幔流体之后，趋于萎缩、沉降，地壳和岩石圈逐渐增厚。当今其地壳厚达 16km[12]，热流值也不及中段高。

冲绳海槽南段形成最晚，现今其上地壳还在强烈拉张，尚处于裂谷的早期阶段。

故该段的上地壳许多断裂还未切入中地壳塑性层，引起地幔流体大量上涌的张性断裂还未普遍与上覆中地壳塑性层沟通。故该段地壳和岩石圈厚度虽然分别减薄到14km[13]和55km[2]，但岩浆活动相对较弱，热流值也最低。所以冲绳海槽宽约10km的裂谷带范围内6个现代热液活动区，主要集中于北部，尤其是其中的中段[14]。冲绳海槽228个热流点，平均约为196mW/m^2，是全球热流值最高的地区[15]。其中海槽中段3个高热流异常区，其值超过2000 mW/m^2，为世界所罕见。而冲绳海槽南部的热流值却比北部低得多。

现今冲绳海槽盆地的地壳厚度虽然已经大大减薄，但陆壳依然存在，还未发展到洋壳取代了陆壳的海底扩张阶段，故该盆地只能算是过渡壳构造。

弧后盆地的形成和演化，受和达–毕乌夫带及其倾角大小和上驮板块厚薄等局部的多变的因素制约，这便决定了它与受全球岩石圈动力系统控制的具有一定分布规律和方向性的洋脊扩张带[5,16]迥然不同。弧后盆地与板块俯冲带大体平行，两者之间保持一定距离；上驮板块悬臂梁固定端弯矩所派生的纵向张应力作用范围、作用强度、作用时间有限，故弧后盆地规模较小，延续时间较短，一般不超过30Ma。因为它不是被上驮板块向俯冲板块推覆，像日本岛弧向太平洋板块仰冲、推覆，悬臂梁自由端丧失了自由而夭折，如日本海弧后盆地[8]，便是为弧间盆地所取代，如冲绳海槽的陆架前缘拗陷被土噶喇拗陷所取代。于是弧后盆地的磁性条带较短较分散，也不太明显、对称。有的还出现多个扩张中心，并往岛弧方向变新，之间残留着陆壳碎块。所以弧后盆地是长不大的，也是短命的，它不可能发展成大规模的长寿的洋脊扩张带[8]。

弧后盆地成因机制是一个国际性的地质构造难题。在对东海油气地质开展进一步的总结研究中，研究组应用我国首创的大陆层控构造理论及弹性基础悬臂梁概念，对冲绳海槽的成因机制开展了探索性的研究。在比较全面、系统剖析前人所取得资料成果的基础上，以新理论、新思路为指导，对弧后盆地的形成和演化机制做出了比较确切的阐明，取得了一系列不同于前人的创新性认识，也为其他弧后盆地的研究提供了一个有用的范例。

感谢刘光鼎、李廷栋、肖序常、任纪舜、秦蕴珊、金翔龙等老师多年来对东海石油地质勘查和冲绳海槽地质研究的指导、关怀和对本项研究的支持；谢锡林、杨慧宁、沈桂梅等先生、女士也为本文搜集资料、编图、修改稿做了大量工作，在此一并致以深切的谢意。

参考文献

[1] Shen Z K, Zhao C, Yin A. Contemporary crustal deformation in east Asia constrained by Global Positioning System measurements. Jour. Geophys. Res., 2000, 105 (B3): 5721-5734.

[2] 杨文达，崔征科，张异彪．东海地质与矿产．北京：海洋出版社，2010.

[3] 金翔龙，喻普之．冲绳海槽的构造特征与演化．中国科学（B辑），1987，(2)：196-203.

[4] 中国地质调查局，国家海洋局。海洋地质地球物理补充调查及矿产资源评价．北京：海洋出版社，2004.

[5] 李扬鉴，张星亮，陈延成．大陆层控构造导论．北京：地质出版社，1996.

[6] 李扬鉴，崔永强．论秦岭造山带及其立交桥式构造的流变学与动力学．地球物理学进展，2005，20 (4)：925-938.

[7] Letouzey J, Kimura M. The Okinawa Trough: genesis of a back arc basin developing along a continental margin. Tectonophysics, 1986, 125: 209-230.

[8] 李扬鉴．弧后盆地成因机制新模式//“七五”地质科技重要成果学术交流会议论文选集．北京：北京科学技术出版社，1992.

[9] Li Y J. A new model of the Formation Mechanism about Back-Arc Basin. In: Progress in Geology of China (1989-1992) —Papers to 29th IGC. Beijing: Geological Publishing House, 1992: 67-69.

[10] 陈丽蓉，翟世奎，申顺喜．冲绳海槽浮岩的同位素特征及年代测定．中国科学（B 辑），1993，23（3）：324-329.

[11] 翟世奎，陈丽蓉，申顺喜，等．冲绳海槽早期扩张作用中岩浆活动的演化．海洋学报，1994，16（3）：61-73.

[12] 戴明刚．东海及邻域的两条剖面地球物理反演与综合解释．地球物理学进展，2004，19（2）：331-340.

[13] 韩波，张训华，裴建新，等．东海及其邻域壳-幔结构与展布特征．地球物理学进展，2007，22（2）：376-382.

[14] 栾锡武．热液活动区数目和海脊扩张速率的关系及其在冲绳海槽的应用．海洋地质与第四纪地质，2006，26（2）：55-64.

[15] 金性春，周祖翼，汪品先．大洋钻探与中国地球科学．上海：同济大学出版社，1995.

[16] 吴珍汉，崔盛芹．现今全球洋脊系统的定向性与等距性及其形成的动力学机制．地质力学学报，1995，1（1）：15-24.

南海晚白垩世—新生代地质构造及其油气成因机制新认识

李扬鉴[1]　祝有海[2]　吴必豪[3]　沙志彬[4]　张海启[5]

（1. 中化地质矿山总局地质研究院；2. 中国地质调查局油气资源调查中心；
3. 中国地质科学院矿产资源研究所；4. 广州海洋地质调查局；5. 中国地质调查局）

摘要　晚白垩世以来，南海在印度洋东经90°海岭向东俯冲推挤和地壳重力的共同作用下，产生一系列呈压剪性正断层产出的平面X型断裂，即NE—NEE向断裂和NW—NWW向断裂，以及EW向横张性正断层，形成众多的盆-山系。在北部陆缘区，产生北部湾、莺歌海-琼东南、珠江口等断陷盆地及其断隆山。在南部岛弧带，则有卢帕尔、沙巴和巴拉望等断裂，组成一条向南突出的弧形不对称断裂带。该带北盘为曾母、文莱-沙巴和巴拉望等断陷盆地，南盘则是古晋带、加里曼丹岛东南部和巴拉望岛等断隆山。

中始新世和早中新世，先后发生两次顺向陨击事件，地球自转速度两度突然加快，派生了由南向北的强烈经向惯性力，促使澳大利亚板块先后沿NW向苏门答腊海沟和EW—NEE向爪哇海沟猛烈俯冲推挤，造成南缘弧形构造带南盘断隆山，向北盘断陷盆地仰冲推覆，使该弧形构造带演变成仰冲型冲叠造山带。

澳大利亚板块第一次沿苏门答腊海沟向NE向俯冲挤压时，还使西南海盆原来受NE向压剪性正断层控制的箕状断陷盆地，演变成受横张性正断层控制的对称地堑，引起其深部软流层大幅度隆起，导致其东南翼岩石圈在自身重力作用下，朝东南方太平洋侧向应变空间下滑、扩张（42Ma）。该NE向挤压力在地壳重力共同作用下，还产生第二期平面X型断裂——南海西缘SN向右行走滑正断层，并把中央海盆原来的EW向横张性正断层，改造成EW向左行走滑正断层。

早渐新世太平洋板块向NW向快速运动，阻止了西南海盆软流层隆起带东南翼岩石圈向东南方继续下滑、扩张（35Ma），并在地壳重力共同作用下，产生第三期平面X型断裂——SN向左行马尼拉海沟走滑正断层和中央海盆转换断层，并把中央海盆原来的EW向左行走滑正断层，改造成长达数百千米的右行走滑正断层，促使其软流层进一步隆升，导致中央海盆EW向软流层隆起带南翼岩石圈，于距今32Ma开始向南方印度洋侧向应变空间下滑、扩张。第二次陨击事件导生的自南向北的经向惯性力，促使南海南缘弧形断隆山一起向北仰冲推覆，使中央海盆软流层隆起带南翼岩石圈，在距今17Ma停止了向南下滑、扩张。

石油成因是多元的，但无论是无机的或“有机的”，都离不开地幔流体提供的氢、铁族等元素和热能。在南海、提供地幔流体的深部构造是地壳减薄带、盆-山系和仰冲型冲叠造山带。

关键词　压剪性正断层；盆-山系；陨星撞击；仰冲型冲叠造山带；油气形成机制

1　南海晚白垩世—新生代地质构造及其油气资源成因机制研究存在的若干重大问题

南海位于欧亚板块、印-澳板块和太平洋板块交汇地区，水平挤压力、重力、陨星撞击力、地球自转力等动力背景复杂多样，盆-山系、仰冲型冲叠造山带和板块构造等不同构造类型、不同构造层次的构造齐全，太平洋和印度洋侧向应变空间环绕，陆壳物质在自身重力作用下滑移、蠕变强烈，地壳厚度变化急剧。凡此种种，对该地区地质构造及其油气资源成因机制的研究提出了严峻的挑战。

然而长期以来，关于南海晚白垩世—新生代地质构造及其油气资源成因机制的研究，在重事实轻理论的氛围中，难得有大的创新。现对当前存在的若干重大学术问题简述如下。

第一，存在着就地球论地质的局限性，没有认识到陨星对地球逆向或顺向撞击，引起地球自转速度急剧变慢或变快派生的强烈经向和纬向惯性力对全球性造山运动的重要作用，从而无法解释在地质历史长河中，为什么短暂的突变的造山运动（水平挤压运动）与漫长的渐变的造陆运动（升降运动）交替出现的原因。

第二，存在着单元动力成因观的片面性。自从板块构造活动论盛行以来，人们往往只强调水平力的作用，漠视强大重力的重要性，从而无法合理地解释南海及其他地区，出现上地壳压剪性正断层及其控制的盆-山系的成因，也不明白这些正断层为什么自下而上发育、断距下大上小的原因。甚至连南海地壳在其自身重力强烈作用下，朝大洋弧形侧向应变空间辽阔的中部下滑、蠕散，造成该区地壳在前中始新世北厚南薄，沉积相北陆南海，也被说成自南向北拉张所致。

第三，把一切正断层均视为水平拉张力产生的张性断裂，这是构造地质学至今依然存在的一个严重错误。长期以来，人们根据岩石在短时间内的强度实验结果，认为地壳岩石属于脆性物质，其破裂现象均符合莫尔-库仑强度理论，一切正断层全是水平拉张力的产物。其实地壳中的岩石，在长期的地应力作用下呈韧性，于是在水平挤压力和重力共同作用下，所产生的平面 X 型断裂，每组断裂在垂向上也普遍呈 X 型产出，从而在三度空间上形成四组产状各异的压剪性正断层[1]。这种在南海北部陆缘区及其他地区普遍存在的断裂现象，不符合传统的莫尔-库仑强度理论，却与基于韧性破坏的能量强度理论一致，断裂面与三个主应力均斜交[2]。这就造成了为什么晚白垩世—新生代，南海北部陆缘区在水平挤压力和重力共同作用下，其压剪性正断层却处于绝对优势地位的原因。

第四，对下伏软弱层物质的流变性，在控制上覆刚硬层构造的形成及演变的重要性还缺乏了解，尤其是对中地壳塑性层物质的流变性，在各层次构造演化过程中，所起的承上启下的作用更是不甚了了，从而无法确切地解释其上覆断陷盆地基底的受力状态及其演化机制，以及引起其深部软流层隆起的原因。

第五，不明白陨击事件与盆-山系演变成冲叠造山带的关系。在中始新世和早中新世，先后在白俄罗斯和加拿大发生陨星顺向撞击事件，引起地球自转速度急剧加快，派生出从南极指向赤道的强烈经向惯性力，导致澳大利亚板块朝 NW 向苏门答腊海沟和 EW—NEE 向爪哇海沟俯冲推挤，促使北面的南缘岛弧断隆山，向其北侧曾母、文莱-沙巴和巴拉望等断陷盆地仰冲推覆，形成仰冲型冲叠造山带厚皮构造，竟然被说成为北侧洋壳向南侧陆壳俯冲的碰撞造山带（Huchinsong，1986；曾维军，1995）。

第六，长期以来，一直占主导地位的石油成因有机说是片面的。首先，已有的实验研究表明，烃源岩中干酪根的成分主要是碳，而石油的生成还需要大量的氢，才能成烃。其次，生成石油还要求温度必须大于 240℃，正常的地热增温条件难以满足这一要求。再次，有机质加氢以合成烃过程，还得有铁族元素作催化剂。离开这些来自深部的地幔流体，单纯的“无机”或“有机”的油气资源都无法形成。

面对着这些基本的无法回避的地质构造及其油气资源成因等重大问题，本文运用多元的大陆层控构造学说[3]和多元的油气资源成因观，在前人工作的基础上，提出了合理的新认识。

2 南海地壳厚度及其结构

已经演化到海底扩张阶段的南海，经过了长期的演变和改造，尤其是中中新世中央海盆停止了扩张、洋壳形成而大幅度冷缩沉降之后，为周边陆缘，特别是南海北部陆缘区的地壳，腾出了巨大的侧向应变空间，使该陆缘区地壳物质在其自身重力作用下，向南侧中央海盆大规模快速滑移、蠕散，造成该陆缘区地壳厚度和结构今非昔比。所以要了解南海前晚白垩世地壳厚度及其结构的原貌，只能参考当今南海北邻华南一带的地球物理剖面了。

福建省地震局于 1982 年和 1985 年在福州—泉州—汕头地区进行的深地震探测和研究显示[4]，该区地壳厚度为 30km 左右，由三层组成。第一层为上地壳，厚 3km 左右（V=5. 3 ~6. 09km/s），岩性判释主要为燕山期花岗岩、火山岩，局部地区可见到老的沉积岩；第二层为中地壳，厚 15km（V=6. 35km/s），其中在深度为 12 ~15km 处有一低速层，厚 3 ~4km（V=5. 50 ~5. 90km/s），第二层岩性未解释；第三层为下地壳，厚 12km（V=6. 48 ~7. 21km/s）。

上述剖面的上地壳厚度大大偏小，可能是由于该剖面南侧濒临海洋侧向应变空间，该层大部分物质在自身重力作用下，向海洋滑移、蠕散所致。所以当今华南块体地壳厚度，由沿海地区的 29km，向西北加厚至 35km[5]。宽达 400 ~500km 的南海北部陆缘区，在古近纪断陷时期，还远离海洋进行湖泊河流陆相沉积。于是可以推断，当年深入大陆内部的南海北部陆缘区的上地壳厚度，可能达到 8 ~9km。

从珠江口盆地东部和西沙钻井钻遇前寒武纪深变质岩，以及南沙拖网采获类同于西沙钻井所见的前寒武纪深变质岩，推测南海地区在洋壳产生之前的前中始新世上地壳底部，也与全国其他地区一样，广泛分布着一层刚硬的结晶基底。

尚未解释的中地壳岩性，根据其速度和低速层分布情况判断，可能相当于花岗闪长岩类物质所组成的塑性层[3]。

3　地球自转速度变化的原因及派生经向惯性力、纬向惯性力和纬向剪切力的作用

3.1　地球自转速度变化的原因

地球在地质历史时期，由于日月的潮汐引力摩擦和体积膨胀[6]等作用，自转速度总体呈变慢趋势，使各个地质时代历年天数依次减少，从寒武纪的424天，变化到现在的365天[7]。但是由于陨星准周期性的逆向或顺向撞击（表1），使地质历史时期地球自转速度在总体变慢过程中，多次发生变慢或变快的急剧变化，使漫长的渐变的造陆运动，与短暂的突变的造山运动交替出现（图1）[8]。前者重力起主导作用，后者则是陨星对地球逆向或顺向撞击，引起地球自转速度发生短暂的急剧的变化，导生强烈的经向和纬向惯性力所致。

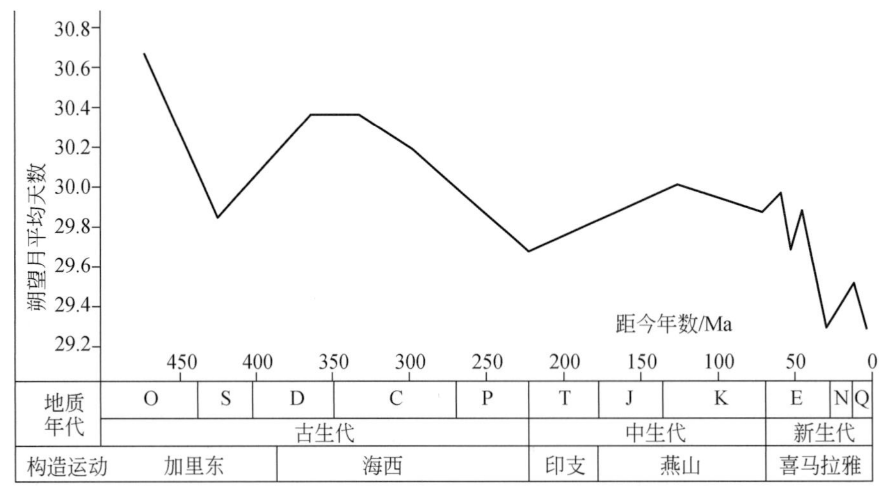

图1　地球自转速度变化与地壳构造运动的关系[8]

3.2　地球自转速度变化派生经向、纬向惯性力和纬向剪切力的作用

研究表明[9,10]，地球自转速度变化派生三个主要作用力：经向惯性力、纬向惯性力和纬向剪切力。其中经向惯性力在中纬度地区最强，往高、低纬度地区渐弱；纬向惯性力和纬向剪切力趋向低纬度地区渐强（图2）[9]。当地球自转速度变慢时［图2（a）］[9]，经向惯性力从赤道指向两极，赤道受到南北向拉张，古赤道地区产生特提斯海槽拉张带；纬向惯性力由西向东，趋向赤道渐大；纬向剪切力方向在北半球为左行，在南半球为右行。当地球自转速度变快时［图2（b）］[9]，上述三个作用力方向则发生反向变化：经向惯性力自两极指向赤道，极区产生离极运动；纬向惯性力方向自东向西；纬向剪切力方向在北半球为右行，在南半球为左行。

表 1　三叠纪以来全球性造山运动与世界已知主要陨击事件（陨击坑直径大于 10km）关系对比表

代	纪	世	期	构造旋回	代表性地壳运动
新生代 Kz	第四纪 Q	全新世		喜马拉雅旋回	喜马拉雅运动
		更新世			
	新近纪 N	上新世 N_2	皮亚森兹期		
			赞克尔期		
		中新世 N_1	梅辛期		
			托尔通期		
			塞托瓦尔期		
			兰哥期		
			布尔迪加尔期		
			阿启坦期		
	古近纪 E	渐新世 E_3	复特期		
			鲁培尔期		
		始新世 E_2	普利亚本期		
			巴尔通期		
			鲁帝特期		
			伊普里斯期		
		古新世 E_1	坦尼特期		
			丹尼期		
中生代 Mz	白垩纪 K	晚白垩世 K_2 赛诺世	马斯特里赫特期	燕山旋回	
			坎潘期		
			三冬期		
			康尼亚克期		
		早白垩世 K_1	上仑期		
			赛诺曼期		
			阿尔布期		
			阿普特期		
			巴雷姆期		
		早白垩世 K_1 尼欧克姆世	欧特里夫期		
			凡兰吟期		
			贝利阿斯期		
	侏罗纪 J	晚侏罗世 J_3	提塘期		
			基末利期		
			牛津期		
		中侏罗世 J_2	卡洛期		
			巴通期		
			巴柔期		
			阿林期		
		早侏罗世 J_1	上阿辛期		
			普林斯巴期		
			辛涅缪尔期		
			赫塘期		
	三叠纪 T	晚三叠世 T_3	瑞替期	印支旋回	
			诺利期		
			卡尼期		
		中三叠世 T_2	拉丁期		
			安尼期		
		早三叠世 T_1	斯帕斯期		
			那马尔期		
			哥里斯巴赫期		

代表性地壳运动	地质年代/Ma	陨击时间/Ma	陨击坑直径/km	地名	纬度	经度
	0.01	0.9 ± 0.1	13.5	哈萨克斯坦	48°24′N	60°58′E
	1.64	1.3 ± 0.2	10.5	加纳	6°32′N	1°25′W
	3.40	3.5 ± 0.5	18	俄罗斯	67°30′N	172°05′E
	5.2					
	10.4	10 ± 5	1.2	俄罗斯	54°54′N	48°00′E
	14.2	14.8 ± 0.7	2.4	德国	48°53′N	10°37′E
	16.3					
	21.5	21.5 ± 1.2	20.5	加拿大	75°22′N	89°40′W
	23.3					
	29.3					
	35.4	35 ± 5	100	俄罗斯	71°30′N	111°00′E
	38.6	38 ± 4	28	加拿大	55°53′N	63°18′W
	42.1	40 ± 5	17	白俄罗斯	54°12′N	27°48′E
	50.0	50.5 ± 0.76	45	加拿大	42°53′N	64°13′W
	56.5	58 ± 2	15	美国	31°17′N	96°18′W
燕山运动Ⅴ幕	65.0	65 65 ± 2 65.7 ± 1.0	180 25 35	墨西哥 俄罗斯 美国	21°18′N 48°20′N 42°35′N	89°36′W 40°15′E 94°31′W
	74.0	73.3 ± 3 73 ± 3 77.3 ± 0.4	25 65 17	俄罗斯 俄罗斯 芬兰	69°18′N 69°05′N 63°12′N	65°18′E 64°18′E 23°42′E
	88.5	88 ± 3	25	乌克兰	48°45′N	32°10′E
燕山运动Ⅳ幕	97.0	95 ± 7 < 100	25 13	加拿大 美国	59°31′N 30°36′N	117°38′W 102°55′W
	112.0	109.6 ± 1.0	15	瑞典	61°48′N	16°48′E
	124.5	115 ± 10 < 120	39 11.5	加拿大 利比亚	58°27′N 24°35′N	109°30′W 24°24′E
	131.8	< 130	30	西班牙	41°10′N	0°55′W
	140.7	142.5 ± 0.5	22	澳大利亚	23°50′S	132°19′E
燕山运动Ⅲ幕	145.6					
燕山运动Ⅱ幕	157.1					
燕山运动Ⅰ幕	178.0					
	187.0	<186±8	23	法国	45°50′N	0°56′E
印支运动Ⅱ幕	208.0					
	209.5	212 ± 2 215 ± 25	100 15	加拿大 乌克兰	51°23′N 49°30′N	68°42′W 32°55′E
	223.4	220 ± 10 220.5 ± 18 < 225	80 40 45	俄罗斯 加拿大 塔吉克斯坦	57°06′N 51°47′N 38°57′N	43°35′E 98°32′W 73°24′E
印支运动Ⅰ幕	235.0					
	241.1					
	245.0	<249±19	40	巴西	16°46′S	52°59′W

注：本表陨击事件资料为任振球提供。

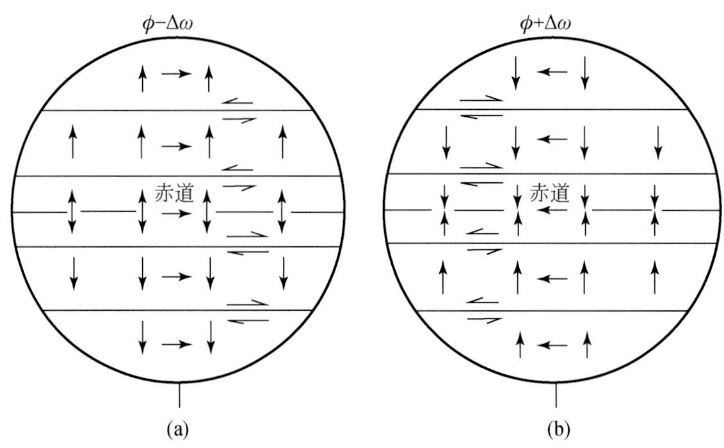

图 2　地球自转速度变化时南北半球经向惯性力与纬向惯性力及其东西向剪切力大小和方向示意图[9]

环南极洲洋脊比北冰洋直线状洋脊长得多，其海底扩张形成的洋壳面积也大得多，于是地球便产生了不对称膨胀。现今南半球海洋面积，占全球海洋面积的 75% ~80%，便与这种不对称膨胀有关，从而使古赤道节节南移，古赤道所产生的特提斯海槽也北老南新。

纬向剪切力和重力共同作用下，产生上地壳走滑正断层，形成秦岭和兴安-蒙古等东西向造山带前身的盆-山系，这是造成中国大陆多条东西向山系的原因[9,10]。

4　印度板块向北运动的原因及对南海的作用

4.1　印度板块向北运动的原因及对青藏高原的作用

从侏罗纪以来，在陨星多次顺向撞击作用下（表 1），印度洋海底的磁异常记录了三期明显的扩张：第一期发生于晚侏罗世—早白垩世早期；第二期发生于晚白垩世—中始新世，造成印度板块向北快速移离南极洲；第三期发生于中始新世以来。

印度板块于第二期陨星顺向撞击开始后，所形成的环南极洲洋脊软流层隆起带北翼斜坡上，在自身重力作用下，不断向北滑移。有人计算，只要软流层顶面坡度达到 1/3000，上覆板块便能以 40mm/a 的速率下滑。

中生代与新生代交替时期（距今 65Ma），发生于墨西哥陨击坑直径达 180km 的重大顺向撞击事件（表 1），造成全球性造山运动，并使两极快速扩张。于是北冰洋洋脊开始产生，位于印度洋中脊软流层隆起带北翼上的印度板块，也突然向北疾驰，使该板块沿雅鲁藏布江缝合带拉萨地段，首先与欧亚板块发生局部碰撞，产生不整合面[11-13]。

中始新世（距今 42Ma）以来，白俄罗斯等地又发生多次顺向陨击事件（表 1），使印度洋产生第三期扩张，于是这时的印度板块与澳大利亚便结为统一的印-澳板块向北运动。这次事件，使印-澳板块西部刚硬的印度板块与欧亚板块发生正面碰撞，随后向欧亚板块楔入（Lee *et al.*，1995），青藏高原开始全面隆升，印支半岛向东南挤出（Tapponnier *et al.*，1982）。挤出体东北侧的NW向红河断裂左行走滑。

在始新世—渐新世（距今35±5Ma）和早中新世（距今21.5±1.2Ma），先后在俄罗斯和加拿大发生顺向陨击事件（表1），印度板块再次向北快速推挤，引起青藏高原又一次大幅度隆升。印-澳板块与欧亚板块之间的缝合带西段，形成印度河-雅鲁藏布江。到了东喜马拉雅构造结北侧，向南进入海域则表现为海沟聚敛带，即阿拉干-安达曼-苏门答腊-爪哇海沟聚敛带。

目前的GPS观测结果表明，现今印度板块与欧亚板块的会聚作用，使青藏高原地壳缩短、增厚、隆升和向东挤出。后者形成一个围绕喜马拉雅东构造结为中心的顺时针旋转的运动场，自北向南，运动方向从东向逐渐转变为南向，位移速率也由高逐渐转为低（图3）[12]。从而使NW向的红河断裂，由原来的左行，到渐新世以来演变为右行[14]。

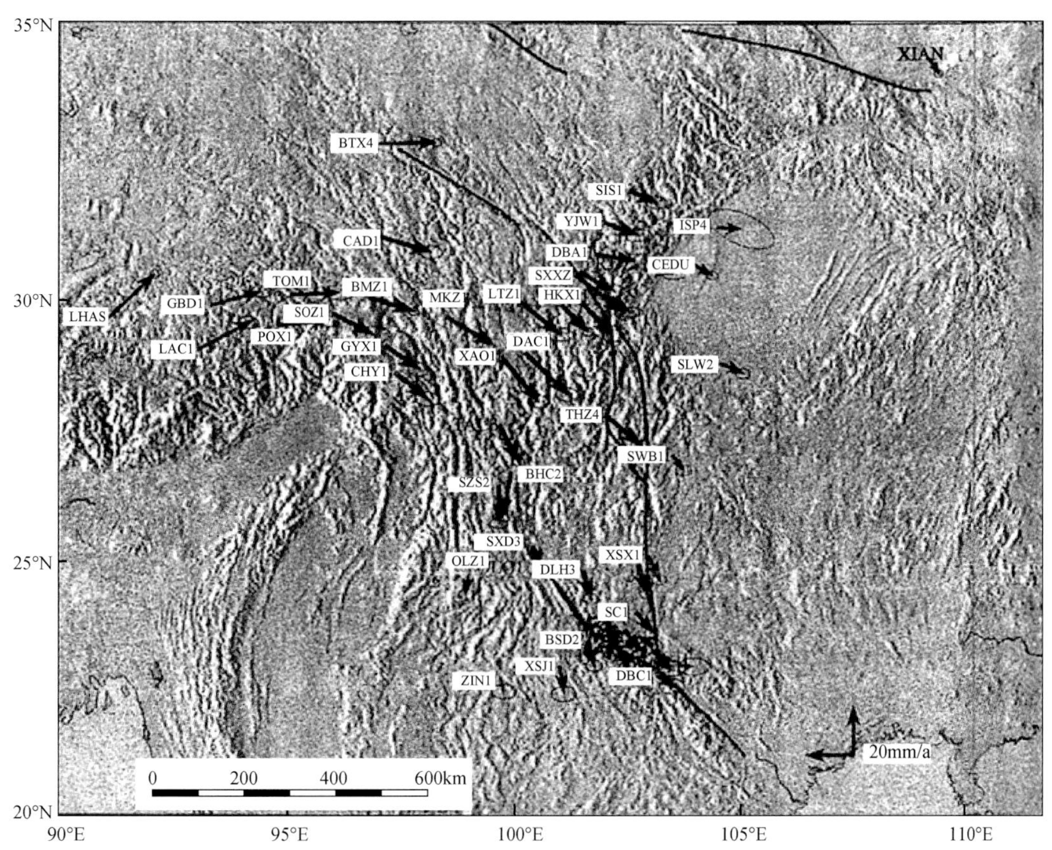

图3 GPS测站相对于欧亚板块稳定部分的速度矢量图[12]

椭圆标注区为95%的可信度

4.2 印度洋东经九十度海岭的成因及意义

在晚白垩世至中始新世印度洋发生第二期扩张期间，印度板块以比澳大利亚板块更早的时间和更快的速率向北运动。于是在两个板块之间相对运动的东经九十度地带，便产生了右行剪切力，使该地带的大洋岩石圈形成一条南北向巨大的右行走滑深断裂(图4)[15]。该断裂在岩石圈重力共同作用下呈正断层产出，断层面向东倾斜，东盘下降，成为海沟。该盘在沉降过程中，把下伏软流层物质压向下盘，促使该盘软流层物质及其上覆岩石圈上拱，形成一条宽约100km，高出两侧洋底2000～3000m的海岭(图5)[16]。海岭中央顶部，在纵向张应力作用下产生了裂谷（图5)[16]，引起了玄武质岩浆喷溢，发生了强烈的火山活动。在该海岭上，已知的首座火山活动发生于80Ma前（许靖华，2006)，属于大洋型地壳。在300～400m的深海沉积层之下，便是火山熔岩层。

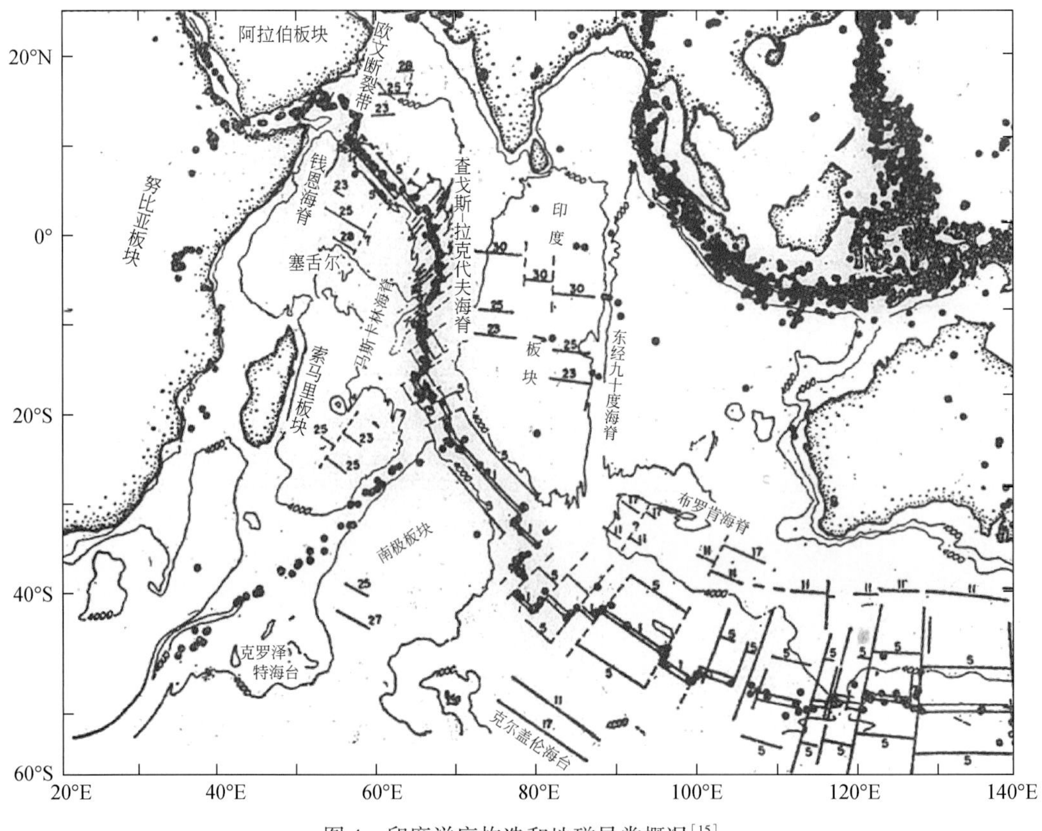

图4　印度洋底构造和地磁异常概况[15]

与海底扩张有关的震中由黑点表示，脊峰是双线，编号的磁异常是由单线表示，等深线以米为单位

由于海岭东侧为岩石圈正断层下降盘海沟，洋壳位置较深（图5)[16]，下伏软流层坡度较大，该侧大洋岩石圈在自身重力作用下，便沿东边的阿拉干-安达曼海沟俯冲于印度-缅甸-安达曼地块之下（图6)。于是南海地区，在东经九十度海岭北段东翼大洋岩石圈下滑力作用下，从晚白垩世至今，一直受到该下滑力自西向东的挤压，使该俯冲带的上盘，至今还在进行逆冲活动，并成为一条密集的地震带（图4)。

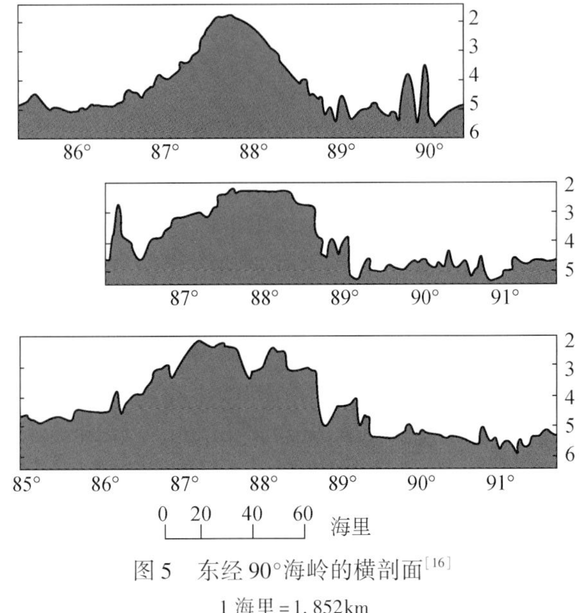

图5　东经90°海岭的横剖面[16]

1 海里 = 1. 852km

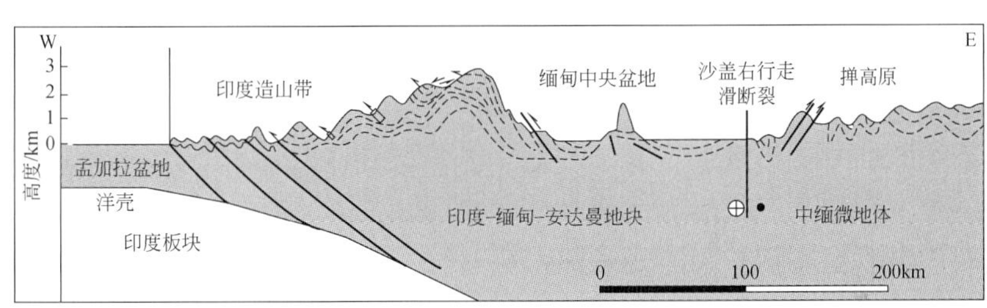

图6　青藏高原东南缘“印度-缅甸挤压转换造山带”的构造图及构造剖面图（据 Acharyya，2007）

东经九十度海岭，在初生洋壳较薄、强度较低易于破裂的印度洋洋脊扩张带北缘首先产生，然后随着印度板块沿着该洋脊软流层隆起带北翼斜坡向北下滑、漂移过程中，东经九十度已有的海岭也向北运动。印度板块向北移动了大约5000km，其速率为60～160mm/a[11]，而其南端则在原来的经纬度地点的南北向右行剪切力继续作用下，不断生长、延伸，并在新的海岭上产生新的火山，组成一条北老南新的火山链。这种火山链不是由隐藏于地球某一深处神秘莫测的“热点”或“地幔柱”形成的，而是由于那里的剪切力方向、新生的洋壳较薄、强度较低等因素没有改变，使海岭能够不断向南延伸所致。于是东经九十度海岭西部一侧，地磁异常表示出越靠近北面的洋壳越古老，北端洋底年龄超过110Ma[11]。

4.3　印度洋东经九十度海岭自西向东挤压力在南海所产生的三组平面断裂系统

晚白垩世—新生代，南海有四组区域性平面断裂系统：NE—NEE向、NW—NWW向、EW向和SN向，其中前三组与东经九十度海岭自西向东挤压力作用有关。后一组则分别受NE向和NW向挤压力控制（图7）[14]。

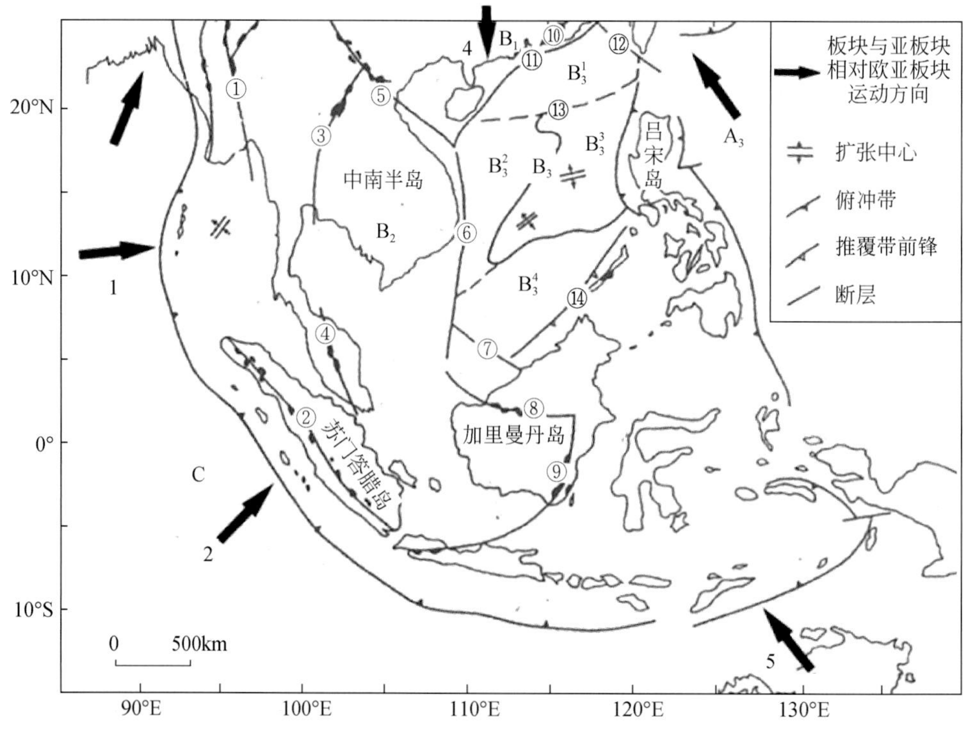

图 7　南海及邻区作用力分布状态[14]

A. 太平洋板块；

B. 欧亚板块：B_1华南亚板块；B_2印支–巽他亚板块；B_3南海亚板块；B_3^1东沙地块；B_3^2西沙地块；B_3^3南海海盆；B_3^4南沙地块；

C. 印度–澳大利亚板块：①掸帮断裂；②巴里散断裂；③琅勃拉邦断裂；④劳勿–文东断裂；⑤金沙江–红河断裂；⑥越东断裂；⑦廷贾断裂；⑧卢帕尔断裂；⑨默腊土斯断裂；⑩丽水–海丰断裂；⑪琼粤滨海断裂；⑫澎湖西断裂；⑬西沙海槽北缘断裂；⑭南沙海槽断裂

4.3.1　东经九十度海岭向东挤压力在南海北部海域所产生的三组平面断裂系统

造陆运动期间，在缓慢的水平挤压力作用下，一般可以产生三组平面断裂：两组压剪性断裂，与水平挤压力呈等于或小于45°夹角，一组右行，一组左行，在平面上组成X型；另一组横向张性断裂，与水平挤压力平行（图8）。由于岩石的抗剪强度低于抗压强度，故横向张性断裂发育程度低于压剪性断裂。其中NE—NEE向断裂，因面对环形大洋侧向应变空间开阔的中部，而最为发育。主要有珠外北缘断裂、珠江口盆地南缘断裂、珠一北断裂（F2-16）、珠一南断裂（F2-17）、珠二北断裂（F2-18）等；

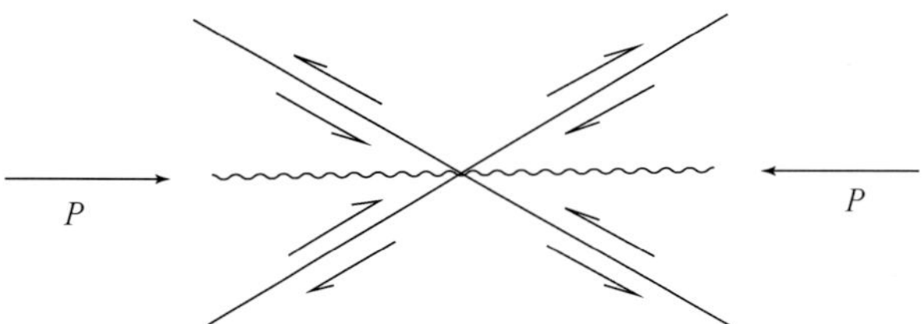

图8　水平挤压力作用下产生的平面X型断裂和横向张性断裂示意图

NW—NWW 向断裂发育程度次之，主要有红河断裂、珠江口盆地东缘断裂、琼东断裂等；EW 向断裂发育程度最低，只有西沙海槽盆地北断裂、中央海盆断裂等（图 9，图 10）[17]。

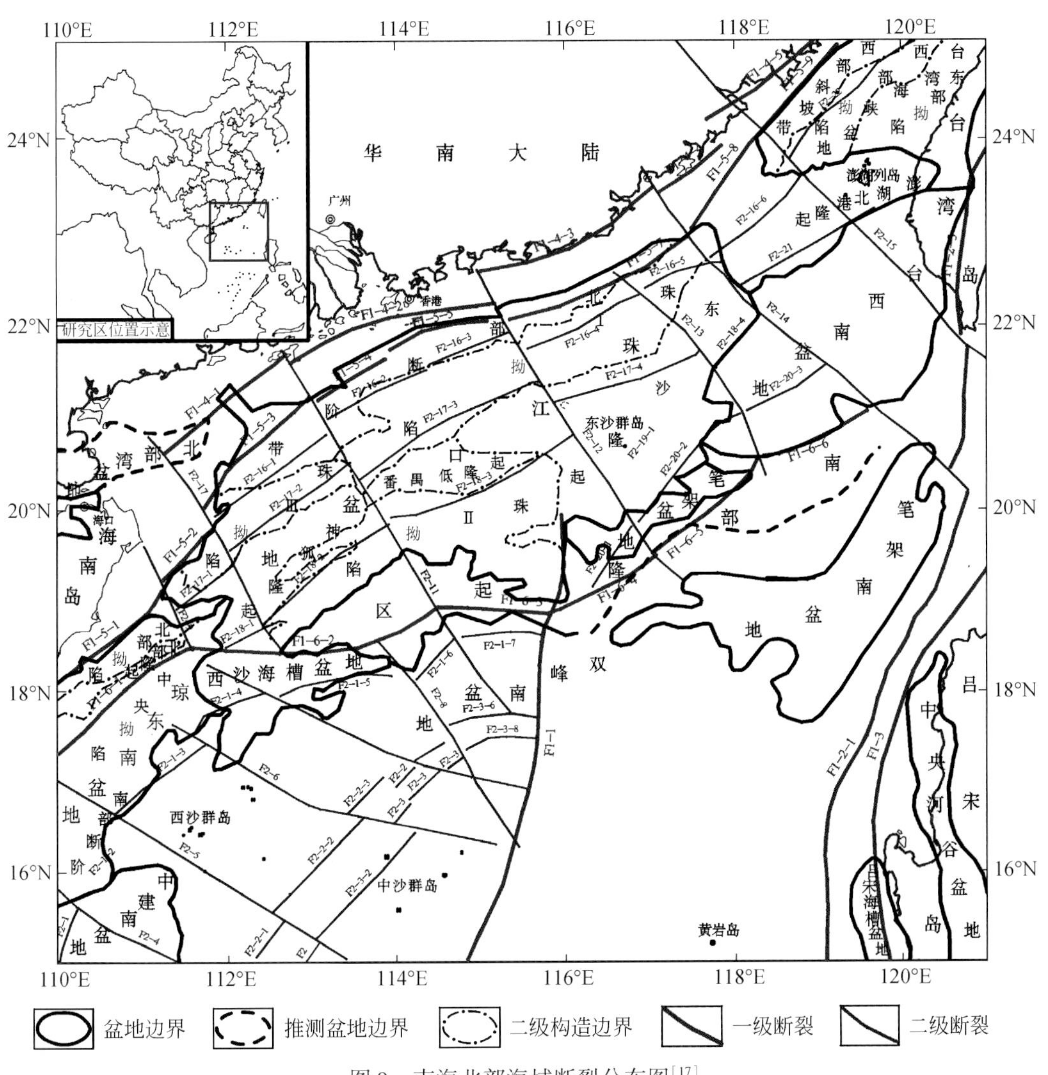

图 9　南海北部海域断裂分布图[17]

从图 9 可以看出，NW 向断裂多为大幅度左行，但也有少量是右行。后者是青藏高原渐新世以来，喜马拉雅东构造结挤出体，对南海北部进行自北而南挤压作用所致（图 3）。从 NE—NEE 向断裂为右行，NW—NWW 向断裂为左行判断，它们是晚白垩世以来，东经九十度海岭扩张作用派生的自西向东挤压力所产生的平面 X 型断裂。

由于 NE—NEE 向断裂产生最早，无法从不同方向断裂之间的切错关系来判断它的走滑方向，但可以根据它所派生的次一级断裂的力学性质和排列方式，来确定它的走滑方向。例如，控制珠江口盆地珠一拗陷的 NEE 向珠一北断裂和珠一南断裂之间，派生一系列呈雁行排列的 EW 向张剪性断裂，便完全可以判定 NEE 向断裂为右行（图 11）[14]

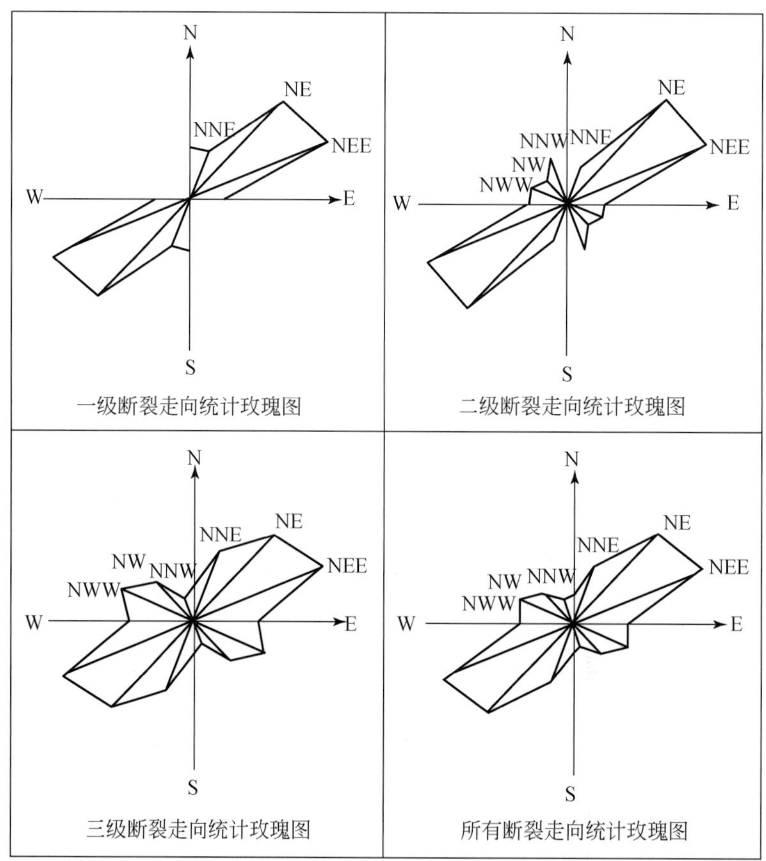

图 10　南海北部海域断裂走向统计玫瑰图[17]

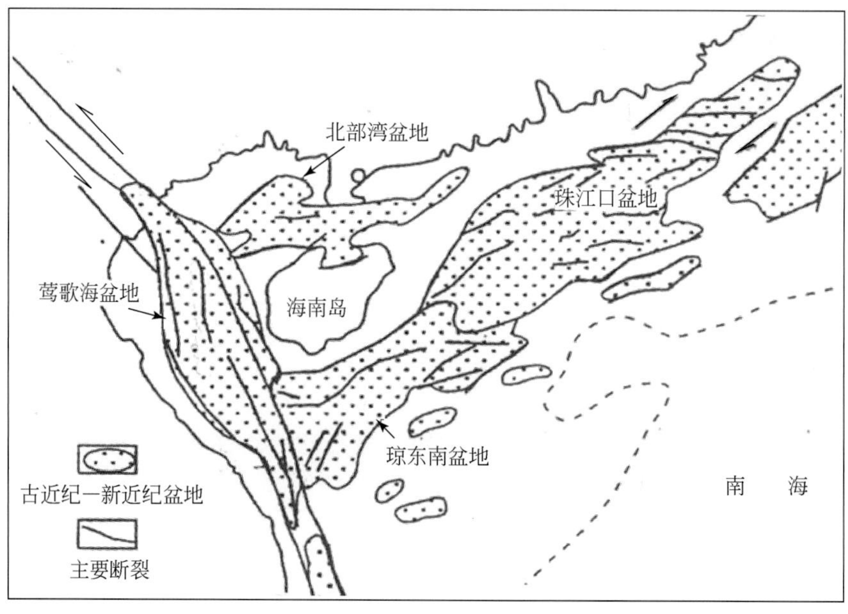

图 11　南海北部边缘新生代断裂及其盆地分布[14]

4.3.2 东经九十度海岭向东挤压力在南海南部海域所产生的三组平面断裂系统

在印度洋东经九十度海岭自西向东挤压力作用下，南海南部也产生三组平面断裂系统：NE 向断裂、NW 向断裂和 EW 向断裂。其中也是 NE 向断裂最发育，主要有巴拉望断裂、南沙海槽两侧断裂、3 号断裂、当荷兰断裂等；NW 向断裂次之，主要有卢帕尔断裂、武吉米辛断裂、廷贾断裂、巴拉巴克断裂等。EW 向横向张性断裂发育程度，也比上述两组压剪性断裂低得多，主要有沙巴断裂等[18]。其中卢帕尔、沙巴、巴拉望三条断裂，组成一条弧顶向南突出的不对称弧形断裂带（图 12）[18]，它们位于西婆罗洲、加里曼丹-巴拉望岛西北部。这三组断裂，起初也与南海北部的一样，均呈正断层产出。后来于中始新世和早中新世，先后在顺向陨击事件作用下，地球自转速度急剧加快，导致由南极指向赤道的经向惯性力，促使澳大利亚板块向北沿 NW 向苏门答腊海沟和 EW—NEE 向爪哇海沟俯冲、挤压，促使其北面的弧形断裂带南缘断隆山向北盘断陷盆地仰冲、推覆，这些正断层才演变成仰冲断裂。

5 压剪性正断层成因机制

5.1 压剪性正断层的受力状况及其形态

在世界各地地壳中遍布着水平压应力，而水平张应力却极为罕见的情况下[19]，为什么世界各地地壳中分布着各种方向的正断层呢？这与地壳中强烈的重力作用和岩石在长期的地应力作用下呈弹塑性有关。

在重力处于重要地位的情况下，每组平面断裂在垂向上同样有三组断裂：两组断裂在垂向上也组成 X 型，呈正断层产出；另一组断裂则呈垂直状。同理，与重力斜交的两组垂向上压剪性断裂较发育，与重力平行的垂向上横向张性断裂发育程度较差。当垂向上 X 型断裂分开产出时，便形成地堑、地垒，如 NW 向廷贾断裂西段的剖面图所见（图 13）[18]。当垂向上三组断裂集中在一起产出时，则成为负花状构造，如 NW 向廷贾断裂西段另一段落的剖面图所见（图 14）[18]。所以在地球自转速度缓慢变化的漫长的造陆运动时期，重力和水平挤压力共同作用而生的在垂向上和平面上都呈压剪性的最发育的四组断裂，都是压剪性正断层（图 15）[1,3]。所以传统上把正断层一概视为水平拉张力所产生的张性、张剪性断裂的认识，是构造地质学长期以来一个重大错误。自从活动论盛行以来，人们把永恒的普遍的强大的重力淡忘了。

鉴于断裂面产生之后，不能继续传递拉张力的作用，而不会有重要的走滑。而水平挤压力所产生的压剪性断裂面，在断裂面产生后仍能继续传递水平挤压力的作用，使断裂两盘之间不断进行水平错动。所以走滑正断层一般是压剪性断裂，而不是张剪性断裂。有人又把正断层与走滑断裂相联系，称正断层为拉分作用的产物。其实拉分是局部现象，只形成于两条平行走滑断裂的末端，而压剪性正断层则是整条单独断裂的现象。

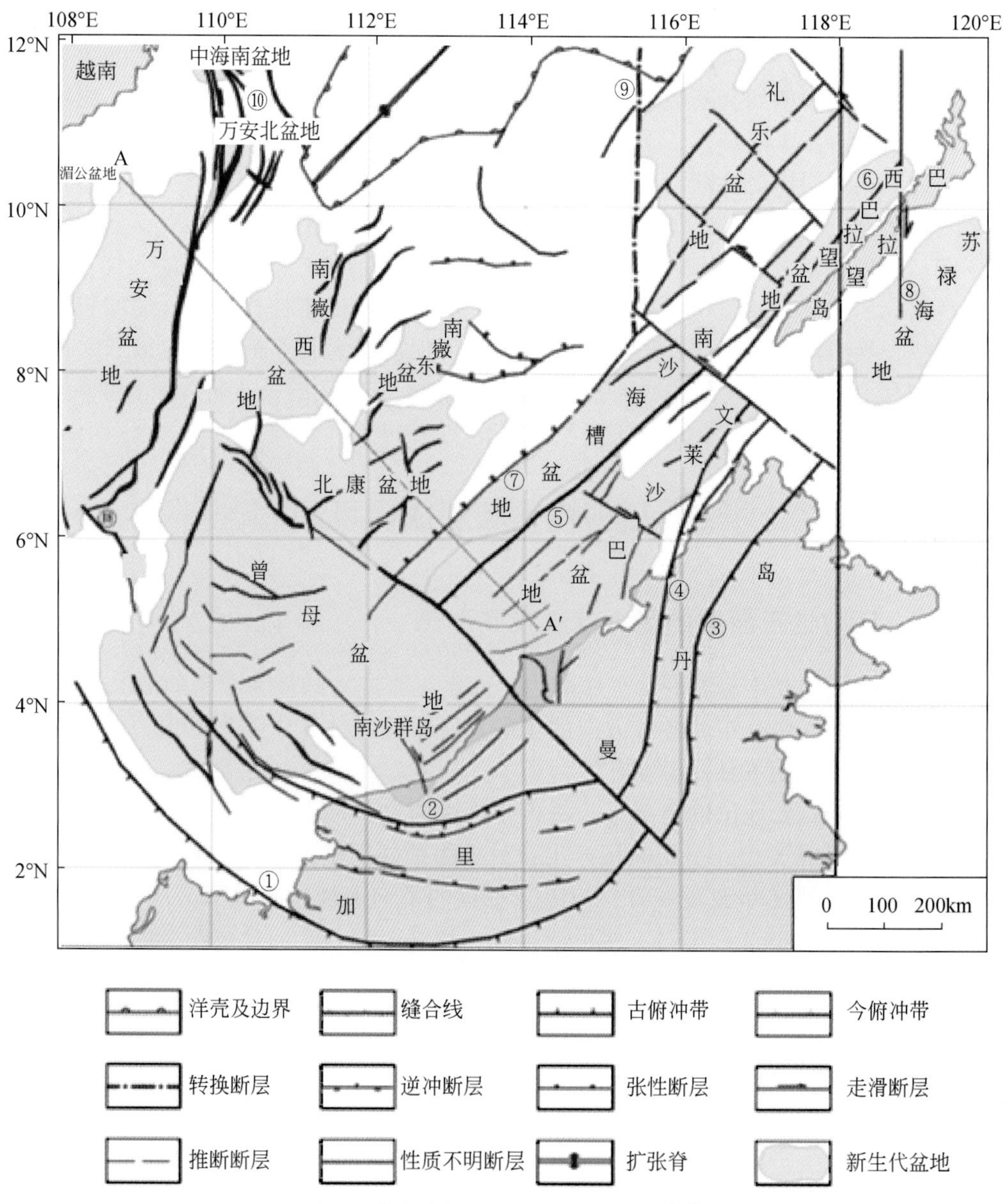

图 12　南海南部海域构造（略修改）[18]

逆冲断裂系统包括如下，NW-EW 向：①卢帕尔-沙巴断裂，② 武吉米辛断裂；NE 向：③3 号断裂，④当荷兰断裂，⑤沙巴北断裂，⑥巴拉望北断裂。正断层系统包括，NE 向：⑦南沙海槽西北缘断裂。走滑断层包括如下，SN 向：⑧乌普断裂，⑨中南-礼乐断裂，⑩建东断裂，⑪万安东断裂，⑫万安东南断裂，⑬万安西南断裂；NW 向：⑭廷贾断裂，⑮沙巴-文莱断裂，⑯巴拉巴克断裂，⑰礼东断裂，⑱万安南断裂

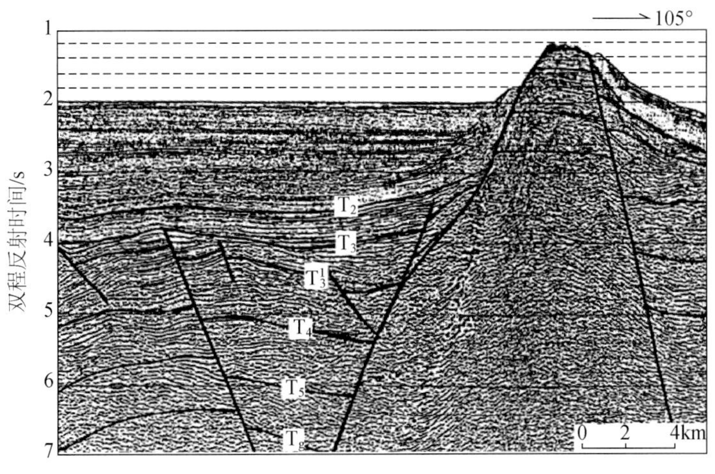

图 13　廷贾断裂（西段）剖面反射特征[18]

ZML320 测线（SP641-1081）

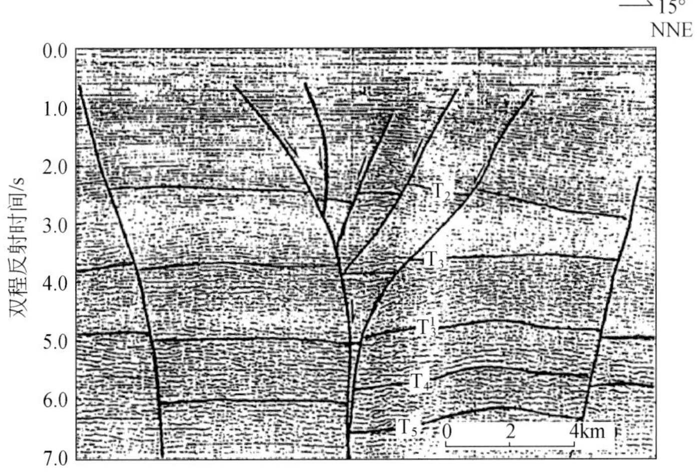

图 14　廷贾断裂（西段）另一段落剖面反射特征[18]

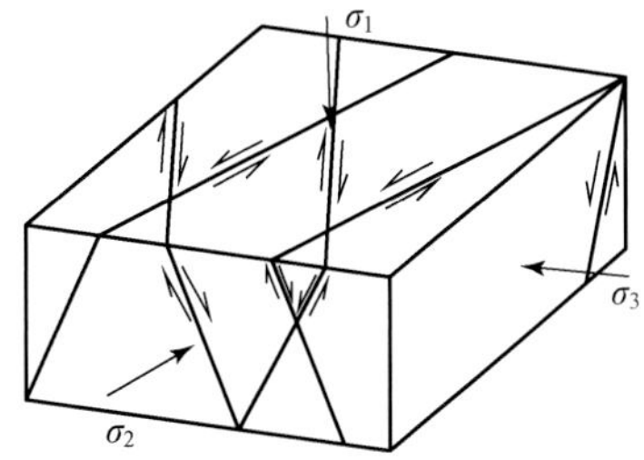

图 15　水平挤压力和重力共同作用而生的韧性破坏其平面 X 型断裂在三度空间上的形态及其与三个主应力的关系[1,3]

5.2　能量强度理论与莫尔–库仑强度理论的比较

大量的实测资料表明，岩石圈中连刚硬的岩石圈地幔和下地壳，在长期的地应力作用下也呈弹塑性（图 16）[20]。然而迄今为止，人们依然基于短时间内的岩石强度实验结果，把岩石视为脆性材料，认为其破裂服从于建立在脆性破坏基础上的莫尔–库仑强度理论：断裂面均平行于 σ_2，其中当 σ_1 为垂直，σ_3 为水平时，产生张性正断层［图 17（a）］；当 σ_1 和 σ_3 均为水平时，则产生断层面垂直的剪性（严格说为压剪性）断裂［图 17（b）］。然而由于岩石圈中的岩石在长期的地应力作用下呈弹塑性，内摩擦系数大大下降，故在三向应力作用下所产生的四个主要断裂面的分布，服从于韧性破坏的能量强度理论，所有断裂面与三个主应力均斜交（图 18）。

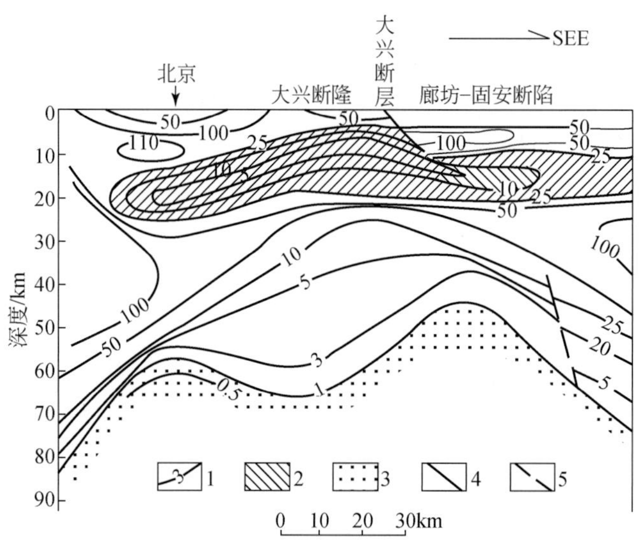

图 16　冀中拗陷电性结构剖面图[20]

1. 电阻率等值线（Ω · m）；2. 中地壳低阻层；3. 软流层；4. 上地壳正断层；5. 岩石圈下部正断层

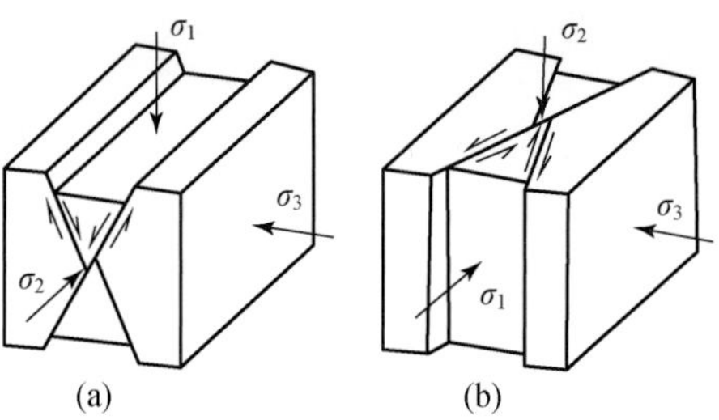

图 17　不同断层类型在三度空间上的形态及其与主应力的关系（据 Anderson，1951，改编）

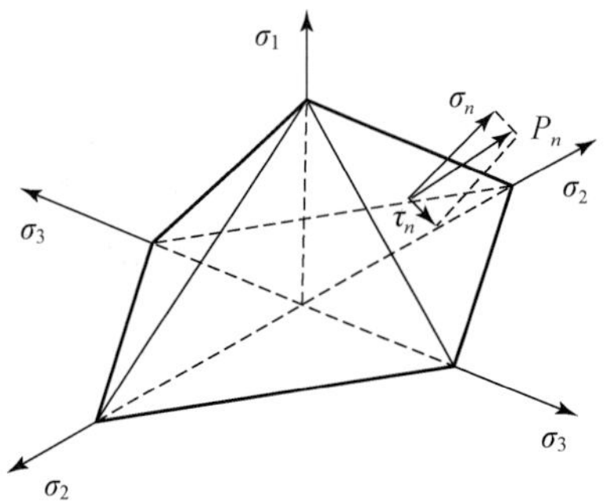

图 18　能量破裂理论四个压剪性破裂面的分布及其与三个主应力的关系[1]

6 南海北部陆缘区上地壳受力状态及其盆–山系的形成演化

6.1 上地壳正断层走滑运动及其中酸性岩浆的产生

上地壳走滑正断层底部刚硬的结晶基底，驮着整个上地壳在中地壳塑性层上进行大面积的长距离的走滑过程中，其强大的重力能便转变成机械能和热能，导致下伏中地壳塑性层顶部物质糜棱岩化，并产生高温环境，使其中的云母类含水矿物释放出水，引起该部位物质选择性重熔，形成花岗质岩浆。所以受上地壳走滑正断层控制的盆–山系前期阶段，花岗质岩浆异常发育。例如，南海北部陆缘区，受 NE—NEE 向上地壳右行走滑正断层控制的珠江口断陷盆地，在早渐新世以前的整个断陷阶段至断拗阶段早期，便几乎遍布着中酸性岩浆[14]。琼东南盆地的崖城 13-1 气田，在上地壳走滑正断层控制的盆–山系下伏岩层，也遍布着花岗岩（图 19）[14]。

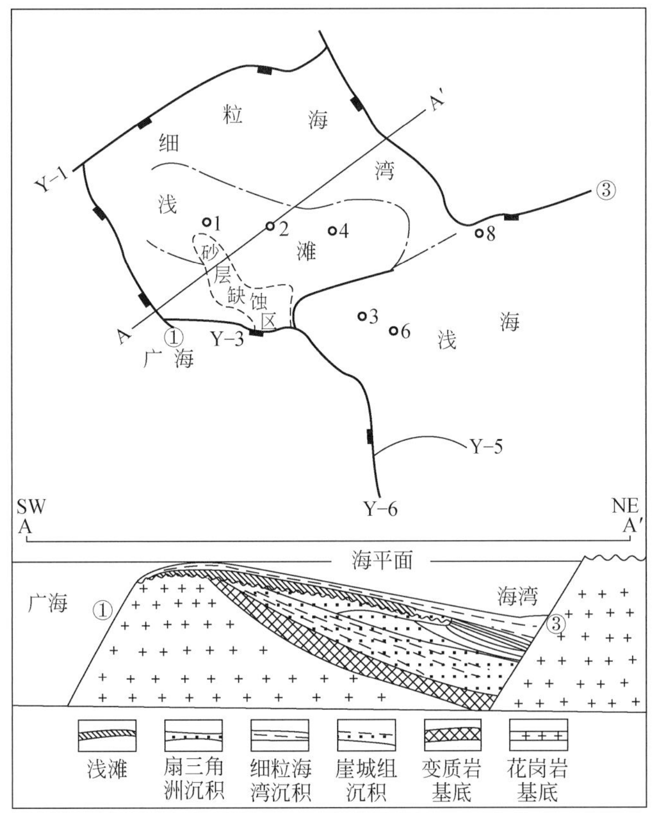

图 19 崖城 13-1 气田陵水组上部沉积相模式图[14]

6.2 上地壳正断层两盘盆–山系的形成及演化

位于中地壳塑性层之上的上地壳正断层上盘结晶基底及其上覆盖层，在它们的重力作用下，该盘的受力状态，便类似于以下伏中地壳塑性层为弹性基础、以断层面为自由端的弹性基础悬臂梁（图20）。在断陷阶段，该盘呈箕状产出，进行楔状沉积，并从自由端重力最强的底部首先断落，然后自下而上发展，使该断层的断距下大上小，断层面也成为上陡下缓的弧形（图21）。

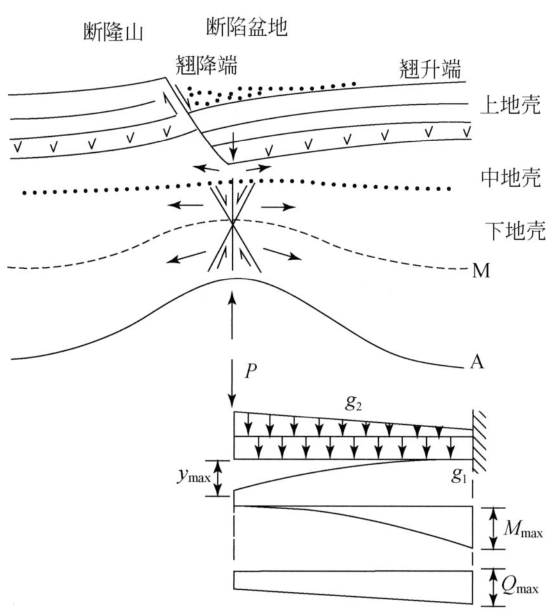

图20　盆–山系及其深部构造成因机制剖面示意图[3]

M. 莫霍面；A. 软流层顶面

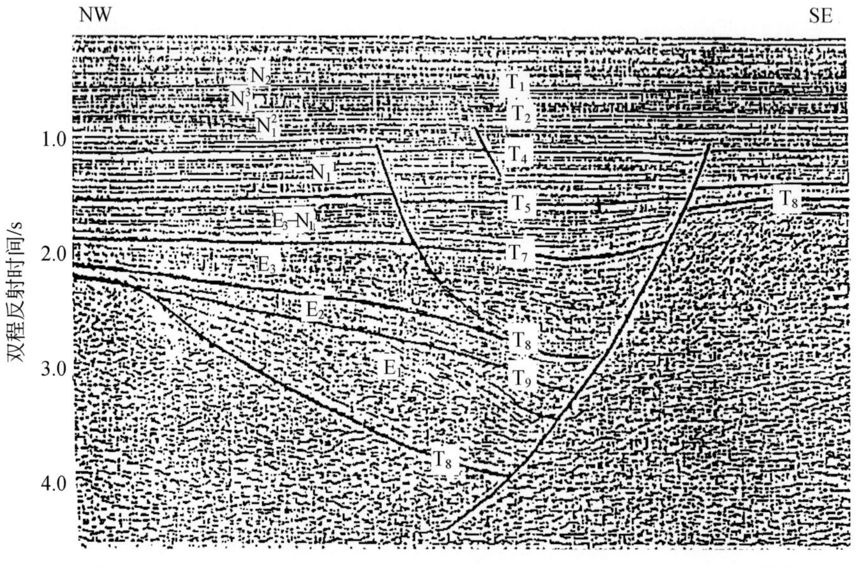

图21　珠江口盆地中部断陷盆地及其东南盘断隆山东沙隆起地震剖面[14]

断陷盆地基底在断陷过程中，不断把下伏中地壳塑性层物质，压向被断层面切去部分上地壳重力作用较弱的下盘，使该盘上地壳向上掀斜成断隆山（图21），造成断隆山地壳增厚。东沙隆起断隆山，地壳厚32km，比周围地区厚4～15km[14]。这就说明了为什么断隆山（地垒、裂谷肩、地背斜）与断陷盆地（地堑、裂谷、地向斜）如影随形，规模也大致相若。

断隆山的中地壳塑性层逐渐加厚，重力作用也渐趋增强，从而阻缓了断陷盆地下伏中地壳塑性层物质的侧迁速度，造成断陷盆地沉降速率下降。而滞后的断隆山则这时仍在隆升，并带动该断层上盘临近断层面沉积物向上抬升，使沉积中心向盆地中央迁移，造成断陷盆地沉积从沉积速率快的楔状沉积断陷阶段，转入沉积速率慢的向斜状沉积断拗阶段。如图 21 所示，珠江口盆地中部断陷盆地从上古新统—渐新统下部的断陷阶段楔状沉积，到渐新统上部—中新统下部便转为断拗阶段的向斜状沉积（图 21）。由于悬臂梁的弯矩和剪切力与梁的长度和负荷呈正相关关系，而断陷盆地宽度一般达数十千米，上地壳厚度也达 10km 左右，故其弯矩和剪切力十分强烈，使断陷盆地断陷阶段的楔状沉积厚度往往达数千米。

南海北部陆缘区的上地壳走滑正断层及其盆-山系，从晚白垩世印度洋东经九十度海岭派生自西向东挤压力之后，便已经开始产生。珠江口盆地 20 口井钻遇燕山期火成岩，其中竟然 12 口是晚白垩世花岗岩[14]。可是至今在这些断陷盆地中，却很少见到晚白垩世沉积物，见到的最老沉积层，多为晚古新世的神狐组或长流组陆相沉积[14]，而与南海南部的晚白垩世至中始新世连续的海相沉积截然不同。

6.3 距今 65Ma 的造山运动对南海北部陆缘的影响

距今 65Ma 前，发生于墨西哥的陨星顺向撞击（表 1），使地球自转速度急剧加快，形成一场全球性的巨大造山运动[10]。

在此之前的晚白垩世时期，南海南面濒临印度洋开阔的侧向应变空间。于是该时期的南海地区的陆壳物质，在自身重力作用下，便向印度洋滑移、蠕散，造成南海陆壳北厚南薄，沉积相北陆南海。

地球自转速度急剧加快所派生的强大经向惯性力，使位于北半球的南海北部陆缘区，受到北面大陆自北而南的猛烈挤压［图 2（b）］[9]，促使陆壳表层发生强烈褶皱、逆冲等挤压现象，导致新沉积的上白垩统被剥蚀殆尽，留下一些埋深较大的花岗岩类。而位于南半球的南海南面澳大利亚大陆，这时还与南极洲联系在一起，在自南而北经向惯性力作用下，还无法向北运动与东南亚大陆汇聚，使该时期的南海南部水下的陆缘区造山运动不强烈，而仍然受印度洋东经九十度海岭向东挤压力控制，并在重力共同作用下，形成一系列 NE 向压剪性正断层及其向东南倾斜的箕状断陷盆地，接受古新世—始新世或晚白垩世—始新世沉积[21]，如曾母盆地和沙巴-文莱盆地所见。所以该

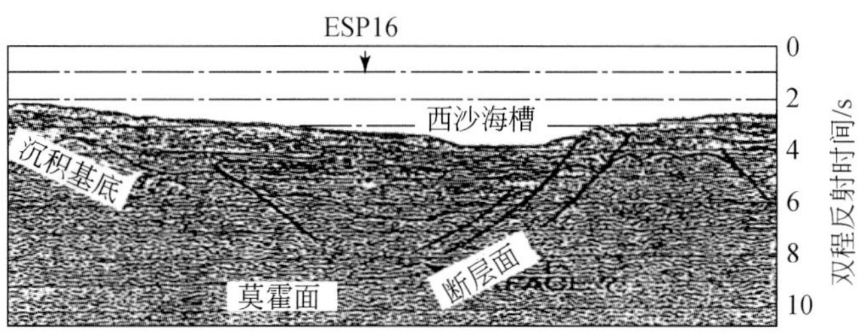

图 22 穿越西沙海槽多道地震剖面[22]

时期南海南部礼乐事件，不是“拉张造海事件”[21]，而南海北部的“神狐运动”造成的不整合面，更不是“张裂不整合面”、“分离不整合面”[23]。因为拉张产生的断陷盆地，多为对称地堑，如冲绳弧后盆地，乃至南海 EW 向的横张性断裂控制的西沙海槽东段（图22）。而箕状断陷盆地，则是水平挤压力和重力共同作用而生的压剪性正断层的产物（图21）。

6.4　北部陆缘区断陷盆地由断陷阶段陆相沉积、断拗阶段海陆过渡相沉积到拗陷阶段海相沉积演变的成因

南海北部陆缘区盆-山系的断陷盆地，在断陷阶段沉降过程中，把下伏中地壳塑性层物质不断压向断隆山，使该部位中地壳塑性层变薄。由于被压走的中地壳塑性层物质密度为 $2.8g/cm^3$，盆地中新的充填物密度却只有 $2.3g/cm^3$，两者密度差较大，使该部位重力失衡，引起软流层上拱，造成软流层顶面与盆地基底底面呈镜像关系（图16）。据不完全统计，软流层隆起幅度，一般为盆地断陷幅度的 3.5 ~6.2 倍。

从图16 和图20 可以看出，软流层在上拱过程中，引起上覆岩石圈地幔和下地壳也横弯隆起，并把它们的隆起轴部部分物质压向两翼，使它们在轴部减薄，向两翼加厚，造成下地壳横弯隆起抵达中地壳塑性层便基本消失了。

岩石圈地幔和下地壳在横弯隆起过程中，其轴部在纵向张应力作用下产生纵向张性断裂（图20），引起软流层中的地幔流体（包括玄武质岩浆），沿着这些张性断裂先后涌入莫霍面和中地壳塑性层。涌入中地壳塑性层的玄武质岩浆，把中地壳塑性层局部或全部基性化，然后通过上地壳断裂上侵、喷溢。所以这些控制玄武岩喷溢的断裂，并不是直接切穿岩石圈或地壳的深大断裂。由于中地壳塑性层厚度一般达十多千米，所以没有哪一条上地壳正断层的重力能，能够使该断层切穿整个中地壳塑性层。因此断陷盆地的岩浆活动，普遍先酸性后基性，基性岩浆活动往往也开始于断拗阶段的中晚期。所以裂谷带的岩浆活动，常以双模式系列火山岩出现，即基性岩浆与酸性岩浆相随。

黏度大的玄武质岩浆开始活动，意味着其他地幔流体已经大规模外排了。于是断拗阶段比较短暂，很快便引起上覆岩石圈全面沉降。南海北部陆缘区珠江口等盆地，经过了晚渐新世短暂的过渡性海陆交互相沉积的断拗阶段后，进入新近纪便跨进玄武岩活动到达了高峰的拗陷阶段的披盖式海相沉积。迄今为止，大家还普遍称这个阶段的沉降，为地壳冷缩的热沉降。其实这个时期由于高温的地幔流体大规模外排，造成地壳升温而不是冷缩。例如，珠江口、琼东南和莺歌海盆地自中新世末以来，上述盆地或相邻断隆区，出现大规模碱性或拉斑玄武质岩浆活动。莺歌海盆地西北侧边缘崖县 32-1-1 井钻遇拉斑玄武岩厚达 115m。于是该时期这些盆地普遍出现沉降加速和地温增高现象[14]。松辽盆地的深入研究也获得了相同结果[24]。

受 NW 向红河断裂控制的莺歌海盆地，与受 NE 向珠江口盆地南缘断裂西端控制的琼东南盆地交汇处的内夹角断陷区（图23，海南岛南面），由于该区地块受到两边断层的切割，在重力作用下稳定性更差，断陷更深，沉积厚度达 14km。因此该部位的莫霍面隆起更高，形成一个莫霍面 20km 等深线椭圆形突出体（图23）。由于莺歌海盆地断陷深，软流层隆起高，地幔流体外涌规模巨大，使其披盖式沉积厚度竟达 10000m。

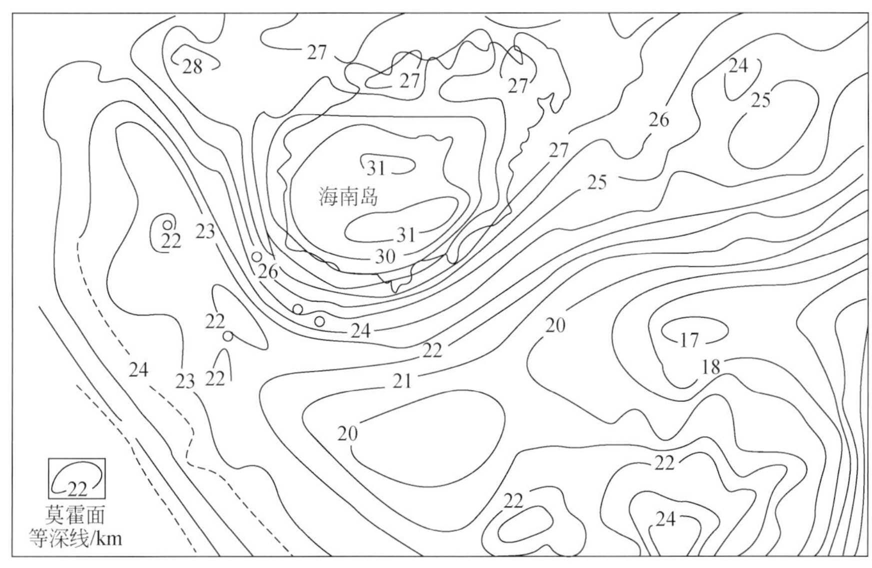

图 23 南海北部莫霍深度分布图[14]

图 23 表明，南海北部陆缘区莫霍面等深线，受珠江口断陷盆地控制，并与控制断陷盆地的上地壳正断层方向平行，呈 NE 向条带状，而不是有些学者所认为的，该地区的地壳运动受地幔柱控制。因为如果是受地幔柱控制，那么莫霍面等深线应该呈圆状，其派生的断裂应该呈环状和放射状，而不应该为现今这样，呈共轭关系的 X 型。可是有的学者又说，软流层规模巨大，力量无穷，哪里是断陷盆地那点区区的重力所能比拟的。诚然，断陷盆地的重力，无法与浩大的软流层能量相持并论，但软流层在一般情况下处于平衡状态，而打破平衡，引起软流层上拱和地壳运动的，往往是能量小得多的断陷盆地重力作用。这就是人们常说的四两拨千斤的道理。这种现象在日常生活中俯拾即是，几千米深的海水能量巨大无比，但掀起惊涛骇浪的却是微不足道的台风而不是海水自身。

7 南海南部陆缘区晚白垩世—中始新世盆-山系的分布及形成

7.1 晚白垩世—中始新世断陷盆地的分布及形成

晚白垩世—中始新世时期，南海南部陆缘上地壳，在印度洋东经九十度海岭东翼俯冲作用下，所产生的 NE、NW 和 EW 向三组平面断裂系统，在地壳重力叠加下，也以中地壳塑性层为下伏应变空间，呈上地壳正断层产出，形成一系列盆-山系。其中南缘的 NW 向卢帕尔断裂、EW 向沙巴断裂和 NE 向巴拉望断裂，组成一个向南突出的不对称弧形断裂带（图 12）。它们的北盘是断陷盆地，南盘是断隆山。

由于水平挤压力来自西边，故上述弧形断裂带西南段的卢帕尔正断层产生最早，作用力最强。故其上盘曾母盆地晚白垩世—中始新世为海相沉积，地层齐全，沉积最厚，达 15km，莫霍面抬升也最高，形成一个莫霍面 16km 等深线呈 NW 向椭圆形突出体[14]，成为一个显著的地热异常区。中段位于延贾断裂至巴拉巴克断裂之间，其断陷盆地为 3 号断裂和当荷兰断层控制的文莱-沙巴盆地和南沙海槽两侧断裂控制的盆地。晚中生代—早古近纪为浅海-深海碎屑岩沉积，南沙海槽盆地最老地层只见到古新统，沉积层最厚处超过 9000m[14,18]。东北段断陷盆地，包括西巴拉望盆地和北巴拉望盆地。北巴拉望盆地迈提吉德组（始新统）为含有孔虫及藻类化石的灰岩。CDL-1 井揭示，中-上始新统主要为滨-浅海相砂岩（厚 182m），含植物和有孔虫化石，底部为燧石质砾岩夹淡红棕色火山岩（厚 18m），也含植物化石和有孔虫。该套岩层下部 43m 缺少化石，推测属于早始新世或古新世[18]。

综上得知，上述弧形断陷盆地带，从西南往东北，产生时间变晚，断陷盆地沉积变浅，说明该带由西南往东北发育。

曾母盆地为箕状断陷盆地，其北部翘升端即为悬臂梁弯矩和剪切力最大的固定端（图 20）。于是该端在弯矩派生的纵向张应力作用下，产生了与南缘主断裂平行的纵向张性正断层，在卢帕尔断裂北面为武吉米辛断裂（图 12）。翘升端纵向张性正断层产生时间比南缘主断裂晚，大约产生于晚始新世。

7.2 晚白垩世—中始新世断隆山的分布及形成

西南段卢帕尔正断层位于西北婆罗洲，其西南盘断隆山为古晋带。该带是一条狭窄的混杂变质带，其基底为一套绿片岩组成的“老板岩系”，上覆石炭-二叠纪的硅质岩、千枚岩、板岩、黏土岩及基性喷发岩[18]。喷发岩可能产生于前中始新世，与曾母盆地的蛇绿岩原岩同期。

中段文莱-沙巴盆地东南侧的断隆山，位于加里曼丹岛东南部。东北段巴拉望岛北侧的断裂，将南沙块体断陷盆地与东南侧巴拉望岛断隆山分开，巴拉望岛为混杂岩带。

8 中始新世印-澳板块向北运动的原因及作用

8.1 中始新世印-澳板块向北运动的原因

中始新世（40±5Ma）发生于白俄罗斯陨击坑直径为 17km 的顺向撞击事件（表 1），使地球自转速度急剧加快。其派生的经向惯性力，导致印度洋产生第三期扩张，引起印度板块与澳大利亚板块结为统一的印-澳板块向北运动［图 2（b）］[9]。其中印度板块在距今 42Ma 与欧亚板块发生正面碰撞，造成青藏高原全面抬升，海水完全退出；澳大利亚板块则沿 NW 向的苏门答腊海沟，开始与南海所在的东南亚板块快速汇聚，促使东南亚地区成为 NE 向挤压力强烈作用的构造环境[25]（图 7）。

8.2 中始新世北东向挤压力产生的三种构造类型

8.2.1 南海南缘弧形构造带西南段盆-山系演变成仰冲型冲叠造山带

该 NE 向挤压力影响最为深远的是，促使西南段的 NW—EW 向卢帕尔上地壳正断层西南盘古晋带断隆山，向其东北盘曾母断陷盆地仰冲、推覆，形成了一条 30km 宽的卢帕尔混杂岩带（Tan，1979），此带由蛇绿岩、辉绿岩和超基性岩等组成。在该混杂岩带东北侧至武吉米辛断裂，则是一条宽约200km的褶皱、仰冲和变质的锡布带[18]，从而形成一条仰冲型冲叠造山带（图24）。该带地层时代为晚白垩世—中始新世，变质程度向北变轻。断陷盆地由此也演变成压陷盆地（图24）。

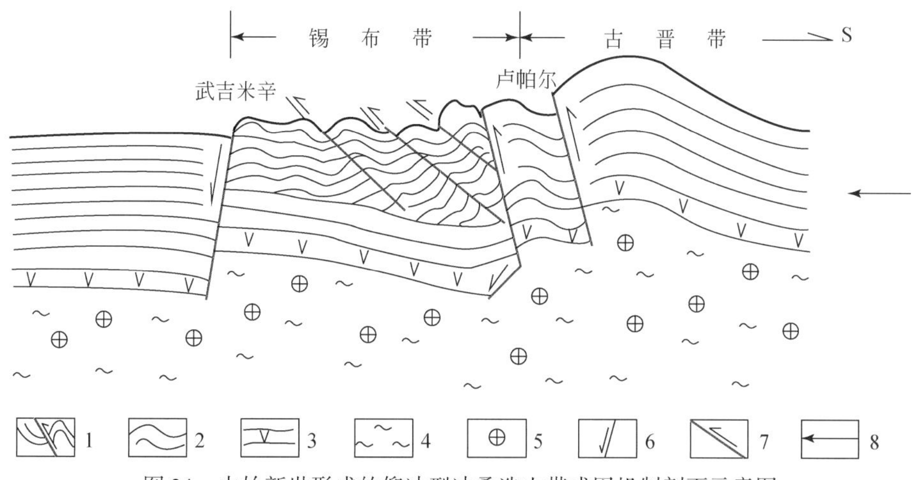

图24　中始新世形成的仰冲型冲叠造山带成因机制剖面示意图

1. 褶皱；2. 盆地沉积基地；3. 上地壳结晶基地；4. 中地壳塑性层；5. 岩浆；6. 正断层；7. 仰冲断层；8. 主动力方向

8.2.2　西南海盆的扩张

该NE向挤压力，使西南海盆原来被NE向压剪性正断层控制的箕状断陷盆地，到中始新—晚始新世末（42～35Ma）演变成横向张性断裂控制的对称地堑，如图25所示的F区域。该地堑引起下伏中地壳塑性层物质进一步侧迁和软流层进一步上拱，使莫霍面深度大部分在10km之内。于是该软流层高高隆起带东南翼岩石圈，在自身重力作用下，便向东南方海洋侧向应变空间下滑，引起该地堑扩张而产生洋壳（42～35Ma）。

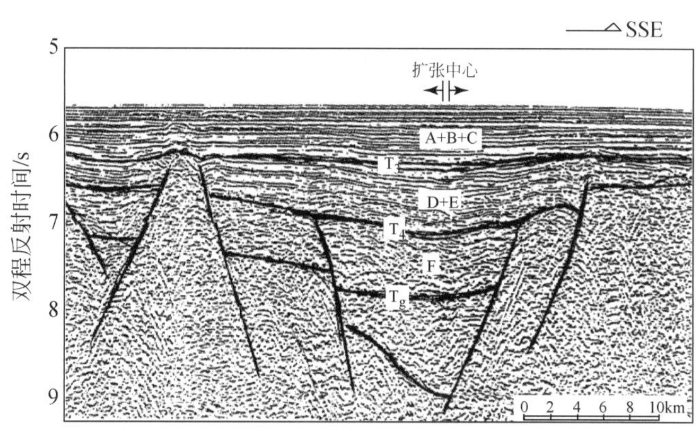

图25　西南次海盆中央裂陷带地震反射界面和层序特征（据曾维军等，1994）

8.2.3　南海南部海域第二期平面X型断裂的产生

在该NE向挤压力和上地壳重力共同作用下，还在南海西缘产生SN向上地壳右行压剪性正断层（图26）[18]和把原来中央海盆EW向横向张性断裂，改造成EW向上地壳左行压剪性正断层。由于陨击事件引起地球自转速度急剧变化，所派生的惯性力较强烈，南海西缘 SN 向断裂的浅部地层产生小规模的纵弯背斜，并在其两翼横向剪应力作用下，产生多条扇型逆冲断层[26]，组成正花状构造（图 26）[18]。

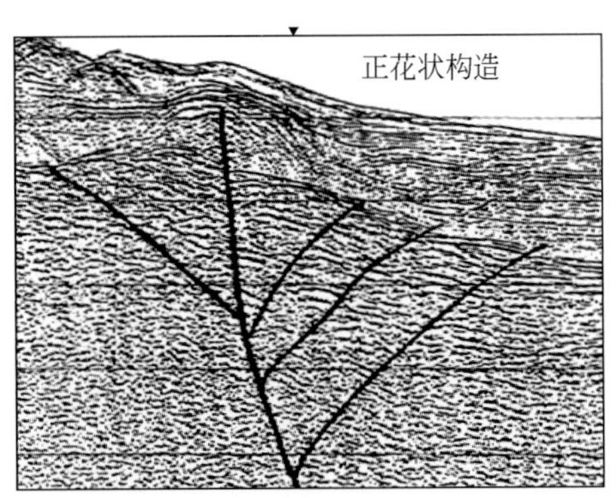

图 26　穿越南海西缘压剪性断裂带地震剖面[18]

南海西缘断裂西侧万安盆地，受东侧的 SN 向西倾的万安走滑正断层控制。该断裂全长约 600km，垂直断距达 5260m，水平断距为 2000 ~ 6000m，右行走滑特征显著，剖面上具明显的花状构造。该盆地产生于晚始新世—渐新世，沉积了西卫群。该群主要为陆相-海相的砂岩、泥页岩、砂泥岩互层，厚度变化大，为 200 ~ 4000m。中部拗陷沉积最厚，主要的烃源岩以生气为主[18]。该盆地的动力背景，与南海西缘断裂一致。

9　渐新世以来太平洋板块北西方向运动产生的三大作用

白垩世末—早始新世（68. 5 ~ 53. 0Ma），太平洋板块的运动方向和运动速率发生了改变，由原来的 NWW 向变为向北运动，平均汇聚速率骤然降至 78mm/a 的水平；中始新世（约 43Ma），运动方向又转为 NW，到晚始新世，汇聚速率最小降至 38mm/a 的水平；渐新世开始，这一速率开始回升，一直持续到早中新世，稳定在 70 ~ 95mm/a；早-中中新世略有下降，从晚中新世至现在，平均汇聚速率又增到 100 ~ 110mm/a[18]。

9. 1　阻止了南海西南海盆继续扩张

南海西南海盆于距今 42Ma 开始扩张，随后于早渐新世（35. 4Ma），由于太平洋板块向 NW 方向快速运动，阻止了该盆地软流层隆起带东南翼岩石圈下滑，使该海盆停止了扩张（距今 35Ma）。

9. 2　中央海盆的扩张

太平洋板块于早渐新世向 NW 方向快速运动和强力推挤，并在地壳重力共同作用下，产生了第三期的呈压剪性正断层产出的平面 X 型断裂。其中一组为 EW 向的右行断裂。该组断裂由于先后受到了三次不同方向作用力的作用，而成为延伸达数百千米长的走滑正断层，引起软流层进一步隆起和基性岩浆沿该组断裂侵入及喷溢，从而促使其面对印度洋侧向应变空间的南翼岩石圈下滑，导致中央海盆于距今 32Ma 开始扩张。由于主动力来自东面，使该扩张带自东向西发展，形成东宽西窄的扩张中心。东端跨度与吕宋岛南北向宽度大体一致[18]。中央海盆不断向南扩张，海脊也不断南移。

9.3 马尼拉海沟断裂带和中央海盆转换断层的产生

太平洋板块早渐新世 NW 向运动和在地壳重力共同作用下，所产生的另一组呈共轭关系的 SN 向左行压剪性正断层，其中有马尼拉海沟断裂带和中央海盆中一系列转换断层。以前者规模最大，发育于晚渐新世，以沉积为主。

马尼拉海沟断裂带北起台湾岛南端，呈近 SN 向，向南至 13°N 左右，被 NW 向断裂切断，全长约 1000km，倾向西，西缓东陡，左行。

10 早中新世澳大利亚板块向北运动的原因及作用

10.1 早中新世澳大利亚板块向北运动的原因

在早中新世（位于阿启坦期与布尔迪加尔期之间）距今 21.5±1.2Ma 时期，于加拿大发生了一次陨击坑直径为 20.5km 的顺向撞击事件（表 1）。该次事件使地球自转速度急剧变快派生的经向惯性力，导致澳大利亚板块又沿 NW 向苏门答腊海沟和 EW—NEE 向爪哇海沟推挤俯冲（图 7）。

10.2 早中新世陨星顺向撞击事件导生经向惯性力的三大作用

10.2.1 南海南缘弧形构造带西南段武吉米辛断裂带盆-山系的形成及其演变

澳大利亚板块于中始新世时期，第一次沿 NW 向苏门答腊海沟俯冲推挤，促使南海南缘弧形构造带西南段卢帕尔-沙巴断裂西南盘古晋断隆山，向东北盘曾母断陷盆地仰冲推覆，引起其东北侧翘升端进一步抬升，产生了一条与卢帕尔-沙巴断裂带大体平行的武吉米辛弧形张性正断层（图 24）。该断层北盘断陷盆地为曾母盆地北部，沉积了上始新统—下中新统。

早中新世澳大利亚板块在第二次沿苏门答腊海沟俯冲推挤时，造成曾母盆地沉积在中始新世不整合面上的上始新统—渐新统曾母组，又发生造山运动，遭受了新的剥蚀[18]。武吉米辛正断层南盘断隆山，也向北盘断陷盆地仰冲推覆，形成当今的曾母压陷盆地（图 12，图 27）。该盆地发育了上始新统—第四系巨厚的海相碎屑岩和碳酸盐岩，厚度超过 17000m，形成多套良好的生储盖组合。

10.2.2 南海南缘弧形构造带 NE 向的中段和东北段盆-山系演变成仰冲型冲叠造山带

位于 NW 向的廷贾断裂和巴拉巴克断裂之间呈 NE 向的中段文莱-沙巴盆地，以及位于巴拉巴克断裂东北的 NE 向巴拉望盆地（图 12），在中始新世时期，它们南面的 EW—NEE 向爪哇海沟俯冲带还未形成，所以这一地段该时期的造山运动没有发生。到了早中新世，在陨星顺向撞击作用下，澳大利亚板块也沿爪哇海沟俯冲，从而促使南海南缘弧形构造带的中段和东北段的东南盘断隆山，也纷纷向其西北盘断陷盆地仰冲、推覆，使该地段的盆–山系也演变成仰冲型冲叠造山带，导致文莱–沙巴盆地中晚白垩世—渐新世穆卢组或克罗克组发生强烈褶皱和轻度变质。

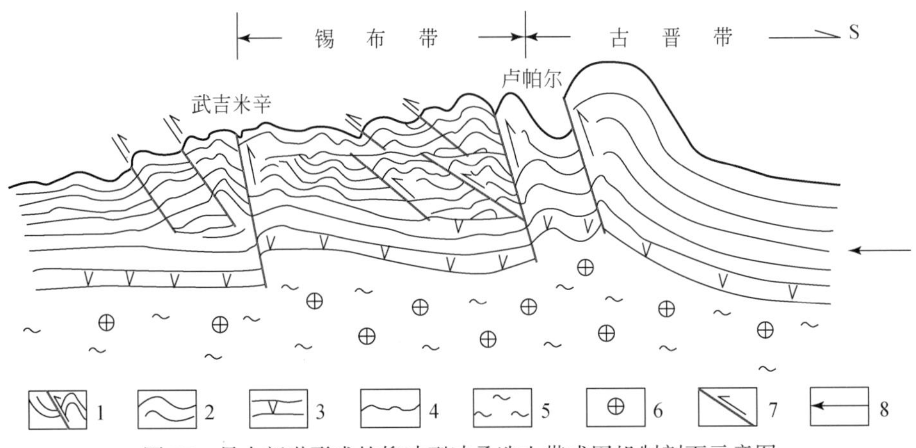

图 27　早中新世形成的仰冲型冲叠造山带成因机制剖面示意图

1. 褶皱；2. 盆地沉积基地；3. 上地壳结晶基地；4. 不整合面；5. 中地壳塑性层；6. 岩浆；7. 仰冲断层；8. 主动力方向

德国“太阳”号调查船在中段的南沙东南地区的地震调查显示，在早中新世深部的蓝色不整合面之上，是一套厚大的杂乱变形的沉积物楔状体，由东南往西北仰冲在渐新世—早中新世碳酸盐岩台地之上（图 28）。

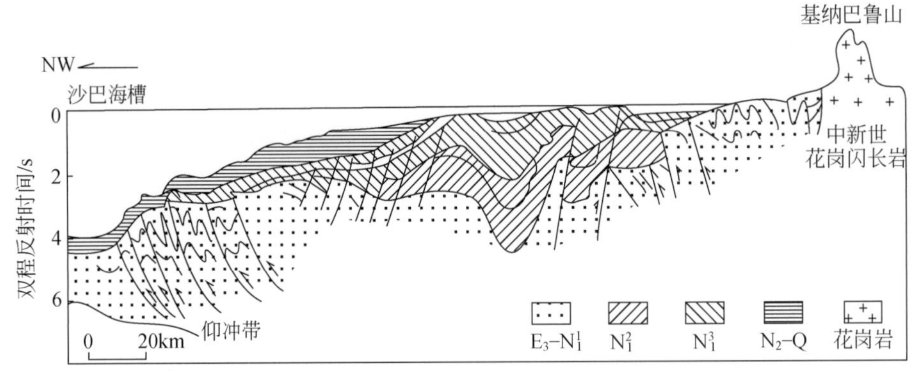

图 28　沙巴西北近海地震反射剖面地质解释图

（据 Asian Council on Petroleum，1981）

东北段巴拉望岛西北侧上地壳正断层，其东南盘为巴拉望岛断隆山混杂岩带，西北盘为巴拉望断陷盆地。这次在来自爪哇海沟东段澳大利亚板块 NNW 向挤压力作用下，巴拉望岛断隆山也向其西北盘断陷盆地仰冲推覆，使该盆地也成为压陷盆地。据该盆地西侧 A-1 井资料，于井深 3476m 深处钻遇始新统逆冲于下中新统之上[18]，表明该弧形断裂带东北段，也与中段一样，于早中新世东南盘断隆山，向西北盘的断陷盆地仰冲、推覆。

10.2.3 阻止了中央海盆继续扩张

这次澳大利亚板块，在陨星顺向撞击、地球自转速度急剧变快派生的自南向北经向惯性力作用下向北运动，促使南海南缘整个弧形断裂带南盘断隆山，向北盘仰冲、推覆，阻止南海中央海盆扩张带南翼岩石圈继续向南下滑，使其距今 17Ma 停止了扩张，中央海盆洋壳全面形成和沉降。

10.3 早中新世陨星顺向撞击导生纬向惯性力的两大作用

10.3.1 马尼拉海沟俯冲带的形成

早中新世陨星顺向撞击事件，导致地球自转速度急剧变快，派生了自东向西的纬向惯性力，促使 SN 向的马尼拉海沟断裂带东盘吕宋岛断隆山，向西盘断陷盆地仰冲推覆。其中中央海盆地段，由于盆地基底是高密度的洋壳。于是该段洋壳便被压入软流层中，并于上新世形成向东俯冲于吕宋岛之下的板块俯冲带（图 29）[14]。

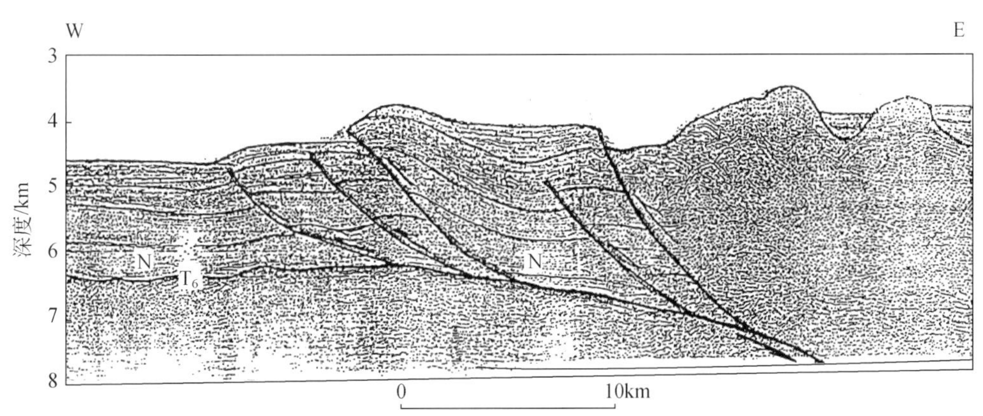

图 29 马尼拉海沟北延多道反射地质剖面[14]

10.3.2 台西南压陷盆地的形成及其油气资源

21.5Ma 前发生的顺向撞击事件所派生的自东向西的纬向惯性力，由于在马尼拉海沟断裂带北端西盘的台西南断陷盆地及其东盘断隆山均为陆壳，该惯性力所产生的推覆体无法把前者压入软流层中演变成板块俯冲带，只是促使它成为压陷盆地。断裂带东盘断隆山上地壳，则演变成仰冲带。该仰冲带在太平洋板块作用下，至今还以 7～9cm/a 的速度向北西方向运动，压陷盆地一侧则以 1cm/a 的缓慢速度沿着同一方向运动（Bautista *et al.*，2001）。于是仰冲盘下伏中地壳塑性层顶部便出现了虚脱空间，产生强烈的吸入作用，引起其盆-山系时期高高隆起的软流层中地幔流体，源源不断被吸了上来，为仰冲型冲叠造山带无机和“有机”的油气资源的形成，提供了物质来源。台湾中油公司在台西南盆地中央隆起带中部，至今已经开采了 40 多年，最高单井天然气产量达 $76\times10^4m^3/d$ 以上。

10.4 南海南缘弧形构造带性质的讨论

卢帕尔-沙巴-巴拉望弧形构造带的性质，时至今日，有的中外地质学家还错误地认为，这是南海洋壳向南俯冲的产物（图 30）[18]，然而忽视了以下问题。

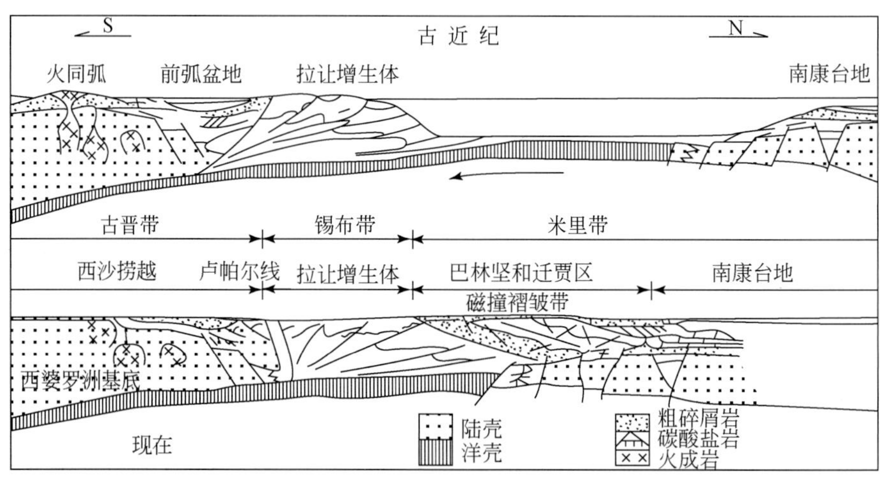

图 30　曾母地块与婆罗洲拼贴增生演化示意图[18]

第一，南海从晚白垩世到前中始新世，南部陆缘区与北部陆缘区连成一片，之间还未有洋壳出现。中始新世以来，在西南海盆和中央海盆虽然先后产生了洋壳，但它们与南部陆缘区的接触关系，无论是在东北段的巴拉望地区（图 31），还是在西南段的曾母盆地（图 32），它们的洋壳与陆壳之间均呈毗连关系，而不是俯冲关系[18]。发生逆冲关系的，却局限于陆壳内部，而且都是南部断隆山向北部断陷盆地仰冲、推覆，而不是北部断陷盆地向南部断隆山俯冲。

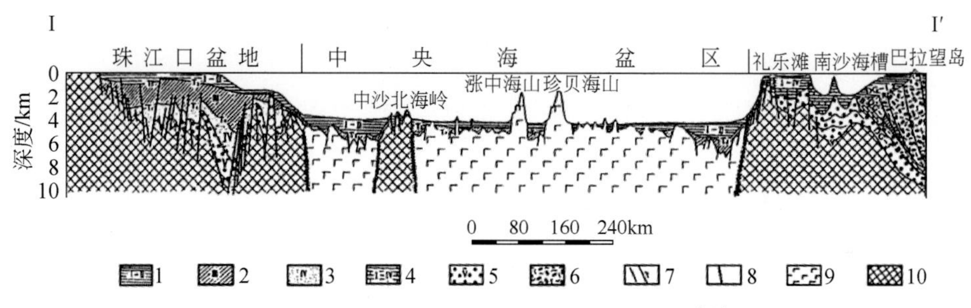

图 31　珠江口-巴拉望地震反射剖面解释图[18]

1. 第四系—上中新统；2. 中中新统—下中新统；3. 下中新统—上渐新统；4. 第四系—上渐新统（南缘）；5. 始新统—古新统；6. 混杂岩；7. 断层；8. 陆-洋分界线；9. 洋壳基底；10. 陆壳基底

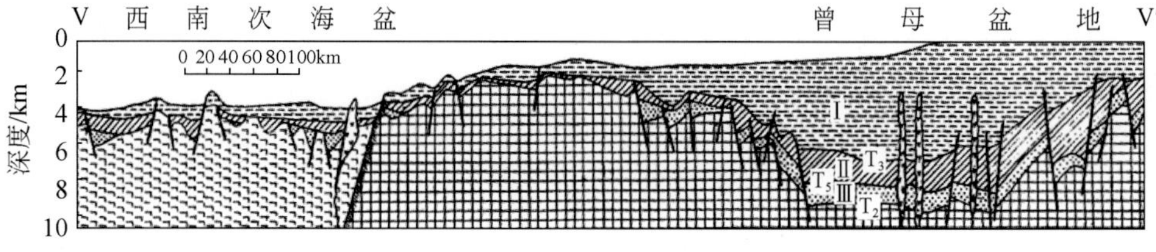

图 32　曾母盆地-西南海盆地震反射剖面解释图[18]

第二，俯冲作用刮落下来的物质，应该是俯冲板块上的沉积物，如图29马尼拉海沟俯冲带这样，是南海中央海盆洋壳上的新近纪沉积物，而南海南缘弧形构造带西南段“刮落”下来的，为什么不是曾母盆地上晚白垩世—中始新世的沉积物，反而是卢帕尔正断层西南盘古晋带断隆山上仰冲上来的海西-印支期的混杂岩带？在该弧形构造带的中段和东北段，也都是东南盘断隆山混杂岩带或始新统，仰冲到其西北盘断陷盆地下中新统不整合面上？而且其“刮落”时间，与该时期陨星顺向撞击时间完全一致，却跟长期的缓慢的重力作用下板块俯冲作用截然不同？

第三，如果早中新世的造山运动，是南海洋壳向南俯冲所致，那么该时期应该有利于中央海盆的继续扩张，而不应该在随后结束了该海盆洋壳向南滑移。

第四，如果是北边的洋壳俯冲入南部陆缘弧形构造带的陆壳之下，那么俯冲洋壳将隔断软流层的地幔流体与上覆陆壳的联系，该陆缘弧形构造带将不会有今日丰富的油气资源。

11 中央海盆停止扩张对南海北部陆缘区地壳厚度及结构的影响

11.1 南海北部陆缘区地壳物质大规模南流

如前所述，距今17Ma前，中央海盆停止扩张，洋壳形成而大幅度沉降，为南海北部陆缘区地壳物质在自身重力作用下，向南流变提供了侧向应变空间。若按在北侧陆-洋过渡带的上超量估算，自晚中新世以来，海盆相对于其北侧陆缘的差异沉降幅度达1300m左右[18]。

中美合作双船地震资料（图33，图34）和中日合作海底折射深地震资料（图35，位置与图33原来中部剖面大体一致）均显示，南海北部陆缘区地壳在总体向南（向深海洋壳）减薄的趋势中，其中中地壳塑性层多已流失，而上地壳下部地层（即新生界基底以下的上地壳部分）减薄也较下地壳更为突出。所以在东断面，上地壳层厚度约为全地壳总厚度的1/3，而西断面仅为1/5。不过其中西沙海槽南侧的断隆山（ESP17），其上地壳的厚度约占全地壳总厚度的3/4[18]。中日合作地球物理测深剖面显示（图35），该剖面地壳厚度从北到南，由22km减薄到10.5km，但下地壳的厚度变化不大，为8~9km[18]。从上述三条断面得知，南海北部陆缘区，从陆架、陆坡至海盆，地壳厚度减薄，不是由于水平拉张力作用产生的整个地壳的均匀变薄，而是地壳在自身重力作用下，利用海盆侧向应变空间进行分层伸展的结果。伸展是应变，拉张是应力，两者并无必然的联系。上地壳侧向应变空间开阔，伸展量大，厚度减薄也多。

11.2 下地壳高速层的分布及其成因

如前所述，上地壳正断层控制的断陷盆地等地壳变薄部位，在重力均衡作用下，该部位的软流层便上拱，并促使上覆岩石圈地幔和下地壳横弯隆起，从而引起莫霍面埋深变浅、轴部岩层减薄并产生张性断裂。于是软流层的地幔流体，便沿着这些张性

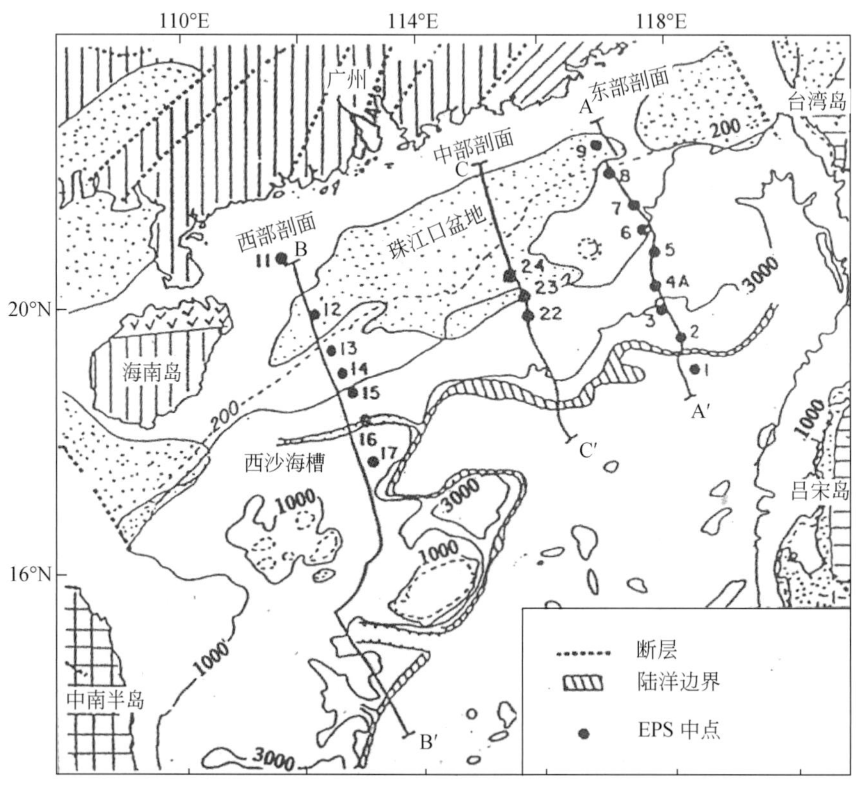

图 33　中美合作南海北部陆缘 ESP 剖面中点位置[22]

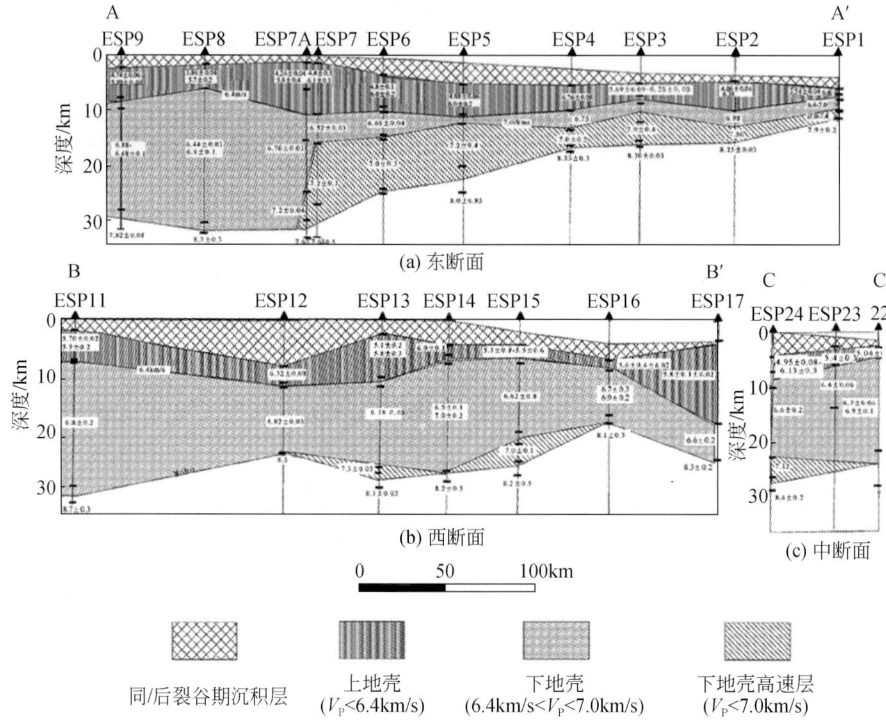

图 34　南海北部陆缘由 ESP 揭示的地壳速度结构剖面[27]

各断面位置参照图 33

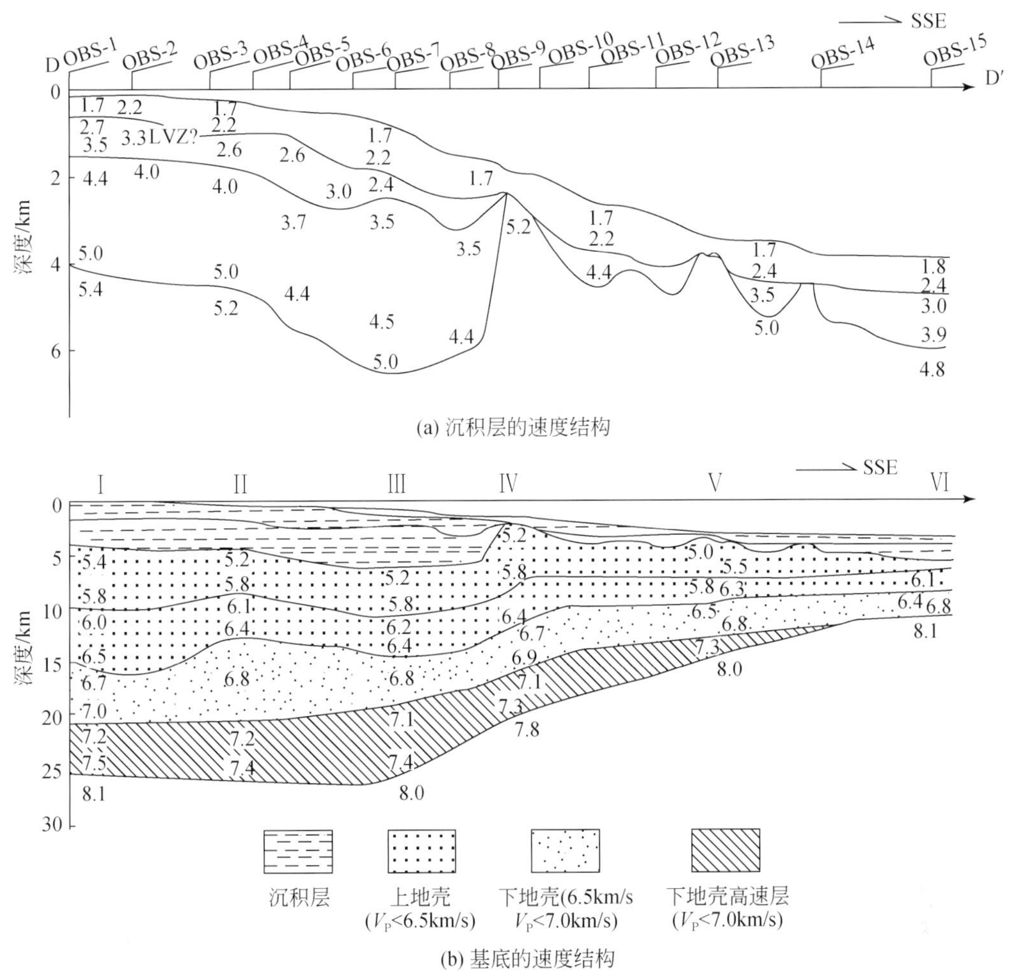

图 35 南海北部陆缘由 OBS 揭示的地壳速度结构剖面[18]

各断面位置参照图 33

断裂先后涌入莫霍面和下地壳。其中黏度小的气体和液体上升较快较高，多涌入中地壳塑性层和沿着上地壳断裂喷溢出地表，滞留在莫霍面的主要是黏度大的玄武质岩浆，并混入一些下地壳物质。由于软流层上拱及其上覆岩石圈地幔横弯隆起，是个断断续续的长期过程。先进入隆起轴部莫霍面的地幔流体，还未来得及完全凝固，便被下一次隆起的岩石圈地幔，全部或部分压向侧翼。所以这些混杂有下地壳物质的下地壳高速层，无不在隆起顶部尖灭［图 34（b）和图 35］、减薄［图 34（a）］，而在其侧翼加厚。

11.3 西沙海槽东段的产生

南海地区，从晚白垩世以来，一直受到东经九十度海岭洋壳向东俯冲的挤压。到了距今 17Ma 以来，由于中央海盆扩张停止，洋壳普遍形成、沉降，使南海北部陆缘区地壳物质在自身重力作用下，向洋壳区侧向应变空间快速流变，造成地壳急剧减薄，其南缘的西沙海槽地区，地壳物质流失更为严重，厚度只剩下 11km[27]。这时其中地壳塑性层早已流失殆尽，而新的下伏应变空间则是莫霍面中还未完全凝固的地幔流体。于是在自西向东水平挤压力和地壳重力共同作用下，横张性断裂便沿着原来的西沙海槽向东延伸，自下而上形成了切穿整个地壳的横向张性正断层，生成一个对称地堑(图22)。据西沙西永一井揭示，新沉积的3000m厚的中新统沉积物，直接覆盖在可能是地幔流体冷却而成的上地幔基性物质上[27]。

12　南海油气资源的成因机制及分布

12.1　地幔流体的作用

根据杜乐天的研究[28]，来自地球深部高温的地幔流体，富含HACONS幔汁。其中H是氢、卤素和热，A是碱金属，C是碳，O是氧，N是氮，S是硫族元素。地幔流体中各种金属元素，则是碱型地幔流体从岩浆和岩石中浸出、萃取出来的“副产品”。地幔流体（包括玄武岩岩浆）主要集中于软流层中。

石油的成因是多元的。它既可以由高温的地幔流体带来的氢、碳和起催化作用的铁族元素，在中地壳塑性层适宜的温压条件下，进行费-托合成反应形成，也可以是地幔流体进入沉积盆地与干酪根或碳酸盐岩合成反应的产物。

根据莫斯科全俄地球物理研究所库多莫夫的研究，在温度为300～400℃、压力约200MPa，并有Fe、Cr、Co、Ni催化的条件下，可以合成石油（库多莫夫，1995），其反应式为

$$n\mathrm{CO}+(2n+1)\mathrm{H}_2 \rightarrow \mathrm{C}_n\mathrm{H}_{2n+2}+n\mathrm{H}_2\mathrm{O}$$

不过，只有这些反应的条件充足，才能发生完全的费-托反应，产生以烃类油气为主的结果；当反应不能完全发生，便会出现CO_2与烃类共生的情况；而当缺乏H_2源时，则可能只有CO_2气藏产出[29]。按这一模式，可以合理地解释无机成因CO_2与“有机”成因的油气共生的现象。

在与南海毗邻的东海陆架盆地东部拗陷西湖凹陷南部天外天一井，发现无机成因甲烷气$\delta^{13}C_1$为-17‰，$\delta^{13}C_2$为-22‰，$\delta^{13}C_3$为-29‰，有典型的负向C同位素系[30]。说明该地区中地壳塑性层的氢气是充足的，而西部拗陷瓯江凹陷LS36-1-1井钻获工业价值的天然气流，是“有机”烃类气体与无机CO_2气的混合气，则显示该地区中地壳塑性层氢源的欠缺。

Horita和Berndt（1999）报道了他们在热液条件下进行的分解HCO_3^-并转变成非生物成因CH_4的实验。实验温度为200～400℃、压力为50MPa，用Ni-Fe合金作催化剂，注入HCO_3^-占优势的溶液，反应时间为350～2200h。结果表明，随着反应的进行，溶液中ΣCO_2的浓度降低，而CH_4含量上升。其反应式为

$$\mathrm{HCO}_3^-+4\mathrm{H}_2 \rightarrow \mathrm{CH}_4+\mathrm{OH}^-+2\mathrm{H}_2\mathrm{O}$$

地幔流体中的无机氢气与海相碳酸盐岩析出的HCO_3^-，在上述条件下便可生成天然气。所以当碳酸盐岩被交代或经深部后生作用，便可形成油气田，乃至大型超大型油气田（特罗菲穆克，1999）。由于这种合成作用的条件并不苛刻，其温度和催化剂条件是地幔热流体所具备的，而压力条件只是相当于生油的门限深度，所以全球碳酸盐岩

油藏储量可占世界原油总储量的一半。

对辽河油田原油及 Pb、Sr、Nd 同位素的分析表明，在该油田，仅有少部分原油与古近系有机质热解有关，而大部分原油则为地幔流体与古生界、震旦系海相碳酸盐岩相互作用所形成，也有地幔流体的 CO、CO_2与 H_2的费-托合成反应的产物[29]。

地幔流体含有 H_2、CH_4、CO、He 等气体组分，还有 F、Cl、Br 等卤族元素，K、Na、Li 等碱金属，以及 V、Ni、Cr、Fe 等铁族元素，当这类热液体上升到上部沉积盆地，与有机质（干酪根）、黏土矿物相互作用，便可导致 Ni、V、黏土对干酪根的催化，第一，生成“未熟、低熟”或成熟油气；第二，可导致 Ni、V 对干酪根的催化和 H_2、CH_4对干酪根的加氢，生成成熟或“未熟”油气；第三，可导致地幔流体中的 CH_4等烃类物质形成地幔烃；第四，可导致地幔流体的 CO_2、He 形成幔源 CO_2气藏及 He 气藏，而卤族元素与碱金属还可形成盐类沉积[29]。熊寿生等（1996）的有机质加氢催化模拟实验证实了热液烃生成的可能性。

综上所述，无论是无机的或“有机”的油气资源，都离不开地幔流体的参与。甚至可以说，没有地幔流体，便没有油气资源。由此可知，地幔流体和控制地幔流体大量上涌的深部构造，是形成不同成因类型油气资源的共同前提。这就为什么油气资源那么高度集中于侏罗纪软流层形成以来的中新生代，以及地幔流体大规模上涌的古赤道纬向拉张带，是南新特提斯洋壳扩张带波斯湾盆地的原因[10]。中地壳塑性层的低速低阻程度与地幔流体侵入的规模有关，可以说是地幔流体富集程度的反映，而其玄武质岩浆的活动及规模，则成为该地区该时期地幔流体上涌规模的直接标志。这些对判断该盆地油气资源的远景及分布具有指导性意义。

东海陆架盆地西部拗陷瓯江凹陷温州 6-1-1 井，钻遇喜马拉雅中晚期的席状基性火山岩，于是该凹陷便成为西部拗陷中迄今为止唯一发现了油气田的凹陷。其中除了发现一个油气田、一个含油气构造外，还有一个热液无机成因 CO_2气田。而该拗陷的长江凹陷和钱塘凹陷，它们的深凹多被一些近 EW 向的横向张性断裂控制，而且前者只见喜马拉雅期花岗岩，缺乏玄武质岩浆活动，所以钻遇的古新统虽具有一定的生烃能力，但在美人峰构造钻探的美人峰一井却是干井；后者主要见流纹质凝灰岩，中新生代最大沉积厚度也只有 6000m，故钻探的富阳一井也未见好的油气。

东部拗陷西湖凹陷中南部及其邻区，玉泉一井钻遇了中中新世玉泉组拉斑玄武岩，孤山一井钻遇了中新世两层橄榄拉斑玄武岩，海礁凸起南部的南礁一井，钻遇了中新世拉斑玄武岩 86m。由此可知，从三潭深凹软流层隆起带上涌的地幔流体，已经把该地区的中地壳塑性层基性化了。于是该地区的平湖构造带和苏堤构造带便成为东海陆架盆地已知油气资源最集中的场所，其中苏堤构造带的天外天一井还发现了无机成因甲烷气田[30]。

12.2 深部构造的作用

虽然无论是无机成因或“有机”成因的油气资源，都离不开地幔流体的作用，但是地幔流体及其玄武质岩浆集中于某些构造带，在大陆内部并不是一般所认为的是切穿地壳切穿岩石圈的深大断裂。早年提出深大断裂这一概念的苏联地质学家裴伟晚年也承认，该概念是他早年在缺乏实际资料的情况下提出的。大量地球物理测深资料也表明，大陆内部的上地壳断裂都终止于中地壳塑性层中（马杏垣等，1991；卢造勋等，1992）。大陆内部控制地幔流体大规模上涌的，与南海有关的主要有三种构造类型：地壳减薄带、盆-山系和由盆-山系演变而成的仰冲型冲叠造山带。

12.2.1　地壳减薄带的油气资源

于距今17Ma，中央海盆停止扩张，海盆洋壳形成、沉降，为南海北部陆缘区腾出了巨大的侧向应变空间。于是该区陆壳物质在自身重力作用下，便大量流向海盆，使其厚度，尤其是临近海盆的南部厚度大大减薄，从而在重力均衡作用下，软流层便大幅度隆升，导致上覆岩石圈地幔和下地壳也横弯隆起，并产生纵向张性断裂，引起地幔流体上涌，为该部位油气资源的形成，提供源源不断的物质来源。地幔流体首先涌入莫霍面，并混入了部分下地壳物质，形成厚达数千米至十多千米的下地壳高速层［图34（a），图35］。所以陆坡区成为油气和天然气水合物汇集最有利地区。例如，北部陆缘区南部白云凹陷底辟构造、气烟囱极其发育［图36（a）］，其南部也有岩浆岩体出现［图36（b）］。

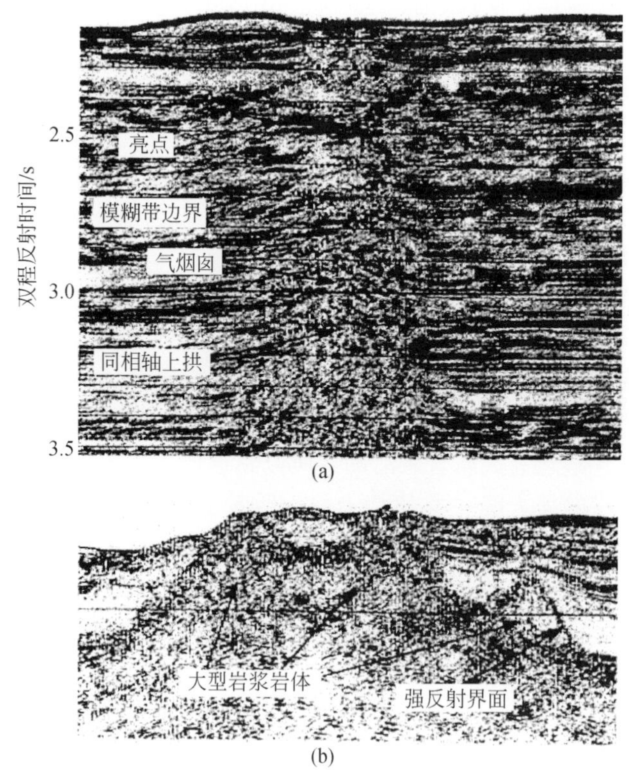

图36　白云凹陷底辟构造（a）及其南部岩浆岩体（b）的反射带
（据王家豪等，2005）

12.2.2　盆-山系的油气资源

12.2.2.1　断陷盆地的作用

凡有断陷盆地存在的地区，或地壳减薄的处所，在重力均衡作用下，其软流层都会上拱。如前所述，断陷越深或地壳越薄，软流层上拱越高，上覆岩石圈地幔和下地壳横弯隆起幅度越大，其轴部纵向张性断裂越发育，地幔流体（以其中黏度最大的玄武质岩浆为代表）上涌规模便越大，油气资源便越丰富。渤海湾盆地玄武岩厚度超过1000m，故该盆地的油气规模在国内首屈一指。

地幔流体上涌越多，上覆岩石圈全面沉降幅度也越大，从而使断陷盆地又从断拗阶段转入最后的拗陷阶段，所以松辽盆地拗陷阶段的上白垩统探明的原油储量，占该盆地全部探明的原油储量的94.4%（郭占谦，2003）。渤海海域拗陷阶段浅层的油气储量，也占该海域盆地总储量70%以上（龚再升等，2001）。

南海北部陆缘的莺歌海盆地、南部陆缘的曾母盆地和文莱-沙巴盆地，它们断陷深，新生界厚度超过10000m，而成为南海中最重要的含油气盆地。其中曾母盆地断陷最深，沉积层厚度达15km以上，使软流层及其上覆岩石圈地幔高高隆起，造成沉积物几乎与岩石圈地幔直接接触，高温的地幔流体大规模上涌，导致该盆地以气为主。

中新世晚期（距今10.4Ma）以来，还先后发生四次大的陨击事件（表1）。首次发生于俄罗斯、距今10±5Ma、陨击坑直径为12km的陨击事件，不仅使南海北部陆缘区产生一个中新世中期与晚期之间一个重要的不整合面，而且还使青藏高原发生快速隆升。由于陨击事件频频发生，地幔流体大量外排，而使珠江口、琼东南和莺歌海盆地自中新世末以来，普遍出现沉降加速和地温增高现象，盆地或相邻隆起区出现大规模碱性或拉斑玄武岩浆活动。莺歌海盆地与琼东南盆地连片，并在上述不整合面之上，以极快的速度，沉积了厚达10000m的新近系和第四系，从而形成一个莺-琼大气区[14]。

12.2.2.2 断隆山的作用

由于断隆山中富含地幔流体的中地壳塑性层最厚（图21），于是断隆山便成为盆-山系中油气资源富集的场所，如南海北部陆缘区珠江口盆地南北拗陷带之间的中部隆起带东沙断隆山，便是油气富集区。这种现象，在盆-山系分布区十分普遍（图37）（王同和等，1999）。

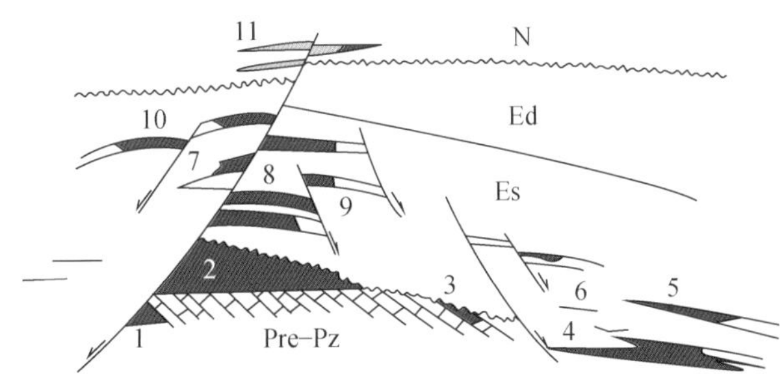

图37 断隆山为主体的油气聚集带模式（王同和等，1999）

1. 潜山油气藏（内幕）；2. 潜山油气藏（风化体）；3. 不整合油气藏；4. 地层超覆油气藏；5. 岩性尖灭油气藏；6. 粒屑灰岩岩性油气藏；7. 砂砾岩锥体油气藏；8. 背斜油气藏；9. 断块油气藏；10. 滚动背斜油气藏；11. 浅层次生油气藏

12.2.3 仰冲型冲叠造山带的油气资源

当地球遭到陨星逆向或顺向撞击，派生的经向或纬向惯性力来自断隆山一侧时，断隆山上地壳便向断陷盆地侧向应变空间仰冲、推覆，使断陷盆地成为压陷盆地，盆-

山系演变成仰冲型冲叠造山带（图 38）[32]。

断隆山上地壳在水平挤压力作用下，向断陷盆地仰冲、推覆，其下伏中地壳塑性层顶部便出现了虚脱空间，产生了强烈的吸入作用，引起其毗邻断陷盆地深部高高隆起的软流层地幔流体，沿着原来已经沟通的张性断裂上涌，在断隆–仰冲带和断陷–压陷盆地形成油气藏（图 38）[32]。

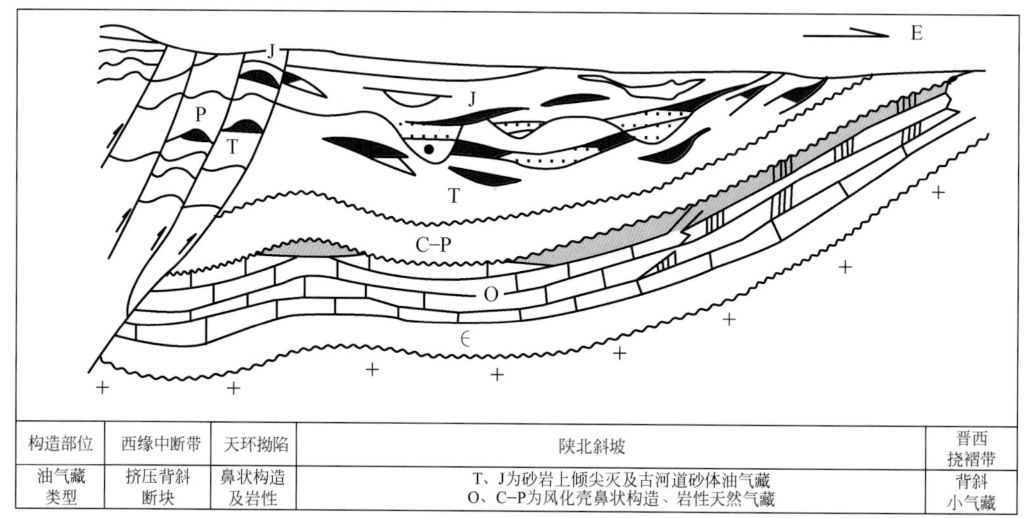

构造部位	西缘中断带	天环坳陷	陕北斜坡	晋西挠褶带
油气藏类型	挤压背斜断块	鼻状构造及岩性	T、J为砂岩上倾尖灭及古河道砂体油气藏 O、C–P为风化壳鼻状构造、岩性天然气藏	背斜小气藏

图 38　鄂尔多斯盆地油气藏分布模式图（引自翟光明，1997）

根据观察，在中国西部、中部和东部，凡是由盆–山系演变而成的仰冲型冲叠造山带的油气资源，都比较丰富，包括南海南部陆缘区。因这种油气田先后受到盆–山系和仰冲型冲叠造山带两种构造作用，地幔流体丰富，成油条件优越，其中相当多形成了大油气田。

前陆盆地，是徐士 1883 年提出的一个概念，指与造山带相毗邻的克拉通或地台稳定地块，受到造山带的仰冲、推覆所形成的盆地。前陆是克拉通或地台区的边缘。断陷盆地是活动带，不是克拉通或地台区的边缘。由它演变而成的盆地，应该称为压陷盆地比较确切。国内大家都把压陷盆地称为前陆盆地，建议改正过来，不要随便跟着外国人走。在中国哪里是前陆盆地呢？南秦岭造山带南缘与扬子地台交汇处才是前陆盆地（图 39）。为什么要修改呢？因为前陆盆地是薄皮构造，压陷盆地是厚皮构造，两者对油气资源的控制作用并不相同。应当说前陆盆地与地幔流体的联系，被上地壳底部的结晶基底所隔断，所以它对油气资源不起什么控制作用，而压陷盆地与油气资源关系却十分密切。

前陆盆地形成于俯冲型冲叠造山带[9]。当陨星逆向或顺向撞击，引起地球自转速度急剧变慢或变快派生的强烈经向或纬向惯性力，来自断陷盆地一侧时，这时该侧的上地壳底部刚硬的结晶基底，如果已经断落到与断隆山的中地壳塑性层完全对接时，该结晶基底便顺着断隆山的中地壳塑性层进行顺层俯冲，而其上覆盖层便被刮落下来，形成向后褶皱倒转仰冲带。该带与克拉通或地台交接处的盆地，才称为前陆盆地（图 39）[9]。不过该俯冲型冲叠造山带的冲叠带地段，在结晶基底俯冲岩板强烈挤压和摩擦下，许多中地壳塑性层物质演变成重熔型花岗岩，形成丰富的金属和非金属矿床，如北秦岭所见。

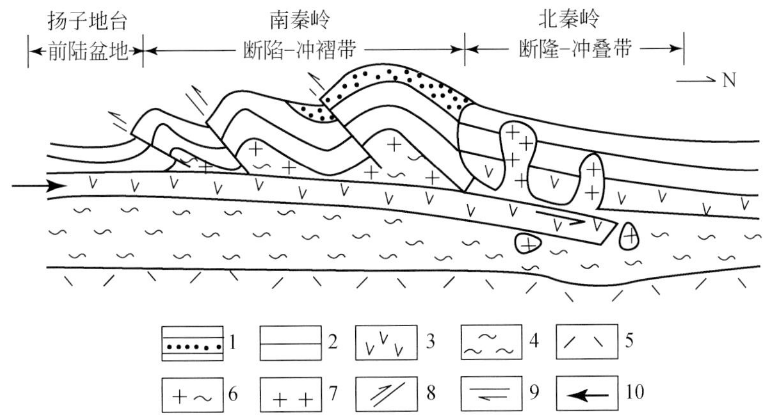

图 39　秦岭印支俯冲型冲叠造山带成因机制剖面示意图[9]

1. 盆地中充填物；2. 盆地沉积基底（盖层）；3. 上地壳结晶基底；4. 中地壳塑性层；5. 下地壳；6. 交代型花岗岩；7. 重熔型花岗岩；8. 逆冲断层；9. 俯冲方向；10. 主动力作用方向

参考文献

[1] 李扬鉴．压剪性正断层的成因机制与能量破裂理论．构造地质论丛，1985，(4)：150-161.

[2] 别辽耶夫 H M. 材料力学（下册）. 于光瑜译．北京：高等教育出版社，1956.

[3] 李扬鉴，张星亮，陈延成．大陆层控构造导论．北京：地质出版社，1996.

[4] 廖其林，王振明，王屏路，等．福州—泉州—汕头地区地壳结构的爆炸地震研究．地球物理学报，1988，(31)：270-278.

[5]《中国岩石圈动力学地图集》编委会．中国岩石圈动力学概论．北京：地震出版社，1991.

[6] Carey S W. The expanding earth. El sevier Sci. Publ. Comp. , 1976.

[7] Wells J W. Coral growth and geochronometry. Nature，1963，197：948-950.

[8] 王仁．地质力学提出的一些力学问题．力学，1976，(2)：85-93.

[9] 李扬鉴，崔永强．论秦岭造山带及其立交桥式构造的流变学与动力学．地球物理学进展，2005，20 (4)：925-938.

[10] 李扬鉴，祝有海，张海启，等．论陨击事件与全球性造山运动和板块构造诞生的关系．前沿科学，2014，8 (32)：4-11.

[11] 盖保民．地球演化（第二卷）. 北京：中国科学技术出版社，1991.

[12] 肖序常．青藏高原的碰撞造山作用及效应．北京：地质出版社，2010.

[13] 许志琴，杨经绥，李海兵，等．印度—亚洲碰撞大地构造．地质学报，2011，85 (1)：1-33.

[14] 龚再升，李思田，谢泰俊，等．南海北部大陆边缘盆地分析与油气聚集．北京：科学出版社，1997.

[15] Mckenzie D P，Sclater J G. The evolution of the Indian Ocean. Sci. Amer，1971，228：63.

[16] 范时清．世界大洋地质基本轮廓．北京：科学出版社，1978.

[17] 张莉，张光学，王嘹亮，等．南海北部中生界分布及油气资源前景．北京：地质出版社，2014.

[18] 中国地质调查局，国家海洋局．海洋地质地球物理补充调查及矿产资源评价．北京：海洋出版社，2004.

[19] 丁健民，高莉青．地壳水平应力与垂直应力随深度的变化．地震，1981，(2)：16-18.

[20] 赵国泽，赵永贵．华北平原盆地演化中深部热、重力作用初探．地质学报，1986，60（1）：102-113.

[21] 黄慈流，钟建强，詹文欢．曾母盆地及其邻近海区新生代构造事件//南沙群岛及其邻近海区地质地球物理及岛礁研究论文集（二）．北京：科学出版社，1994：16-24.

[22] Hayes D E, Nissen S S, Buhl P, *et al.*. Tough going crustal faults along the northern margin of the South China and their role in crustal extension. Journal of Geophysical Research，1995，1002（B11）：22435-22446.

[23] 姚伯初，万玲．南海岩石圈厚度变化特征及其构造意义．中国地质，2010，37（4）：888-899.

[24] 郭占谦．火山活动与沉积盆地的形成和演化．地球科学，1998，23（1）：60-64.

[25] Packham G H. Plate tectonic and the development of sedimentary basins of the dextral regime in Western Southeast Asia. Southeast Asian Earth Sciences，1993，8（1-4）：497-511.

[26] 李扬鉴．论纵弯褶曲构造应力场及其断裂系统的分布［A］．地质力学文集，1988，（7）：145-155.

[27] Nissen S S, Hayes D E, Buhl P, *et al.*. Deep penetration seismic soundings across the northern margin of the South China Sea. Journal of Geophysical Research，1995，1002（B11）：22407-22433.

[28] 杜乐天．碱流体地球化学原理——重论热液作用和岩浆作用．北京：科学出版社，1996.

[29] 张景廉．论石油的无机成因．北京：石油工业出版社，2001.

[30] 张义纲．天然气生成聚集和保存．南京：河海大学出版社，1991.